U0884035

"十二五"职业教育国家规划教材
经全国职业教育教材审定委员会审定

机械加工设备

主　编　张普礼
副主编　杨　琳
参　编　康新龙　吴兵　孙庆群
主　审　苏忠堂

机械工业出版社

本书为“十二五”职业教育国家规划教材，经全国职业教育教材审定委员会审定。

本书是根据《教育部关于“十二五”职业教育教材建设的若干意见》及教育部新颁布的《高等职业学校专业教学标准（试行）》，同时参考机械加工类职业资格标准编写的。通过对通用机床的组成、传动和结构，特种加工设备，现代加工设备，机床的安装、验收、维护与保养等内容的介绍，培养正确使用和维护机械加工设备的能力，具有对常用机械加工设备进行传动调整和工作调整的技能，掌握分析和研究机械加工设备的基本方法。为便于教学，本书配套有助教课件等教学资源，凡使用本书作为教材的教师可登录机械工业出版社教育服务网 www. cmpedu. com 注册后下载。咨询邮箱：cmpgaozhi@ sina. com。咨询电话：010-88379375。

本书可作为高等职业院校机械类及相关专业试用教材，也可供有关工程技术人员参考。

图书在版编目（CIP）数据

机械加工设备/张普礼主编．—北京：机械工业出版社，2014. 12（2025. 8 重印）
“十二五”职业教育国家规划教材
ISBN 978 - 7 - 111 - 48862 - 0

Ⅰ. ①机…　Ⅱ. ①张…　Ⅲ. ①机械加工 - 机械设备 - 高等职业教育 - 教材　Ⅳ. ①TG502

中国版本图书馆 CIP 数据核字（2014）第 293285 号

机械工业出版社（北京市百万庄大街 22 号　邮政编码 100037）
策划编辑：王海峰　责任编辑：王英杰　王海峰
责任印制：张　博　责任校对：程俊巧
北京机工印刷厂有限公司印刷
2025 年 8 月第 1 版 · 第 14 次印刷
184mm × 260mm · 15. 25 印张 · 351 千字
标准书号：ISBN 978 - 7 - 111 - 48862 - 0
定价：44. 80 元

电话服务
客服电话：010-88361066
010-88379833
010-68326294

网络服务
机　工　官　网：www. cmpbook. com
机　工　官　博：weibo. com/cmp1952
金　　书　　网：www. golden-book. com
机工教育服务网：www. cmpedu. com

前　　言

本书是依据教育部《关于开展“十二五”职业教育国家规划教材选题立项工作的通知》精神，根据《教育部关于“十二五”职业教育教材建设的若干意见》及教育部新颁布的《高等职业学校专业教学标准（试行）》，同时参考机械加工类职业资格标准编写的。

本书在编写过程中力求充分体现职业技术教育特色，总结国家示范院校建设课程改革成功经验，合理设置教材内容，构建适应教学需要的新体系，着重培养解决生产现场技术问题能力和新技术运作能力，满足培养高端技术技能型人才要求。

本书共分9章，包括通用机床的组成、传动、结构，特种加工设备，现代加工设备，机床的安装、验收、维护与保养等内容。本书详细阐述了CA6140型卧式车床和Y3150E型滚齿机的传动、主要部件结构及有关调整计算，以掌握分析、调整机械加工设备的方法。随着机械制造业的快速发展，特种加工设备得到了广泛应用，本书比较详细地叙述了特种加工设备工作原理、组成及典型设备的结构。对其他机械加工设备，主要介绍运动和适用范围，为合理选用机械加工设备打下一定的基础。每章均有思考与练习题，便于课后复习。

本书由陕西工业职业技术学院张普礼任主编，山东劳动职业技术学院杨琳任副主编。具体分工如下：绪论、第1、2、4章由张普礼编写，第3、9章由杨琳编写，第5、7章由河南工业职业技术学院康新龙编写，第8章由陕西工业职业技术学院吴兵编写，第6章由承德石油高等专科学校孙庆群编写，全书由张普礼统稿。本书由陕西秦川机床集团有限公司苏忠堂主审。

由于编者水平有限，书中不妥之处在所难免，恳请读者批评指正。

编　者

目　录

绪 论

学习目标： 通过绪论的学习，深入了解金属切削机床的发展史、金属切削机床在我国国民经济中的地位和作用，重点掌握机床的分类，机床型号的编制方法等内容，能依据型号确定机床的类型、通用及结构特性、主参数、第二主参数和重大改进顺序号，为合理选用机床奠定良好基础。

0.1 机械加工设备在我国国民经济中的地位

在国民经济各部门、人民的日常生活中使用着各种机器设备、仪器工具。这些机器、机械、仪器和工具大部分是由一定形状和尺寸的金属零件所组成，生产这些零件并将它们装配成机器、机械、仪器和工具的工业称为机械制造工业。在机械零件的制造过程中，采用铸造、锻压、焊接、冲压等制造方法，可以获得低精度零件。对于尺寸精度和表面质量要求较高的零件，主要依靠切削加工的方法获得，尤其是加工精密零件时，需经过多道工序的切削加工才能完成。因此，机械加工设备是机械制造业的主要加工设备，在一般机器制造厂中，金属切削机床所担负的加工工作量，约占机器总制造工作量的40%～60%。

金属切削机床的技术性能直接影响机械产品质量和制造的经济性，进而决定着国民经济的发展水平。如果没有金属切削机床的发展，如果不具备品种繁多、结构完善和性能精良的各种金属切削机床，现代社会目前所达到的高度物质文明将是不可想象的。所以，金属切削机床是机械制造设备中的主要设备。

金属切削机床是指采用切削的方法，以切除金属毛坯（或半成品）的多余金属，使之成为符合零件图样要求的形状、尺寸精度和表面质量的机器。机械制造业担负着为国民经济建设提供各种技术装备的重要任务，这就要求机床制造业必须为各机械制造厂提供现代化的机床装备。一个国家机床工业的技术水平及机床的拥有量，在一定程度上标志着这个国家的工业生产水平和能力。所以，机床制造业在国民经济发展中又起着重大的作用。

0.2 金属切削机床的发展概况

机床是在人类认识和改造自然的过程中产生，又随着社会生产的发展和科学技术的进步而不断发展、不断完善的。最原始的机床是木制的，所有运动都由人力或畜力驱动，主要用于加工木料、石料和陶瓷制品的泥坯，它们实际上并不是一种完整的机器。现代意义上的用于加工金属零件的机床，是在18世纪中叶才开始发展起来的。

18世纪发明了机动刀架，并以蒸汽机为动力，对机床进行驱动或通过天轴对机床进行集群驱动，才初步形成了现代机床的雏形。19世纪至20世纪初，随着电动机的问世，电动机又取代了蒸汽机，经过了由天轴对机床进行集群驱动、单独电动机驱动的封闭齿轮箱结构的发展过程，才使机床基本具备了现代的结构形式。20 世纪初到 20 世纪 40 年代，随着高速钢和硬质合金刀具的使用以及液压等技术的应用，机床在传动、结构、控制等方面得到很大改进，加工精度和生产率得到显著提高。自 20 世纪 50 年代以来，计算机技术开始应用于机床中，先后出现了数控机床、加工中心、柔性制造系统等。计算机集成制造的出现，表明机械制造业正在走向一个崭新的变革时代。电火花加工、电解加工、超声波加工、激光加工、电子束加工、磨料流加工、磨料喷射加工等各种机械加工设备，表明特种加工设备也有了长足的发展。

在新中国成立之前，没有自己的机床制造业。新中国成立后，机床工业从无到有、从小到大，扩建及兴建了一批机床制造厂，开始了各种机床的研究和试验工作。我国机床工业已形成了一个布局合理、产品门类齐全的完整体系，能够生产出从小型的仪表机床到重型的各类机床，从通用机床到各种精密、高效率、高度自动化的机床。我国从 20 世纪 50 年代末开始研制数控机床，并通过引进和消化先进技术，现已能生产包括加工中心、柔性制造单元在内的各种数控机床，并且研制出了柔性制造系统。

0.3 金属切削机床的分类

按控制方式的不同可将机床分为通用机床和数控机床两大类型。

0.3.1 通用机床的分类

机床的分类方法较多，最基本的是按机床的加工方法、所用刀具及用途进行分类。根据国家制定的金属切削机床型号编制方法（GB/T15375—2008），机床共分为 11 类，在每一类机床中，按工艺特点、布局形式、结构性能等不同又分成 10 组，每组又分成 10 个系。每类机床的代号用其名称的汉语拼音的第一个大写字母表示（详见表 0-1），组和系的代号用数字 0 ~9 表示，组系代号含义见附录 A、B。

表 0-1 机床的类别及分类代号

类别	车床	钻床	镗床	磨床			齿轮加工机床	螺纹加工机床	铣床	刨插床	拉床	锯床	其他机床
代号	C	Z	T	M	2M	3M	Y	S	X	B	L	G	Q
参考读音	车	钻	镗	磨	二磨	三磨	牙	丝	铣	刨	拉	割	其

除以上基本分类方法外，还可按机床的万能性、加工精度及自动化程度等进行分类。

按照机床的万能性可分为：

（1）通用机床　这类机床适用于单件小批生产，可以加工一定尺寸范围内的各种类型零件，并可完成多种工序，加工范围较广；但其传动与结构比较复杂，如卧式车床、万能铣床等。

（2）专门化机床　这类机床的生产率比通用机床高，但使用范围比通用机床窄，只能加工一定尺寸范围内的某一类（或少数几类）零件，完成某一种（或少数机种）特定工序，如凸轮轴车床、精密丝杠车床等。

（3）专用机床　这类机床的生产率、自动化程度都比较高；但使用范围最窄，通常只能完成某一特定零件的特定工序，如汽车、拖拉机制造中大量使用的各种组合机床等。

按照机床的加工精度不同，可分为普通精度机床、精密机床及高精度机床。

按照机床的质量和尺寸不同，可分为仪表机床、中型机床、大型机床、重型机床（质量在30t以上）及超重型机床（质量在100t以上）。

按照机床的自动化程度，可分为手动、机动、半自动和自动机床。

0.3.2　数控机床的分类

数控机床是数字控制机床的简称。它是一种利用数控技术准确地按照事先安排的工艺流程，实现规定加工动作的金属切削机床。

目前数控机床的品种很多，通常可按下述几种原则进行分类。

0.3.2.1　按工艺用途分类

1. 一般数控机床

最普通的数控机床是数控钻床、车床、镗床、磨床及齿轮加工机床等。

2. 数控加工中心

数控加工中心是在一般数控机床上加装一个刀库（一般为20～120把刀具）和自动换刀装置，构成一种带自动换刀装置的数控机床。

3. 多坐标轴数控机床

对于形状复杂的工件，如螺旋桨、飞机发动机叶片曲面等工件，使用三坐标数控机床无法加工，于是出现了多坐标轴的数控机床，其特点是控制轴数较多，机床结构较复杂。

0.3.2.2　按控制的运动轨迹分类

1. 点位控制数控机床

点位控制数控机床的特点是，具有准确的坐标位置，即能从一点准确地移动到另一点。经常采用的控制方式是当刀具或工件快速接近定位点时，先降低移动速度，然后实现准确停止。

2. 点位直线控制数控机床

点位直线控制数控机床的特点是，机床移动部件不仅要实现由一个位置到另一个位置的精确移动，而且能够实现平行于坐标轴的直线运动，可进行直线切削加工。

3. 轮廓控制数控机床

轮廓控制数控机床的特点是，能对两个或两个以上坐标方向的运动同时进行严格地连续控制，以控制移动轨迹，形成所需的斜线、曲线、曲面。

0.3.2.3　按控制方式分类

1. 开环控制数控机床

开环控制是指系统中没有检测装置，指令信号单方向传送，指令发出后，不再反馈回来的控制系统。

2. 闭环控制数控机床

采用闭环控制的数控机床，其数控装置不仅向伺服机构发出控制信号，使机床运动，而且还通过测量装置测出工作台的实际位移量，经反馈回路发出信号，送回数控装置与原数据指令值进行比较。用比较后的差值控制工作台作补充位移，直到差值消除为止。

3. 半闭环控制数控机床

半闭环控制系统不是直接测量机床工作台的位移量，而是间接测量伺服机构中执行元件（如进给传动小齿轮或滚珠丝杠）的转角，从而计算出工作台的位移量。再将计算值与原指令值进行比较，用比较后的差值进行控制，使机床作补充位移，直到差值消除为止。

0.3.2.4 按功能可分为经济型和全功能型数控机床

0.4 机床型号的编制方法

机床型号是用汉语拼音字母和阿拉伯数字按一定规律排列组成。我国现行的通用机床和专用机床的型号是按照2008年颁布的《GB/T15375—2008 金属切削机床型号编制方法》编制的。

机床型号由基本部分和辅助部分组成，中间用“/”隔开，读作“之”。前者需统一管理，后者纳入型号与否由企业自定，通用机床型号的构成如图0-1所示。

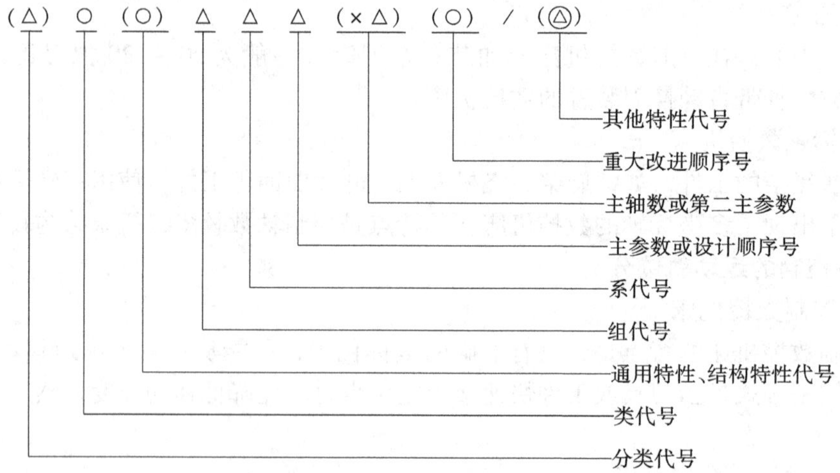

图0-1 通用机床型号的构成

注：有“（ ）”的代号或数字，当无内容时，则不表示。若有内容时应不带括号；

有“○”符号者为大写的汉语拼音字母；

有“△”符号者为阿拉伯数字；

有“◬”符号者为大写的汉语拼音字母、或阿拉伯数字、或两者兼有之。

0.4.1 通用机床型号的编制方法

通用机床的型号主要表示机床类型、特性、组别、主参数及重大改进顺序等，如型号CF6140表示最大车削直径为400mm的卧式仿形车床。

0.4.1.1 机床的类别代号

机床的类代号是用机床名称的汉语拼音的第一个大写字母表示。必要时，每一类又可分为若干分类。分类代号用阿拉伯数字表示，置于类别代号之前，居型号首位。但第一分类不予表示，如磨床类的三个分类应表示为M、2M、3M。机床的类别及分类代号见表0-1。

对于具有两类特性的机床编制时，主要特性应放在后面，次要特性应放在前面。例如：铣镗床是以镗为主、铣为辅。

0.4.1.2 通用特性代号、结构特性代号

这两种特性代号用大写的汉语拼音字母表示，位于类代号之后。

（1）通用特性代号　通用特性代号有统一的规定含义，它在各类机床的型号中表示的意义相同。

当某类型机床除有普通型外，还有表0-2所列的通用特性时，则在类代号之后加通用特性代号予以区分。如CM6132型精密卧式车床型号中的“M”表示通用特性为“精密”。如果某类型机床仅有某种通用特性，而无普通形式时，则通用特性不予表示，如C1312型单轴转塔自动车床。

表0-2　机床通用特性及其代号

通用特性	高精度	精密	自动	半自动	数控	加工中心（自动换刀）	仿形	轻型	加重型	柔性加工单元	数显	高速
代号	G	M	Z	B	K	H	F	Q	C	R	X	S
读音	高	密	自	半	控	换	仿	轻	重	柔	显	速

当在一个型号中需同时使用两至三个通用特性代号时，一般按重要程度排列顺序。通用特性代号按其相应的汉字字意读音。

（2）结构特性代号　对于主参数相同而结构、性能不同的机床，在型号中加结构特性代号予以区分。根据各类机床的具体情况，对某些结构特性代号，可以赋予一定含义。但结构特性代号与通用特性代号不同，它在型号中没有统一的含义，只在同类机床中起区分机床结构、性能不同的作用。当型号中有通用特性代号时，结构特性代号应排在通用特性代号之后。结构特性代号用汉语拼音字母表示。如CA6140型卧式车床型号中的“A”为结构特性代号，表示CA6140型卧式车床在结构上有别于C6140型卧式车床。

为避免混淆，通用特性代号已用的字母和“I、O”两个字母不能用作结构特性代号。可用作结构特性代号的字母有：A、D、E、L、N、P、T、Y，当单个字母不够用时，可将两个字母组合起来使用，如AD、AE、…等，或DA、EA、…等。

0.4.1.3 机床组、系的划分原则及其代号

（1）机床组、系的划分原则　将每类机床划分为10个组，每个组又划分为10个系（系列）。组、系划分的原则如下：

在同一类机床中，主要布局或使用范围基本相同的机床，即为同一组。

在同一组机床中，其主参数相同、主要结构及布局形式相同的机床，即为同一系。

（2）机床的组、系代号　机床的组用一位阿拉伯数字表示，位于类代号或通用特性代号、结构特性代号之后。机床的系用一位阿拉伯数字表示，位于组代号之后。例如，CA6140型卧式车床型号中的“6”说明它属于车床类6组，型号中的“1”说明它属于6组中的1系。通用机床组、系代号见附录A、B。

0.4.1.4 主参数或设计顺序号

主参数是表示机床规格大小及反映机床最大工作能力的一种参数，是以机床最大加工尺

寸或与此有关的机床部件尺寸的折算值表示，位于系代号之后。

各种型号的机床，其主参数的折算系数可以不同，一般来说，对于以最大棒料直径为主参数的自动车床、以最大钻孔直径为主参数的钻床、以额定拉力为主参数的拉床，其折算系数均为1；对于以床身上最大工件回转直径为主参数的卧式车床、以最大工件直径为主参数的绝大多数齿轮加工机床、以工作台工作面宽度为主参数的立式和卧式铣床、绝大多数镗床和磨床，其主参数的折算系数均为1/10；大型的立式车床、龙门刨床、龙门铣床的主参数折算系数均为1/100。通用机床主参数见附录B。

某些通用机床，当无法用一个主参数表示时，在型号中用设计顺序号表示。设计顺序号由1起始，当设计顺序号小于10时，由01开始编号。例如，某厂设计试制的第五种仪表磨床为刀具磨床，因该磨床无法用主参数表示，故用设计顺序号“05”表示，则此磨床的型号为M0605。

0.4.1.5 主轴数和第二主参数

（1）主轴数的表示方法　对于多轴车床、多轴钻床、排式钻床等机床，其主轴数是以实际数值列入型号，置于主参数之后，用“×”分开，读作“乘”。单轴可省略，不予表示。

（2）第二主参数的表示方法　第二主参数一般是指最大跨距、最大工件长度、最大模数、最大车削（磨削、刨削）长度及工作台工作面长度等。第二主参数一般不予表示，如有特殊情况，需在型号中表示。

在型号中表示的第二主参数，一般以折算成两位数为宜，最多不超过三位数。以长度、深度等表示的，其折算系数为1/100；以直径、宽度值等表示的，其折算系数为1/10；以厚度、最大模数值等表示的，其折算系数为1。当折算值大于1时，则取整数；当折算值小于1时，则取小数点后第一位数并在前面加“0”。

0.4.1.6 重大改进顺序号

当机床的结构、性能有更高的要求，并需按新产品重新设计、试制和鉴定时，才按改进的先后顺序选用A、B、C等汉语拼音字母（但“I”、“O”两字母不得选用），加在型号基本部分的尾部，以区别原机床型号。例如，型号CG6125B中的“B”表示CG6125型高精度卧式车床的第二次重大改进。

重大改进设计不同于完全的新设计，它是在原有机床的基础上进行改进设计，因此，重大改进后的产品与原型号的产品是一种取代关系。

凡属局部的小改进或增减某些附件、测量装置及改变装夹工件的方法等，因对原机床的结构、性能没有作重大的改变，故不属于重大改进，其型号不变。

0.4.1.7 其他特性代号

1）其他特性代号置于辅助部分之首。其中同一型号机床的变型代号，一般应放在其他特性代号之首位。

2）其他特性代号主要用以反映各类机床的特性，如：对于数控机床，可用来反映不同的控制系统等；对于加工中心，可用来反映控制系统、自动交换主轴头、自动较换工作台等；对于柔性加工单元，可用以反映自动交换主轴箱；对于一机多能机床，可用以补充表示某些功能；对于一般机床，可以反映同一型号机床的变型等。

3）其他特性代号可用汉语拼音字母（“I、O”两个字母除外）表示。其中 L 表示联动轴数，F 表示复合。当单个字母不够用时，可将两个字母组合起来使用，如：AB、AC、AD、…等，或 BA、CA、DA、…等。其他特性代号也可用阿拉伯数字表示或用阿拉伯数字和汉语拼音字母组合表示。

0.4.1.8　通用机床型号示例

例 0-1　型号 THM6350 为工作台最大宽度为 500mm 的精密卧式加工中心。

例 0-2　型号 Z5625 ×4A 为经过第一次重大改进，其最大钻孔直径为 25mm 的四轴立式排钻床。

例 0-3　型号 Z3040 ×16 为最大钻孔直径为 40mm，最大跨距为 1600mm 的摇臂钻床。

例 0-4　型号 M7150A 为工作台工作面宽度为 500mm，经第一次重大改进设计的卧轴矩台平面磨床。

例 0-5　型号 TH6340/5L 为工作台最大宽度为 400mm 的 5 轴联动卧式加工中心。

0.4.2　专用机床型号

专用机床的型号一般由设计单位代号和设计顺序号组成。型号构成如下：

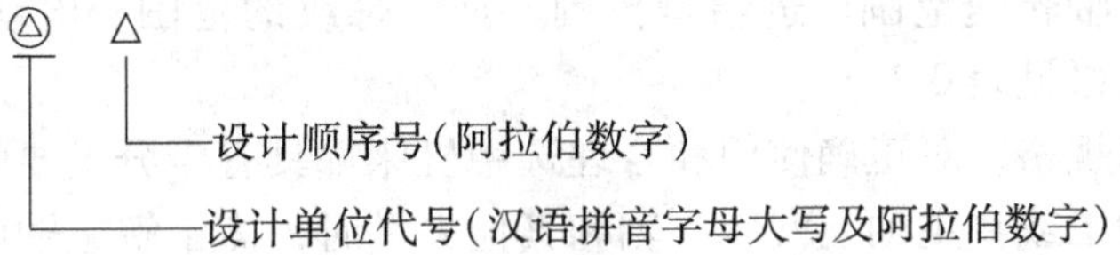

1. 设计单位代号

设计单位代号包括机床生产厂和机床研究单位代号，位于型号之首。

2. 设计顺序号

按各单位的设计顺序号排列，由 001 起始，位于设计单位代号之后，并用“—”隔开，读作“至”。

例 0-6　型号 S1—001 表示沈阳第一机床厂设计制造的第一种专用机床为专用车床。

例 0-7　型号 H—015 表示上海机床厂设计制造的第 15 种专用机床为专用磨床。

0.4.3　机床自动线的型号

机床自动线的型号表示方法如下：

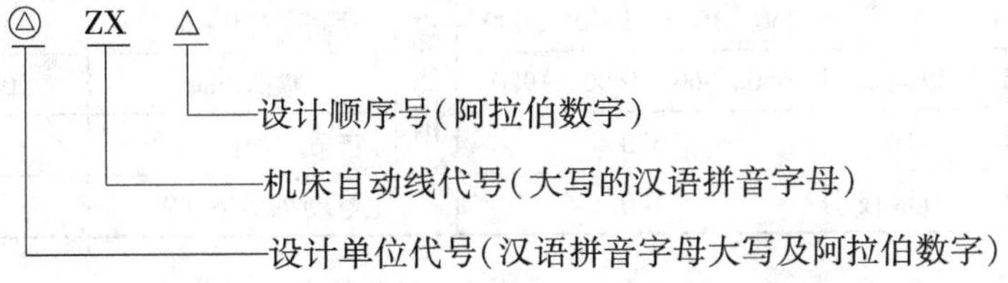

设计单位代号的排列与专用机床的设计单位代号相同。位于自动线型号的首位。

机床自动线代号，对于由通用机床或专用机床组成的机床自动线，其代号为：“ZX”（读作“自线”），位于设计单位代号之后并用“—”分开，读作“至”。

机床自动线设计顺序号的排列与专用机床的设计顺序号相同。位于机床自动线代号之后。

例 0-8　型号 JCS—ZX001 表示北京机床研究所以通用机床或专用机床为某厂设计的第一条机床自动线。

0.5　机床的技术规格及其对选用机床的意义

每一种通用机床，都应该能够加工各种不同尺寸的工件，所以，它不可能做成一种规格。国家根据机床的生产和使用情况，规定了每一种通用机床的主参数和第二主参数系列，现以卧式车床为例加以说明。

卧式车床的主参数是在床身上工件的最大回转直径，有 250、320、400、500、630、800、1000、1250 八种规格；主参数相同的卧式车床，往往又有几种不同的第二主参数——最大工件长度。例如，CA6140 型卧式车床在床身上最大回转直径为 400mm，而最大工件长度有 750、1000、1500 和 2000 四种。

卧式车床的技术规格的内容，除主参数和第二主参数外，还有刀架上最大回转直径、中心高（主轴中心至床身矩形导轨的距离）、通过主轴孔的最大棒料直径、刀架的最大行程、主轴内孔的锥度、主轴转速范围、进给量范围、加工螺纹的范围、电动机功率等。CA6140 型卧式车床的技术规格见表 0-3。

了解机床的技术规格，对正确使用和合理选用机床都具有十分重要的意义。例如，当我们使用两顶尖进行加工或在主轴上安装心轴和其他夹具时，需了解主轴内孔锥度；当采用长棒料加工时，要了解最大加工棒料直径；当需要在主轴端上安装卡盘或花盘等夹具时，需了解主轴端的外锥体或螺纹尺寸；当加工螺纹或决定切削用量时，要选择机床所具有的主轴转速和进给量，要考虑机床的电动机功率是否够用等。所以，只有结合机床的技术规格进行全面的考虑，才能达到正确使用和合理选用机床的目的。

表 0-3　CA6140 型卧式车床的主要技术规格

<table>
<tr><td rowspan="3">最大加直径/mm</td><td>在床身上</td><td>400</td><td colspan="2">主轴内孔锥度</td><td>莫氏 6 号</td></tr>
<tr><td>在刀架上</td><td>210</td><td colspan="2">主轴转速范围/($r \cdot min^{-1}$)</td><td>10 ~ 1400（24 级）</td></tr>
<tr><td>棒料</td><td>46</td><td rowspan="2">进给量范围/($mm \cdot r^{-1}$)</td><td>纵向</td><td>0.028 ~ 6.33（64 级）</td></tr>
<tr><td colspan="2">最大加工长度/mm</td><td>650、900、1400、1900</td><td>横向</td><td>0.014 ~ 3.16（64 级）</td></tr>
<tr><td colspan="2">中心高/mm</td><td>205</td><td rowspan="4">加工螺纹范围</td><td>米制/mm</td><td>1 ~ 192（44 种）</td></tr>
<tr><td colspan="2">顶尖距/mm</td><td>750、1000、1500、2000</td><td>寸制/（牙 · in^{-1}）</td><td>2 ~ 24（20 种）</td></tr>
<tr><td rowspan="3">刀架最大行程/mm</td><td>纵向</td><td>650、900、1400、1900</td><td>模数/mm</td><td>0.25 ~ 48（39 种）</td></tr>
<tr><td>横向</td><td>320</td><td>径节/（牙 · in^{-1}）</td><td>1 ~ 96（37 种）</td></tr>
<tr><td>刀具溜板</td><td>140</td><td colspan="2">主电动机功率/kW</td><td>7.5</td></tr>
</table>

本章小结

绪论简要介绍金属切削机床在我国国民经济中的地位、作用和发展史，主要介绍金属切削机床的分类，机床型号的编制方法，机床的技术规格及其对选用机床的意义等内容。学习本章后，应重点掌握机床型号的编制方法，能依据机床型号，正确判定其类型、规格大小，合理选用机床。

思考与练习题

0-1　说明下列机床型号的意义

X5032，X6132，T6112，Z3040，C1312，Y3150，CB3463－1，B2010A。

0-2　通用机床的型号包含哪些内容？

0-3　按运动轨迹可将数控机床分为几类？

0-4　数控机床按工艺用途有哪些类型？各用于什么场合？

0-5　什么是开环控制系统？它的优缺点如何？适用于什么场合？

0-6　什么是闭环控制系统？它的优缺点如何？适用于什么场合？

0-7　点位控制方式与轮廓控制方式有什么不同？各适用于什么场合？

0-8　在使用和选用机床之前，了解机床的主要技术规格有什么意义？

第1章　机床传动的基础知识

学习目标： 通过机床传动基础知识的学习，了解形成加工表面时所需的运动，理解简单成形运动和复合成形运动等基本概念，掌握机床传动形式中机械传动装置的结构特点。对机床的运动联系，应重点掌握外联系传动和内联系传动的特点，掌握机床的传动系统与运动的调整计算方法，为后续内容的学习创造良好的条件。

1.1　机床的运动

1.1.1　表面成形运动

切削加工时，刀具和工件必须做一定的相对运动，以切除毛坯上多余金属，形成一定形状、尺寸和质量的表面，从而获得所需的机械零件。刀具与工件之间这种形成加工表面的运动叫做表面成形运动，简称成形运动。如图1-1a所示，车削圆柱表面时，工件的旋转运动n和车刀平行于工件轴线方向的运动f就是机床上的成形运动；车削端面（图1-1b）时，其表面成形运动为工件的旋转运动n和车刀垂直工件轴线方向的运动f。

成形运动按切削过程中所起的作用，分为主运动和进给运动。主运动是切除工件上的被切削层，使之转变为切屑的最基本运动，如车削时工件的旋转运动；进给运动是不断地把被切削层投入切削，以逐渐切出整个工件表面的运动，如车削时刀具平行于工件轴线方向及垂直于工件轴线方向的运动都属于进给运动。主运动的速度最高，消耗的功率最大，进给运动速度较低，消耗功率也较小。任何一种机床，通常只有一个主运动，但进给运动可能有一个或多个，也可能没有。

成形运动按其组成可分为简单成形运动和复合成形运动两种。如果一个独立的成形运动，是由单独的旋转运动或直线运动构成，且各运动之间不必保持严格的相对运动关系，则称此成形运动为简单成形运动。如车削内外圆柱表面或端面时，工件的旋转运动n和刀具的直线移动f就是两个简单成形运动。如果一个独立的成形运动，是由两个或两个以上的旋转运动或（和）直线运动，并按照某种确定的运动关系组合而成，则称此成形运动为复合成形运动。如车削内外螺纹（图1-1c）时，工件的旋转运动n和刀具平行于工件轴线的直线运动f之间必须保持严格的相对运动关系，即当工件旋转一转时，车刀必须准确地移动一个螺纹导程，则工件的旋转运动和刀具的直线移动就组成了复合成形运动。

1.1.2　辅助运动

机床在加工过程中除了完成上述表面成形运动外，还需完成其他一系列运动。如刀具相对工件的横向切入运动；刀具趋近和退出工件的运动；工件和刀具的装夹、松开、转位及工件的分度等运动。这些运动为表面成形创造了条件，但与表面成形过程没有直接关系，称为辅助运动。

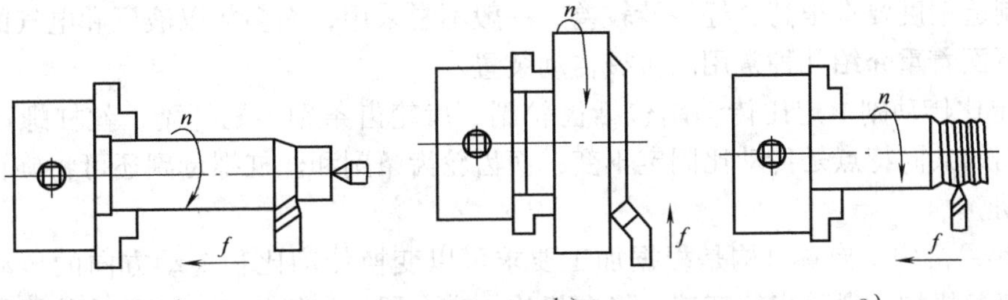

图 1-1　表面成形运动

1.2　机床的传动形式与运动联系

1.2.1　机床的传动形式

机床加工过程中所需的各种运动，是通过动力源、传动装置和执行件实现的，并具有一定的规律。

1.2.1.1　执行件

执行件是执行机床运动的部件，如主轴、刀架、工作台等。执行件用于装夹刀具或工件，并直接带动其完成一定的运动形式和保证准确的运动轨迹。

1.2.1.2　动力源

动力源是为执行件提供动力和运动的装置，常采用的动力源是三相异步电动机。

1.2.1.3　传动装置

传动装置是把动力源的动力和运动传给执行件的装置。它除了完成动力和运动的传递外，还需完成变速、变向等任务，以便使执行件完成各种运动，满足加工要求。

传动装置一般有机械、液压、电气、气压传动等。

1. 液压传动

油液经液压泵输出，再由液压元件（如控制元件）输送到执行元件，以传递动力和运动。液压传动较多地用于直线运动，其运动比较平稳，容易实现自动化，在磨床、组合机床及液压刨床等机床上应用较多。

2. 电气传动

在大型、重型机床上较多应用直流电动机、发电机组；在数字控制机床上，常用机械传动与步进电动机或电液脉冲马达、伺服电动机等联合传动，用以实现机床的无级变速等。电气传动容易实现自动控制。

3. 气压传动

气压传动是通过气动元件来传递动力和运动，其特点是易于获得高转速，易于实现自动化，但驱动力小，运动不易稳定。可用于高速内圆磨床的主运动、小型机床的进给运动以及机床上的某些辅助运动，如工件的夹紧和松开等。

4. 机械传动装置

机械传动装置分为无级变速和分级变速的传动装置，由于无级变速传动装置的变速范围小，零件制造精度要求很高、经济性较差，一般不常采用，而多数以液压和电气的无级变速所取代。下面着重介绍几种常用的机械传动装置。

（1）定比传动副　定比传动副包括齿轮副、齿轮齿条副、蜗杆副、丝杠螺母副和带传动等。它们的共同特点是传动比固定不变，而齿轮齿条副和丝杠螺母副还可将旋转运动转变为直线运动。

（2）换置机构　换置机构是根据加工要求可以变换传动比和传动方向的传动机构，如交换齿轮变速机构，滑移齿轮变速、换向机构，离合器换向机构等，统称为换置机构。

1）滑移齿轮变速组。如图1-2a所示，轴Ⅰ上装有三个固定齿轮z_1、z_2和z_3，三联滑移齿轮z_1'、z_2'和z_3'制成一体，并以花键与轴Ⅱ联接，当它分别处于左、中、右三个不同的啮合工作位置时，使传动比不同的齿轮副z_1/z_1'、z_2/z_2'、z_3/z_3'依次啮合工作。此时，如轴Ⅰ只有一种转速，则轴Ⅱ可得三种不同的转速。除三联齿轮变速组外，机床上常用的还有双联滑移齿轮变速组。滑移齿轮变速组结构紧凑，传动效率高、变速方便、能传递很大的动力，但不能在运转过程中变速，多用于机床的主要运动中。

2）离合器变速组。如图1-2b所示，轴Ⅰ上装有二个固定齿轮z_1、z_2，它们分别与空套在轴Ⅱ上的齿轮z_1'、z_2'相啮合。端面齿离合器M_1用花键与轴Ⅱ相连。当离合器M_1向左或向右移动，依次与z'_1及z'_2的端面齿相啮合时，轴Ⅰ的运动由z_1/z_1'或z_2/z_2'的不同传动比经M_1传给轴Ⅱ，如轴Ⅰ只有一种转速，则轴Ⅱ可得二种不同转速。离合器变速组变速方便，变速时齿轮不需移动，故常用于斜齿圆柱齿轮传动中，使传动平稳。另外，如将端面齿离合器换成摩擦片式离合器，则可使变速组在运转过程中变速。但这种变速的各对齿轮经常处于啮合状态，磨损较大，传动效率低。它主要用于重型机床、采用斜齿圆柱齿轮传动的变速组（端面齿离合器）以及自动、半自动机床（摩擦片式离合器）中。

3）交换齿轮变速组。交换齿轮变速组常采用一对交换齿轮（图1-2d）或两对交换齿轮（图1-2c）等两种形式。一对交换齿轮变速组的结构简单，只要在固定中心距的轴Ⅰ和轴Ⅱ上装上传动比不同，但“齿数和”相同的齿轮副A、B，则可由轴Ⅰ的一种转速，使轴Ⅱ得到不同的转速。两对交换齿轮的变速组需要有一可以绕轴Ⅱ摆动的交换齿轮架，中间轴在交换齿轮架上可做径向调整移动，并用螺栓紧固在任何径向位置上。交换齿轮a用键与主动轴Ⅰ相连，交换齿轮d用键与从动轴Ⅱ相连，而b、c交换齿轮通过一个套筒空套在中间轴上。当调整中间轴的径向位置使c、d交换齿轮正确啮合之后，则可摆动交换齿轮架使b轮与a轮也处于正确的啮合位置。因此，改变不同齿数的交换齿轮，则能起到变速的作用。交换齿轮变速组可使变速机构简单、紧凑，但变速调整费时。一对交换齿轮的变速组刚性好，多用于主运动中；两对交换齿轮的变速组由于装在交换齿轮架上的中间轴刚度较差，一般只用于进给运动以及要求保持准确运动关系的齿轮加工机床、自动和半自动车床的传动中。

4）滑移齿轮变向机构。如图1-3a所示，轴Ⅰ上装有一齿数相同的（$z_1=z_1'$）双联齿轮，轴Ⅱ上装有一花键联接的单联滑移齿轮z_2，中间轴上装有一空套齿轮z_0。当滑移齿轮z_2处于图示位置时，轴Ⅰ的运动经z_0传给齿轮z_2，使轴Ⅱ的转动方向与轴Ⅰ相同；当滑移齿轮z_2向左移动与轴Ⅰ上的z_1'齿轮直接啮合时，则轴Ⅰ的运动经z_2齿轮传给轴Ⅱ，使轴Ⅱ的转动方向与轴Ⅰ相反。这种变向机构刚度好，多用于主要运动中。

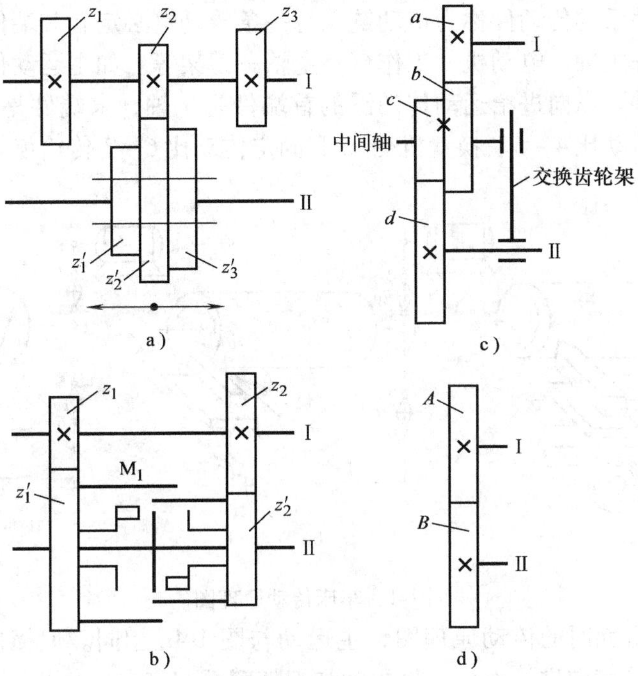

图 1-2　常用的机械分级变速组

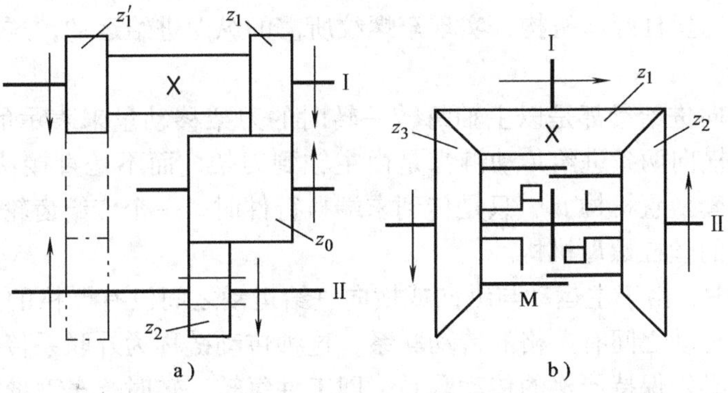

图 1-3　常用的变向机构

5）锥齿轮和端面齿离合器组成的变向机构。如图 1-3b 所示，主动轴 I 上的固定锥齿轮 z_1 直接传动空套在轴Ⅱ上的两个锥齿轮 z_2 和 z_3 朝相反的方向旋转，如将花键连接的离合器 M 依次与 z_2 及 z_3 锥齿轮的端面齿相啮合，则轴Ⅱ可得不同的两个方向的运动。这种变向机构的刚性低于圆柱齿轮组成的变向机构，多用于进给或其他辅助运动中。

1.2.2　机床的运动联系

图 1-4 为车床的传动原理图，图中用简单的符号表示具体的传动链，其中虚线表示传动链中所有的定比传动机构，菱形框表示所有的换置机构。图 1-4a 为车削外圆柱面时的传动原理图，其主运动由电动机经固定传动比 1 -2、换置机构 u_v 和固定传动比 3 -4 带动工件作旋转运动。这种由定比传动副和换置机构按一定的顺序排列，并使执行件与动力源保持传动

联系和一定的运动关系的传动件称为传动链。每一条传动链必定有首端件和末端件，这两个端件可能是电动机—主轴，电动机—工作台，主轴—刀架等。如主运动传动链的首端件是电动机，末端件是主轴。纵向进给运动传动链的首端件是主轴，末端件是刀架，该传动链中，主轴的运动经固定传动比 4－5、换置机构 u_f 和固定传动比 6－7 传给齿轮齿条机构，带动刀架作纵向进给运动。

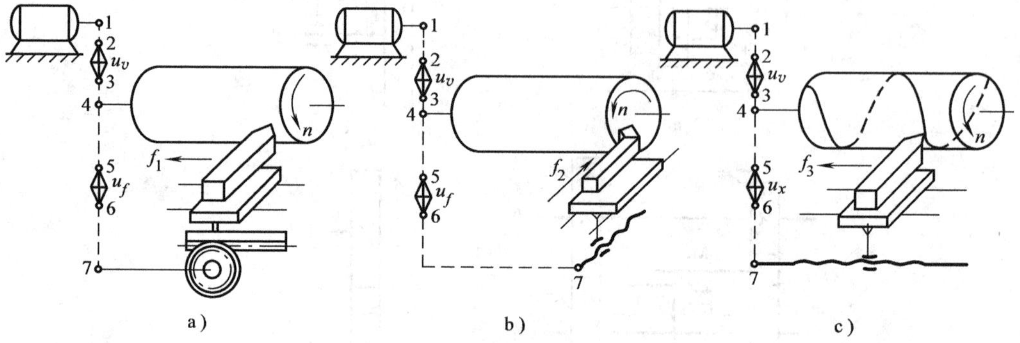

图 1-4 车床传动原理图

图 1-4b 为车削端面时的传动原理图，主运动与图 1-4a 相同。但横向进给运动是经“4－5－u_f－6－7”传给横向进给丝杠，将主轴和刀架联系起来。

图 1-4c 为车螺纹时的传动原理图，主运动也和图 1-4a 相同。但进给运动是经“4－5－u_x－6－7”传给纵向丝杠螺母机构，实现车螺纹所需的纵向进给运动，这条传动链称螺纹加工传动链。

由于纵向和横向进给量都是以主轴每转一转时的刀架移动量来表示的（其单位为 mm/r），因此，纵向和横向两条进给传动链都是由主轴到刀架，而不是直接从电动机传到刀架。两条传动链共用一套换置机构 u_f，只是传到末端执行件时，一个传给齿轮齿条机构，另一个传给实现横向进给的丝杠螺母机构。

在图 1-4a、b 中，由于主运动与纵向或横向进给运动之间没有严格的运动量要求，则不要求主运动与进给运动之间有严格的传动联系，这种传动链称为外联系传动。但加工螺纹时主运动和进给运动必须保持严格的传动联系，即工件每转一转时，车刀准确地移动工件螺纹一个导程的距离，以保证螺纹的加工精度。这种首端件与末端件之间应有严格传动联系的传动链称为内联系传动。

1.3 机床的传动系统与运动的调整计算

1.3.1 机床传动系统

机床上的每一种运动，都是通过动力源、传动装置和执行件以一定的规律组成的传动链来实现。机床有多少个运动就有多少条传动链。实现机床各个运动的所有传动链就组成一台机床的传动系统。用规定的简单符号（见附录 C）表示机床传动系统的图形，称为机床的传动系统图，如图 1-5 所示。

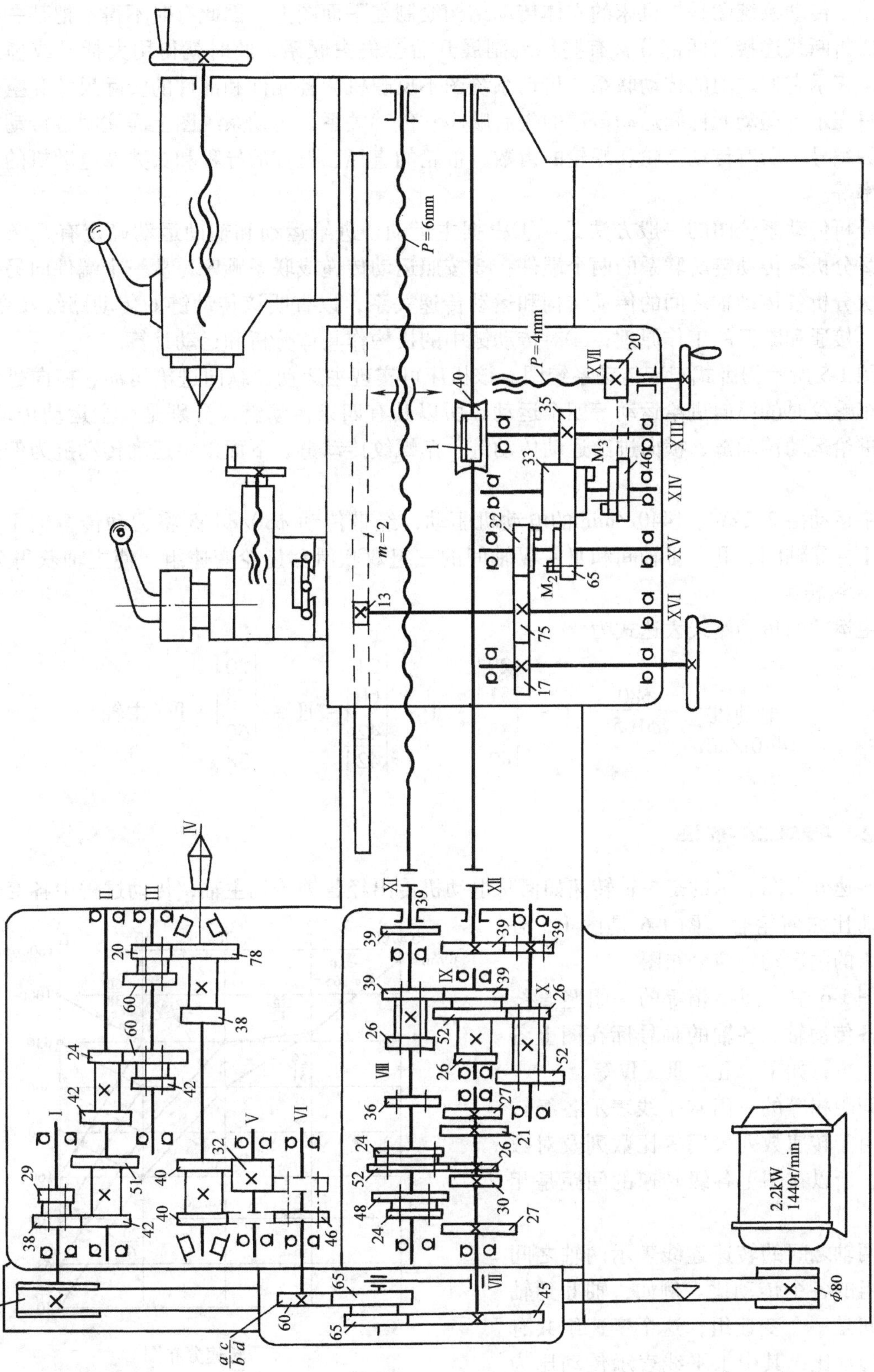

图1-5　卧式车床传动系统图

由于传动系统图是把机床的立体传动结构绘制在平面图上，因此有时不得不把某一根轴绘制成折断线连接的两部分，有些传动副展开后会失去联系，此时就得用大括号或虚线连接，以表示它们之间的传动联系。传动系统图不反映机床各元件和部件的实际尺寸和空间位置，只表示各运动元件间运动传递的先后顺序和传动关系。传动系统图上需注明各传动轴及主轴的编号、所有传动齿轮和蜗轮的齿数、带轮的直径、丝杠的导程和头数及电动机的转速和功率等。

分析传动系统图的一般方法是：①根据主运动、进给运动和辅助运动确定有几条传动链；②分析各传动链所联系的两个端件；③按照运动传递或联系顺序，从一个端件向另一端件依次分析各传动轴之间的传动结构和运动传递关系，以查明该传动链的传动路线及变速、换向、接通和断开的工作原理；④对传动链中的机构作具体分析和运动计算。

图 1-5 所示为卧式车床传动系统图。该机床可实现主运动、纵向进给运动、横向进给运动、车螺纹时的纵向进给运动等四个运动，所以其有四条传动链，分别是：主运动传动链、纵向进给运动传动链、横向进给运动传动链、车螺纹传动链。下面以主运动传动链为例进行分析。

主运动由 2.2kW、1440r/min 的电动机驱动，经带传动 $\phi80/\phi165$ 将运动传至轴Ⅰ，然后经Ⅰ－Ⅱ轴间、Ⅱ－Ⅲ轴间和Ⅲ－Ⅳ轴间的三组双联滑移齿轮变速组，使主轴获得 $2\times2\times2=8$ 级转速。

主运动的传动路线表达式为

$$\begin{matrix}\text{电动机}\\ 1440\text{r/min}\\ 2.2\text{kW}\end{matrix} - \frac{\phi80}{\phi165} - \text{Ⅰ} - \begin{vmatrix}\frac{29}{51}\\ \frac{38}{42}\end{vmatrix} - \text{Ⅱ} - \begin{vmatrix}\frac{24}{60}\\ \frac{42}{42}\end{vmatrix} - \text{Ⅲ} - \begin{vmatrix}\frac{20}{78}\\ \frac{60}{38}\end{vmatrix} - \text{Ⅳ(主轴)}$$

1.3.2 转速分布图

转速分布图表示的是主轴转速如何从电动机传出经各轴传到主轴，传动过程中各变速组的传动比如何组合。图 1-6 是图 1-5 卧式车床的主运动转速分布图。

图 1-6 中，间距相等的一组竖直线表示各传动轴，各轴的轴号标在图上各轴的上方，如Ⅰ、Ⅱ、Ⅲ、Ⅳ等。

间距相等的一组水平线表示各级转速。由于转速数列采用等比数列及对数标尺，所以在图上各级转速的间距是相等的。

两轴之间的转速连线表示两轴之间变速组的各个传动比。例如：轴Ⅱ到轴Ⅲ之间是一个变速组，这个变速组共有二挡传动比，其中水平线表示传动比为

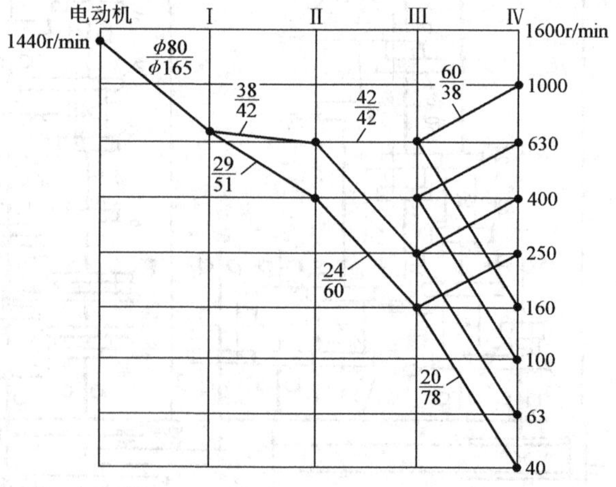

图 1-6 转速分布图

1:1；向下斜二格的一条线表示降速，其传动比为1:2.5。从转速图上可以了解到下列情况：

1）整个变速系统有四根传动轴，三个变速组。

2）从转速图上可以读出各齿轮副的传动比及各传动轴的各级转速。如图 1-6 所示，在纵平行线上，绘有一些圆点，它表示该轴有几级转速，如：Ⅲ轴上有四个小圆点，表示有四级转速。在Ⅳ轴的右边标有主轴的各级转速。

3）可以清楚地看出从电动机到主轴Ⅳ的各级转速的传动情况。例如主轴转速为 63r/min，是由电动机轴传出，经带传动$\frac{\phi 80}{\phi 165}$ – 轴Ⅰ – $\frac{38}{42}$ – 轴Ⅱ – $\frac{24}{60}$ – 轴Ⅲ – $\frac{20}{78}$ – 轴Ⅳ（主轴）。

1.3.3　机床运动的调整计算

机床运动的调整计算有两类：一是计算某一末端执行件的运动速度（如主轴转速）或位移量（如刀架或工作台的进给量）等；另一类是根据两执行件间所需保持的运动关系，计算传动链中交换齿轮的传动比并确定交换齿轮齿数。

现以图 1-5 卧式车床主运动为例进行计算。主运动传动链的传动路线见传动路线表达式。

其传动链的换置计算步骤为：

1）找首端件和末端件。

电动机—主轴

2）确定计算位移。

$n_{电动机}$（r/min）—$n_{主轴}$（r/min）

3）列运动平衡式。主运动的转速可应用下列运动平衡式的通式来计算

$$n_{主} = n_0 \times (1-\varepsilon) \times \frac{D_1}{D_2} \times \frac{z_{Ⅰ-Ⅱ}}{z'_{Ⅰ-Ⅱ}} \times \frac{z_{Ⅱ-Ⅲ}}{z'_{Ⅱ-Ⅲ}} \times \frac{z_{Ⅲ-Ⅳ}}{z'_{Ⅲ-Ⅳ}} \tag{1-1}$$

式中，$n_{主}$ 是主轴转速（r/min）；n_0 是电动机转速（r/min）；z、z'分别表示主动和从动齿轮的齿数，齿数下标表示主动和从动传动轴的轴号；D_1、D_2 分别表示主动和从动带轮的直径；ε 表示 V 带的滑动系数，$\varepsilon = 0.02$。

4）计算主轴转速。将带轮直径、主动、从动齿轮的齿数及电动机的转速代入式（1-1）中，可得 8 种转速。其中最小、最大转速分别为

$$n_{min} = 1440 \times (1-0.02) \times \frac{80}{165} \times \frac{29}{51} \times \frac{24}{60} \times \frac{20}{78}\text{r/min} \approx 40\text{r/min}$$

$$n_{max} = 1440 \times (1-0.02) \times \frac{80}{165} \times \frac{38}{42} \times \frac{42}{42} \times \frac{60}{38}\text{r/min} \approx 977\text{r/min}$$

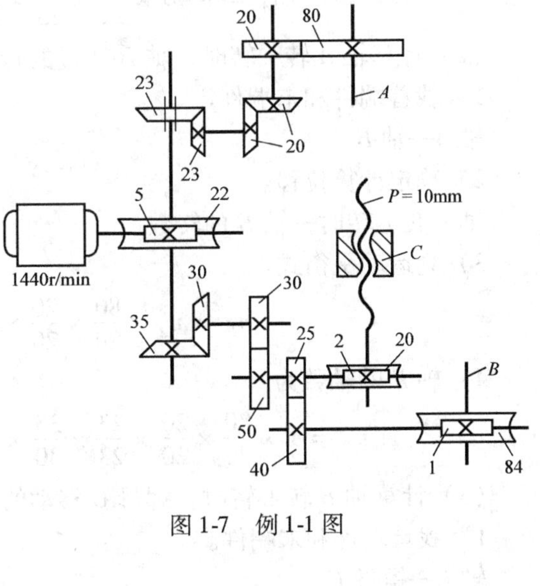

图 1-7　例 1-1 图

例 1-1　根据图 1-7 所示传动系统，试计算

（1）轴 A 的转速。

（2）轴 A 转 1 转时，轴 B 转过的转数。

（3）轴 B 转 1 转时，螺母 C 移动的距离。

解 传动路线分析

运动由 1440r/min 的电动机传出，分两条路线传至轴 A、轴 B 和螺母 C。其中：一条传动路线为：经蜗杆副$\frac{5}{22}$、齿轮副$\frac{23}{23}$、$\frac{20}{20}$、$\frac{20}{80}$传至轴 A。另一条传动路线是经蜗杆副$\frac{5}{22}$、齿轮副$\frac{35}{30}$、$\frac{30}{50}$和蜗杆副$\frac{2}{20}$传至丝杠，以带动螺母 C 移动，或经蜗杆副$\frac{5}{22}$、齿轮副$\frac{35}{30}$、$\frac{30}{50}$、$\frac{25}{40}$和蜗杆副$\frac{1}{84}$传至轴 B。其传动路线表达式如下：

$$\begin{matrix}\text{电动机}\\ 1440\text{r/min}\end{matrix} - \frac{5}{22} - \left|\begin{array}{l} \frac{23}{23} - \frac{20}{20} - \frac{20}{80} - \text{轴}\ A \\ \frac{35}{30} - \frac{30}{50} - \left|\begin{array}{l} \frac{2}{20} - \text{丝杠(螺母}\ C) \\ \frac{25}{40} - \frac{1}{84} - \text{轴}\ B \end{array}\right. \end{array}\right.$$

（1）计算轴 A 的转速

1）找首端件和末端件。

电动机—轴 A

2）确定计算位移。

$n_{电动机}$（r/min）—— n_A（r/min）

3）列运动平衡式。

$$n_A = n_{电动机} \times \frac{5}{22} \times \frac{23}{23} \times \frac{20}{20} \times \frac{20}{80}$$

4）轴 A 的转速为

$$n_A = 1440 \times \frac{5}{22} \times \frac{23}{23} \times \frac{20}{20} \times \frac{20}{80}\text{r/min} \approx 81.8\text{r/min}$$

（2）计算轴 A 转 1 转时，轴 B 转过的转数

1）找首端件和末端件。

轴 A—轴 B

2）确定计算位移。

轴 A 转 1 转时—轴 B 的转数

3）列运动平衡式。

$$n_B = n_A \times \frac{80}{20} \times \frac{20}{20} \times \frac{23}{23} \times \frac{35}{30} \times \frac{30}{50} \times \frac{25}{40} \times \frac{1}{84}$$

4）轴 B 的轴数为

$$n_B = 1 \times \frac{80}{20} \times \frac{20}{20} \times \frac{23}{23} \times \frac{35}{30} \times \frac{30}{50} \times \frac{25}{40} \times \frac{1}{84}\text{r/min} \approx 0.021\text{r/min}$$

（3）计算轴 B 转 1 转时，螺母 C 移动的距离

1）找首端件和末端件。

轴 B—螺母 C

2）确定计算位移。

轴 B 转 1 转时—螺母 C 的移动距离 L_C（mm）

3）列运动平衡式。

$$L_C = n_B \times \frac{84}{1} \times \frac{40}{25} \times \frac{2}{20} \times p$$

4）螺母 C 的移动距离为

$$L_C = 1 \times \frac{84}{1} \times \frac{40}{25} \times \frac{2}{20} \times 10\text{mm} = 134.4\text{mm}$$

本章小结

本章主要介绍机床传动的基础知识，内容包括表面成形运动、辅助运动、机床的传动形式和运动联系、机床传动系统、转数分布图和机床运动的调整计算等。学习本章后，应熟悉机床的运动，深入了解简单成形运动、复合成形运动、内联系传动和外联系传动等，掌握分析机床传动系统图的方法和进行机床运动的调整计算步骤及方法。

思考与练习题

1-1　举例说明何谓简单运动？何谓复合运动？其本质区别是什么？

1-2　画简图表示用下列方法加工所需表面时，需要哪些成形运动？其中哪些是简单运动？哪些是复合运动？

(1)　用成形车刀车削圆锥面。

(2)　用尖头车刀纵、横向同时进给车外圆锥面。

(3)　用钻头钻孔。

(4)　用拉刀拉削圆柱孔。

(5)　用成形铣刀铣直齿圆柱齿轮。

1-3　根据图 1-8 所示的传动系统，作下列各题

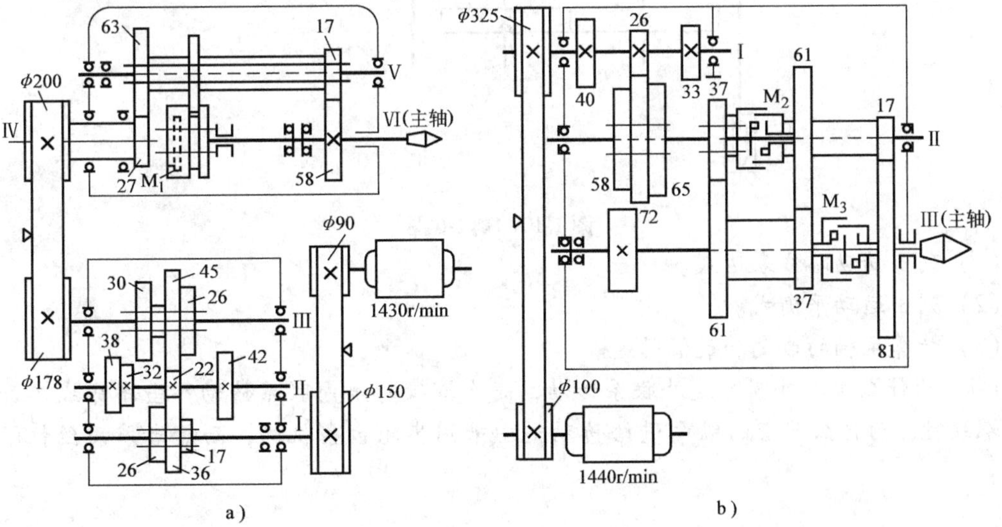

图 1-8　题 1-3 图

（注：图 1-8 中 M_1 为齿轮式离合器，M_2、M_3 为齿式离合器）

（1）列出传动路线表达式。

（2）分析主轴的转速级数。

（3）计算主轴的最高、最低转速。

1-4 传动系统如图 1-9 所示，如要求工作台移动 $L_{工}$（单位 mm）时，主轴转 1 转，试导出换置机构 $\frac{a}{b}\times\frac{c}{d}$ 的换置公式。

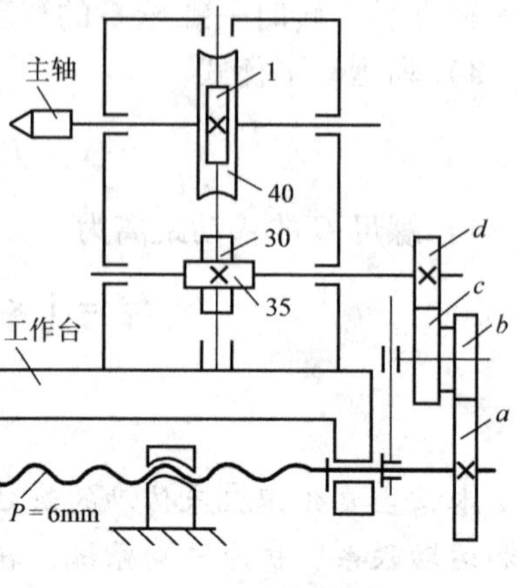

图 1-9 题 1-4 图

1-5 举例说明何谓外联系传动链？何谓内联系传动链？其本质区别是什么？对这两种传动链有何不同要求？

1-6 某立式钻床的主传动系统如图 1-10 所示，要求

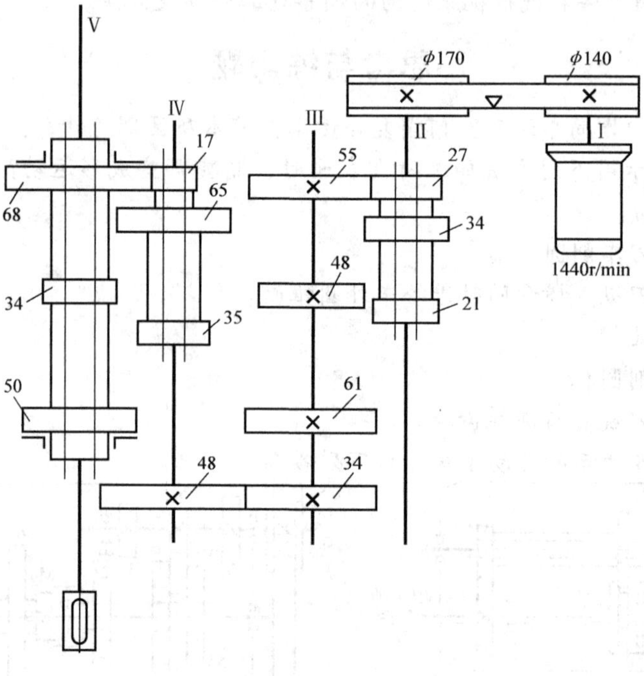

图 1-10 题 1-6 图

（1）列出传动路线表达式。

（2）列出运动平衡式。

（3）计算主轴的最高和最低转速。

1-7 为什么纵车外圆时是外联系传动，而车螺纹时是内联系传动？当车床纵车外圆及车削螺纹时，为什么前者的纵向进给传动链中采用齿轮齿条机构，而后者采用丝杠螺母机构？

第2章 车 床

学习目标：通过第2章的学习，了解车床的用途、运动、分类、CA6140型卧式车床的工艺范围和主要组成部件。详细分析CA6140型卧式车床的主运动传动链、进给运动传动链，进一步掌握分析计算机床传动系统的方法。对CA6140型卧式车床主要部件的结构，应重点掌握摩擦离合器和制动器、安全离合器、开合螺母的结构与调整，搞清纵、横向机动进给操纵机构的工作原理。

2.1 车床的用途、运动和分类

2.1.1 车床的用途和运动

2.1.1.1 车床的用途

车床主要用于车削加工。在车床上可以加工内外圆柱面、圆锥面和成形回转表面；也可以车削端面和车环槽，加工各种常用的米制、寸制、模数制和径节制螺纹等。

在一般机器制造厂中，车床在金属切削机床中所占的比重最大，约占金属切削机床总台数的20%～35%。由此可见，车床的应用很广泛，而卧式车床总台数占车床类机床的60%左右。

如图2-1所示，在车床上使用的刀具，主要是各种车刀，有些车床还可以使用各种孔加工刀具（如钻头、扩孔钻、铰刀等）和螺纹刀具（丝锥、板牙等）进行加工。为了加工出所要求的工件表面，刀具和工件必须实现一系列的运动。

2.1.1.2 车床的运动

1. 表面成形运动

（1）主运动　车床的主运动是工件的旋转运动，其运动速度的大小常用转速n（r/min）表示。主运动速度高，消耗功率大。

（2）进给运动　车床的进给运动分为纵向、横向及车螺纹进给运动。①刀具平行于工件旋转轴线的运动为纵向进给运动，以实现圆柱表面车削。②刀具垂直于工件旋转轴线的运动为横向进给运动，以实现端面车削。③刀具也可做与工件旋转轴线成一定角度方向的斜向运动或做曲线运动，以实现圆锥表面或成形回转表面车削。进给运动的大小常以进给量f（mm/r）表示。④刀具平行于工件旋转轴线运动，并与工件旋转保持严格运动关系，此运动为车螺纹进给运动。进给运动速度较低，所消耗功率也较少。

2. 辅助运动

车床的辅助运动有刀具的切入运动，工件的分度、调位及其他各种空行程运动（如装卸、开车、停车、快速趋近—退回）等。切入运动通常与进给运动方向相垂直，在卧式车床上由操作者移动刀架来完成。

为了减轻劳动强度和节省移动刀架所耗费的时间，有些车床还具有由单独电动机驱动的刀架纵向及横向的快速移动。重型车床还有尾座的机动快速移动等。

2.1.2 车床的分类

车床的种类很多，按其用途和结构的不同，主要可分为下列几类：

卧式车床、立式车床、转塔车床、多刀车床、仿形车床、单轴自动车床、多轴自动车床及多轴半自动车床。

此外，还有各种专门化车床，如凸轮轴车床、铲齿车床、曲轴车床、车轮车床等。

2.2 CA6140 型卧式车床的工艺范围和主要组成部件

CA6140 型车床是我国设计制造的典型卧式车床，在机械制造类工厂中使用极为广泛。近年来沈阳第一机床厂又在此型机床的基础上，开发出新的先进的系列产品。

2.2.1 工艺范围

CA6140 型卧式车床的工艺范围很广，它能完成多种多样的加工工序：加工各种轴类、套筒类和盘类零件上的回转表面，如车削内外圆柱面、圆锥面、环槽及成形回转面；车削端面及各种常用螺纹；可以进行钻孔、扩孔、铰孔和滚花等工作。图 2-1 为车床上所能加工的各种典型表面。

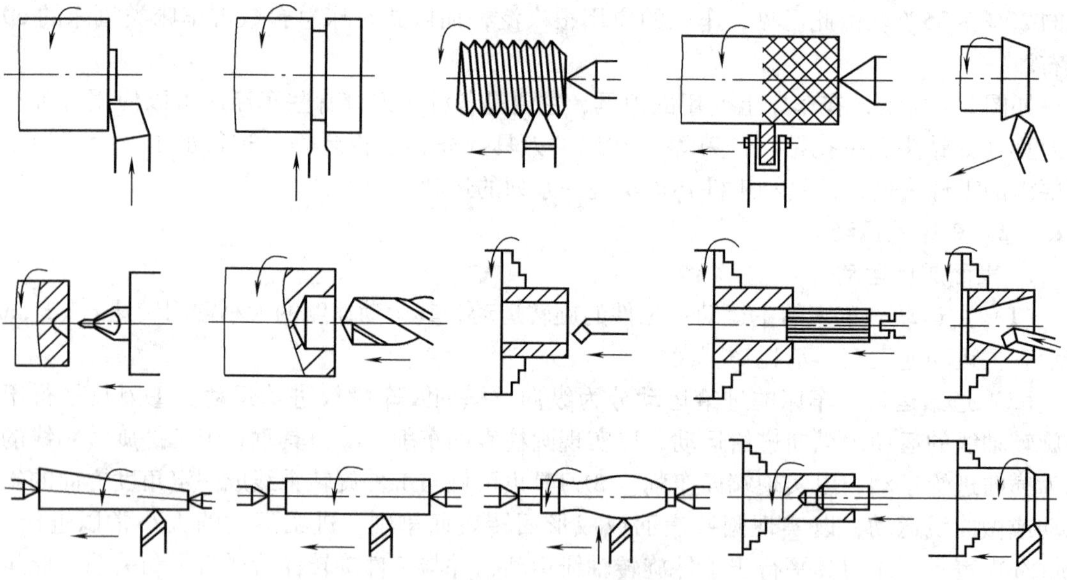

图 2-1 卧式车床所能加工的典型表面

CA6140 型卧式车床的万能性较大，但结构较复杂而且自动化程度低，在加工形状比较复杂的工件时，换刀较麻烦，加工过程中的辅助时间较多，所以，适用于单件、小批生产及修理车间等。

2.2.2 主要组成部件

机床的总布局就是机床各主要部件之间的相互位置关系，以及它们之间的相对运动关系。CA6140 型卧式车床的加工对象主要是轴类零件和直径不大的盘类零件，故采用卧式布局。为适应操作者用右手操纵的习惯和便于观察、测量，主轴箱布置在左端。图 2-2 是 CA6140 型卧式车床的外形图。机床主要组成部件如下。

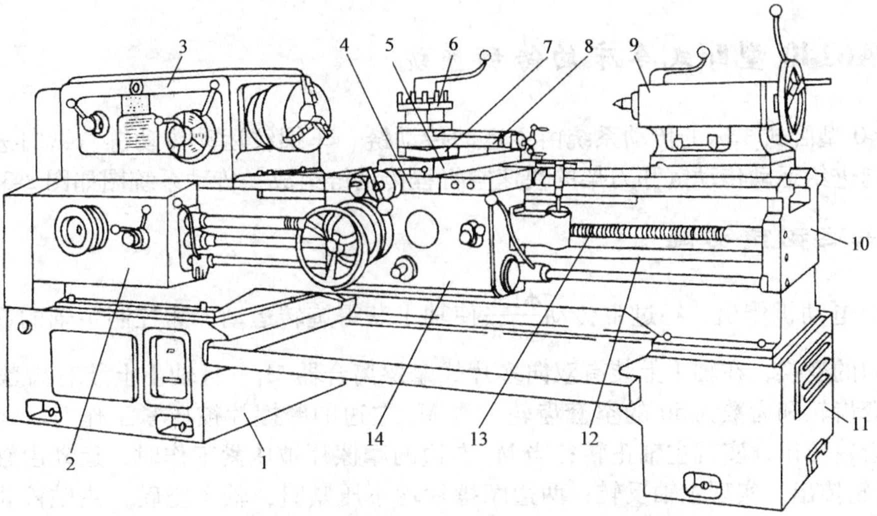

图 2-2　CA6140 型卧式车床的外形

1、11—床腿　2—进给箱　3—主轴箱　4—床鞍　5—中滑板　6—刀架　7—回转盘　8—小滑板　9—尾座　10—床身　12—光杠　13—丝杠　14—溜板箱

2.2.2.1 主轴箱

主轴箱 3 固定在床身 10 的左端。其内装有主轴和变速、换向机构，由电动机经变速机构带动主轴旋转，实现主运动，并获得所需转速及转向。主轴前端可安装三爪自定心卡盘、四爪单动卡盘等通用夹具和专用夹具，用以装夹工件。

2.2.2.2 进给箱

进给箱 2 固定在床身 10 的左前侧。进给箱是进给运动传动链中主要的传动比变换装置，它的功用是调节被加工螺纹的导程、机动进给的进给量和改变进给运动的方向。

2.2.2.3 溜板箱

溜板箱 14 固定在床鞍 4 的底部，可带动刀架一起作纵向运动。溜板箱的功用是将进给箱传来的运动传递给刀架，使刀架实现纵向进给、横向进给、快速移动或车螺纹。在溜板箱上装有各种操纵手柄及按钮，可以方便地操作机床。

2.2.2.4 床鞍

床鞍 4 位于床身 10 的中部，可带动中滑板 5、回转盘 7、小滑板 8 和刀架 6 沿床身上的导轨作纵向进给运动。

2.2.2.5 尾座

尾座 9 安装于床身 10 的尾座导轨上。其上的套筒可安装顶尖，以便支承较长工件的一端；也可装夹钻头、铰刀等孔加工刀具，对工件进行加工，此时可摇动手轮使套筒轴向移动，以实现纵向进给。尾座可沿床身顶面的一组导轨（尾座导轨）做纵向调整移动，然后夹紧在所需要的位置上，以适应加工不同长度工件的需要。尾座还可以相对其底座沿横向调整位置，以车削较长且锥度较小的外圆锥面。

2.2.2.6 床身

床身 10 固定在左床腿 1 和右床腿 11 上。床身是车床的基本支承件。车床的各个主要部件均安装于床身上，并保持各部件间具有准确的相对位置。

2.3 CA6140 型卧式车床的传动系统

CA6140 型卧式车床的传动系统由主运动传动链、车螺纹运动传动链、纵向进给运动传动链、横向进给运动传动链和刀架的快速空行程传动链组成，传动系统图如图 2-3 所示。

2.3.1 主运动传动链

运动由电动机传出，经过带传动$\frac{\phi130}{\phi230}$使轴 I 获得旋转运动。为控制主轴的起动、停止及旋转方向的变换，在轴 I 上装有双向多片式摩擦离合器 M_1。且轴 I 上装有齿数为 56、51 的双联空套齿轮和齿数为 50 的空套齿轮。当 M_1 左边的摩擦片被压紧工作时，运动由轴 I 上的双联齿轮传出，实现主轴正转；当 M_1 右边的摩擦片被压紧工作时，运动由轴 I 上齿数为 50 的齿轮传出，实现主轴反转；两边摩擦片均不压紧时，轴 I 空转，主轴停止转动。轴 I 的运动经 M1 和双联滑移齿轮变速组传至轴Ⅱ，使轴Ⅱ获得 2 种正转转速；经 M_1 和$\frac{50}{34}\times\frac{34}{30}$传至轴Ⅱ，使轴Ⅱ获得 1 种反转转速，由此可知，反转转速级数为正转转速级数的一半。轴Ⅱ的运动经三联滑移齿轮变速组，即：齿轮副$\frac{39}{41}$、$\frac{22}{58}$、$\frac{30}{50}$传到轴Ⅲ使轴Ⅲ获得 6 种正转转速。运动传到轴Ⅲ后，经过两条不同的传动路线传递，一条是高速传动路线，即主轴上带内齿的 $z=50$ 的滑移齿轮处于图示位置时，轴Ⅲ的运动经齿轮副$\frac{63}{50}$直接传给主轴使主轴获得 6 级高转速；当 $z=50$ 的齿轮处于右边位置（右移）使 M_2 接合工作时，轴Ⅲ的运动经齿轮副$\frac{20}{80}$或$\frac{50}{50}$传到轴Ⅳ，再经齿轮副$\frac{20}{80}$或$\frac{51}{50}$传到轴Ⅴ，然后经齿轮副$\frac{26}{58}$传给主轴Ⅵ，使主轴得中、低挡转速。

为便于分析机床的传动路线，常用传动路线表达式（又称传动结构式）来表示机床的传动路线。

2.3.1.1 主运动传动路线表达式

$$\begin{array}{c}\text{电动机}\\(1450\text{r/min})\\7.5\text{kW}\end{array} - \frac{\phi130}{\phi230} - \text{I} - \left|\begin{array}{l} \begin{array}{c}M_1(\text{左})\\(\text{正转})\end{array} - \left|\begin{array}{c}\frac{56}{38}\\ \frac{51}{43}\end{array}\right| \text{------------} \\ \begin{array}{c}M_1(\text{右})\\(\text{反转})\end{array} - \left|\frac{50}{34}\right| - \text{VII} - \left|\frac{34}{30}\right| \end{array}\right| - \text{II} - \left|\begin{array}{c}\frac{22}{58}\\ \frac{30}{50}\\ \frac{39}{41}\end{array}\right| - \text{III} -$$

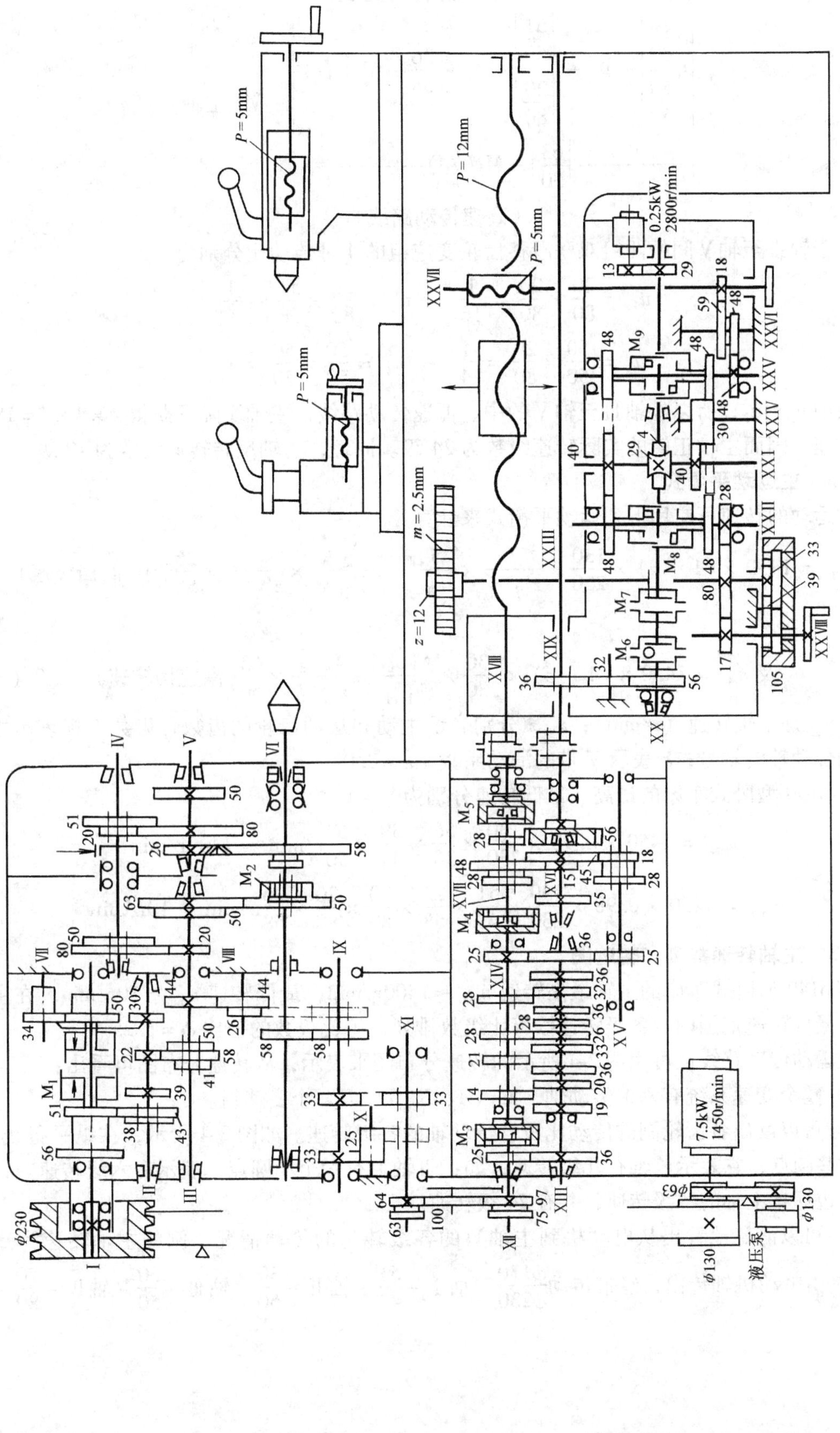

图2-3 CA6140型卧式车床的传动系统图

（中、低速传动路线）

$$\left|\begin{array}{l} \left|\begin{array}{c}\frac{20}{80}\\ \frac{50}{50}\end{array}\right| - \text{Ⅳ} - \left|\begin{array}{c}\frac{51}{50}\\ \frac{20}{80}\end{array}\right| - \text{Ⅴ} - \frac{26}{58} - M_2(\text{右}) \\ \text{-------------} \left|\frac{63}{50}\right| - M_2(\text{左})\text{-------------} \end{array}\right| - \text{Ⅵ}(\text{主轴})$$

（高速传动路线）

由于轴Ⅲ至轴Ⅴ间的两组双联滑移齿轮变速组的4种传动比分别为

$$u_1 = \frac{20}{80} \times \frac{20}{80} = \frac{1}{16} \qquad u_2 = \frac{20}{80} \times \frac{51}{50} \approx \frac{1}{4}$$

$$u_3 = \frac{50}{50} \times \frac{20}{80} = \frac{1}{4} \qquad u_4 = \frac{50}{50} \times \frac{50}{50} = 1$$

其中 $u_2 \approx u_3$，所以经轴Ⅲ至轴Ⅴ的中、低速传动路线，主轴实际只获得 $2 \times 3 \times 3 = 18$ 级正转转速，因而主轴正转的实际转速级数为24级。同理，主轴反转转速级数为12级。

2.3.1.2　主运动平衡式

主运动的转速可应用下列运动平衡式来计算

$$n_{主} = 1450 \times (1-\varepsilon) \times \frac{130}{230} \times \frac{z_{\text{Ⅰ-Ⅱ}}}{z'_{\text{Ⅰ-Ⅱ}}} \times \frac{z_{\text{Ⅱ-Ⅲ}}}{z'_{\text{Ⅱ-Ⅲ}}} \times \frac{z_{\text{Ⅲ-Ⅳ}}}{z'_{\text{Ⅲ-Ⅳ}}} \times \frac{z_{\text{Ⅳ-Ⅴ}}}{z'_{\text{Ⅳ-Ⅴ}}} \times \frac{26}{58}(\text{中、低挡转速}) \tag{2-1}$$

$$\text{及}\ n_{主} = 1450 \times (1-\varepsilon) \times \frac{130}{230} \times \frac{z_{\text{Ⅰ-Ⅱ}}}{z'_{\text{Ⅰ-Ⅱ}}} \times \frac{z_{\text{Ⅱ-Ⅲ}}}{z'_{\text{Ⅱ-Ⅲ}}} \times \frac{63}{50}(\text{高速挡转速}) \tag{2-2}$$

式中，$n_{主}$ 是主轴转速（r/min）；z、z' 分别表示主动和从动齿轮的齿数，齿数下标表示主动和从动传动轴的轴号；ε 表示V带的滑动系数，$\varepsilon = 0.02$。

CA6140型卧式车床的最高、最低转速分别为

$$n_{max} = 1450 \times 0.98 \times \frac{130}{230} \times \frac{56}{38} \times \frac{39}{41} \times \frac{63}{50}\text{r/min} \approx 1400\text{r/min}$$

$$n_{min} = 1450 \times 0.98 \times \frac{130}{230} \times \frac{51}{43} \times \frac{22}{58} \times \frac{20}{80} \times \frac{20}{80} \times \frac{26}{58}\text{r/min} \approx 10\text{r/min}$$

2.3.1.3　主轴转速数列和转速图

CA6140型卧式车床的主轴最高转速 $n_{max} \approx 1400\text{r/min}$，最低转速 $n_{min} \approx 10\text{r/min}$。在主轴最高及最低转速范围内，各级转速按等比级数排列，等比级数的公比 $\phi = 1.25$。

主运动传动路线也可用图2-4所示的转速分布图来表示，从转速分布图可看出：

1）整个变速系统有六根传动轴，四（A、B、C、D）个变速组。

2）可以读出各齿轮副的传动比及各传动轴的各级转速。如图2-4所示，在纵平行线上，绘有一些圆点，它表示该轴有几级转速，如：Ⅲ轴上有六个小圆点，表示有六级转速。在Ⅵ轴的右边标有主轴的各级转速，共有24级转速。

3）可以清楚地看出从电动机到主轴Ⅵ的各级转速的传动情况。例如主轴转速为63r/min，是由电动机轴传出，经带传动 $\frac{\phi130}{\phi230}$ – 轴Ⅰ – $\frac{51}{43}$ – 轴Ⅱ – $\frac{30}{50}$ – 轴Ⅲ – $\frac{50}{50}$ – 轴Ⅳ – $\frac{20}{80}$ – 轴

$Ⅴ-\frac{26}{58}-Ⅵ$（主轴）。

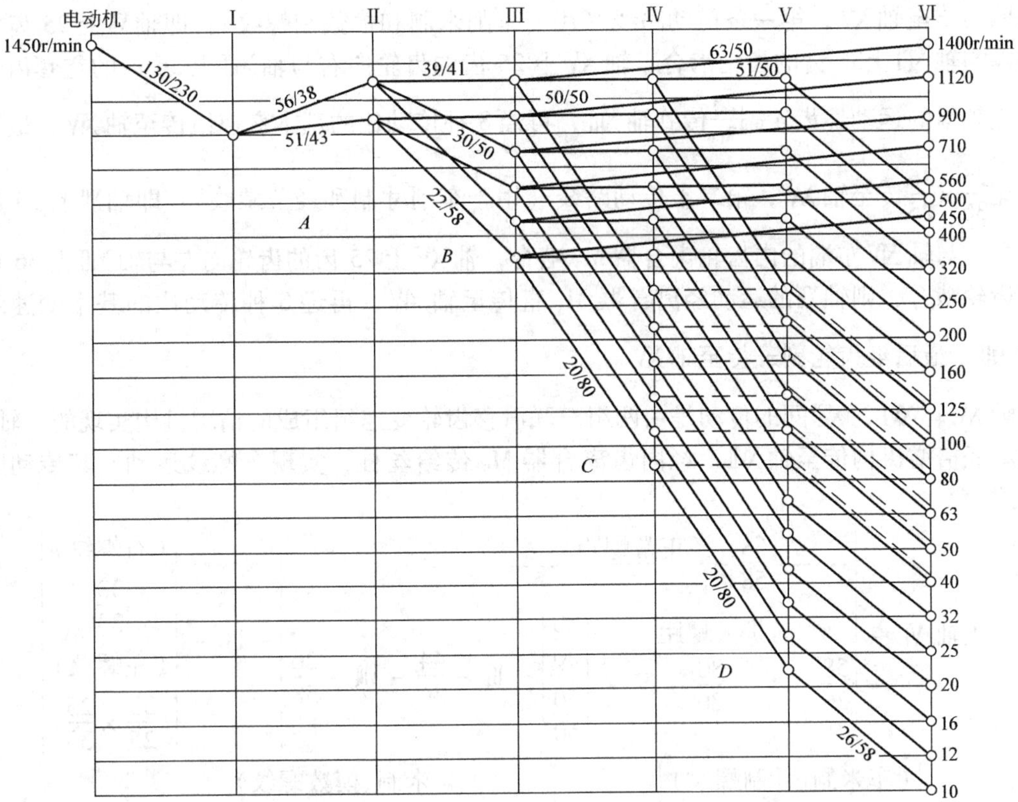

图 2-4 CA6140 型卧式车床主传动系统的转速分布图

2.3.2 进给运动传动链

进给运动传动链是实现刀架纵向或横向运动的传动链。进给运动的动力来源也是电动机。运动由电动机经主运动传动链、主轴、进给运动传动链至刀架，使刀架实现机动的纵向进给、横向进给或车螺纹运动。由于进给量及螺纹的导程是以主轴每转过一转时刀架的移动量来表示的，因此，该传动链的两个末端元件分别是主轴和刀架。

2.3.2.1 车螺纹时的传动路线表达式

车螺纹传动路线中，运动从主轴Ⅵ传出，可经过二条路线传至轴Ⅸ，一条是经齿轮副$\frac{58}{58}$传至轴Ⅸ，车削正常螺距螺纹，即主轴转一转，轴Ⅸ也转一转；另一条是扩大螺距路线，即主轴转一转，轴Ⅸ可转 4 转或 16 转，其传动比为 4 或 16，这时所车削螺纹的导程被加大。轴Ⅸ的运动经$\frac{33}{33}$或$\frac{33}{25}\times\frac{25}{33}$的变向机构传至轴Ⅺ，其用途是车削右螺纹或左螺纹。轴Ⅺ、轴Ⅻ之间的交换齿轮是用于车削米制、寸制、模数制或径节制螺纹时的配换交换齿轮，一组为$\frac{63}{100}\times\frac{100}{75}$，用于车削米制和寸制螺纹；一组为$\frac{64}{100}\times\frac{100}{97}$，用于车削模数和径节螺纹；一组为

$\frac{a}{b}\times\frac{c}{d}$交换齿轮，根据需要进行配换，用于车削非标准的和较精密的螺纹。轴XII的运动可经二条路线传至轴XV，第一条传动路线（用于车削米制和模数制螺纹）：即轴XII上25齿的齿轮向左与轴XIII上36齿的齿轮啮合，轴XV上25齿的齿轮向右与轴XIII上36齿的空套齿轮啮合，则轴XII的运动经齿轮副$\frac{25}{36}$传到轴XIII，再经8种传动比的基本变速组传至轴XIV，最后经齿轮副$\frac{25}{36}\times\frac{36}{25}$传至轴XV；第二条传动路线（用于车削寸制和径节螺纹）：即轴XII上25齿的齿轮向右与轴XIV左端的内齿轮离合器M_3啮合，轴XV上25齿的齿轮向左与轴XIII上36齿的固定齿轮啮合，则轴XII的运动经离合器M_3直传至轴XIV，再经8种传动比的基本变速组传至轴XIII，最后经齿轮副$\frac{36}{25}$传至轴XV。

轴XV、XVI、XVII间的传动是由两组双联滑移齿轮变速组组成的倍增机构实现的。轴XV的运动经倍增机构传至轴XVII，经内齿离合器M_5传给丝杠，实现车螺纹运动。其传动路线表达式为

$$\text{主轴 VI} - \left|\begin{array}{c} \frac{58}{58}\ \text{(正常螺距)} \\ \text{(扩大螺距)} \\ \frac{58}{26} - \text{V} - \frac{80}{20} - \text{IV} - \left|\begin{array}{c}\frac{80}{20}\\ \frac{50}{50}\end{array}\right| - \text{III} - \frac{44}{44} - \text{VIII} - \frac{26}{58}\end{array}\right| - \text{IX} - \left|\begin{array}{c}\text{(右螺纹)}\\ \frac{33}{33}\\ \text{(左螺纹)}\\ \frac{33}{25}\times\frac{25}{33}\end{array}\right|$$

$$- \text{XI} - \left|\begin{array}{c}\text{(车米制、寸制螺纹)}\\ \frac{63}{100} - \frac{100}{75}\\ \text{(车模数、径节螺纹)}\\ \frac{64}{100} - \frac{100}{97}\end{array}\right| - \text{XII} - \left|\begin{array}{c}\text{(米制、模数螺纹)}\\ \frac{25}{36} - \text{XIII} - u_{\text{基}} - \text{XIV} - \frac{25}{36}\times\frac{36}{25}\\ \text{(寸制、径节螺纹)}\\ M_3\text{(右)} - \text{XIV} - \frac{1}{u_{\text{基}}} - \text{XIII} - \frac{36}{25}\end{array}\right| - \text{XV} -$$

$$u_{\text{倍}} - \text{XVII} - M_5\text{(右)} - \text{丝杠 XVIII(刀架)}$$

$$u_{\text{基}} = \frac{26}{28}、\frac{28}{28}、\frac{32}{28}、\frac{36}{28}、\frac{19}{14}、\frac{20}{14}、\frac{33}{21}、\frac{36}{21}\ \text{即}\left(\frac{6.5}{7}、\frac{7}{7}、\frac{8}{7}、\frac{9}{7}、\frac{9.5}{7}、\frac{10}{7}、\frac{11}{7}、\frac{12}{7}\right)$$

$$\frac{1}{u_{\text{基}}} = \frac{28}{26}、\frac{28}{28}、\frac{28}{32}、\frac{28}{36}、\frac{14}{19}、\frac{14}{20}、\frac{21}{33}、\frac{21}{36}$$

$$u_{\text{倍}} = \frac{18}{45}\times\frac{15}{48} = \frac{1}{8};\frac{28}{35}\times\frac{15}{48} = \frac{1}{4};\frac{18}{45}\times\frac{35}{28} = \frac{1}{2};\frac{28}{35}\times\frac{35}{28} = 1$$

2.3.2.2 车螺纹时的运动平衡式

车削各种不同螺距的螺纹时，主轴与刀具之间必须保持严格的运动关系，即：主轴每转一转，刀具应严格地移动1个导程$L_{\text{工}}$（被加工螺纹的导程）的距离。由此可列出其运动平衡式为

$$L_{\text{工}} = 1_{(\text{主轴})}\times u_{\text{固}}\times u_x\times L_{\text{丝}} \qquad (2\text{-}3)$$

式中，$u_{\text{固}}$是主轴至丝杠之间的固定传动比；u_x是主轴至丝杠之间换置机构的可变传动比；

$1_{(主轴)}$是指主轴为1转时；$L_{丝}$ 是机床丝杠的导程，CA6140型车床的 $L_{丝}=P=12\text{mm}$；$L_{工}$ 是被加工螺纹的导程（mm）。

CA6140型卧式车床可以加工米制、寸制、模数制及径节制螺纹。由于机床的纵向丝杠是米制螺纹，其 $L_{丝}=P=12\text{mm}$，因此，必须根据被加工螺纹的导程（或螺距），通过其运动平衡式来调整传动链中的 u_x，才能车出所需的螺纹。

四种螺纹的螺距参数及其与螺距、导程的换算关系见表2-1。

表2-1 螺距参数及其与螺距、导程的换算关系

螺纹种类	螺距参数	螺距/mm	导程/mm
米制	螺距 P/mm	P	$L=kP$
模数制	模数 m/mm	$P_m=\pi m$	$L_m=kP_m=k\pi m$
寸制	每英寸牙数 a/（牙·in^{-1}）	$P_a=\frac{25.4}{a}$	$L_a=kP_a=\frac{25.4k}{a}$
径节制	径节 DP/（牙·in^{-1}）	$P_{DP}=\frac{25.4}{DP}\pi$	$L_{DP}=kP_{DP}=\frac{25.4k}{DP}\pi$

注：表中 k 为螺纹线数。

1. 车削米制螺纹的运动平衡式

根据传动系统图或传动链的传动路线表达式，可列出车米制螺纹时的运动平衡式为

$$L=kP=1\times\frac{58}{58}\times\frac{33}{33}\times\frac{63}{100}\times\frac{100}{75}\times\frac{25}{36}\times u_{基}\times\frac{25}{36}\times\frac{36}{25}\times u_{倍}\times 12$$

化简后得

$$L=kP=7u_{基}u_{倍} \tag{2-4}$$

式中，$u_{基}$ 是基本螺距变换机构的可变传动比；$u_{倍}$ 是倍增机构的可变传动比。

将 $u_{基}$、$u_{倍}$ 的不同值分别代入上式，可得32种米制螺纹导程值，但其中符合标准的只有20种，如表2-2所列。

从表2-2可看出，各纵行螺距（或导程）按等比数列排列（其公比为2），各横行螺距按等差数列排列。因此，在进给箱中应该有一个能得到等差数列的变速组，这个变速组称基本变速组（轴XⅢ至轴XⅣ间）；另外还应有一个能得到公比为2的等比数列的变速组，这个变速组称倍增组，其值如前所述。

表2-2 CA6140型卧式车床的米制螺纹表

$u_{基}$ / L/mm / $u_{倍}$	$\frac{26}{28}$	$\frac{28}{28}$	$\frac{32}{28}$	$\frac{36}{28}$	$\frac{19}{14}$	$\frac{20}{14}$	$\frac{33}{21}$	$\frac{36}{21}$
$\frac{1}{8}$			1			1.25		1.5
$\frac{1}{4}$		1.75	2	2.25		2.5		3
$\frac{1}{2}$		3.5	4	4.5		5	5.5	6
1		7	8	9		10	11	12

2. 车削模数螺纹时的运动平衡式

模数螺纹用模数 m 表示螺距的大小，其螺纹的导程为 $L_m = kP_m = k\pi m$。国家标准中已规定了模数 m 的标准值，它们也是分段等差数列。

模数标准螺纹的螺距与米制螺纹的螺距排列规律相同，所不同的是螺距及导程值不一样，在导程 $L_m = kP_m = k\pi m$ 中包含有特殊因子 π，因此，要求在运动平衡式 $L_{工} = 1_{(主轴)} \times u_{固} \times u_x \times L_{丝}$ 的传动链传动比 u_x 值中也应包含有特殊因子 π。所以，车削模数螺纹时所用的交换齿轮与车削米制螺纹时不同，需用 $\frac{64}{100} \times \frac{100}{97}$ 的交换齿轮以包含特殊因子 π，其余与车削米制螺纹时的传动路线相同。这时的运动平衡式为

$$L_m = k\pi m = 1 \times \frac{58}{58} \times \frac{33}{33} \times \frac{64}{100} \times \frac{100}{97} \times \frac{25}{36} \times u_{基} \times \frac{25}{36} \times \frac{36}{25} \times u_{倍} \times 12$$

式中，$\frac{64}{100} \times \frac{100}{97} \times \frac{25}{36} \approx \frac{7\pi}{48}$，则包含特殊因子 π。

将上式化简得

$$m = \frac{7}{4k} u_{基}\, u_{倍} \tag{2-5}$$

将 $u_{基}$、$u_{倍}$ 的不同值分别代入上式，可得标准模数螺纹如表 2-3 所列（$k = 1$）。

表 2-3 CA6140 型卧式车床的模数螺纹表

$u_{倍}$ \ m/mm \ $u_{基}$	$\frac{26}{28}$	$\frac{28}{28}$	$\frac{32}{28}$	$\frac{36}{28}$	$\frac{19}{14}$	$\frac{20}{14}$	$\frac{33}{21}$	$\frac{36}{21}$
$\frac{1}{8}$			0.25					
$\frac{1}{4}$			0.5					
$\frac{1}{2}$			1			1.25		1.5
1		1.75	2	2.25		2.5	2.75	3

3. 车削寸制螺纹时的运动平衡式

寸制螺纹是英、美和少数英寸制国家中广泛应用的螺纹。我国部分管螺纹也采用寸制螺纹。

寸制螺纹以每英寸长度上的螺纹牙数 a 表示，标准的 a 值也是按分段等差数列规律排列的。由螺距换算公式 $P_a = 25.4/a$（mm）可以看出，寸制螺纹的螺距与米制螺纹有两点不同：

1）因 P_a 公式中分母 a 是分段等差数列，故寸制螺纹的螺距 P_a 和导程 L_a（kP_a）是分段调和数列。为此，切削时需将基本变速组的主动和从动传动关系加以对换，使其传动比为 $1/u_{基}$。即与车削米制螺纹时相反，轴XIV应为主动，轴XIII为从动。具体可在传动路线上利用移换机构来实现。

轴XII与轴XIII间的齿轮副 $\frac{25}{36}$、齿式离合器 M_3 及轴XIV、XIII、XV上的齿轮副 $\frac{25}{36} \times \frac{36}{25}$ 及

$\frac{36}{25}$称为移换机构。移换机构的功用是通过变更经过两轴滑移机构（基本组）的传动路线（对换主、从动轴的位置），实现车削米、寸制螺纹传动路线的变换。

2）寸制螺纹的螺距 P_a 中含特殊因子 25.4，因此，需利用交换齿轮和改变部分传动副的传动比，使其中包含 25.4 的因子，以便与平衡式右边由寸制螺距所带来的因子 25.4 相抵消。

因此，车寸制螺纹时的运动平衡式为

$$L_a = kP_a = \frac{25.4k}{a} = 1 \times \frac{58}{58} \times \frac{33}{33} \times \frac{63}{100} \times \frac{100}{75} \times \frac{1}{u_{基}} \times \frac{36}{25} \times u_{倍} \times 12$$

式中，$\frac{63}{100} \times \frac{100}{75} \times \frac{36}{25} \approx \frac{25.4}{21}$，则传动路线中包含了因子 25.4。

将上式化简得

$$a = \frac{7ku_{基}}{4u_{倍}} \tag{2-6}$$

变换 $u_{基}$、$u_{倍}$ 可得寸制螺纹的标准 a 值，列于表 2-4 中（$k=1$）。

表 2-4 CA6140 型卧式车床的寸制螺纹表

a/(牙·in^{-1}) $u_{基}$ \ $u_{倍}$	$\frac{26}{28}$	$\frac{28}{28}$	$\frac{32}{28}$	$\frac{36}{28}$	$\frac{19}{14}$	$\frac{20}{14}$	$\frac{33}{21}$	$\frac{36}{21}$
$\frac{1}{8}$		14	16	18	19	20		24
$\frac{1}{4}$		7	8	9		10	11	12
$\frac{1}{2}$	$3\frac{1}{4}$	$3\frac{1}{2}$	4	$4\frac{1}{2}$		5		6
1			2					3

4. 车削径节螺纹时的运动平衡式

径节螺纹主要用于寸制螺杆，它是用径节 DP 来表示的。径节代表齿轮或蜗轮折算到每一英寸分度圆直径上的齿数，故寸制螺杆的轴向齿距（相当于径节螺纹的螺距）为

$$P_{DP} = \frac{\pi}{DP}(\text{in}) = \frac{25.4\pi}{DP}(\text{mm})$$

由上分析可知，齿距公式中包含的特殊因子 π，可用齿轮副（交换齿轮）$\frac{64}{100} \times \frac{100}{97}$来实现，即与车模数螺纹时的交换齿轮相同；由于螺距和导程中还有一个特殊因子 25.4，这与寸制螺纹相似，故可采用车削寸制螺纹的传动路线。其运动平衡式为

$$L_{DP} = \frac{25.4k\pi}{DP} = 1 \times \frac{58}{58} \times \frac{33}{33} \times \frac{64}{100} \times \frac{100}{97} \times \frac{1}{u_{基}} \times \frac{36}{25} \times u_{倍} \times 12$$

式中，$\frac{64}{100} \times \frac{100}{97} \times \frac{36}{25} \approx \frac{25.4\pi}{84}$，则传动路线中包含了因子 25.4 及 π。

将上式化简得

$$DP = 7k\frac{u_{基}}{u_{倍}} \tag{2-7}$$

变换 $u_{基}$、$u_{倍}$ 可得径节的标准值，列于表 2-5 中（$k=1$）。

表 2-5　CA6140 型卧式车床的径节螺纹表

$DP/(牙\cdot in^{-1})$ $u_{基}$ / $u_{倍}$	$\frac{26}{28}$	$\frac{28}{28}$	$\frac{32}{28}$	$\frac{36}{28}$	$\frac{19}{14}$	$\frac{20}{14}$	$\frac{33}{21}$	$\frac{36}{21}$
$\frac{1}{8}$		56	64	72		80	88	96
$\frac{1}{4}$		28	32	36		40	44	48
$\frac{1}{2}$		14	16	18		20	22	24
1		7	8	9		10	11	12

5. 车非标准和较精密螺纹时的运动平衡式

当需要车削非标准螺纹或虽是标准螺纹，但精度要求较高时，可将 M_3、M_4、M_5 三个内齿轮离合器全部合上，以使轴ⅩⅡ、ⅩⅣ、ⅩⅦ、ⅩⅧ联成一体，则轴ⅩⅡ的运动直接传给丝杠，传动路线便大大缩短，减少了齿轮传动的误差，从而提高了传动精度，此时，运动平衡式为

$$1\times\frac{58}{58}\times\frac{33}{33}\times u_{挂}\times 12 = L = kP$$

化简上式后得交换轮换置公式为

$$u_{挂}=\frac{a}{b}\times\frac{c}{d}=\frac{kP}{12} \tag{2-8}$$

利用交换轮换置可以车削任何非标准螺距的螺纹。

6. 车大导程螺纹时的运动平衡式

当需要车削大于表中规定的标准导程螺纹的大导程螺纹（如大导程多线螺纹、油槽等）时，可将轴Ⅸ上 58 齿的滑移齿轮向右移动，使其与轴Ⅷ上 26 齿的齿轮啮合传动，并将 M_2 接合（右移）。此时主轴Ⅵ至轴Ⅸ间的传动比为

$$u_1=\frac{58}{26}\times\frac{80}{20}\times\frac{80}{20}\times\frac{44}{44}\times\frac{26}{58}=16;u_1=\frac{58}{26}\times\frac{80}{20}\times\frac{50}{50}\times\frac{44}{44}\times\frac{26}{58}=4$$

车削标准螺纹时，主轴转 1 转，轴Ⅸ也只转 1 转。当螺纹进给传动链中其他调整情况不变，仅作上述调整后，主轴转 1 转时，轴Ⅸ转 4 转或 16 转，从而使导程加大 4 倍或 16 倍，达到车削大导程螺纹的目的。但必须注意：因车大导程螺纹必须经过主轴箱内轴Ⅴ－轴Ⅳ和轴Ⅳ－轴Ⅲ间的双联滑移齿轮变速组，所以只能采用主轴 6 级低转速（10r/min、12.5r/min、16r/min、20r/min、25r/min、32r/min）来车削扩大标准导程螺纹 16 倍的大导程螺纹；采用主轴的第二组低转速（40r/min、50r/min、63r/min、80r/min、100r/min、125r/min）来车削扩大标准导程螺纹 4 倍的大导程螺纹；其余转速，导程不能扩大。

2.3.2.3　纵向和横向进给时的传动路线表达式

纵向和横向进给的传动路线，前一部分与车米制和寸制螺纹的传动路线相同，且两种传动路线均可用。当运动传到轴ⅩⅦ之后，由轴ⅩⅦ右端 28 齿的齿轮与轴ⅩⅨ左端 56 齿的齿轮啮合，此时断开了车螺纹运动传动链（离合器 M_5 断开），运动传到光杠ⅩⅨ而进入溜板箱，通过溜板箱内$\frac{36}{32}\times\frac{32}{56}$两对齿轮、超越离合器 M_6 和安全离合器 M_7 将运动传至轴ⅩⅩ，再经蜗

杆蜗轮副$\frac{4}{29}$传至轴XXI，轴XXI的上、下两端分别固定有40齿的齿轮，上端40齿的齿轮同时与轴XXII和轴XXV上端带端面齿离合器的48齿的空套齿轮啮合；下端40齿的齿轮通过轴XXIV上的宽齿轮分别与轴XXII和轴XXV下端带端面齿离合器的48齿的空套齿轮啮合；再由用滑键联接的端面齿离合器M_8和M_9，共同组成纵向和横向进给运动的变向机构。当M_8向上或向下接通时，轴XXI的运动经齿轮副$\frac{40}{48}$或$\frac{40}{30}\times\frac{30}{48}$、离合器$M_8$传至轴XXII，再经齿轮副$\frac{28}{80}$使轴XXIII上齿数为12的小齿轮相对固定于床身上的齿条滚动，从而使刀架获得左、右两个方向的纵向进给运动。当M_9向上或向下接通时，轴XXI的运动经齿轮副$\frac{40}{48}$或$\frac{40}{30}\times\frac{30}{48}$、离合器$M_9$传至轴XXV，再经齿轮副$\frac{48}{48}\times\frac{59}{18}$使横向进给丝杠转动，从而使刀架获得前、后两个方向的横向进给运动。其传动路线表达式为

$$\text{主轴 VI} - \left|\begin{array}{l}\text{车米制螺纹传动路线}\\ \text{车寸制螺纹传动路线}\end{array}\right| - \text{XVII} - \frac{28}{56} - \text{光杠 XIX} - \frac{36}{32}\times\frac{32}{56} -$$

$$M_6(\text{超越离合器}) - M_7(\text{安全离合器}) - \text{XX} - \frac{4}{29} - \text{XXI} -$$

$$\left[\begin{array}{l}\left[\begin{array}{l}(\text{刀架向左移})\\ \frac{40}{48} - M_8\uparrow\text{------}\\ (\text{刀架向右移})\\ \frac{40}{30} - \text{XXIV} - \frac{30}{48} - M_8\downarrow\end{array}\right] - \text{XXII} - \frac{28}{80} - \text{XXIII} - \text{齿轮} - \text{齿条}(\text{纵向进给})\\ \left[\begin{array}{l}(\text{刀架向外移})\\ \frac{40}{48} - M_9\uparrow\text{------}\\ (\text{刀架向里移})\\ \frac{40}{30} - \text{XXIV} - \frac{30}{48} - M_9\downarrow\end{array}\right] - \text{XXV} - \frac{48}{48} - \text{XXVI} - \frac{59}{18} - \text{横向丝杠XXVII}\ (\text{刀架横向进给})\end{array}\right.$$

2.3.2.4 纵向和横向进给时的运动平衡式

1. 纵向进给时的运动平衡式

1）当用车米制螺纹传动路线实现进给时，运动平衡式为

$$1\times\frac{58}{58}\times\frac{33}{33}\times\frac{63}{100}\times\frac{100}{75}\times\frac{25}{36}\times u_{基}\times\frac{25}{36}\times\frac{36}{25}\times u_{倍}$$

$$\times\frac{28}{56}\times\frac{36}{32}\times\frac{32}{56}\times\frac{4}{29}\times\frac{40}{48}\times\frac{28}{80}\times\pi\times 2.5\times 12 = f_{纵}$$

化简后得

$$f_{纵} = 0.71u_{基}u_{倍} \tag{2-9}$$

以$u_{基}$、$u_{倍}$的不同值代入，可得32种纵向进给量，见表2-6。

2）当用车寸制螺纹传动路线实现进给时，其运动平衡式为

$$1\times\frac{58}{58}\times\frac{33}{33}\times\frac{63}{100}\times\frac{100}{75}\times\frac{1}{u_{基}}\times\frac{36}{25}\times u_{倍}$$

$$\times\frac{28}{56}\times\frac{36}{32}\times\frac{32}{56}\times\frac{4}{29}\times\frac{40}{48}\times\frac{28}{80}\times\pi\times2.5\times12=f_{纵}$$

化简后得

$$f_{纵}=1.474\frac{u_{倍}}{u_{基}}\tag{2-10}$$

以 $u_{基}$ 的不同值代入，并使 $u_{倍}=1$，可得 8 种较大进给量，见表 2-6。

表 2-6　纵向机动进给量 $f_{纵}$　　（单位：mm/r）

传动路线类型	细进给量	正常进给量				较大进给量	加大进给量			
							4	16	4	16
$u_{倍}$ \ $u_{基}$	1/8	1/8	1/4	1/2	1	1	1/2	1/8	1	1/4
26/28	0.028	0.08	0.16	0.33	0.66	1.59	3.16		6.33	
28/28	0.032	0.09	0.18	0.36	0.71	1.47	2.93		5.87	
32/28	0.036	0.10	0.20	0.41	0.81	1.29	2.57		5.14	
36/28	0.039	0.11	0.23	0.46	0.91	1.15	2.28		4.56	
19/14	0.043	0.12	0.24	0.48	0.96	1.09	2.16		4.32	
20/14	0.046	0.13	0.26	0.51	1.02	1.03	2.05		4.11	
33/21	0.050	0.14	0.28	0.56	1.12	0.94	1.87		3.74	
36/21	0.054	0.15	0.30	0.61	1.22	0.86	1.71		3.42	

3）高速精车细进给时的运动平衡式。高速精车细进给是采用主轴箱内高速挡传动路线；并将轴Ⅸ上 58 齿的齿轮右移，使其与轴Ⅷ上 26 齿的齿轮啮合，同时将 M_2 左移，主轴与轴Ⅸ通过齿轮副 $\frac{50}{63}\times\frac{44}{44}\times\frac{26}{58}$ 实现传动联系；经车常用米制螺纹的传动路线（M_3 左移）；倍增机构调整为 $u_{倍}=\frac{18}{45}\times\frac{15}{48}=\frac{1}{8}$。此时运动平衡式为

$$1\times\frac{50}{63}\times\frac{44}{44}\times\frac{26}{58}\times\frac{33}{33}\times\frac{63}{100}\times\frac{100}{75}\times\frac{25}{36}\times u_{基}$$

$$\times\frac{25}{36}\times\frac{36}{25}\times\frac{1}{8}\times\frac{28}{56}\times\frac{36}{32}\times\frac{32}{56}\times\frac{4}{29}\times\frac{40}{48}\times\frac{28}{80}\times\pi\times2.5\times12=f_{纵}$$

化简后得

$$f_{纵}=0.0315u_{基}\tag{2-11}$$

变换 $u_{基}$，并使 $u_{倍}=\frac{1}{8}$，可获得 8 种供高速精车用的细进给量，见表 2-6。

4）低速大进给时的运动平衡式。低速大进给是采用主轴箱内的第一组低速挡传动路线，其主轴转速为 10、12.5、16、20、25、32r/min，或第二组低速挡传动路线，其主轴转速为 40、50、63、80、100、125r/min 均可；使轴Ⅸ上 58 齿的齿轮与轴Ⅷ上 26 齿的齿轮啮合传动，用车寸制螺纹传动路线，使用 $u_{倍}=\frac{1}{8}$ 和 $\frac{1}{4}$（用第一组低转速工作时）或 $u_{倍}=\frac{1}{2}$ 和 1（用第二组低转速工作时）则可得下列计算公式：

用第一组低转速工作时，$f_{纵} = 23.584\dfrac{u_{倍}}{u_{基}}$ (2-12)

用第二组低转速工作时，$f_{纵} = 5.896\dfrac{u_{倍}}{u_{基}}$ (2-13)

将 $u_{基}$ 的不同值和两种 $u_{倍}$ 值代入，可得16种加大进给量（见表2-6）。

2. 横向进给时的运动平衡式

横向进给传动路线也有上述四种情况，当采用车米制螺纹的传动路线实现进给时，其运动平衡式为

$$1\times\frac{58}{58}\times\frac{33}{33}\times\frac{63}{100}\times\frac{100}{75}\times\frac{25}{36}\times u_{基}\times\frac{25}{36}\times\frac{36}{25}\times u_{倍}$$
$$\times\frac{28}{56}\times\frac{36}{32}\times\frac{32}{56}\times\frac{4}{29}\times\frac{40}{48}\times\frac{48}{48}\times\frac{59}{18}\times 5 = f_{横}$$

化简后得

$$f_{横} = 0.355u_{基}\,u_{倍} \quad (2\text{-}14)$$

可见当横向机动进给与纵向进给传动路线相同时，所得的横向进给量为纵向进给量的一半。

2.3.2.5 刀架纵向和横向快速运动

刀架的纵向和横向快速运动由装在溜板箱右侧的快速电动机驱动，经齿轮副$\frac{13}{29}$传至轴XX，然后沿着与工作进给同样的传动路线传至纵向进给齿轮齿条或横向进给丝杠，使刀架作纵向或横向快速移动。依靠单向超越离合器 M_6，保证快速运动与工作进给运动不产生矛盾。

2.4 CA6140 型卧式车床主要部件的结构

2.4.1 主轴箱

主轴箱的功用是支承主轴和传动其旋转，使其实现开动、停止、变速和换向等，并把进给运动从主轴传往进给系统，使进给系统实现换向和扩大螺距等。因此，主轴箱中通常包含有主轴及其轴承，传动机构，开动、停止以及换向装置，制动装置，操纵机构和润滑装置等。

图2-5为CA6140型卧式车床主轴箱各轴空间位置示意图，若按轴Ⅳ－Ⅰ－Ⅱ－Ⅲ（Ⅴ）－Ⅵ－Ⅹ－Ⅸ－Ⅺ的顺序，沿其轴线剖切（沿 $A-A$ 剖面剖切），并将其展开而绘制成平面装配图，如图2-6所示，称为主轴箱的展开图。图中轴Ⅶ和轴Ⅷ是单独取剖切面展开的。由于展开图是把立体的传动结构展开在一个平面上绘制成的，为避免视图重叠，其中有些轴之间的距离不按比例绘制，如轴Ⅶ和轴Ⅰ、轴Ⅳ和轴Ⅲ、轴Ⅸ和轴Ⅵ等，从而使某些原来相互啮合的齿轮副失去啮合。因此，在利用展开图分析传动件的传动关系时，应特别注意。

2.4.1.1 卸荷带装置

由电动机经V带传动使主轴箱的轴Ⅰ获得运动，为提高轴Ⅰ的运动平稳性，其上的带轮1采用了卸荷结构。如图2-6所示，箱体4上通过螺钉固定一法兰盘3，带轮1用螺钉和定位销与花键套筒2连接并支承在法兰盘3内的两个深沟球轴承上，花键套筒2以它的内花

键与轴Ⅰ相连。因此，带轮的运动可通过花键套筒2带动轴Ⅰ旋转，但带传动所产生的拉力经法兰盘3直接传给箱体，使轴Ⅰ不受V带拉力的作用，减少弯曲变形，提高传动平稳性。卸荷带轮装置特别适用于要求传动平稳的精密机床主轴上。

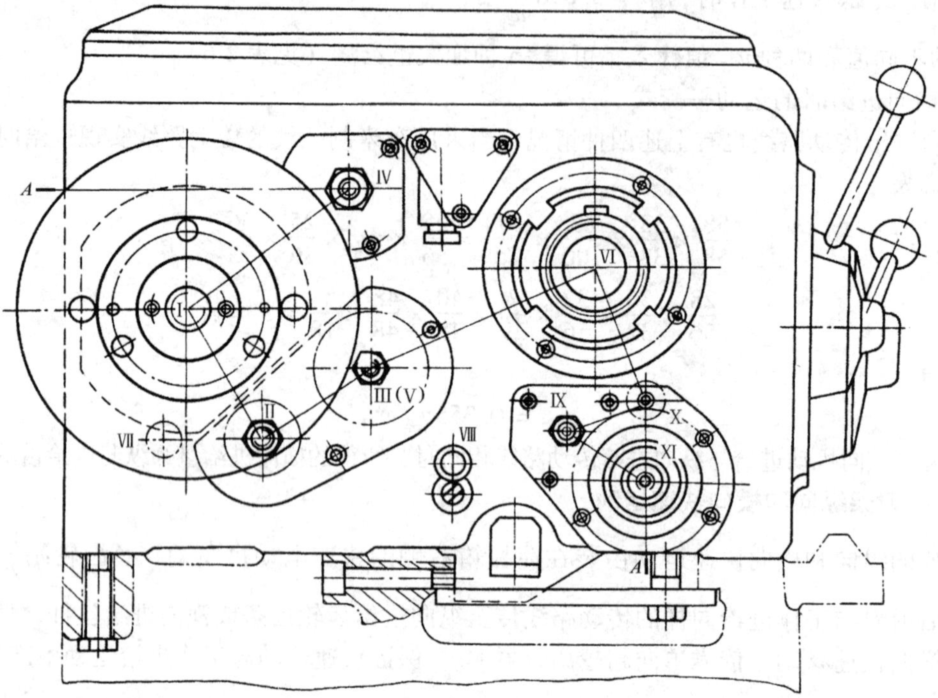

图 2-5 CA6140 型车床主轴箱各轴空间位置示意图

2.4.1.2 主轴部件的结构及轴承的调整

主轴部件是主轴箱的主要部分，它应具有较高的回转精度（主轴端部径向圆跳动和轴向窜动不得大于0.01mm）及足够的刚度和良好的抗振性能。因此，对主轴及其轴承要求较高。主轴前端可安装卡盘或过渡盘，用于装夹工件或安装夹具，并由其带动旋转。

CA6140 型车床的主轴组件采用了三支承结构，如图 2-7 所示，以提高其静刚度和抗振性。其前后支承处各装有一个双列圆柱滚子轴承4（D3182121）和1（E3182115），中间支承处则装有E级精度的32216型圆柱滚子轴承（见图2-6），它用作辅助支承，其配合较松，且间隙不能调整。由于双列圆柱滚子轴承的刚度和承载能力大，旋转精度高，且内圈较薄，内孔是锥度为1:12的锥孔，可通过相对主轴轴颈轴向移动来调整轴承间隙，因而，可保证主轴有较高的旋转精度和刚度。前支承处还装有一个60°角接触的双向推力角接触球轴承3，用于承受左右两个方向的轴向力。向左的轴向力由主轴Ⅵ经螺母5、轴承4的内圈、轴承3传至箱体；向右的轴向力由主轴Ⅵ经螺母2、轴承3、隔套7、轴承4的外圈和轴承端盖6传至箱体。轴承的间隙直接影响主轴的旋转精度和刚度，因此，使用中如发现因轴承磨损使间隙增大时，需及时进行调整。前轴承4可用螺母5和2调整。调整时先拧松螺母5，然后拧紧带锁紧螺钉的螺母2，使轴承4的内圈相对主轴锥形轴颈向右移动，由于锥面的作用，薄壁的轴承内圈产生径向弹性变形，将滚子与内、外圈滚道之间的间隙消除。调整妥当后，再将螺母5拧紧。后轴承1的间隙可用螺母11调整，调整原理同前轴承。一般情况下，只调整前轴承即可，只有当调整前轴承后仍不能达到要求的旋转精度时，才需要调整后轴承。双向推力角接触球轴承3事先已调好，如工作以后由于间隙增大需调整时，可磨削两内圈间的调整垫圈8，减小其厚度，以达到消除间隙的目的。主轴的轴承由油泵供给润滑油进行充分润滑，为防止润滑油外漏，前后支承处都有油沟式密封装置。在螺母5和套筒10的外圆上有锯齿形环槽，主轴旋转时，依靠离心力作用，把经过轴承向外流出的润滑油甩到轴承端盖6和9的接油槽里，然后经回油孔a、b流回主轴箱。

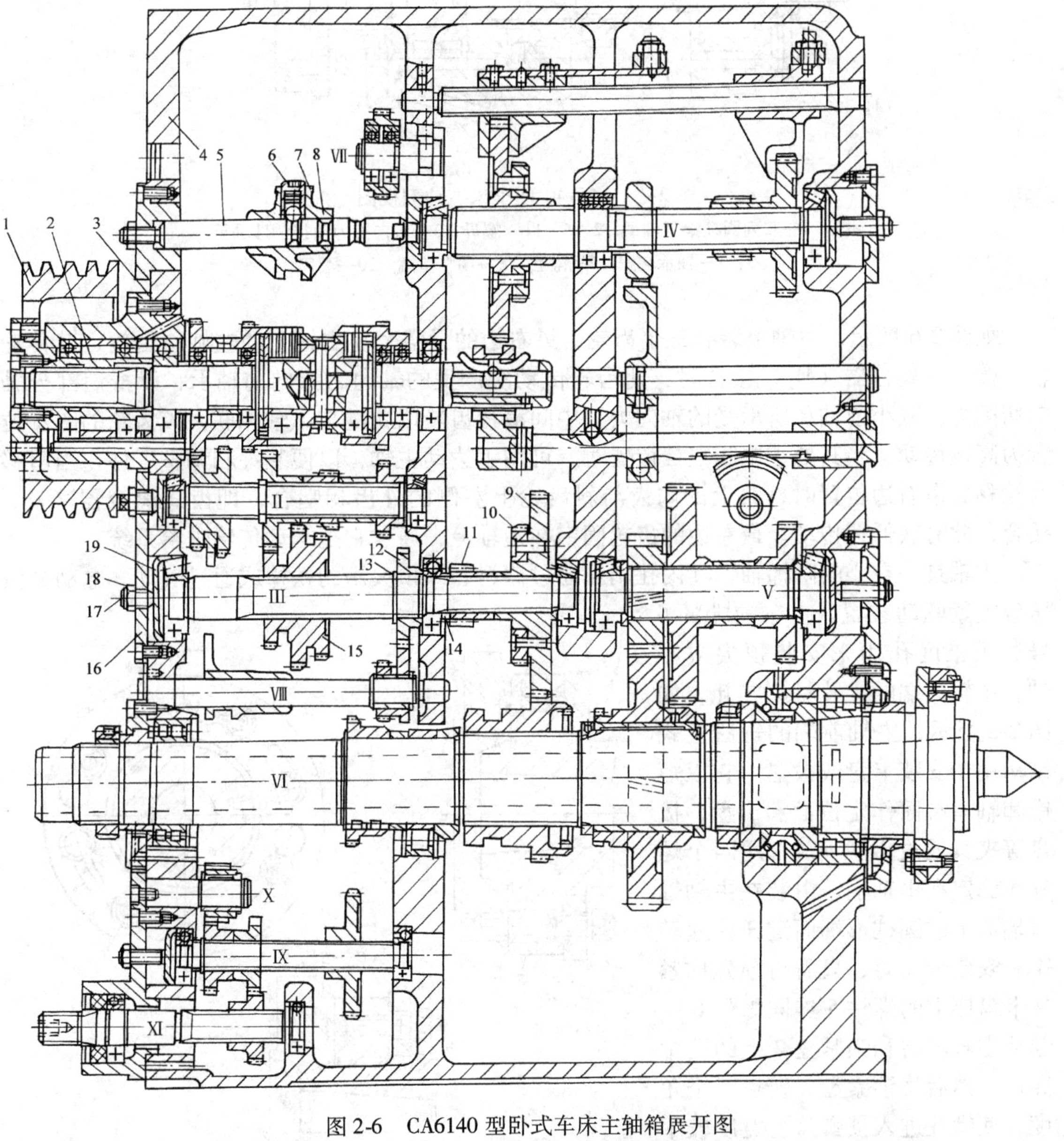

图2-6　CA6140型卧式车床主轴箱展开图

1—带轮　2—花键套筒　3—法兰盘　4—箱体　5—导向轴　6—调节螺钉　7—螺母　8—拨叉　9、10、11、12—齿轮　13—弹簧卡圈　14—垫圈　15—三联滑移齿轮　16—轴承盖　17—螺钉　18—锁紧螺母　19—压盖

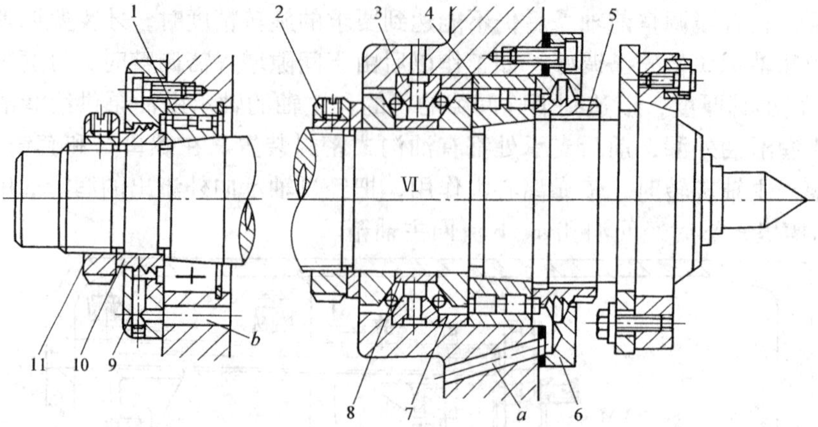

图 2-7 CA6140 型车床主轴剖视图

1、4—双列圆柱滚子轴承 2、5、11—螺母 3—双向推力角接触球轴承
6、9—轴承端盖 7—隔套 8—调整垫圈 10—套筒

如图 2-6 所示，主轴上装有三个齿轮，最右边的是空套在主轴上的左旋斜齿轮，其传动较平衡，当离合器（M_2）接合时，此齿轮传动所产生的轴向力指向前轴承，以抵消部分轴向切削力，减小前轴承所承受的轴向力。中间滑移齿轮以花键与主轴相联，该齿轮的图示位置为高速传动，当其处于中间空挡位置时，可用手拨动主轴，以便装夹和调整工件，当滑移齿轮移到最右边位置时，其上的内齿与斜齿轮上左侧的外齿相啮合，即齿式离合器（M_2）接合，此时获低速传动。最左边的齿轮固定在主轴上，通过它把运动传给进给系统。

主轴是一空心的阶梯轴，其内孔用来通过棒料和卸顶尖用的铁棒或通过气动、电动或液压等夹紧驱动装置。主轴前端的 6 号莫氏锥度孔用来安装顶尖或心轴；主轴后端的锥孔是工艺孔。如图 2-8 所示，主轴前端的短法兰式结构用于安装卡盘或拨盘，它以短锥和轴肩端面作定位面。卡盘、拨盘等夹具通过卡盘座 4，用四个螺柱 5 固定在主轴上，由装在主轴轴肩端面上的圆柱形端面键 3 传递转矩。安装卡盘时，只需将预先拧紧在卡盘座上的螺柱 5 连同螺母 6 一起从主轴轴肩和锁紧盘 2 上的孔中穿过，然后将锁紧盘 2 转过一个角度，使螺柱进入锁紧盘上宽度较窄的圆弧槽内，把螺母卡住（如图中所示位置），接着再把螺母 6 及螺钉 7 拧紧，就可使卡盘或拨盘座准

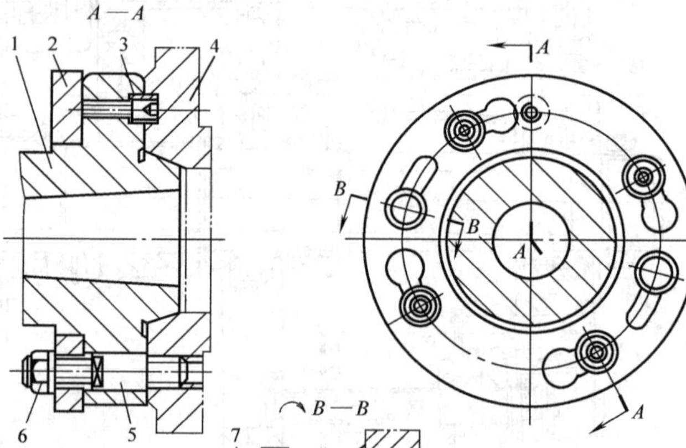

图 2-8 主轴前端结构形式

1—主轴 2—锁紧盘 3—端面键 4—卡盘座 5—螺柱
6—螺母 7—螺钉

确可靠地固定在主轴前端。这种主轴轴端结构的定心精度高，联接刚度好，卡盘悬伸长度短，装卸卡盘也比较方便。

2.4.1.3　传动轴结构及轴承的调整

主轴箱中的传动轴转速较高，一般采用深沟球轴承或圆锥滚子轴承来支承。传动轴上所有零件在轴上的轴向位置和传动轴组件在箱体上的轴向位置都必须加以限定，以防止工作过程中产生窜动现象，影响正常工作。现以图 2-6 中的轴Ⅲ为例说明其结构及轴承的调整。

花键轴Ⅲ较长，采用了三支承结构，两端为圆锥滚子轴承，中间为深沟球轴承。调整轴承间隙的过程是：松开锁紧螺母 18，拧动螺钉 17，推动压盖 19 及圆锥滚子轴承的外圈右移，消除了左端轴承间隙，然后轴组件向右移，由于右端圆锥滚子轴承的外圈被箱体上的台阶孔所挡，因而又消除了右轴承的间隙，并由此而限定了轴Ⅲ组件在箱体上的轴向位置。轴Ⅲ共有四个台阶，两端台阶分别安装圆锥滚子轴承，右端的第二个台阶分别串装有齿轮 9、10、11 及垫圈 14，垫圈 14 为调整环，以限定上述零件在其上的轴向位置。齿轮 12 右端面紧靠深沟球轴承内圈，左端由轴用弹簧卡圈 13 定位，从而限定了齿轮 12 的轴向位置。三联滑移齿轮 15 可以在轴上滑移，实现三种不同的工作位置，轴向位置不能限定。但必须有可靠而较准确的定位，其位置是通过导向轴 5 上的三个定位槽和在拨叉 8 上安装的弹簧钢珠实现三联滑移齿轮三种不同工作位置的确定。松开螺母 7，拧动有内六方孔的调节螺钉 6 可调节弹簧力的大小，以保证定位的可靠性。

2.4.1.4　摩擦离合器和制动器

双向摩擦离合器 M_1 装在轴Ⅰ上，其作用是控制主轴Ⅵ正转、反转或停止。制动器安装在轴Ⅳ上，当摩擦离合器脱开时，用制动器进行制动，使主轴迅速停止运动，以便缩短辅助时间。

摩擦离合器的结构如图 2-9 所示，分左离合器和右离合器两部分，左、右两部分的结构相似、工作原理相同。左离合器控制主轴正转，由于正转需传递的转矩较大，所以摩擦片的片数较多。右离合器控制主轴反转、主要用于退刀，传递的转矩较小，摩擦片的片数较少。图 2-9a 表示的是左离合器的立体图，它是由外摩擦片 2、内摩擦片 3、压套 8、螺母 9、止推片 10 和 11 及空套齿轮 1 等组成。内摩擦片 3 装在轴Ⅰ的花键上，与轴Ⅰ一起旋转。外摩擦片 2 以其 4 个凸齿装入空套双联齿轮 1（用两个深沟球轴承支承在轴Ⅰ上）的缺口中，多个外摩擦片 2 和内摩擦片 3 相间安装。当用操纵机构拨动滑套 13 移至右边位置时，滑套将羊角形摆块 6 的右角压下，由于羊角形摆块是用销轴 12 装在轴Ⅰ上，则羊角就绕销轴作顺时针摆动，其弧形尾部推动拉杆 7 向左，通过固定在拉杆左端的圆销 5，带动压套 8 和螺母 9a 左移，将左离合器内外摩擦片压紧在止推片 10 和 11 上，通过摩擦片间的摩擦力，使轴Ⅰ和双联齿轮联接，于是经多级齿轮副带动主轴正转。当用操纵机构拨动滑套 13 移至左边位置时，压套 8 右移，将右离合器的内外摩擦片压紧，空套齿轮 14 与轴Ⅰ联接，主轴实现反转。滑套处于中间位置时，左右离合器的摩擦片均松开，主轴停止转动。

摩擦离合器还可起过载保护作用。当机床超载时，摩擦片打滑，于是主轴停止转动，从面避免损坏机床零部件。摩擦片之间的压紧力是根据离合器应传递的额定转矩来确定的。当摩擦片磨损后压紧力减小时可通过压套 8 上的螺母 9 来调整。压下弹簧销 4（见图 2-9*B-B* 剖面），转动螺母 9 使其作小量轴向位移，即可调节摩擦片间的压紧力，从而改变离合器传递转矩的能力。调整妥当后弹簧销复位，插入螺母槽口中，使螺母在运转中不会自行松开。

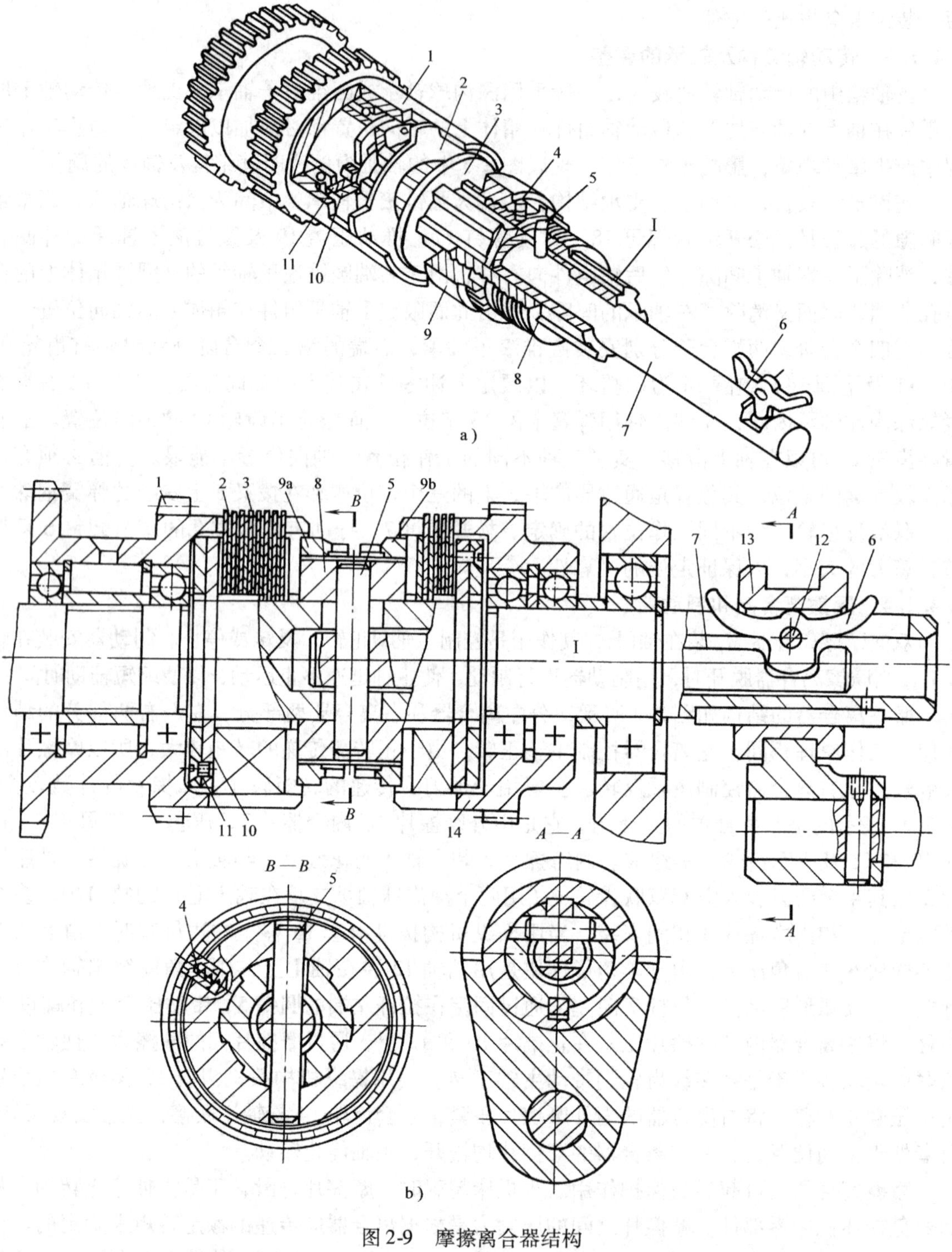

图 2-9 摩擦离合器结构

1—双联空套齿轮 2—外摩擦片 3—内摩擦片 4—弹簧销 5—圆销 6—羊角形摆块 7—拉杆 8—压套 9—螺母 10、11—止推片 12—销轴 13—滑套 14—空套齿轮

CA6140 车床采用闸带式制动器，以达到主轴快速停止运动，缩短辅助时间的目的，其结构如图 2-10 所示。它是由制动轮 3、制动带 2、杠杆 7、齿条轴 5 和调节螺钉 1 等构成。制动轮 3 是一个钢制圆盘，通过花键与轴Ⅳ联接。制动带为一钢带，其内侧固定着一层铜丝石棉，以增加摩擦面的摩擦力。制动带绕在制动轮上，它的一端通过调节螺钉 1 与箱体 4 联接，另一端固定在杠杆 7 的上端。杠杆 7 可绕支承轴 6 摆动，当它的下端与齿条轴 5 上的圆弧形凹部 *a* 或 *b* 接触时，制动带处于放松状态，制动器不起作用；操纵齿条轴 5，使其上凸起部分 *c* 与杠杆 7 下端接触时，杠杆 7 绕支承轴 6 逆时针摆动，制动带抱紧制动轮，产生摩擦制动力矩，轴Ⅳ快速停止，并通过各齿轮副使主轴迅速停止转动。调节螺钉 1，便可调整制动带对制动轮的抱紧程度。

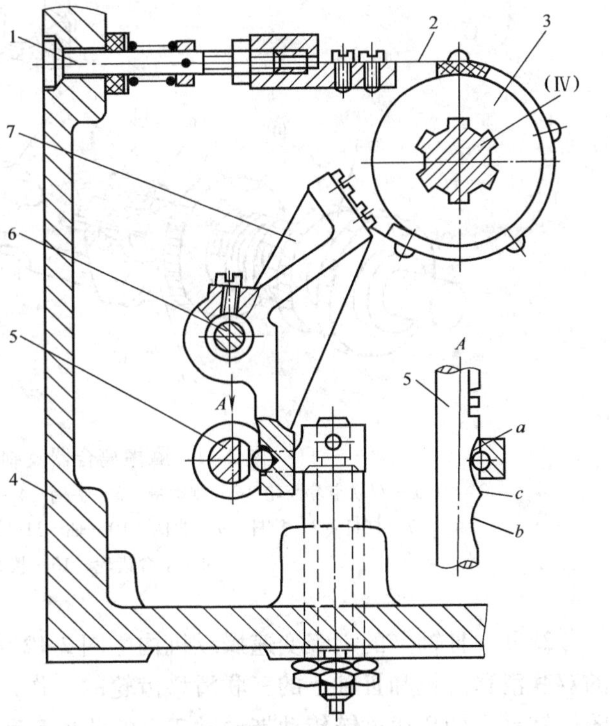

图 2-10　制动器结构原理图

1—调节螺钉　2—制动带　3—制动轮　4—箱体　5—齿条轴　6—杠杆支承轴　7—杠杆

机床工作时，可能产生主轴转速缓慢下降或闷车现象，它是由于摩擦片间的间隙过大、压紧力不足，不能传递足够的转矩，致使摩擦片间产生打滑，这种打滑会使摩擦片发热、急剧磨损，使主轴箱内传动件温度上升，严重时甚至会影响机床正常工作；机床运动工作时也可能产生主轴制动不灵现象，它是由于摩擦片间的间隙过小，不能完全脱开，或是由于制动带太松，不起制动作用，主轴由于惯性作用而仍继续转动。

2.4.1.5　操纵机构

主轴箱中的操纵机构是用于控制主轴的正反转、停止、制动、变速、换向以及变换左、右螺纹等。为使操纵方便，常采用一个手把操纵几个传动件，以控制几个动作。

1. 离合器及制动器的操纵机构　图 2-11 为 CA6140 型车床上控制主轴开停、换向和制动的操纵机构。为便于操作，在操纵杆 4 上共有两个操纵手柄 3，它们分别位于进给箱及溜板箱的右侧。当把手柄向上搬动时，通过由零件 5、8、9 组成的杠杆机构使轴 10 和扇形齿板 11 顺时针转动，带动齿条轴 12 向右移，经拨叉 15 拨动滑套 13（滑套内孔的两端为锥孔，中间是圆柱孔）右移，压下羊角形摆块 6 的右角，使拉杆 16 向左移，双向多片式摩擦离合器的左离合器接合，主轴起动正转；当把手柄 3 向下搬动时，双向多片摩擦离合器右离合器接合，主轴反转。当手柄处于中间位置时，则拉杆 16、滑套 13 及齿条轴 12 均处于中间位置，此时左右离合器均不接合，将主轴与动力源断开，而齿条轴 12 上的凸起部分压着制动杠杆 7 的下端，将制动带 2 拉紧，导致主轴快速停止。

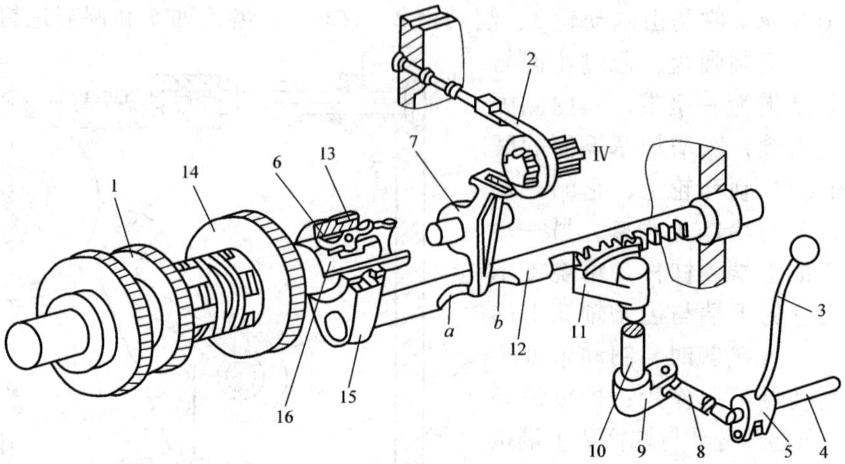

图 2-11 摩擦离合器及制动器的操纵机构

1—双联空套齿轮 2—制动带 3—手柄 4—操纵杆 5—曲柄 6—羊角形摆块 7—杠杆 8—拉杆 9—曲柄 10—轴 11—扇形齿板 12—齿条轴 13—滑套 14—空套齿轮 15—拨叉 16—拉杆

2. Ⅱ－Ⅲ轴上的六级变速操纵机构 图 2-12 为 CA6140 型卧式车床主轴箱中变换Ⅱ轴上的双联滑移齿轮和Ⅲ轴上的三联滑移齿轮的工作位置，使Ⅲ轴获得六级变速的操纵机构示意图。转动手柄 8 通过链传动带动轴 7 上的曲柄 5 和盘形凸轮 6 转动，链传动的传动比为 1:1，即手柄轴和轴 7 同步转动。固定在曲柄 5 上的销子 4 上装有一滑块，它插在拨叉 3 的长槽中，因此，当曲柄带着销子 4 做圆周运动时，通过拨叉 3 使三联齿轮 2 沿轴Ⅲ左右移换，实现左、中、右位置的变换。盘形凸轮 6 端面上的封闭曲线槽是由不同半径的两段圆弧和过渡直线组成，每段圆弧的中心角稍大于 120°，当凸轮转动时，曲线槽迫使杠杆 10 上的销子 9 带动杠杆 10 摆动，通过拨叉 11 使双联齿轮 1 沿轴Ⅱ改变左、右位置。

当顺序转动手柄 8 并每次转 60°时，曲柄 5 上的销子 4 依次处于 a、b、c、d、e、f 六个位置，使三联滑移齿轮 2 由拨叉 3 拨动分别处于左、中、右、右、中、左六个工作位置（见图 2-12b 至图 2-12g）；同时，凸轮曲线槽使杠杆 10 上的销子 9 相应地处于 a'、b'、c'、d'、e'、f'六个位置，使双联滑移齿轮 1 由拨叉 11 拨动分别处于左、左、左、右、右、右六个工作位置（见图 2-12b 至图 2-12g）。实现Ⅲ轴上六级变速，具体组合情况见表 2-7。

表 2-7 Ⅲ轴上六级变速的组合情况

曲柄 5 上的销子位置	a	b	c	d	e	f
三联滑移齿轮 2 位置	左	中	右	右	中	左
销子 9 的位置	a'	b'	c'	d'	e'	f'
双联滑移齿轮 1 位置	左	左	左	右	右	右
齿轮工作情况（见图 2-3）	$\frac{39}{41}\times\frac{56}{38}$	$\frac{22}{58}\times\frac{56}{38}$	$\frac{30}{50}\times\frac{56}{38}$	$\frac{30}{50}\times\frac{51}{43}$	$\frac{22}{58}\times\frac{51}{43}$	$\frac{39}{41}\times\frac{51}{43}$

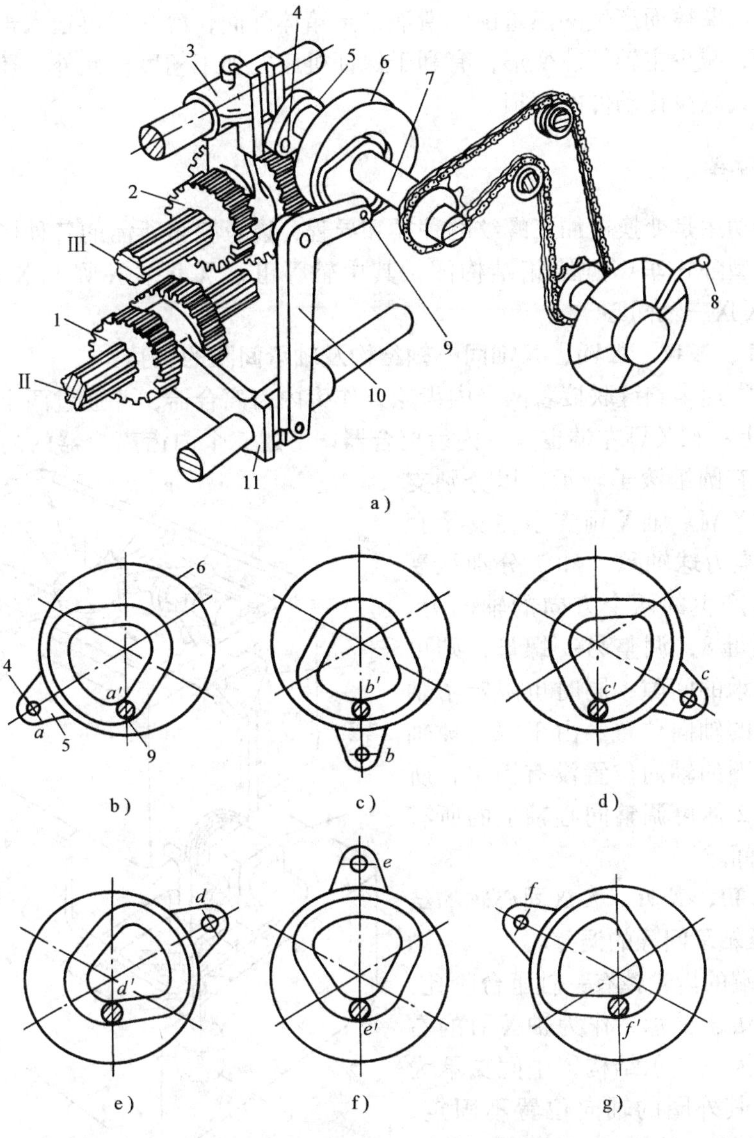

图 2-12 CA6140 型卧式车床主轴箱Ⅱ-Ⅲ轴变速操纵机构

1—双联滑移齿轮 2—三联滑移齿轮 3、11—拨叉 4、9—销子 5—曲柄 6—盘形凸轮 7—轴 8—手柄 10—杠杆

2.4.1.6 主轴箱中各传动件的润滑

为了保证机床正常工作和减少零件磨损，对主轴箱中的轴承、齿轮、摩擦离合器等零件和部件必须进行良好的润滑。图 2-13 为主轴箱润滑系统图。液压泵 3 装在左床腿上，由主电动机经 V 带传动其旋转。润滑油装在左床腿的油池中，经网式过滤器 1 吸入，并经油管 4、过滤器 5 和油管 6 输送到分油器 8。分油器又向三路送油，油管 9 和 7 分别对主轴前轴承及轴Ⅰ上的摩擦离合器供油；油管 10 通向油标 11，以观察润滑系统工作情况。分油器还从许多径向小孔向外喷油，以便被高速旋转的齿轮溅往各处，对其他传动件和操纵机构进行润滑。各处流回的油集中在主轴箱底部，经回油管 2 流入油池。该润滑系统为箱外循环润滑方

式，主轴箱中因摩擦而产生的热量由润滑油带至箱体外面，冷却后再送入箱体内，因而可降低主轴箱温升，减少主轴箱热变形，有利于保证机床的加工精度；此外，还可使主轴箱内的脏物及时排出，减少传动件的磨损。

2.4.2 进给箱

进给箱的功用是变换被加工螺纹的种类和导程，以及获得所需的各种机动进给量。图2-14是CA6140型卧式车床进给箱结构图。其中轴XⅡ、XⅣ、XⅦ和XⅧ四轴同心，轴XⅢ、XⅥ和XⅨ三轴同心。

2.4.2.1 XⅡ、XⅣ、XⅦ、XⅧ同心轴结构及轴承间隙的调整

轴XⅣ两端用半圆键联接着两个内齿轮，作为内齿离合器，并通过两个深沟球轴承3和4支承在箱体上；轴XⅧ左端也有一内齿离合器，上述三个内齿离合器的内孔均镗有轴承台阶孔，各安装有圆锥滚子轴承，以分别支承轴XⅡ和轴XⅦ。轴XⅧ支承在支承套6上，两侧的推力球轴承5和7分别承受丝杠工作时所产生的两个方向的轴向力。松开锁紧双螺母8，调整另一螺母，则可调整推力球轴承的间隙，同时也限定了轴XⅧ在箱体上的轴向位置。由于深沟球轴承3和4的外圈的轴向位置没有固定，所以，通过螺母2便可调整同心轴上的所有圆锥滚子轴承间隙。

2.4.2.2 轴XⅢ、XⅥ、XⅨ同心轴的结构及轴承间隙的调整

轴XⅨ左端的齿轮镗有一轴承台阶孔，并装有一圆锥滚子轴承，作为轴XⅥ的右支承；轴XⅢ为三支承结构，中间支承为深沟球轴承，其外圈的轴向位置不固定，所以，通过螺钉1便能调整所有同心轴上的圆锥滚子轴承的间隙。

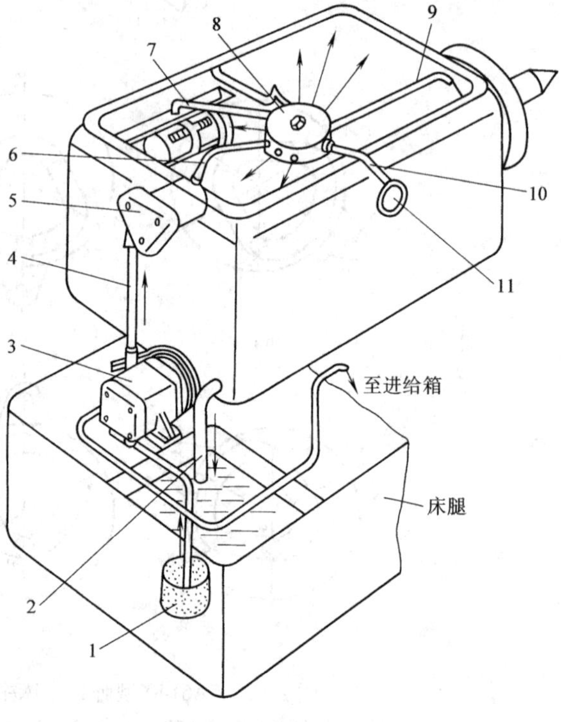

图2-13 主轴箱润滑系统

1—网式过滤器 2—回油管 3—液压泵 4、6、7、9、10—油管 5—过滤器 8—分油器 11—油标

2.4.2.3 基本变速组的变速操纵机构

图2-15为进给箱中基本变速组的变速操纵原理图。轴XⅣ上的四个单联滑移齿轮（见图2-14）由一个手轮6通过四个杠杆2集中操纵。杠杆2的一端装有拨叉1，另一端装有圆柱销5（见图2-15e），四个均匀分布的圆柱销5通过操纵机构的前盖4的腰形孔插入手轮6背面的环形槽中。环形槽上有两个相隔45°、直径大于槽宽的圆孔C和D，孔内分别装有带斜面的压块10和11（见图2-15a），压块10的斜面向里，压块11的斜面向外。当转动手轮6至不同位置时，利用压块10、11和环形槽，可以控制圆柱销5处于不同的三个径向位置上，通过杠杆2、拨叉1使单联滑移齿轮变换左、中、右三种不同位置。

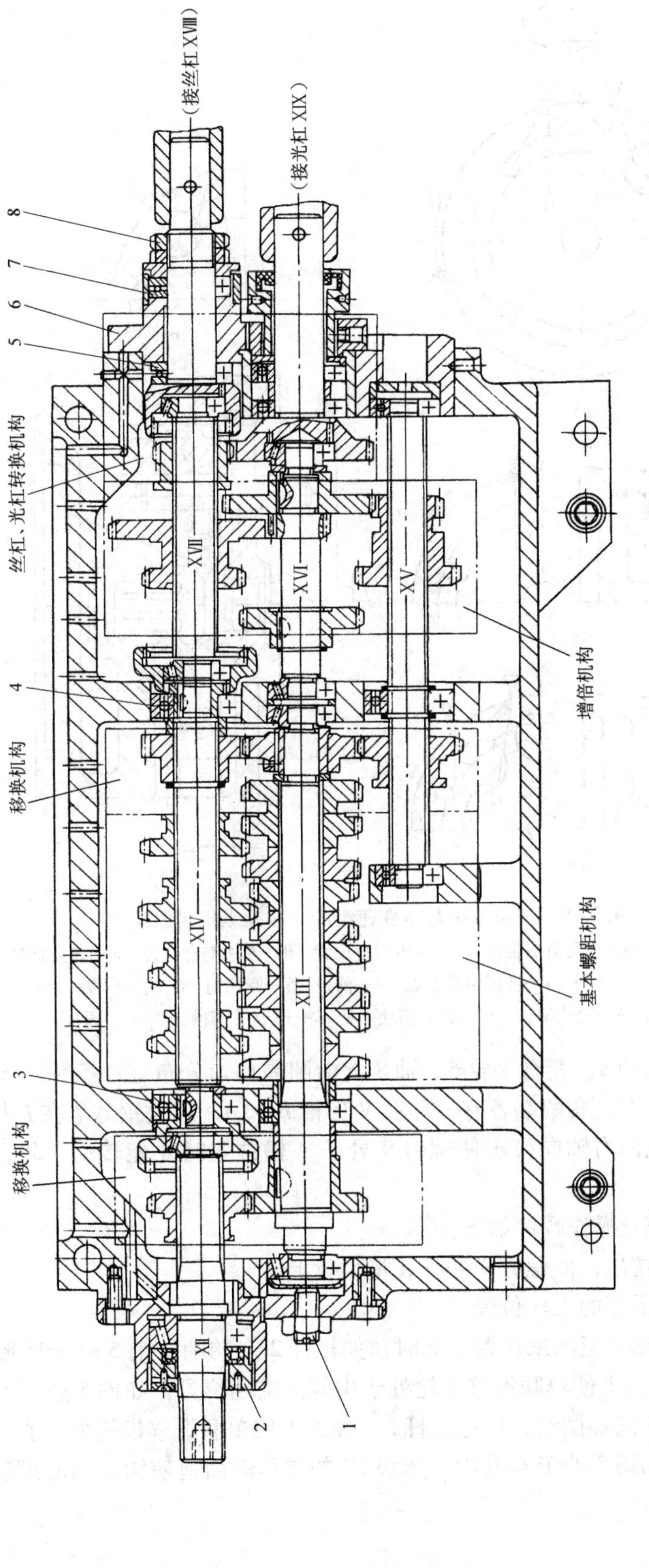

图2-14 CA6140车床进给箱结构图

1—调节螺钉 2—调整螺母 3、4—深沟球轴承 5、7—推力球轴承 6—支承套 8—双螺母

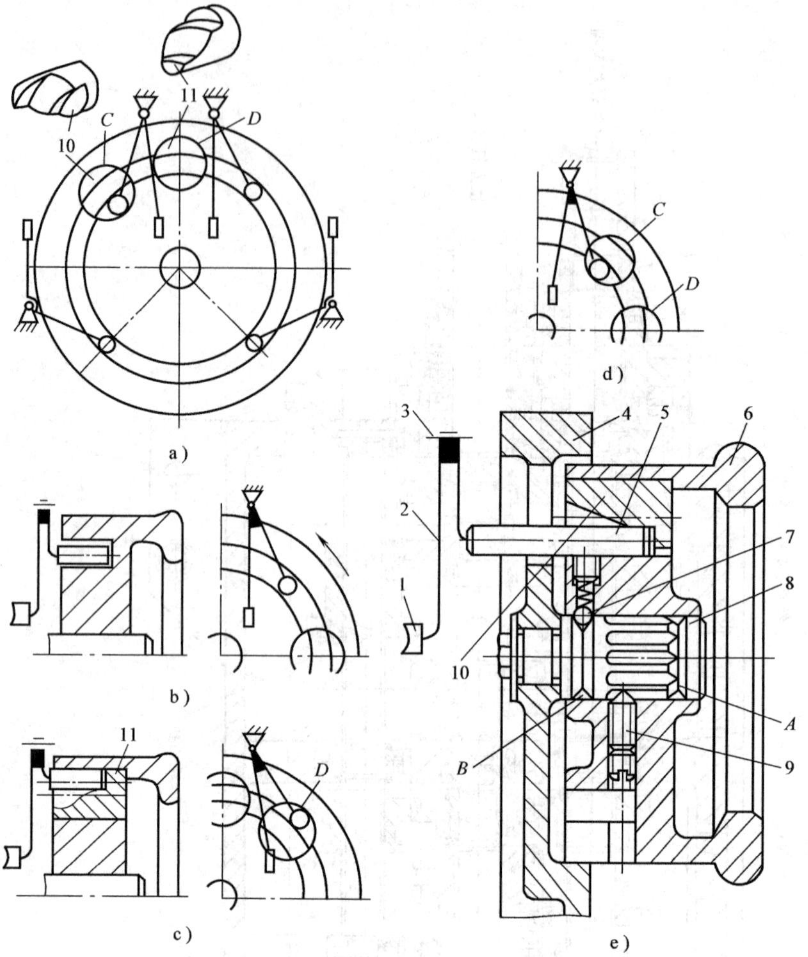

图 2-15　进给箱中基本变速组的变速操纵机构原理

a）原理图　b）中间空挡位置　c）右边啮合位置　d）左边啮合位置　e）结构简图

1—拨叉　2—杠杆　3—杠杆回转支点　4—前盖　5—圆柱销　6—手轮　7—钢球

8—轴　9—定位螺钉　10、11—压块　*A*、*B*—环形 V 形槽　*C*、*D*—圆孔

固定在前盖 4 上的轴 8，套着手轮 6；轴 8 上沿圆周均匀分布有八条轴向 V 形槽，可使手轮作周向定位，轴 8 左、右两端各有一环形 V 形槽 *B* 和 *A*；通过钢球 7 在 *B* 槽中使手轮作轴向定位，只有将手轮向右轴向拉出使螺钉 9 处于 *A* 槽位置时才能转动手轮；手轮每次转 45°。

基本变速组的变速及操作顺序如下：

1）将手轮 6 向右拉出，使螺钉 9 处于 *A* 槽位置上。

2）转动手轮 6 至需要的工作位置。

3）将手轮 6 向左推回至原来位置。此时，如杠杆 2 上的圆柱销 5 处于环形槽中（图 2-15b），通过杠杆 2、拨叉 1 使单联滑移齿轮处于中间的空挡位置；如销 5 处于 *D* 孔中，压块 11 的向外斜面迫使销 5 离心摆动，通过杠杆 2、拨叉 1 使单联滑移齿轮处于右边的啮合位置上工作（图 2-15c）；如销 5 处于 *C* 孔中，压块 10 的向里斜面迫使销 5 向心摆动，通过杠杆

2、拨叉1使单联滑移齿轮处于左边的啮合位置上工作（图2-15d）。由此可知，当手轮推回到原来位置时，四组杠杆、拨叉中的圆柱销，只有一个处于C孔（或D孔）中，通过压块使其中一个单联滑移齿轮处于啮合工作状态，其余三个圆柱销均处于环形槽中（图2-15a），使三组单联滑移齿轮均处于中间空挡位置上。

2.4.3　溜板箱

溜板箱的作用是将丝杠或光杠传来的旋转运动转变为直线运动并带动刀架进给，控制刀架运动的接通、断开和换向，手动操纵刀架移动和实现快速移动，机床过载时控制刀架自动停止进给等。因此，CA6140型卧式车床的溜板箱是由以下几部分机构组成：接通、断开和转换纵、横向进给运动的操纵机构；接通丝杠传动的开合螺母机构；保证机床工作安全的互锁机构；保证机床工作安全的过载保护机构；实现刀架快慢速自动转换的超越离合器等。

2.4.3.1　安全离合器的结构

安全离合器是防止进给机构过载或发生偶然事故时损坏机床部件的保护装置。它是当刀架机动进给过程中，如进给抗力过大或刀架移动受到阻碍时，安全离合器能自动断开轴XX的运动，使自动进给停止。如图2-16所示，安全离合器由端面带螺旋齿爪的4和10两半部分组成，左半部4用平键9与超越离合器的星形体5连接，右半部10与轴XX用花键连接。正常工作情况下，通过弹簧3的作用，使离合器左右两半部经常处于啮合状态，以传递由超越离合器星形体5传来的运动和转矩，并经花键传给轴XX。此时，安全离合器螺旋齿面上产生的轴向分力由弹簧3平衡。当进给抗力过大或刀架移动受到阻碍时，通过安全离合器齿爪传递的转矩及产生的轴向分力将增大，当轴向分力大于弹簧3的作用力时，离合器的右半

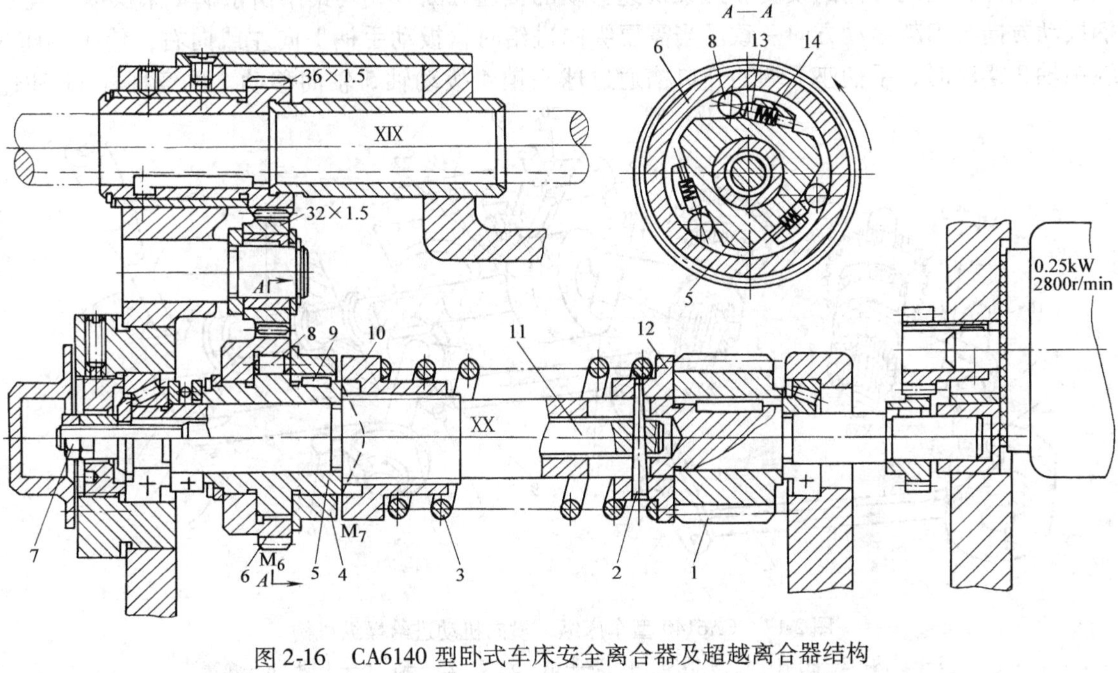

图2-16　CA6140型卧式车床安全离合器及超越离合器结构

1—蜗杆　2—圆柱销　3、14—弹簧　4—M_7左半部　5—星形体　6—齿轮（M_6外壳）
7—调整螺母　8—滚柱　9—平键　10—M_7右半部　11—拉杆　12—弹簧座　13—顶销

部 10 将压缩弹簧 3 而向右滑移，与左半部 4 脱开啮合，安全离合器打滑，从而断开刀架的机动进给。过载现象排除后，弹簧 3 又将安全离合器自动接合，恢复正常的机动进给。调整螺母 7，通过轴 XX 内孔中的拉杆 11 及圆柱销 2 调整弹簧座 12 的轴向位置，可改变弹簧 3 的压缩量，以调整安全离合器所传递的转矩大小。

2.4.3.2 超越离合器的结构

超越离合器的作用是实现同一轴运动的快、慢速自动转换。如图 2-16*A-A* 剖面所示，超越离合器由齿轮 6（它作为离合器的外壳）、星形体 5、三个滚柱 8、顶销 13 和弹簧 14 组成。当刀架机动工作进给时，空套齿轮 6 为主动逆时针方向旋转，在弹簧 14 及顶销 13 的作用下，使滚柱 8 挤向楔缝，并依靠滚柱 8 与齿轮 6 内孔孔壁间的摩擦力带动星形体 5 随同齿轮 6 一起转动，再经安全离合器 M_7 带动轴 XX 转动，实现机动进给。当快速电动机起动时，运动由齿轮副 13/29 传至轴 XX，则星形体 5 由轴 XX 带动做逆时针方向的快速旋转，此时，在滚柱 8 与齿轮 6 及星形体 5 之间的摩擦力和惯性力的作用下，使滚柱 8 压缩顶销而移向楔缝的大端，从而脱开齿轮 6 与星形体 5（即轴 XX）间的传动联系，齿轮 6 已不再为轴 XX 传递运动，轴 XX 是由快速电动机带动作快速转动，刀架实现快速运动。当快速电动机停止转动时，在弹簧及顶销和摩擦力的作用下，使滚柱 8 又瞬间嵌入楔缝，并楔紧于齿轮 6 和星形体之间，刀架立即恢复正常的工作进给运动。由此可见，超越离合器 M_6 可实现轴 XX 快、慢速运动的自动转换。

2.4.3.3 纵、横向机动进给操纵机构

图 2-17 为 CA6140 型卧式车床的机动进给操纵机构。刀架的纵向和横向机动进给运动的接通、断开，运动方向的改变和刀架快速移动的接通和断开，均集中由手柄 1 来操纵，且手柄扳动方向与刀架运动方向一致。当需要纵向进给时，扳动手柄 1 向左或向右，使手柄座 3 绕销轴 2 摆动时，手柄座下端的开口槽通过球头销 4 拨动轴 5 轴向移动，再经杠杆 11 和连

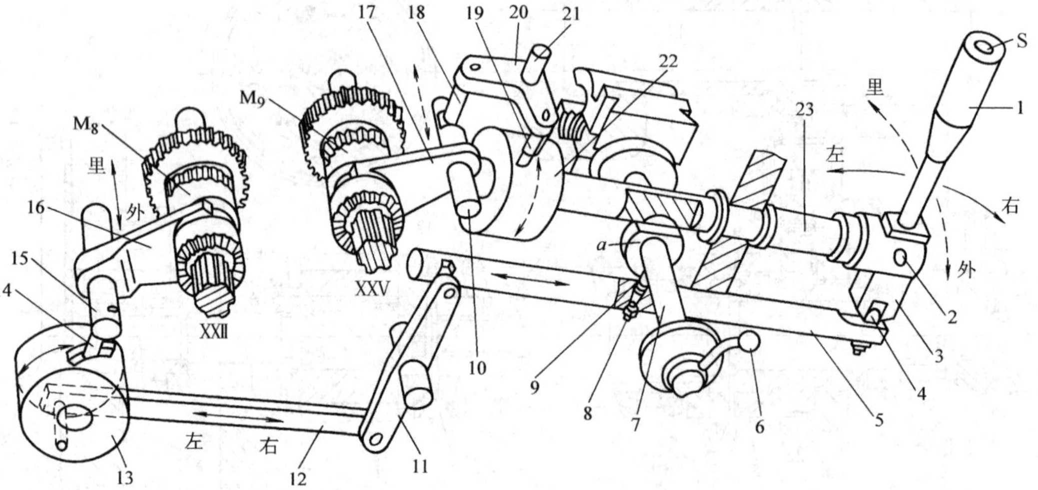

图 2-17 CA6140 型车床纵、横向机动进给操纵机构

1—手柄 2—销轴 3—手柄座 4—球头销 5、7、23—轴 6—手柄 8—弹簧销 9—球头销 10、15—拨叉轴 11、20—杠杆 12—连杆 13、22—凸轮 14、18、19—圆销 16、17—拨叉 21—销轴

杆 12 使凸轮 13 转动，凸轮上的曲线槽又通过圆销 14 带动拨叉轴 15 及固定在其上的拨叉 16 向里或向外移动，拨叉拨动离合器 M_8，使之与轴 X X Ⅱ 上的两个 z_{48} 空套齿轮中的一个端面齿啮合，从而接通纵向进给运动，实现向左或向右的纵向机动进给。

当需要横向进给时，扳动手柄 1 向里或向外，带动轴 23 以及固定在其左端的凸轮 22 转动，凸轮上的曲线槽通过销 19，使杠杆 20 绕销轴 21 摆动，杠杆 20 另一端的圆销 18 推动拨叉轴 10 以及拨叉 17 向里或向外移动，使离合器 M_9 与轴 XXV 上两个空套齿轮中的一个端面齿啮合，于是横向进给运动接通，实现向里或向外的横向机动进给。

当手柄 1 处于中间位置时，离合器 M_8 和 M_9 也处于中间位置，此时断开了纵、横向机动进给。

手柄 1 的顶端装有按钮 S，用以点动快速电动机。当需要刀架快速移动时，先将手柄 1 扳至左、右、前、后任一位置，然后按下按钮 S，则快速电动机起动，刀架即在相应方向作快速移动。

2.4.3.4　开合螺母的结构与调整

如图 2-18a 所示，开合螺母由上、下两个半螺母 26 和 25 组成，它们分别装在溜板箱箱体后壁的燕尾导轨中。上、下半螺母的背面各装有一圆柱销 27，其伸出一端分别插在圆盘 28 的两条曲线槽中（见图 2-18b）。扳动手柄 6 经轴 7 使圆盘 28 逆时针转动，曲线槽迫使两圆柱销 27 互相靠近，带动上、下半螺母合拢，与丝杠啮合，刀架便由丝杠螺母经溜板箱传动进给；扳动手柄 6 使圆盘 28 顺时针转动，曲线槽通过圆销使两半螺母相互分离，与丝杠脱开啮合，刀架停止进给。

利用螺钉 31 可调整开合螺母的开合量，即调整开合螺母合上后与丝杠之间的间隙。拧动螺钉 31（见图 2-18c），可调整销钉 30 相对下螺母的伸出长度，从而限定上、下两个半螺母合上时的位置，以调整丝杠与螺母间的间隙。

用螺钉 33 经平镶条 29 可调整开合螺母与燕尾导轨间的间隙（见图 2-18d）。

2.4.3.5　互锁机构

机床工作时，如因误操作而同时将丝杠传动和纵、横向机动进给（或快速运动）接通，则将损坏机床零部件。为了防止发生上述事故，溜板箱中设有互锁机构，以保证开合螺母合上时，机动进给不能接通；反之，机动进给接通时，开合螺母不能合上。如图 2-19 所示，互锁机构由开合螺母操纵轴 7 上凸肩 a，轴 5 上球头销 9 和弹簧销 8 以及支承套 24 等组成。图 2-19a 所示为向下扳动手柄 6 使开合螺母合上时的情况，此时轴 7 顺时针转过一个角度，其上凸肩 a 嵌入轴 23 的槽中，将轴 23 卡住，使其不能转动，同时，凸肩 a 又将装在支承套 24 横向孔中的球头销 9 压下，其下端插入轴 5 的孔中将轴 5 锁住，使轴 5 不能左右移动，此时纵、横向机动进给均不能接通。图 2-19b 为纵向机动进给接通时的情况，此时轴 5 沿轴线方向移动了一定位置，其上横向孔与球头销 9 错位，使球头销 9 不能往下移动，因而轴 7 被锁住而无法转动，即开合螺母无法合上。图 2-19c 为横向机动进给接通时的情况，此时轴 23 转动了位置，其上的沟槽不再对准轴 7 的凸肩，使轴 7 也无法转动。因此，接通纵向或横向机动进给后，开合螺母均不能合上。

2.4.4　横向进给丝杠结构

如图 2-20 所示，横向进给丝杠 1 的作用是将机动或手动传至其上的运动，经螺母传动使刀架获得横向进给运动。横向进给丝杠 1 的右端支承在滑动轴承 12 和 8 上，实现径向和轴向定位。利用螺母 10 可调整轴承的轴向间隙。

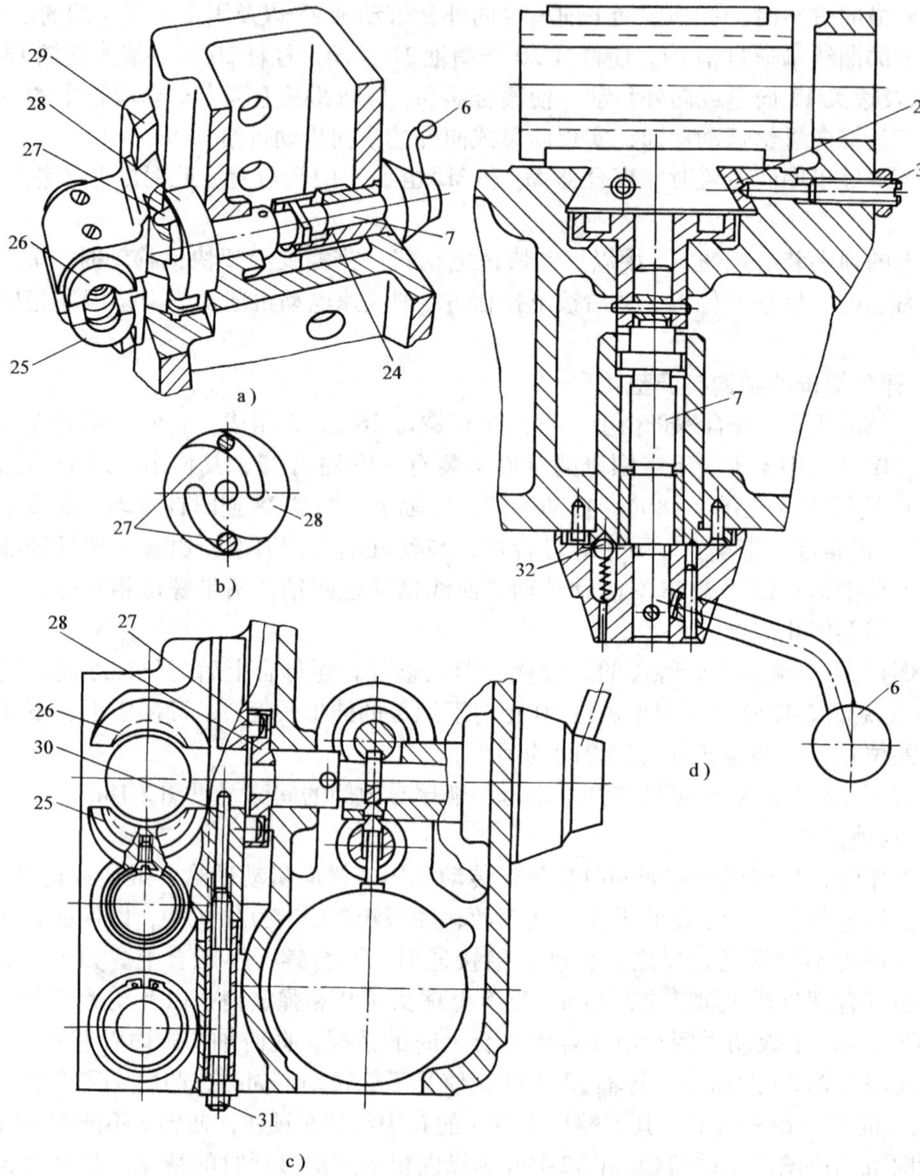

图 2-18 CA6140 型车床开合螺母的结构

6—手柄 7—轴 24—支承套 25—下半螺母 26—上半螺母 27—圆柱销 28—圆盘 29—平镶条 30—销钉 31、33—螺钉 32—定位钢球

横向进给丝杠采用可调的双螺母结构。螺母固定在横向滑板 2 的底面上，它由分开的两部分 3 和 7 组成，中间用楔块 5 隔开。当由于磨损致使丝杠螺母之间的间隙过大时，可将螺母 3 的紧固螺钉 4 松开，然后拧动螺钉 6，将楔块 5 向上拉紧，依靠斜楔的作用将螺母 3 向

左挤，使螺母 3 与丝杠之间产生相对位移，减小螺母与丝杠的间隙。间隙调妥后，拧紧螺钉 4 将螺母 3 固定。

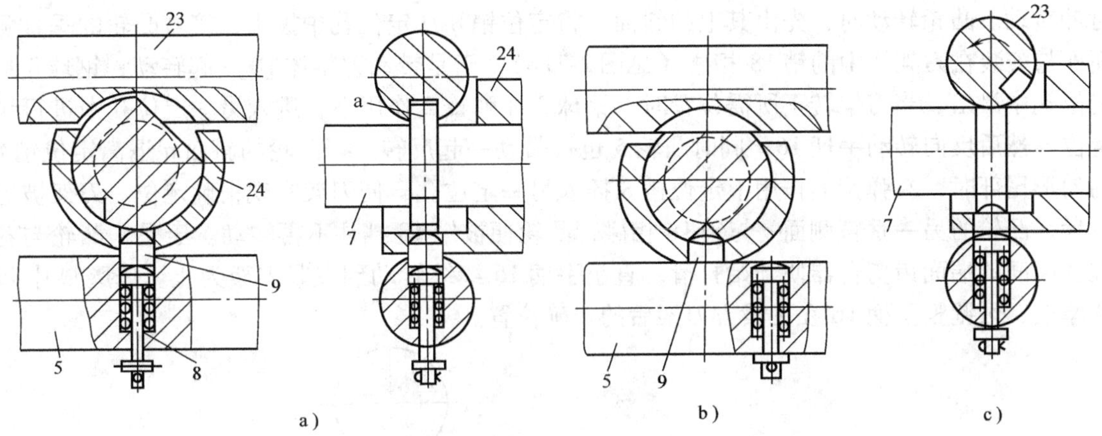

图 2-19　CA6140 型车床互锁机构工作原理

5、7、23—轴　8—弹簧销　9—球头销　24—支承套

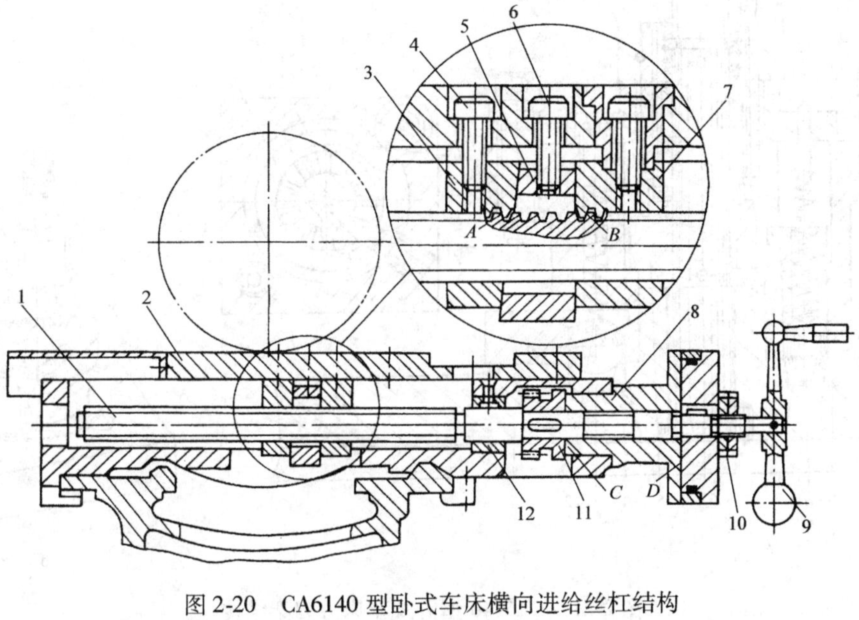

图 2-20　CA6140 型卧式车床横向进给丝杠结构

1—丝杠　2—滑板　3、7、10—螺母　4、6—螺钉　5—楔块

8、12—滑动轴承　9—手柄　11—齿轮

2.4.5　方刀架结构

如图 2-21 所示，方刀架安装在小滑板 1 上，用小滑板的圆柱凸台 D 定位。方刀架可转动间隔为 90°的四个位置，使装在四侧的四把车刀依次进入工作位置。每次转位后，定位销 8 插入刀架滑板上的定位孔中进行定位。方刀架每次转位过程中的松夹、拨销、转位、定位以及夹紧等动作，都由手柄 16 操纵。逆时针转动手柄 16，使其从轴 6 顶端的螺纹向上退

松，刀架体10便被松开。同时，手柄通过内花键套筒13（用骑缝螺钉与手柄联接）带动花键套筒15转动，花键套筒15的下端面齿与凸轮5的上端面齿啮合，因而凸轮也被带动着逆时针转动。凸轮转动时，先由其上的斜面 a 将定位销8从定位孔中拨出，接着凸轮的垂直侧面 b 与安装在刀架体中的销18相碰（见图2-21b），于是带动刀架体10一起转动，钢球3从定位孔中滑出。当刀架转至所需位置时，钢球3在弹簧2作用下，进入另一定位孔中进行预定位。然后反向转动手柄16，同时凸轮5也被带动一起反转。当凸轮的斜面 a 退离定位销8的勾形尾部时，在弹簧的作用下定位销8插入另一定位孔，使刀架实现精确定位。刀架被定位后，凸轮的另一垂直侧面 c 与销18相碰，凸轮便被销18挡住不再转动。于是，凸轮与花键套筒间的端面齿离合器便开始打滑，直至手柄16继续转动到夹紧刀架为止。修磨垫片12的厚度，可调整手柄16在夹紧方刀架后的正确位置。

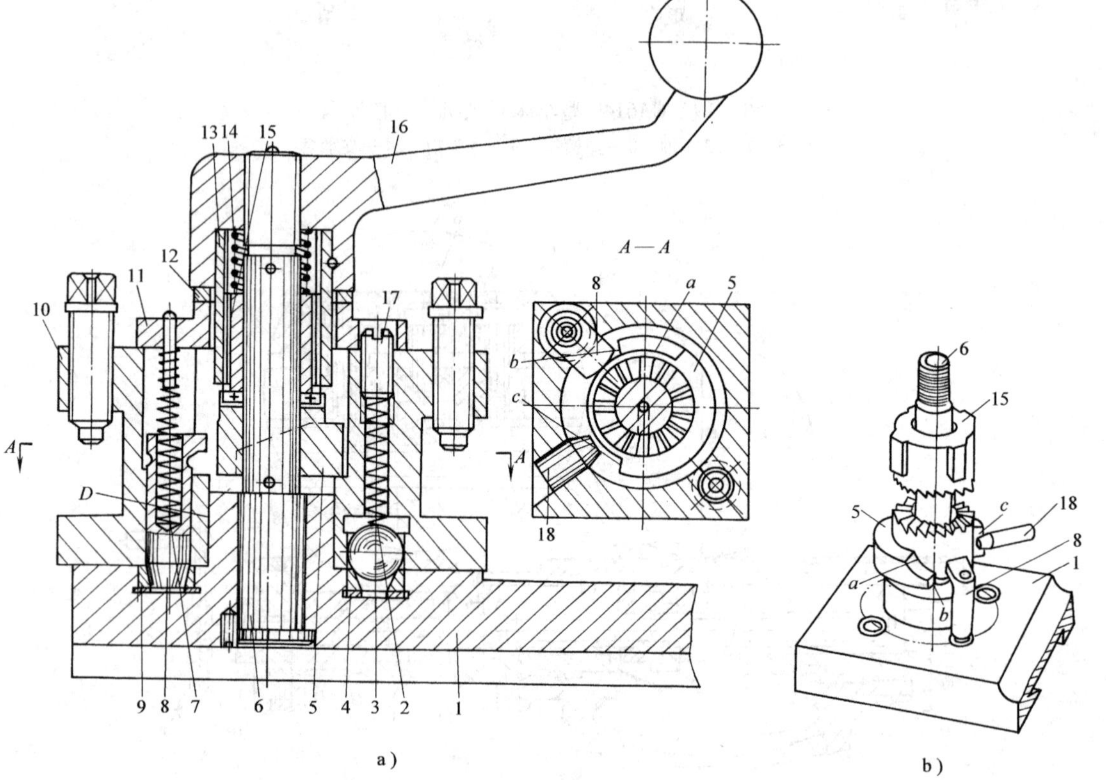

图2-21 CA6140型卧式车床方刀架结构

1—小滑板 2、7、14—弹簧 3—定位钢球 4、9—定位套 5—凸轮 6—轴 8—定位销 10—方刀架体 11—刀架上盖 12—垫片 13—内花键套 15—花键套筒 16—手柄 17—调节螺钉 18—固定销

2.5 其他车床

2.5.1 立式车床

立式车床主要用于加工径向尺寸大而轴向尺寸相对较小，且形状比较复杂的大型或重型

工件，它是汽轮机、水轮机、重型电机、矿山冶金设备等加工中不可缺少的机床，同时在一般机械制造厂中使用也很普遍。立式车床的主轴垂直布置，并有一直径很大的圆形工作台，以装夹工件，工作台台面处于水平位置，因而笨重工件的装夹、找正比较方便。由于工件及工作台的质量由床身导轨或推力轴承承受，大大减轻了主轴及其轴承的载荷，因此能长期保持其工作精度。

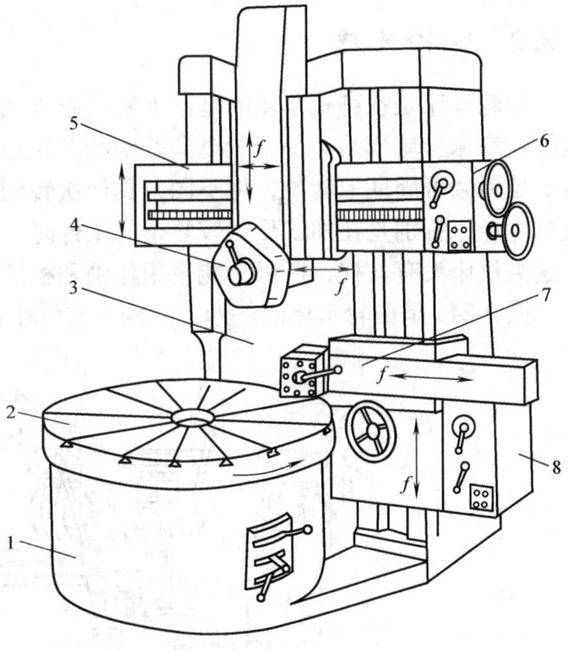

图 2-22　单柱式立式车床外观图

1—底座　2—工作台　3—立柱　4—垂直刀架　5—横梁　6—垂直刀架进给箱　7—侧刀架　8—侧刀架进给箱

立式车床可分为单柱式和双柱式两类。

单柱式立式车床只用于加工直径不太大的工件，图2-22为其外观图。箱形立柱3与底座1固联，构成机床的支承骨架，工作台2装在底座1的环形导轨上，工件装夹于工作台的台面上，并由工作台带动绕垂直轴线旋转，形成主运动。在立柱的垂直导轨上安装有侧刀架7，它可沿垂直导轨及刀架滑座做垂直或横向进给，以车削外圆、车端面、车槽和倒角等。立柱的垂直导轨上安装有横梁5，在横梁的水平导轨上装有垂直刀架4，刀架4可沿横梁导轨移动作横向进给，也可沿刀架滑座的导轨移动做垂直进给，刀架滑座可左右扳转一定角度，以便刀架做斜向进给。因此，垂直刀架可用于车削内外圆柱面、内外圆锥面，切端面以及车槽等。在垂直刀架上通常带有一个五角形的转塔刀架，除装夹各种车刀外还可装夹各种孔加工刀具，以进行钻、扩、铰孔。两个刀架在进给运动方向上都能做快速调位移动以完成快速趋进、退回和调整位置等辅助运动，横梁连同垂直刀架一起，可沿立柱导轨上下移动，以调整刀具相对工件的位置，横梁移至所需位置后，可手动或自动夹紧在立柱上。

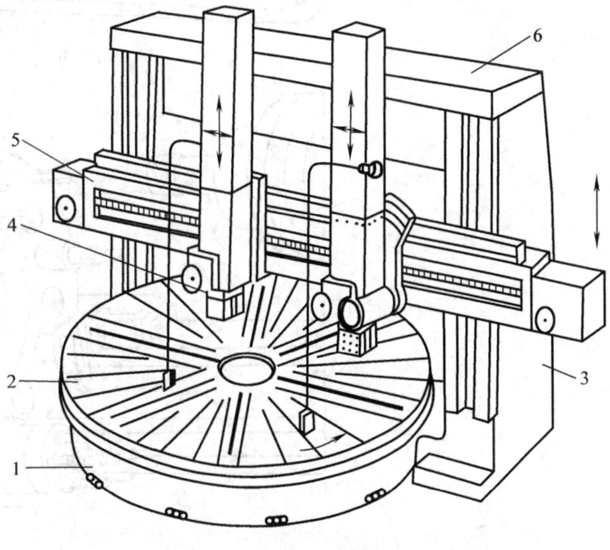

图 2-23　双柱式立式车床外观图

1—底座　2—工作台　3—立柱　4—垂直刀架　5—横梁　6—顶梁

图2-23为双柱立式车床的外观图。两个立柱3与底座1和顶梁6联成一个封闭式框架。横梁5上装有两个垂直刀架，它可沿横梁和刀架滑座

作横向和垂直进给。双柱立式车床主要用于加工直径较大的工件。

2.5.2 回轮车床

回轮车床是在卧式车床的基础上发展起来的，它与卧式车床的区别是结构上没有尾座和丝杠，在床身尾部装有一个能纵向移动的多工位刀架，其上可装夹多把刀具。加工过程中，多工位刀架可周期地转位，将不同刀具依次转到加工位置，顺序地对工件进行加工。因此在成批生产，特别是在加工形状较复杂的工件时，使用回轮车床比卧式车床的生产率高。但由于这类机床没有丝杠，所以只能采用丝锥和板牙加工螺纹。

图 2-24a 是回轮车床的外形。结构上有一个可绕水平轴线转位的圆盘形回轮刀架 4（见

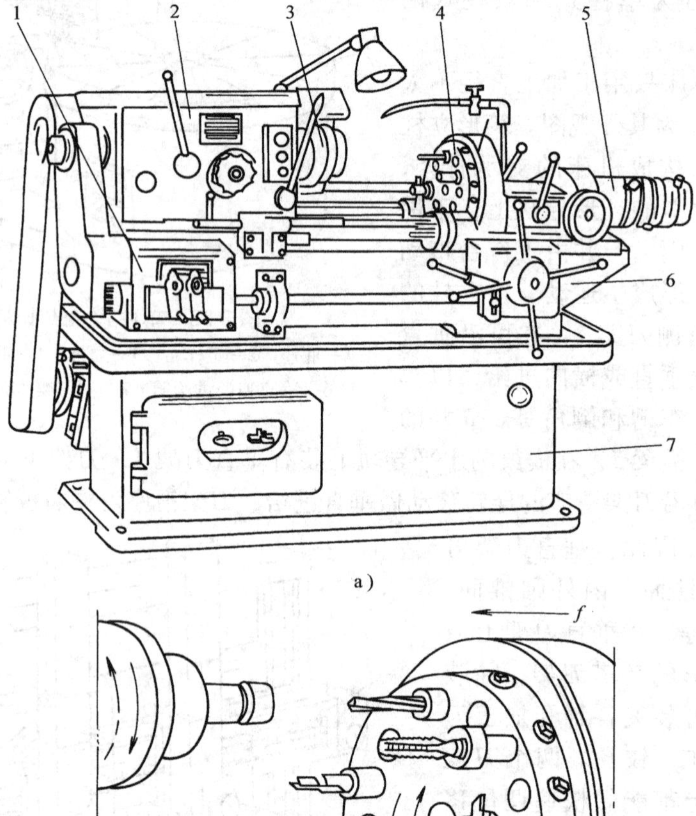

a)

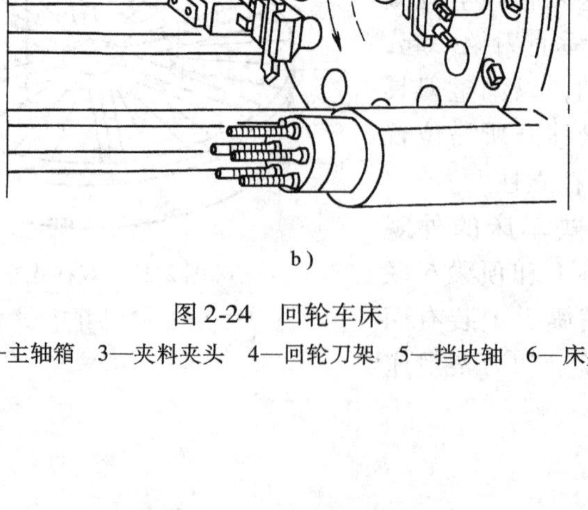

b)

图 2-24 回轮车床

1—进给箱 2—主轴箱 3—夹料夹头 4—回轮刀架 5—挡块轴 6—床身 7—底座

图2-24b)，刀架的回转轴线与主轴轴线平行。回轮刀架上沿圆周均匀分布着12～16个轴向孔，供装夹刀具用。任何一个装刀孔转到最上面的位置时，其轴线均与主轴轴线在同一直线上。回轮刀架可沿着床身6的导轨作纵向进给运动，以车削内外圆柱面、钻孔、扩孔、铰孔和加工螺纹等。其横向进给靠回轮刀架绕本身轴线做慢速旋转来实现，通常没有前刀架。由于回轮刀架可同时装夹多把刀具，所以，特别适宜于加工形状复杂而直径较小的工件。

2.5.3　多刀半自动车床

图2-25是CB3463-1型半自动转塔车床的外形图。它是成批及大量生产中广泛应用的机床，主要用于加工形状比较复杂、需要多把刀具顺次切削的盘类零件，如法兰盘、齿轮坯和多台阶的套等。

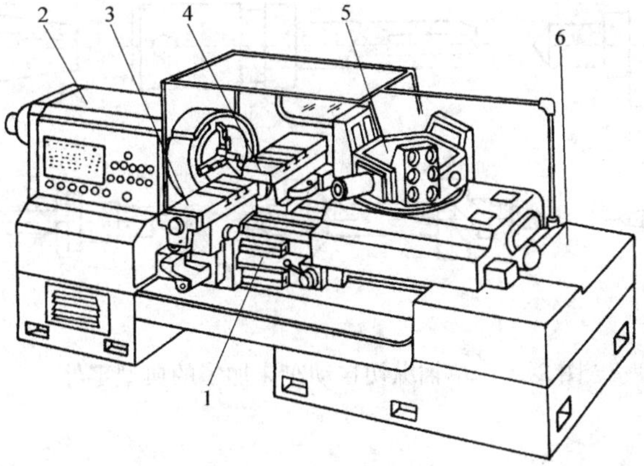

图2-25　CB3463-1型半自动转塔车床外形图

1—床身　2—主轴箱　3—前刀架　4—后刀架

5—转塔刀架　6—液压装置

由主电动机经V带和齿轮传动使机床主轴旋转，形成主运动。前刀架3、后刀架4、转塔刀架5的运动都是用液压驱动，用电气和液压联合控制来实现刀架的快速前进、工作进给和快速退回的自动工作循环。三个刀架中，转塔刀架是机床的主要工作刀架，它担负主要的切削任务。除了具有上述自动工作循环以外，工作进给完毕，快退到原始位置以后，还有一个转塔自动转位的动作，以便转换刀具使下一组刀具进入加工位置。各刀架还能根据加工程序协同动作，完成对整个工件的加工。除装卸工件外，整个加工过程可以实现自动循环，具有较高的生产率。

加工过程中，机床各工作部件都由电动机经机械传动系统或液压传动系统来驱动。而各工作部件的动作顺序、运动的起止时间、速度、方向、行程长度和位置则由自动控制系统控制。机床用矩阵插销板和行程开关等发出控制信号，经电路、油路和某些机构传递到被控制的工作部件，使机床能自动地完成规定内容的工作循环。

2.5.4　单轴纵切自动车床

单轴纵切自动车床主要用于加工精度要求较高，必须通过一次装夹成形的轴类零件

(图 2-26)。它广泛用于钟表、仪器仪表及电信等成批及大量生产的制造业中。

图 2-27 为单轴纵切自动车床的加工示意图。棒料 1 的前、后端分别支承在支承套 12 和料管 9 中，加工时，由主轴 3 内的夹料筒夹 2 夹紧棒料，并随主轴一起转动，由主轴箱 4 带动作纵向进给。三个上刀架 7 装在中心架 10 上，可分别沿工件的半径方向作径向进给。天平刀架 5 亦装在中心架 10 上，并可绕中心轴 6 摆动，使天平刀架上的前、后刀架轮流参加切削。三轴钻铰附件 11 用来钻纵向孔或加工内外螺纹。

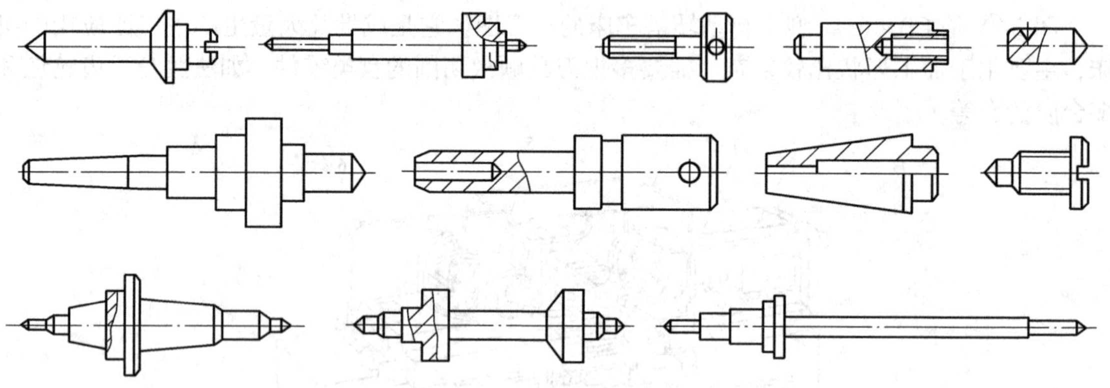

图 2-26　单轴纵切自动车床加工的典型零件

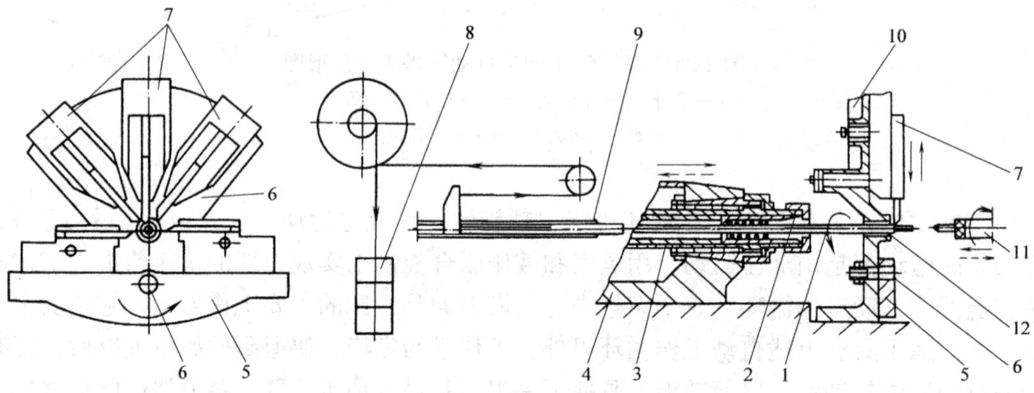

图 2-27　单轴纵切自动车床加工示意图

1—棒料　2—夹料筒夹　3—主轴　4—主轴箱　5—天平刀架　6—中心轴
7—上刀架　8—重锤　9—料管　10—中心架　11—三轴钻铰附件　12—支承套

加工过程中，主轴箱和各刀架根据加工要求协同动作，加工出工件的各表面后，由切断刀切断工件（切断刀作为挡料装置仍留在原处）。然后夹料筒夹松开棒料，主轴箱后退，由于棒料受重锤 8 及料管 9 内推杆的作用，不随主轴箱后退，其右端面紧靠切断刀侧面。主轴箱退回到适当位置后，夹料筒夹将棒料夹紧，主轴箱重新向前进给，并自动重复下一个工件的加工。图 2-28 是 CM1107 型单轴纵切自动车床外形图。

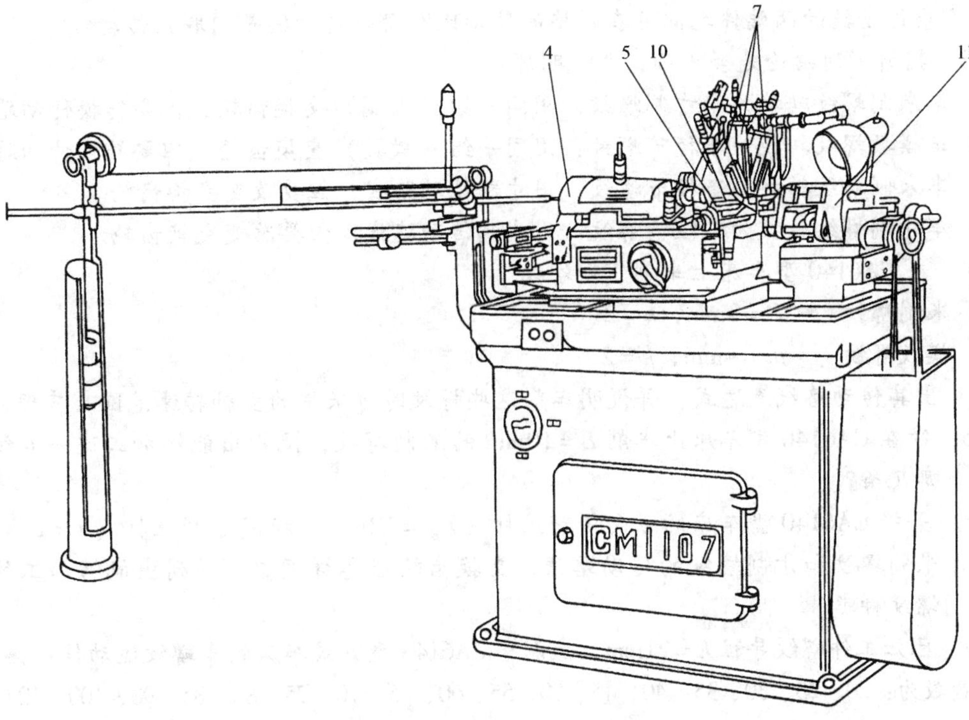

图 2-28　CM1107 型单轴纵切自动车床外形图
4—主轴箱　5—天平刀架　7—上刀架　10—中心架　11—三轴钻铰附件

本章小结

本章简要介绍了 CA6140 型卧式车床的工艺范围、主要组成部件和其他类型车床的运动及工艺范围。详细分析了 CA6140 型卧式车床的主运动传动链，车螺纹运动传动链和纵向、横向进给运动传动链。重点介绍了主轴箱部件中的卸荷带装置、主轴部件的结构及轴承间隙的调整、摩擦离合器和制动器及操纵机构，溜板箱部件中的安全离合器、超越离合器的结构、纵向、横向机动进给操纵机构、开合螺母的结构与调整、互锁机构等内容。

通过本章内容的学习，应掌握车床的应用范围和结构特点，会运用机床的传动系统图分析机床的运动，会计算机床的转速、进给量等，能结合实际情况合理选用机床。具备调整主要部件间隙的能力。

本章内容与生产实际联系紧密，教学和学习过程中，应注意理论联系实际。

思考与练习题

2-1　试分析 CA6140 型卧式车床的传动系统。

1）传动系统有几条传动链？指出各条传动链的首端件和末端件。

2）分析车削模数螺纹和径节螺纹的传动路线，并列出其运动平衡式。

3）为什么车削螺纹时，用丝杠承担纵向进给，而车削其他表面时用光杠传动纵向和横向进给？能否用一根丝杠既承担纵向进给又承担车其他表面的进给运动？

2-2　在 CA6140 型车床的主运动、车螺纹运动、纵向、横向进给运动、快速运动等传动链中，哪条传动链的两端件之间具有严格的传动比？哪条传动链是内联系传动链？

2-3 判断下列结论是否正确，并说明理由。

1）车米制螺纹转换为车寸制螺纹，用同一组（米制）交换齿轮，但要转换传动路线。

2）车模数螺纹转换为车径节螺纹，用同一组（模数）交换齿轮，但要转换传动路线。

3）车米制螺纹转换为车径节螺纹，用寸制传动路线，但要改变交换齿轮。

4）车寸制螺纹转换为车径节螺纹，用寸制传动路线，但要改变交换齿轮。

2-4 在CA6140型车床上车削下列螺纹

1）米制螺纹 $P=3\text{mm}$，$k=2$

2）模数螺纹 $m=4\text{mm}$，$k=2$

试列出其传动路线表达式，并说明车削这些螺纹时可采用的主轴转速范围及其理由。

2-5 欲在CA6140型车床上车削 $L=10\text{mm}$ 的米制螺纹，试指出能够加工这一螺纹的传动路线有哪几条？

2-6 若将CA6140型车床的纵向传动丝杠（$T_{丝}=12\text{mm}$）换成寸制丝杠（$a=2$ 牙/in），试分析车米制螺纹和寸制螺纹的传动路线，交换齿轮应怎样调整，并列出能够加工的标准米、寸制螺纹种类。

2-7 已知工件螺纹导程 $L=21\text{mm}$，试调整CA6140型卧式车床的车螺纹运动传动链(设交换齿轮齿数为：20、25、30、35、40、45、50、55、60、65、70、75、80、85、90、100、127)。

2-8 为什么CA6140型车床主轴转速在450～1450r/min条件下，采用扩大螺距机构，刀架获得细进给量，而主轴转速为10～125r/min条件下，使用扩大螺距机构，刀架却获得大进给量？

2-9 试分析CA6140型车床的主轴组件在主轴箱内如何定位？其径向和轴向间隙如何调整？

2-10 为什么卧式车床主轴箱的运动输入轴（Ⅰ轴）常采用卸荷式带轮结构？对照传动系统图说明扭矩是如何传递到轴Ⅰ的？

2-11 CA6140型车床主运动传动链中，能否用双向牙嵌式离合器或双向齿轮式离合器代替双向多片式摩擦离合器实现主轴的开停及换向？在进给传动链中，能否用单向摩擦离合器或电磁离合器代替齿轮式离合器 M_3、M_4、M_5？为什么？

2-12 CA6140型车床的进给运动传动系统中，主轴箱和溜板箱中各有一套换向机构，它们的作用有何不同？能否用主轴箱中的换向机构来变换纵、横向机动进给的方向？为什么？

2-13 车床溜板箱中开合螺母操纵机构与机动纵向和横向进给操纵机构之间为什么需要互锁？试分析互锁机构的工作原理。

2-14 已知溜板箱传动件完好无损，开动CA6140型车床，当主轴正转时，光杠已转动，通过操纵进给机构，使 M_8 或 M_9 结合，刀架却没有进给运动，试分析原因。

2-15 分析CA6140型车床出现下列现象的原因，并指出解决办法：

1）车削过程中产生闷车现象。

2）扳动主轴开、停和换向操纵手把十分费力，甚至不能稳定地停留在终点位置上。

3）操纵手柄扳至停车位置上时，主轴不能迅速停止。

2-16 为什么要调整好开合螺母的开合量？结合图2-18的结构说明其调整方法。

2-17 CA6140型卧式车床的快速辅助电动机可以随意正、反转吗？试说明理由。

第3章 铣　　床

学习目标：通过第3章的学习，了解铣床的用途、运动、分类、X6132型铣床的工艺范围和主要组成部件，会分析X6132型铣床的主运动传动链、进给运动传动链和工作台快速移动，比较X6132型铣床与C6140型卧式车床在传动方面的区别。对X6132型铣床主要部件结构，重点掌握主轴部件、顺铣机构的结构与调整方法，孔盘操纵机构的工作原理。熟悉各种分度方法的分度原理和计算方法。

铣床是用铣刀对工件进行铣削加工的机床。

最早的铣床是美国人惠特尼于1818年创制的卧式铣床。为了铣削麻花钻的螺旋槽，美国工程师约瑟夫·布朗于1862年创制了第一台万能铣床，这是升降台铣床的雏形。1884年前后又出现了龙门铣床。20世纪20年代出现了半自动铣床，利用挡块工作台可完成"进给—快速"或"快速—进给"运动的自动转换。

1950年以后，铣床在控制系统方面发展很快，数字控制的应用大大提高了铣床的自动化程度。尤其是20世纪70年代以后，微处理器的数字控制系统和自动换刀系统应用于铣床，扩大了铣床的加工范围，提高了零件的加工精度与效率。

3.1　铣床的用途、运动和分类

3.1.1　铣床的用途和运动

3.1.1.1　铣床的用途

铣削是以旋转的铣刀做主运动，工件或铣刀做进给运动，在铣床上进行切削加工的过程。

铣削的特点是使用旋转的多刃刀具进行加工，同时参加切削的齿数多，整个切削过程是连续的，所以铣床的加工生产率较高；但由于每个刀齿的切削过程是断续的，每个刀齿的切削厚度也是变化的，使得切削力发生变化，产生的冲击会使铣刀刀齿寿命降低，严重时引起崩齿和机床振动，影响加工精度。因此，铣床在结构上要求具有较高的刚度和抗振性。

如图3-1所示，在铣床上可以加工平面（水平面、侧面、台阶面等）、沟槽（键槽、T形槽、燕尾槽等）、成形表面（螺纹、螺旋槽、特定成形面等）、分齿零件（齿轮、链轮、棘轮、花键轴等）等，同时也可用于对回转体表面、内孔的加工以及切断等，效率较刨床高，在机械制造和维修部门得到广泛应用。铣床经济加工精度一般为IT9～IT8级、表面粗糙度为$Ra12.5 \sim Ra1.6\mu m$，精加工时可达IT5级，表面粗糙度可达$Ra0.2\mu m$。

3.1.1.2　铣床的运动

铣床工作时的主运动是铣刀的旋转运动。多数铣床上，进给运动是由工件在垂直于铣刀轴线方向的直线运动来实现。少数铣床上，进给运动是工件的回转运动或曲线运动。为适应不同形状和尺寸的工件加工，铣床可保证工件与铣刀之间在相互垂直的三个方向上调整位置，并可根据加工要求，在其中任一方向实现进给运动。在铣床上，工作进给和调整刀具与工件相对位置的运动，根据机床类型不同，可由工件（万能卧式升降台铣床）或刀具及工件（龙门铣床）来实现。

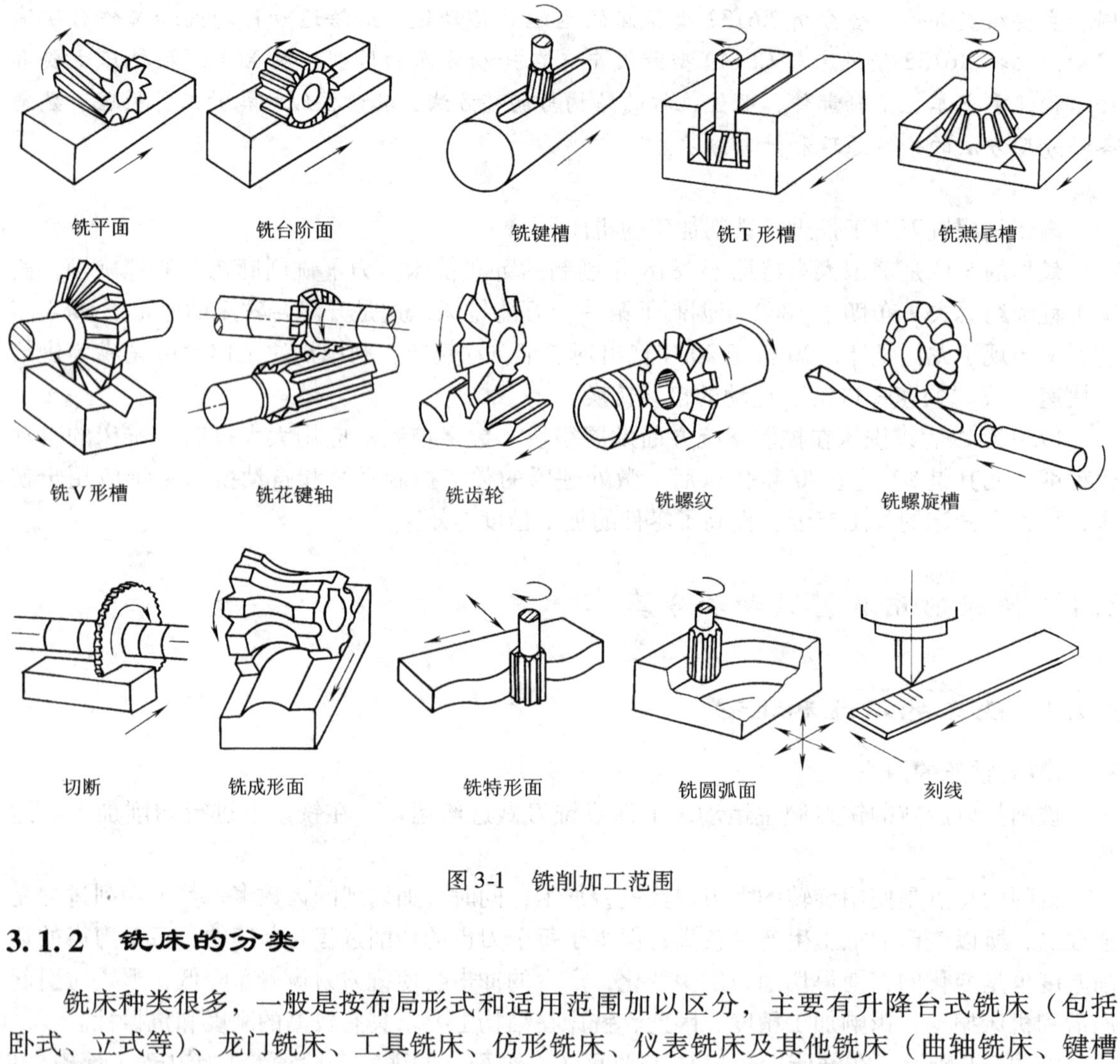

图3-1　铣削加工范围

3.1.2 铣床的分类

铣床种类很多，一般是按布局形式和适用范围加以区分，主要有升降台式铣床（包括卧式、立式等）、龙门铣床、工具铣床、仿形铣床、仪表铣床及其他铣床（曲轴铣床、键槽铣床）等。

其中升降台式铣床应用最广泛。其结构特征是：装夹工件的工作台可在相互垂直的三个方向上调整位置，并可在任一方向上实现进给运动。加工时装夹铣刀的主轴仅做旋转运动，其轴线位置一般固定不动。该类机床的工艺范围广，操作灵活方便，能迅速进行各种加工调整，适用于加工中、小零件的平面和沟槽，配置相应的附件后可铣削螺旋槽、分齿零件，还可钻孔、镗孔，一般应用于单件小批的生产车间、工具车间或机修车间。

3.2　X6132型铣床的工艺范围和主要组成部件

3.2.1　工艺范围

X6132型铣床常使用圆柱铣刀、盘铣刀、角度铣刀、成形铣刀及面铣刀、模数铣刀等刀具加工平面、斜面、沟槽、螺旋槽、齿槽等。

3.2.2　主要组成部件

图3-2为X6132型万能卧式升降台铣床外形图。它由床身1、底座2、回转刻度盘3、升降台4、床鞍5、工作台6、主轴7、刀杆托架8、悬梁9、刀杆10等主要部件组成。床身1固定在底座2上，用于安装和支承铣床的其他部件。床身1内装有主轴部件、主传动装置和主变速操纵机构等。床身顶部的燕尾形导轨上装有悬梁9，悬梁9通过齿轮、齿条传动调整其前后位置，由装在床身顶斜面的镶条夹紧。悬梁前端装有刀杆托架8，当铣刀主轴伸出端较长时，为提高刀杆的刚度，用于支承刀杆的悬伸端，托架内装有滑动轴承，轴套与刀杆的间隙可手动调整。升降台4安装在床身1的垂直导轨上，带动工作台6做垂直方向的运动，由两条镶条调整其配合间隙。升降台4内装有进给运动、快速移动装置及进给变速操纵机构等。床鞍5可沿升降台4的水平导轨带动工作台6做横向移动。工作台6可沿回转刻度盘3上的燕尾形导轨作纵向移动。床鞍上装有回转刻度盘3，带动工作台可在±45°范围内转一定的角度，用于铣削斜沟槽及螺旋表面。底座2内部是冷却液箱。

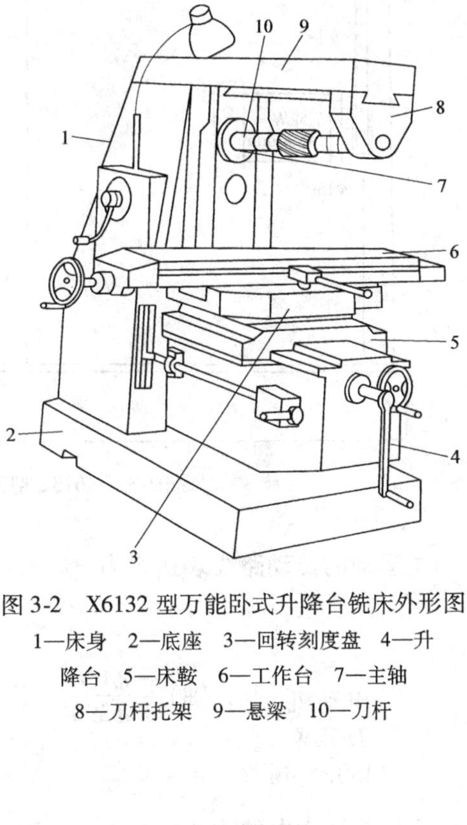

图3-2　X6132型万能卧式升降台铣床外形图
1—床身　2—底座　3—回转刻度盘　4—升降台　5—床鞍　6—工作台　7—主轴　8—刀杆托架　9—悬梁　10—刀杆

3.3　X6132型铣床的传动系统

3.3.1　主运动传动链

X6132型铣床的传动系统如图3-3所示。主运动传动链位于铣床床身内部，用于控制主轴变速、变向以及停止时的制动等。主电动机与主轴是主运动传动链的两个末端件。主运动由主电动机（7.5kW、1450r/min）驱动，经V带传至轴Ⅱ，再经轴Ⅱ-Ⅲ间和轴Ⅲ-Ⅳ间两组三联滑移齿轮变速组，轴Ⅳ-Ⅴ间双联滑移齿轮变速组，使主轴具有18级转速（30～1500r/min）。

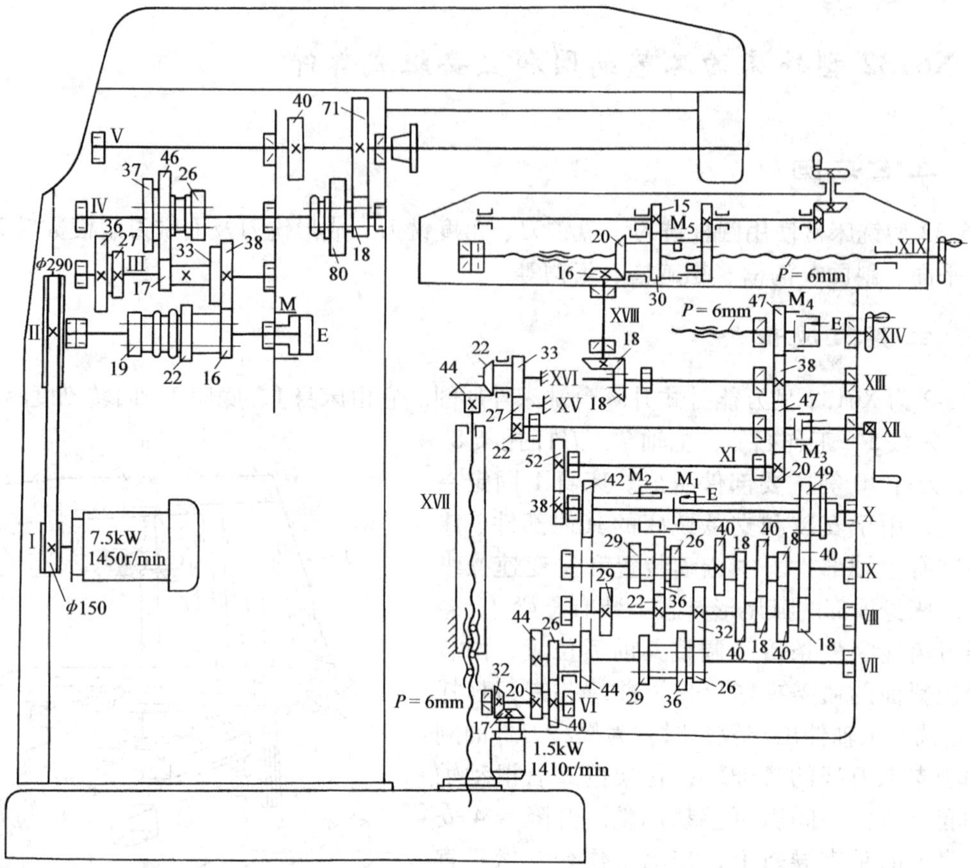

图 3-3　X6132 型万能卧式升降台铣床的传动系统

主运动的传动路线表达式为

$$\underset{\substack{7.5\text{kW}\\1450\text{r/min}}}{\text{电动机}}\ (\text{I 轴}) - \frac{\phi150}{\phi290} - \text{II} - \begin{bmatrix} \frac{19}{36} \\ \frac{22}{33} \\ \frac{16}{38} \end{bmatrix} - \text{III} - \begin{bmatrix} \frac{27}{37} \\ \frac{17}{46} \\ \frac{38}{26} \end{bmatrix} - \text{IV} - \begin{bmatrix} \frac{80}{40} \\ \frac{18}{71} \end{bmatrix} - \text{V(主轴)}$$

主轴旋转方向的改变由电动机的正、反转实现。主轴的制动由安装在轴Ⅱ上的多片式电磁制动器 M 进行控制。

3.3.2　进给运动传动链及工作台快速移动

铣床工作台可实现纵向、横向和垂直三个方向的进给运动以及三个方向的快速移动。进给运动传动链的两个末端件是进给电动机和工作台。进给运动由安装在升降台内部的进给电动机（1.5kW、1410r/min）驱动。电磁摩擦离合器 M_1、M_2 用于控制工作台的进给运动和快速移动，M_3、M_4、M_5 用于控制工作台的垂直、横向、纵向移动。三个方向的运动用电气方法实现互锁，保证工作时只接通其中一个方向的运动，防止因错误操作而发生事故。

进给运动传动路线表达式为

$$
\begin{array}{c}\text{电动机}\\ 1.5\text{kW}\\ 1410\text{r/min}\end{array} - \frac{17}{32} - \text{VI} - \left[\begin{array}{c}
\frac{20}{44} - \text{VII} - \begin{bmatrix}\frac{29}{29}\\ \frac{36}{22}\\ \frac{26}{32}\end{bmatrix} - \text{VIII} - \begin{bmatrix}\frac{32}{26}\\ \frac{29}{29}\\ \frac{22}{36}\end{bmatrix} - \text{IX} - \left[\begin{array}{c}\text{-----}\frac{40}{49}(\text{左})\text{-----}\\ \text{--}\frac{18}{40} - \frac{18}{40} - \frac{40}{49}(\text{中})\text{---}\\ \frac{18}{40} - \frac{18}{40} - \frac{18}{40} - \frac{18}{40} - \frac{40}{49}(\text{右})\end{array}\right] - \begin{array}{c}M_1\text{合}\\ \text{工作}\\ \text{进给}\end{array}\\
\text{-----------}\frac{40}{26} - \frac{44}{42} - \begin{array}{c}M_2\text{合}\\ (\text{快速移动})\end{array}\text{-----------}
\end{array}\right] -
$$

$$
\text{X} - \frac{38}{52} - \text{XI} - \frac{20}{47} - \left[\begin{array}{l}
\frac{47}{38} - \text{XIII} - \left[\begin{array}{l}\frac{18}{18} - \text{XVIII} - \frac{16}{20} - M_5\text{合} - \text{XIX}(\text{纵向进给})\\ \quad\frac{38}{47} - M_4\text{合} - \text{XIV}(\text{横向进给})\end{array}\right.\\
\qquad M_3\text{合} - \text{XII} - \frac{22}{27} - \frac{27}{33} - \frac{22}{44} - \text{XVII}(\text{垂直进给})
\end{array}\right.
$$

理论上，铣床在相互垂直的三个方向上均可得到 $3\times3\times3=27$ 种不同的进给量，但因轴Ⅶ－Ⅸ间的两组三联滑移齿轮变速组的 $3\times3=9$ 种传动比中，有三种是相同的，即：$\frac{26}{32}\times\frac{32}{26}=\frac{29}{29}\times\frac{29}{29}=\frac{36}{22}\times\frac{22}{36}=1$，所以，轴Ⅶ－Ⅸ间的两个变速组只有 7 种不同的传动比，使轴Ⅹ上只能得到 $7\times3=21$ 种不同转速，也就是三个进给方向上的进给量各有 21 级。其中，纵向及横向的进给量范围为 10～1000mm/min，垂直进给量范围为 3.3～333mm/min。

进给运动的方向变换由进给电动机的正、反转来实现。

工作台的快速移动可用于调整工作台纵向、横向和垂直等三个方向的位置。实现快速移动的方法是：脱开电磁离合器 M_1，接通电磁离合器 M_2，即可获得快速移动。电磁离合器 M_3、M_4、M_5 分别可接通垂直、横向和纵向的快速移动。

3.4 X6132 型铣床主要部件的结构

3.4.1 主轴部件

铣床主轴用于安装并带动铣刀旋转。由于是断续切削，铣削力呈周期变化，易引起振动，所以要求主轴部件应有较高的刚性和抗振性。图 3-4 为主轴部件结构图。主轴 2 是一空心轴，内有 7:24 精密锥孔，精密锥孔用于刀具或刀杆的锥柄与锥孔配合定心，安装铣刀刀杆的柄部或面铣刀，从主轴尾部穿过中心孔的拉杆可将刀杆拉紧。主轴前端有精密定心外圆柱面，端面镶有两个端面键 8，用于嵌入铣刀柄部的缺口中以传递转矩。

为提高刚性，主轴采用三支承结构。前支承采用 P5 级精度的圆锥滚子轴承 6，用于承受径向力和向左的轴向力；中间支承采用 P6 级精度的圆锥滚子轴承，以承受径向力和向右的轴向力；后支承采用 P5 级单列深沟球轴承，只承受径向力。主轴的回转精度主要是由前轴承和中间轴承保证的，后支承只起辅助作用。轴承出现间隙时，应及时调整，以保证主轴的回转精度。调整间隙的步骤是：先移开悬梁，拆下盖板，松开紧定螺钉3，用专用勾头扳手勾住螺母11，再用一短铁棍通过主轴前端的端面键8扳动主轴顺时针转动，通过螺母11使中间轴承4的内圈向右移动，消除中间轴承的间隙。继续转动主轴，可使主轴向左移动，通过轴肩带动前轴承6的内圈左移，消除前轴承的间隙。调整后，拧紧紧定螺钉3，盖上盖板，恢复悬梁位置，并使主轴以最高速运转1h，轴承温升不应超过60℃。

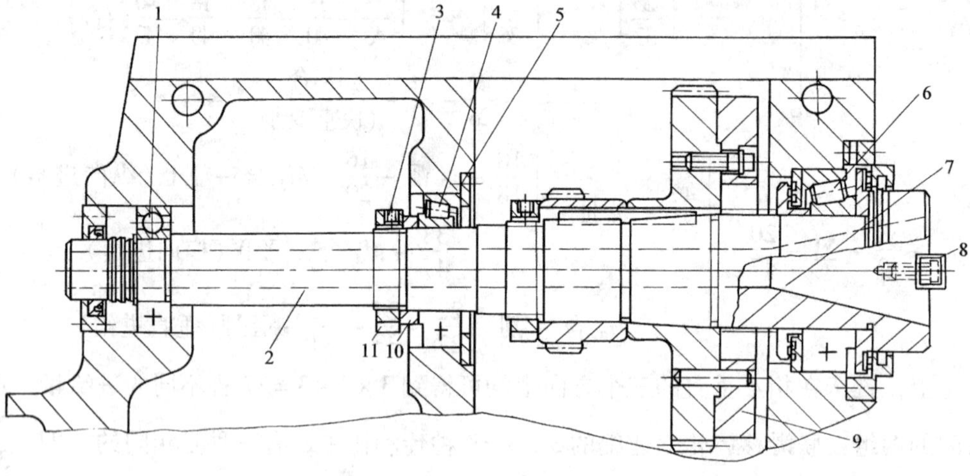

图3-4 主轴部件

1—后支承 2—主轴 3—紧定螺钉 4—中间支承 5—轴承端盖
6—轴承 7—主轴锥孔 8—端面键 9—飞轮 10—轴套 11—调整螺母

主轴前端的大齿轮上用螺钉和定位销紧固一飞轮9，切削中，可通过飞轮的惯性使主轴运转平稳，减少断续切削引起的冲击和振动，保证主轴回转精度。

3.4.2 顺铣机构

铣床加工零件时可采用顺铣和逆铣两种方式（表3-1）。

表3-1 顺铣与逆铣对照

铣削方式	顺 铣	逆 铣
图示	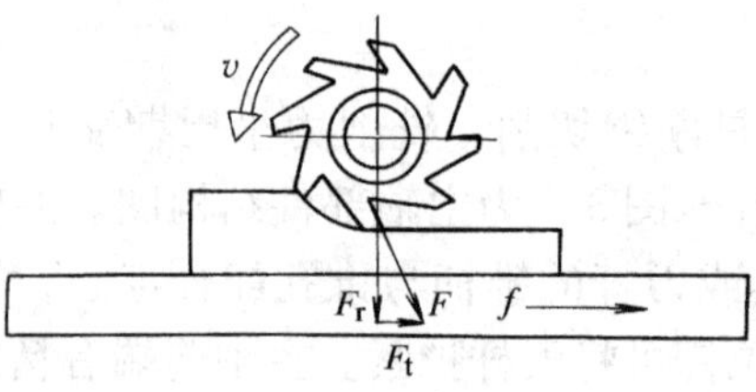	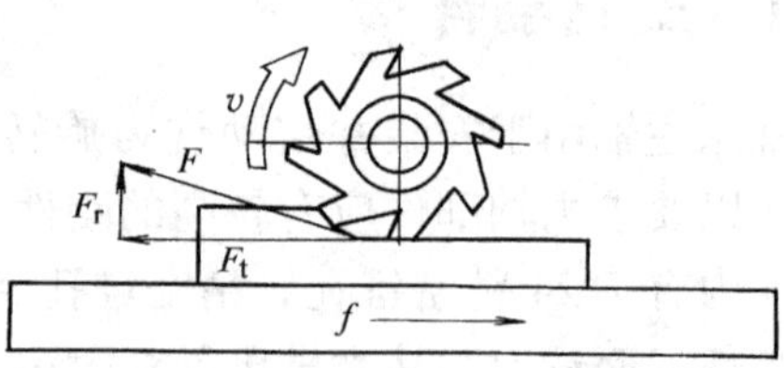
定义	铣刀刀尖最低点的切削速度与工件的进给运动方向相同	铣刀刀尖最低点的切削速度与工件的进给运动方向相反

（续）

铣削方式	顺 铣	逆 铣
特点	顺铣时，铣刀与工件不会产生挤压作用，已加工面冷作硬化现象较轻，有利于保证已加工表面质量，刀具寿命比逆铣时提高 2～3 倍。但水平切削分力会导致工作台出现窜动现象，引起振动，甚至造成铣刀刀齿折断。作用在工件上的垂直切削分力将压紧工件，使工件的定位夹紧更为可靠	切削厚度由薄变厚，切削力由小变大，故冲击较小，切削较平稳。逆铣还避免了铣刀刀齿先接触工件的粗硬外皮，当工件为铸、锻件毛坯时，对刀刃有保护作用。同时，作用在工件上的水平切削分力与进给方向相反，避免工作台的窜动。但因刀刃一开始不易直接切入工件，刀具与工件已加工表面之间产生强烈的挤压，使工件已加工表面产生冷作硬化现象，加速刀具磨损并影响加工表面质量。工件所受垂直分力向上，不利于工件的夹紧
适用场合	精加工	粗加工

铣床工作台丝杠与螺母的配合关系如图 3-5 所示。逆铣时，若工作台向右进给，则丝杠螺纹左侧与螺母螺纹右侧接触，螺母螺纹左侧将出现间隙。这时由于铣刀作用在工件上的水平切削分力 F_f 与进给运动 f 方向相反，使丝杠螺纹的左侧始终与螺母螺纹的右侧接触，故切削过程比较稳定。顺铣时，主运动 v 的方向与进给运动 f 的方向相同，若工作台向右进给，则丝杠螺纹右侧与螺母螺纹左侧仍存在间隙，此时铣刀作用在工件上的水平分力 F_f 与进给运动 f 方向相同，水平分力 F_f 会通过工作台带动丝杠向右窜动。由于 F_f 是变化的，最终会引起工作台产生振动，影响切削过程的稳定性，甚至造成铣刀刀齿折断。由于丝杠与螺母之间的间隙对铣床切削质量有较大影响，因此，铣床工作台的进给丝杠与螺母之间必须装有顺铣机构（双螺母机构）。如图 3-6 所示，顺铣机构能消除丝杠、螺母之间的间隙，使工作台不产生轴向窜动，保证顺铣顺利进行；逆铣或快速移动时，可使丝杠与螺母自动松开，降低螺母加在丝杠上的预紧力，减少丝杠与螺母之间的磨损。

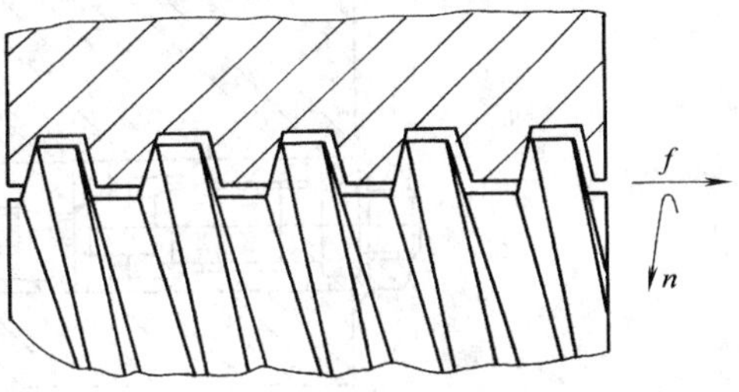

图 3-5 丝杠与螺母的配合关系

顺铣机构工作原理：齿条 5 在弹簧 6 的作用下右移（$A-A$），带动齿轮 4 沿箭头方向转动，带动左、右螺母 1、2 外圆的齿轮转动，使左、右螺母做相反方向的转动，从而使螺母 1 的螺纹左侧与丝杠螺纹的右侧靠紧，螺母 2 的螺纹右侧与丝杠螺纹的左侧靠紧，消除螺母与丝杠之间的间隙。转动弹簧 6 后部的小丝杠，调整弹簧 6 的压力，进而调整工作台纵向进给丝杠传动间隙的大小。

顺铣机构在顺铣和逆铣时所起的作用如下。

1. 顺铣

如图 3-6 所示，铣刀作用在工件上的水平切削分力 F_f 与进给运动 f 方向相同，此时由螺母 1 承受丝杠轴向力。因螺母 1 的螺纹与丝杠 3 的螺纹之间摩擦力较大，螺母 1 有随丝杠 3 一起转动的趋势，通过齿轮 4 传至螺母 2，使螺母 2 有与丝杠 3 反向转动的趋势。同时，齿条 5 的移动推动齿轮 4，也会使螺母 2 沿与丝杠 3 相反的方向转动，从而使螺母 2 的螺纹右侧紧靠丝杠 3 螺纹的左侧，自动消除丝杠与螺母之间的间隙。在弹簧 6 的作用下，顺铣机构可根据受力情况的变化，自动调整螺母与丝杠之间的间隙，并使两者的压紧力为一定值。

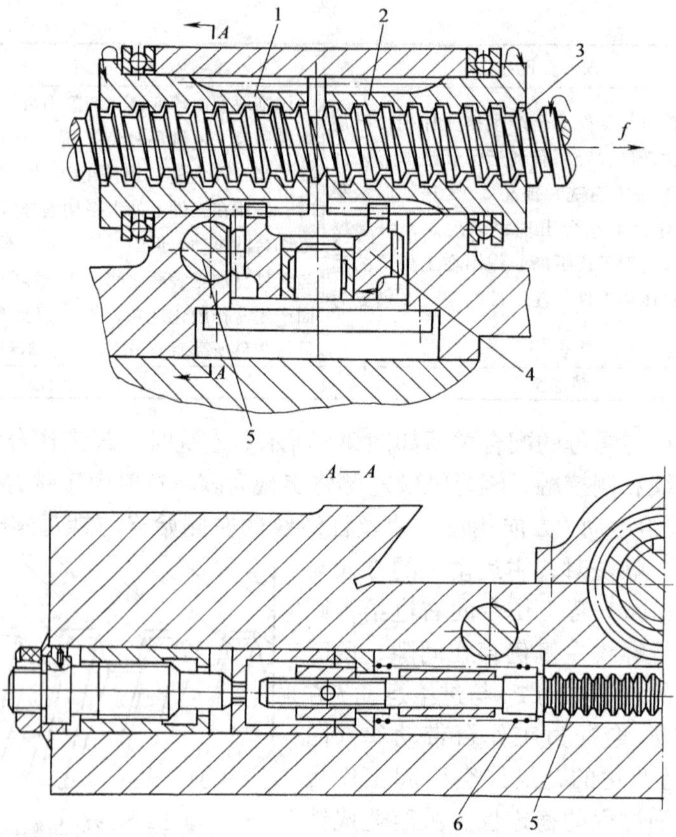

图 3-6 顺铣机构

1—左螺母 2—右螺母 3—丝杠 4—齿轮 5—齿条 6—弹簧

2. 逆铣

如图 3-6 所示，铣刀作用在工件上的水平切削分力与进给运动方向相反，由螺母 2 承受丝杠轴向力。因螺母 2 的螺纹与丝杠 3 的螺纹之间摩擦力较大，螺母 2 有随丝杠 3 一起转动的趋势，通过齿轮 4 传至螺母 1，使螺母 1 有与丝杠 3 反向转动的趋势。从而使螺母 1 的螺纹左侧与丝杠 3 螺纹的右侧之间产生一定间隙，减少丝杠磨损。

3.4.3 孔盘操纵机构

X6132 型铣床的主运动和进给运动变速操纵机构均采用集中式孔盘变速操纵机构。图 3-7 为孔盘变速操纵机构的工作原理图。拨叉 1 固定在齿条轴 2 上，齿条轴 2 和 2′与齿轮 4 啮合。齿条轴 2 和 2′的右端是具有不同直径的圆柱 m 和 n 形成的阶梯轴，孔盘 3 的不同圆周上分布着大、小孔或无孔与之相对应，共同构成操纵滑移齿轮的变速机构。操作时，先将孔盘 3 向右拉离齿条轴，转动一定的角度后，再将孔盘向左推入，根据孔盘中大、小孔或无孔面对齿条轴的定位状态，决定了齿条轴 2 轴向位置的变化，从面拨动滑移齿轮改变啮合位置。

下面以一个变速操纵组的变速为例说明其工作原理：如图 3-7a 所示，孔盘上相对齿条轴 2 处没有孔，而相对 2′处有与台肩 m 相配的大孔。当孔盘左移时，可推动齿条轴 2 左移，带动齿轮 4 逆时针转动时，推动 2′的台肩 m 插入孔盘的大孔中，此时拨叉 1 拨动三联滑移齿轮移至左位啮合。如图3-7b所示，孔盘上与齿条轴2和2′相对处都有和台肩n相配的小孔，当孔盘左移时，推动齿条轴2′左移，带动齿轮4顺时针转动，推动齿条轴2右移，使2和2′分别插入孔盘的小孔中，拨叉1拨动三联滑移齿轮移至中位啮合。如图3-7c所示，孔盘上相对齿条轴2处有与台肩m相配的大孔，而相对2′处没有孔，当孔盘左移时，可推动齿条轴2′左移，齿轮4顺时针转动，2的台肩m插入孔盘的大孔中，拨叉1拨动三联滑移齿轮移至右位啮合。双联滑移齿轮变速操纵组的工作原理与此类似，但因只需左、右两个啮合位置，故齿条轴2和2′右端只有一段台肩，孔盘上只需在对应的位置上有孔或无孔，由齿条轴带动拨叉使双联滑移齿轮改变啮合位置，从而达到变速的目的。

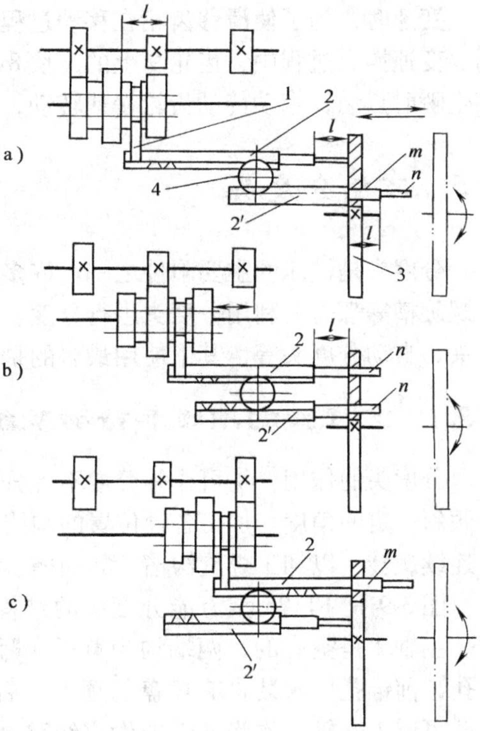

图3-7　孔盘变速原理

1—拨叉　2、2′—齿条轴　3—孔盘　4—齿轮

图3-8为变速操纵图。变速是手柄1和速度盘4联合操纵。变速时，将手柄1向外拉出，手柄1绕销子3摆动而脱开定位销2；然后逆时针转动手柄1约250°，经操纵盘5、平键带动齿轮套筒6转动，再经齿轮9使齿条轴10向右移动，其上拨叉11拨动孔盘12右移并脱离各组齿条轴；接着转动速度盘4，经心轴、一对锥齿轮使孔盘12转过相应的角度（由速度盘4的速度标记确定）；最后反向转动手柄1，通过齿条轴10，

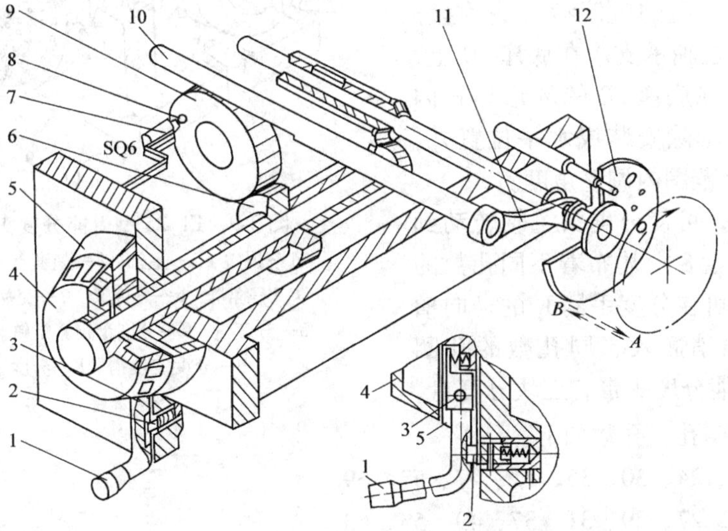

图3-8　变速操纵机构

1—手柄　2—定位销　3—销子　4—速度盘　5—操纵盘　6—齿轮套筒
7—微动开关　8—凸块　9—齿轮　10—齿条轴　11—拨叉　12—孔盘

由拨叉将孔盘12向左推入，推动各组变速齿条轴作相应的移位，改变三个滑移齿轮的位置，实现变速，当手柄1转回原位并由销2定位时，各滑移齿轮达到正确的啮合位置。

变速时，为了使滑移齿轮在移动过程中易于啮合，变速机构中设有主电动机瞬时点动控制。变速操纵过程中，齿轮9上的凸块8压动微动开关7（SQ6），瞬时接通主电动机，使之产生瞬时点动，带动传动齿轮慢速转动，使滑移齿轮容易进入啮合。

3.5　万能分度头

分度头是铣床的主要附件之一。许多零件的加工，如铣削六角头螺栓、花键、齿轮、多头螺旋槽等都需要利用分度头进行分度。通常在铣床上使用的分度头有简单分度头、万能分度头、自动分度头等，其中使用最多的是万能分度头。

3.5.1　分度头的用途和传动系统

分度头的作用：①可作等分或不等分的圆周分度；②可将工件轴线相对于铣床工作台台面倾斜一定的角度，加工各种位置的沟槽、平面；③通过交换齿轮，分度头主轴可带动工件做连续旋转，以加工螺旋沟槽，如油槽、阿基米德螺旋线凸轮等。

图3-9是F1125型万能分度头的结构图。主轴2是空心的，两端均为莫氏4号锥孔，前锥孔用来装带有拨盘的顶尖，后锥孔可装入心轴，作为差动或做直线移动分度以及加工小导程螺旋面时安装交换齿轮用。主轴前端外部有一段定位锥体，用于与三爪自定心卡盘的过渡盘（法兰盘）配合。壳体4通过轴承支承在底座10上，主轴可随壳体4在底座10的环形导轨内转动。因此，主轴除安装成水平位置外，还可在 $-6°\sim95°$ 范围内调整角度。

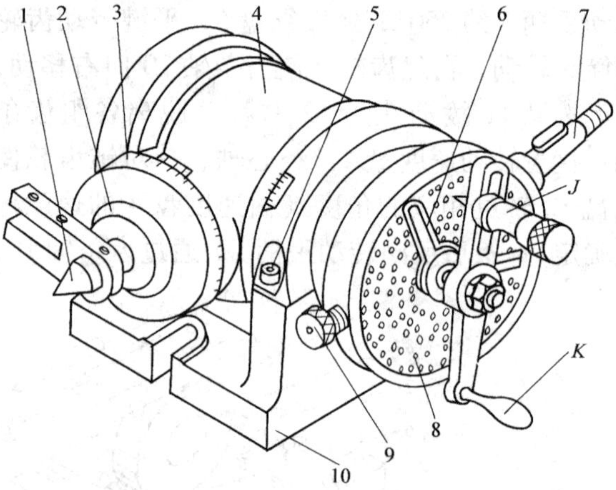

图3-9　F1125型万能分度头结构图
1—顶尖　2—主轴　3—刻度盘　4—壳体
5—螺母　6—分度叉　7—交换齿轮轴
8—分度盘　9—分度盘锁紧螺钉　10—底座
J—分度定位销　*K*—分度手柄

转动手柄 *K*，可使分度头主轴转动到所需位置。分度盘8上均布着不同孔数的几圈孔，插销 *J* 可在分度手柄K的径向槽中移动，以便插销插入不同孔数的孔圈中。F1125型万能分度头带有三块分度盘，每块分度盘有8圈孔，孔数如下：

第一块：16、24、30、36、41、47、57、59

第二块：22、27、29、31、37、49、53、63

第三块：23、25、28、33、39、43、51、61

分度头的传动系统如图3-10所示。转动分度手柄 *K*，通过一对传动比为1:1的直齿圆柱齿轮和一对传动比为1:40的蜗杆带动主轴转动。安装交换齿轮用的交换齿轮轴5，通过1:1

的螺旋齿轮和空套在分度手柄轴上的孔盘相联系。

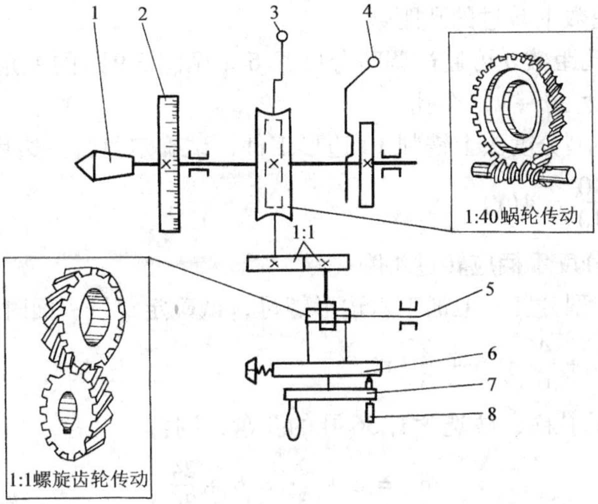

图 3-10 分度头传动系统

1—顶尖 2—刻度盘 3—脱落蜗杆手柄 4—主轴锁紧手柄

5—交换齿轮轴 6—分度盘 7—分度手柄 8—定位销

3.5.2 分度方法

1. 直接分度法

当分度数较少（如 2、3、6 等分）或分度精度要求不高时，可采用直接分度法进行分度。如图 3-10 所示，分度时，将脱落蜗杆手柄 3 脱开，松开主轴锁紧手柄 4，直接转动主轴进行分度。分度主轴转过的角度，可由刻度盘 2 和固定在壳体上的游标直接读出。分度完毕后，应将脱落蜗杆手柄 3 接合，并将主轴锁紧手柄 4 锁紧，以防主轴在加工中转动，影响分度精度。

2. 简单分度法

这是一种常用的分度方法，用于分度数较多的场合。分度前，应使蜗杆蜗轮啮合，并用锁紧螺钉将分度盘锁紧。调整定位销 8 使其对准所选分度盘的孔圈。分度时，先拔出定位销，转动手柄，经传动系统带动主轴转至所需的分度位置，然后将定位销对准销孔重新插入分度盘孔中。

由分度头的传动系统可知，分度手柄转 40 转，主轴转一转，即传动比为 1∶40。“40”称为分度头的定数。各种型号的万能分度头基本上都采用这个定数。

设工件的等分数为 z，则每次分度时主轴需转 $1/z$ 转。由图 3-10 可知，分度手柄每次分度应转的转数为

$$n_k = \frac{1}{z} \times \frac{40}{1} \times \frac{1}{1} = \frac{40}{z}(\text{转})$$

式中，n_k 是分度手柄的转数；z 表示工件的等分数。

上式还可写成

$$n_k = \frac{40}{z} = a + \frac{p}{q}$$

式中，a 是每次分度时手柄 K 转过的整圈数（当 $z>40$ 时，$a=0$）；q 表示选用孔圈的孔数；p 是插销 J 在 q 个孔圈数上转过的孔距数。

分度时所转过的孔距数 p 可通过调整分度叉 6（见图 3-9）的夹角大小来确定。分度叉内缘在 q 个孔圈上包含（$p+1$）个孔。

例 3-1 在 F1125 型分度头上铣削 10 边形工件，试确定每铣一边后分度手柄的转数？

解 $n_k = \frac{40}{z} = \frac{40}{10} = 4(\mathrm{r})$

每铣完一边后，分度手柄应转过 4 圈。

例 3-2 在 F1125 型分度头上加工六边形螺母，试确定每铣一面时，分度手柄的转数？

解 $n_k = \frac{40}{6} = 6 + \frac{4}{6} = 6 + \frac{2}{3}(\mathrm{r})$

应选用 6 的倍数的孔圈，故选含有 36 孔的孔盘，则：

$$n_k = 6 + \frac{2}{3} = 6 + \frac{24}{36}$$

即分度手柄转过 6 整圈及 36 孔圈中的 24 个孔距（25 孔）时，工件转过 1/6 转。

分度叉由于有弹簧的压力，可以紧贴在孔盘上不松动。每次分度时定位销 J 从分度叉的一边拔出转过一定角度插入另一边缘的孔中进行定位。再顺时针转动分度叉，使左叉靠紧插销 J，为下一次分度做好准备。

简单分度法亦可在常用机械加工手册中，直接由简单分度表中查找计算结果。

简单分度法还可派生出另一种分度形式——角度分度法。简单分度法是以工件的等分数作为计算依据，而角度分度法是以工件所需转过的角度 θ 作为计算依据。由分度头传动系统可知，分度手柄转 40 转，分度头主轴带动工件转一转，也就是转 360°。即分度头手柄转一转，工件转$\frac{360}{40}=9°$，根据这一关系，可得出：

$$n_k = \frac{\theta}{9°}$$

式中，θ 是工件等分的角度。

例 3-3 在轴上铣两键槽，其夹角为 77°，应如何分度？

$$n_k = \frac{\theta}{9°} = \frac{77}{9} = 8\frac{5}{9} = 8\frac{35}{63}$$

即分度头手柄转 8 圈后再在 63 孔圈上转过 35 个孔距。

3. 差动分度法

由于孔盘的孔圈有限，有些分度数（尤其是质数分度）常常因找不到合适的孔圈而不能使用简单分度法分度，如分度数为 67、79、97、107 等，这时应采用差动分度法。

差动分度时，应松开分度盘上的紧定螺钉 9（见图 3-9），使分度盘可随螺旋齿轮转动，并在分度头主轴与交换齿轮轴之间，安装交换齿轮 z_1、z_2、z_3、z_4（图 3-11）。图 3-12 为交换齿轮安装示意图。当手柄 K 转动时，通过齿轮、蜗杆副和交换齿轮驱动分度盘随主轴的转动而慢速转动。此时，手柄 K 的实际转数是手柄相对于分度盘的转数和分度盘本身转数的代数和。这种利用手柄和分度盘同时转动进行分度的方法叫差动分度法。

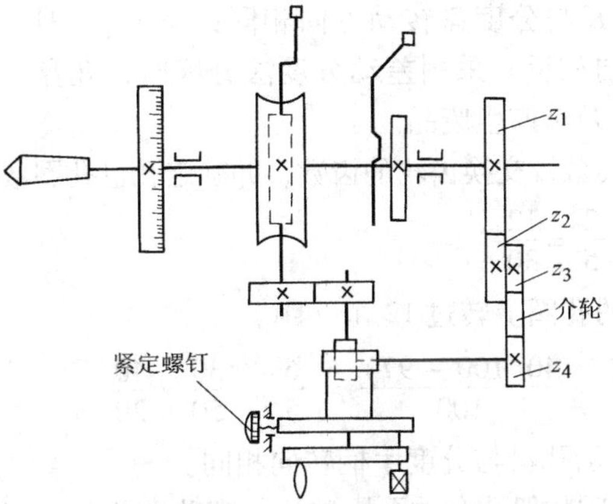

图 3-11　差动分度时传动系统图

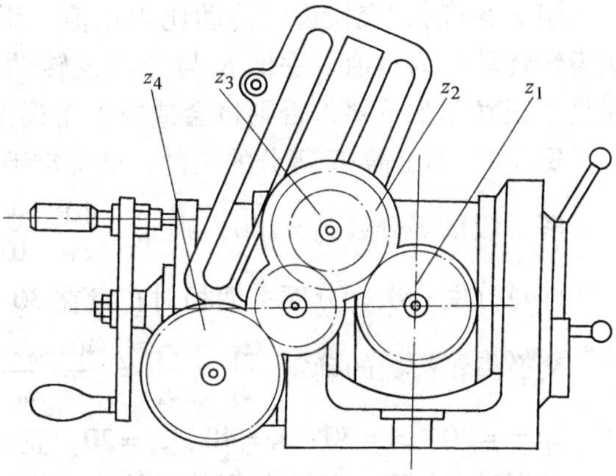

图 3-12　差动分度时交换齿轮的安装示意图

设工件为 z 等分，则分度主轴每次分度转过 $1/z$，手柄 K 仍应转过 $40/z$，即手柄 K 由 A 处转到 C 处（图 3-13），但 C 处无相应的孔供定位销定位，故不能用简单分度法进行分度。这时为借用分度盘上已有的孔圈，可假设按 z_0 来计算手柄转数（z_0 要接近 z，并能进行简单分度），则手柄转数为 $40/z$，即定位销从 A 处转至 B 处，此时，如果分度盘是固定不动的，则手柄的转数是 $40/z_0$ 而不是应转的 $40/z_0$，两者的差值为 $\frac{40}{z}-\frac{40}{z_0}=\frac{40\ (z_0-z)}{zz_0}$，为补偿这一差值，$B$ 处的孔应转至 C 处供定位销定位。也就是说，差动分度时，当定位销由 A 转 $\frac{40}{z}$ 至 C 点时，分度盘转过（$40/z-40/z_0$）转，使 B 处的孔恰好转至 C 处与定位销对齐。这时，分度手柄与分度盘之间的运动关系是：

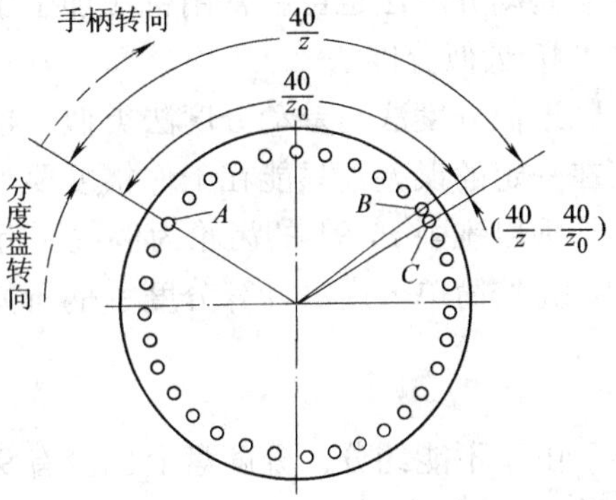

图 3-13　差动分度时手柄与分度盘转向的关系

分度手柄转 $40/z$ 转——分度盘转 $\frac{40\ (z_0-z)}{zz_0}$

运动平衡式为

$$\frac{40}{z}\times\frac{1}{1}\times\frac{1}{40}\times\frac{z_1}{z_2}\times\frac{z_3}{z_4}\times\frac{1}{1}=\frac{40(z_0-z)}{zz_0}$$

化简得

$$\frac{z_1}{z_2}\times\frac{z_3}{z_4}=\frac{40(z_0-z)}{z_0}$$

式中，z 是工件的等分数；z_0 表示假想等分数（应能约分）；z_1、z_2、z_3、z_4 表示配换交换齿轮的齿数（F1125 型万能分度头配备的交换齿轮齿数有：20、25、30、35、40、50、55、60、70、80、90、100）。

当 $z_0>z$ 时，交换齿轮传动比为正值，手柄 K 与分度盘转动方向相同；当 $z_0<z$ 时，交换齿轮传动比为负值，手柄 K 与分度盘转动方向相反。采用差动分度法分度时，孔盘的转向是否正确非常重要，否则将会造成加工误差，乃至产生废品。

例 3-4 加工需 97 等分的工件，试确定手柄转数及交换齿轮的齿数，并确定孔盘孔圈数。

解 假设等分数 $z_0=100$，则 $n_0=\frac{40}{z_0}=\frac{40}{100}=\frac{2}{5}=\frac{12}{30}$

即每分度一次，分度手柄相对孔盘在 30 孔的孔圈上转过 12 个孔距。

交换齿轮齿数的确定：$\frac{z_1}{z_2}\times\frac{z_3}{z_4}=\frac{40(z_0-z)}{z_0}=\frac{40(100-97)}{100}=\frac{6}{5}=\frac{30}{50}\times\frac{40}{20}$

即 $z_1=30$、$z_2=50$、$z_3=40$、$z_4=20$，正号表示孔盘与分度手柄转向相同。

分度时应注意：只要分度数能约分，或虽为质数但孔盘的孔圈数恰好有此数值时，应首选简单分度法，以保证分度精度。如遇质数而孔圈数又不具备此数值时，可采用差动分度法。差动分度时，应事先松开孔盘左侧的锁紧螺钉，在交换齿轮、孔圈、孔距都确定，用切痕法检验分度正确后，才能进行正式的切削加工。

差动分度法也可在常用机械加工手册中，直接从差动分度表中查找计算结果。

4. 近似分度法

近似分度法与差动分度法类似，也是用于质数分度时的一种调整方法。但这种分度方法存在一定的误差，只能在工件精度要求不高时使用。

现以铣削 $z=91$ 的齿轮为例说明近似分度法的分度原理。

先按简单分度法计算分度手柄所需的转数

$$n_k=\frac{40}{z}=\frac{40}{91}$$

由于不能约分，分度盘上也没有 91 孔的孔圈，无法进行分度。此时，可在分度盘上任意选一孔圈，如 $n=61$，则每次分度时手柄应转

$$n'=\frac{40}{91}\times 61\approx 26.8132$$

因计算结果是小数，无法确定手柄的具体位置，这里将 26.8132 扩大一个倍数，使之接近一个整数，现将 26.8132 扩大 5 倍。

$$26.8132\times 5\approx 134.0659$$

此数接近 134 整数，因此，可按转 134 个孔距在 61 孔的孔圈上进行分度，这时手柄的转数应为

$$n_k=\frac{134}{61}=2\frac{12}{61}$$

即铣完一齿后，手柄转 2 转，再在 61 孔圈上转过 12 个孔距。因孔距数扩大 5 倍，所以分度手柄转过的孔距数是原来所需转孔距数的 5 倍，也就是分度后再铣的应是第 6 齿，这样连续分度后，就可将工件的全部齿铣完。

3.5.3 铣螺旋槽的调整计算

在铣床上借助万能分度头铣螺旋槽时，应做以下调整和计算：

1）工件支承在工作台的分度头与尾座顶尖之间，扳动工作台绕垂直轴线偏转工件螺旋角β，使铣刀旋转平面与工件螺旋槽方向一致（图3-14）。偏转方向应根据工件的旋向确定，左旋工件用左手推工作台顺时针转工件的螺旋角β；右旋工件用右手推工作台逆时针转工件的螺旋角β。

2）在分度头侧轴与工作台丝杠间装有交换齿轮架及交换齿轮（图3-15）。工作台带动工件做纵向移动的同时，分度头主轴将按工件的导程大小做相应的回转运动。此时，应松开紧固螺钉，将插销J插入分度盘孔内，以便通过锥齿轮，将运动传至手柄轴。

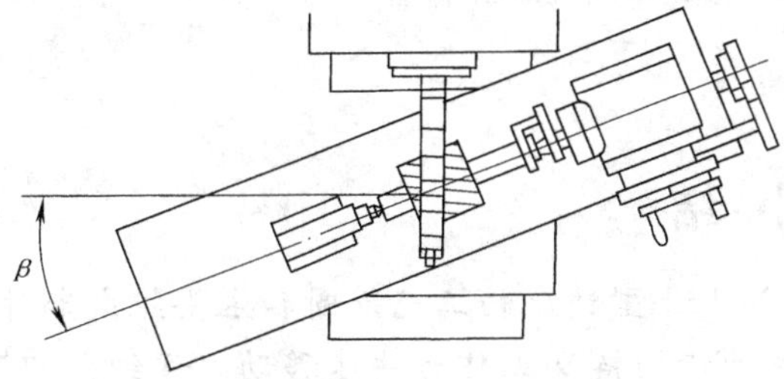

图3-14 铣螺旋槽时工作台的调整

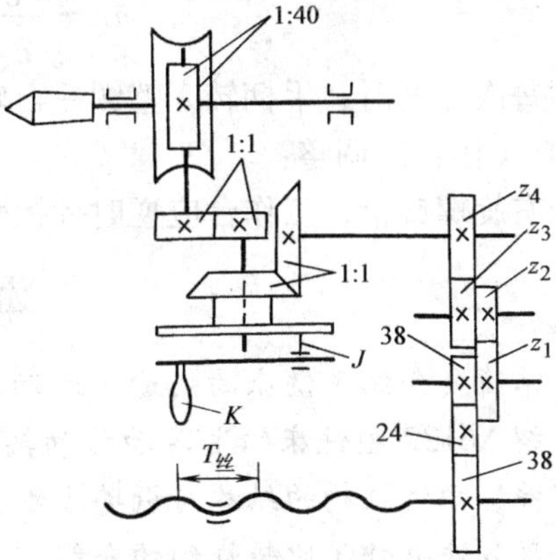

图3-15 铣螺旋槽的传动系统图

3）加工多头螺旋槽或螺旋齿轮等工件时，每铣完第一条槽或第一齿后，应将工件从加工位置退出，拔出定位销，使分度主轴与纵向进给丝杠断开运动联系，用简单分度法对工件进行分度后，再加工下一条槽或下一齿。

4）加工不同旋向的工件，工件的旋转方向是不同的。正确的确定惰轮，可保证工件的正确转向。

铣削螺旋槽时传动链的两末端件及运动关系为：工作台纵向移动一个工件螺旋槽导程$T_工$时，工件旋转一转。由图3-15所示传动系统图，可列出运动平衡式为

$$\frac{T_工}{T_{丝杠}} \times \frac{38}{24} \times \frac{24}{38} \times \frac{z_1}{z_2} \times \frac{z_3}{z_4} \times \frac{1}{1} \times \frac{1}{1} \times \frac{1}{40} = 1$$

式中，$T_{丝杠}$是工作台纵向进给丝杠导程（$L_{丝杠}=6\text{mm}$）；$T_工$是工件的导程（mm）；z_1、z_2、z_3、z_4表示交换齿轮组的齿数。化简后可得换置公式

$$\frac{z_1}{z_2} \times \frac{z_3}{z_4} = \frac{40T_{丝杠}}{T_工} = \frac{240}{T_工}$$

例3-5 用F1125型分度头加工导程为120mm的螺旋槽，试确定交换齿轮。

解 $u_挂 = \frac{z_1}{z_2} \times \frac{z_3}{z_4} = \frac{240}{T_工} = \frac{240}{120} = 2 = \frac{80}{40} \times \frac{50}{50}$

即：$z_1=80$、$z_2=40$、$z_3=50$、$z_4=50$

例3-6 在X6132型万能铣床上利用F1125型分度头，加工右旋螺旋齿圆柱铣刀的容屑槽，铣刀的直径$D=63\text{mm}$，螺旋角$\beta=30°$，齿数$z=14$，试进行铣床及分度头的调整计算。

解 1）计算交换齿轮齿数：

由螺旋齿轮的导程计算公式

$$T_{工} = \frac{\pi D}{\tan\beta} = \frac{\pi \times 63}{\tan 30°} = 342.8\text{mm}$$

即 $$\frac{z_1}{z_2} \times \frac{z_3}{z_4} = \frac{240}{T_{工}} = \frac{240}{342.8} \approx \frac{7}{10} = \frac{7 \times 1}{5 \times 2} = \frac{70}{50} \times \frac{30}{60}$$

2）每次分度时手柄转数：

$$n_k = \frac{40}{z} = \frac{40}{14} = 2\frac{12}{14} = 2\frac{24}{28}$$

即每次分度时，手柄转2整圈后再转28孔圈中的24个孔距。

3）工作台的调整：

铣右旋螺旋槽，工作台应逆时针扳转30°。

本 章 小 结

本章简要介绍了铣床的用途、运动、分类、X6132型铣床的工艺范围和主要组成部件。主要介绍X6132型铣床的主运动传动链、进给运动传动链及工作台快速移动。详细介绍了主轴部件、顺铣机构的结构与调整方法，主运动及进给运动中的孔盘机构的工作原理。对于各种分度方法也作了比较详细的介绍。

学习本章后，首先应对比出X6132型铣床和C6140型卧式车床在传动系统方面的异同，从而总结出各自的传动特点。其次，必须掌握主轴部件、顺铣机构的结构和间隙调整方法。第三，掌握各种分度方法的应用场合、分度原理和调整计算方法。第四，能进行铣削螺旋槽的调整和计算。

思考与练习题

3-1 试叙述铣削特点。

3-2 试比较顺铣和逆铣的优缺点。

3-3 试述铣床有几种类型及它们的应用范围。

3-4 为何X6132型铣床要配置顺铣机构？顺铣机构的主要作用是什么？

3-5 铣床与车床的加工有何不同？

3-6 铣床主轴上的飞轮有何作用？

3-7 铣床能进行哪些表面的加工？

3-8 铣削加工需要做哪些运动？

3-9 分度头的功用是什么？有几种分度方法？

3-10 试分别计算分度数为6、59、83时，分度手柄的转数。

3-11 利用分度头铣螺旋槽时，机床要做哪些调整工作？

3-12 在X6132型铣床上利用F1125型分度头铣削 $z = 19$，$m_n = 2\text{mm}$，$\beta = 20°$ 的左旋螺旋齿轮，试调整计算。

第4章 齿轮加工机床

学习目标： 通过第4章的学习，了解齿轮加工机床的类型、用途，Y3150E型滚齿机的主要组成部件。熟悉齿轮轮齿表面的形成方法，滚切直齿及斜齿圆柱齿轮时所需的运动及传动原理。重点掌握使用Y3150E型滚齿机滚切直齿圆柱齿轮时主运动、展成运动和轴向进给运动传动链的调整计算，滚切斜齿圆柱齿轮时主运动、展成运动、附加运动和轴向进给运动传动链的调整计算。能依据实际情况，熟练地判断Y3150E型滚齿机主运动、进给运动和附加运动的方向，正确装夹滚刀和工件，进行机床的工作调整。

4.1 概述

齿轮加工机床是用来加工齿轮轮齿的机床。

齿轮传动在各种机械及仪表中的广泛应用，以及现代工业的发展对齿轮传动在圆周速度和传动精度等方面的要求越来越高，促进了齿轮加工机床的发展，使齿轮加工机床成为机械制造业中非常重要的加工设备。

4.1.1 齿轮轮齿表面形成方法

机械零件的表面，是刀具相对工件按一定规律进行运动，由刀具切除工件上多余的金属而形成。齿轮加工机床在切削轮齿表面时，也必须保证刀具相对工件之间具有一定的运动，这些运动即为齿轮加工机床的成形运动。

从几何学观点看，面是线的运动轨迹。或者说，表面是由一条线（母线）沿另一条线（导线）运动的轨迹所形成。母线、导线统称为表面发生线。如图4-1a所示，该成形表面是由母线A_1，沿导线A_2运动的轨迹。渐开线直齿圆柱齿轮的齿面就是由渐开线1沿直线2运动而形成（见图4-1b），渐开线1（母线）和直线2是齿轮轮齿表面的两根发生线。

形成发生线的运动数量、性质与刀刃形状以及工件成形表面之间的关系极其密切。如图4-2所示，切削刃的形状可划分为三类：

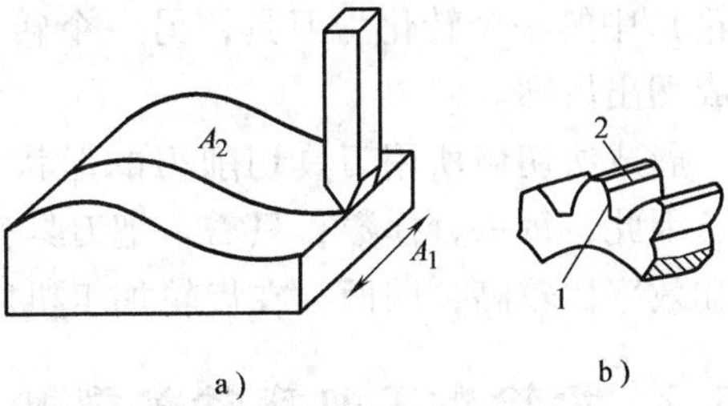

图4-1 表面的形成

1）切削刃的形状是一个切削点，刀刃与被形成的发生线为点接触（图4-2a），刀具沿轨迹3运动形成所需的发生线（母线）。

2）切削刃是一条切削线，并且与所需的发生线完全吻合（图4-2b）。在切削加工过程中，刀具无需任何运动就可形成所需的发生线（母线）。

3）切削刃仍是一条切削线，刀刃与所需的发生线为点接触（图4-2c）。在切削过程中，所需的发生线由刀刃切削线的包络线形成（图4-2d），刀具与工件之间需要有形成共轭曲线

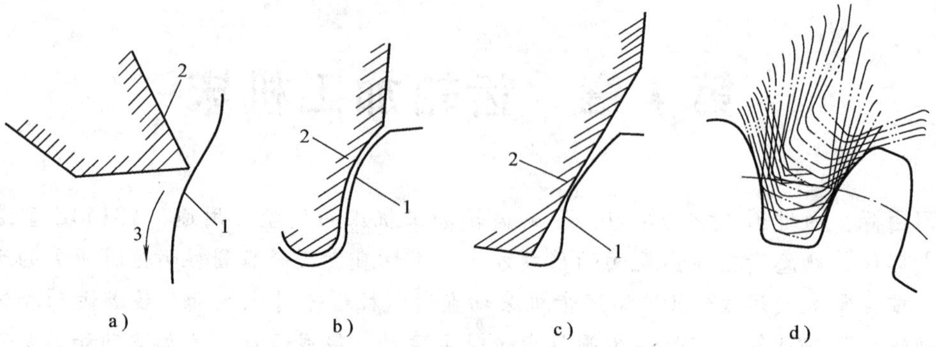

图 4-2 切削刃形状与所需形成的发生线的三种关系
1—发生线 2—刀具 3—运动轨迹

的相对运动。

齿轮加工中的关键问题是轮齿表面渐开线的形成。由于所用刀刃形状的不同，形成渐开线的方法也不同，齿轮加工中主要有成形法和展成法两种。

4.1.1.1 成形法

成形法加工齿轮，要求所用刀具的切削刃形状与被切齿轮的齿槽形状相吻合。例如，在铣床上用盘形或指形齿轮铣刀铣削齿轮，在刨床或插床上用成形刀具刨削或插削齿轮等。通常采用单齿廓成形刀具，利用通用机床加工齿轮，其缺点是对于同一模数的齿轮，只要齿数不同，齿廓形状就不相同，需采用不同的成形刀具，这显然是很不经济的。通常情况下，工具制造厂供应的齿轮铣刀，每种模数只制造 8 把（或 15 把），每把铣刀仅用于加工一定齿数范围的一组齿轮，其齿形曲线是按该范围内最小齿数的齿形制造，因此，在加工其他齿数的齿轮时，均存在着不同程度的齿形误差。此外，在通用机床上加工时，每加工一个齿槽，工件都需要分度，同时刀具必须回程一次，由于分度头的分度精度不高，因此，加工精度和生产率不高，它的优点是机床结构较简单。仅适用于单件小批生产及修配中加工精度不高的齿轮。在重型机器制造工业中加工大型齿轮时，为了使所用刀具及机床的结构比较简单，也常用成形法。

4.1.1.2 展成法

展成法加工齿轮是利用齿轮的啮合原理进行，即把齿轮啮合副（齿条—齿轮、齿轮—齿轮）中的一个转化为刀具，另一个转化为工件，并强制刀具和工件作严格的啮合运动而展成切出齿廓。

展成法切齿所用刀具切削刃的形状相当于齿条或齿轮的齿廓，它与被切齿轮的齿数无关，因此，每一种模数，只需一把刀具就可以加工各种不同齿数的齿轮。这种方法的加工精度和效率比较高，因而，在齿轮加工机床中应用最广。

4.1.2 齿轮加工机床的类型和用途

齿轮加工机床的类型很多，按展成原理，齿轮加工机床可根据所用刀具的不同分为以下几类。

4.1.2.1 圆柱齿轮加工机床

1. 齿条刀插齿机

齿条刀插齿机有立式和卧式两种。立式的用来加工直齿或斜齿圆柱齿轮。卧式的用两把斜齿齿条刀加工人字齿圆柱齿轮。

该机床的优点是所用刀具的齿廓是直线形，形状简单，易于得到较高的精度。但由于齿条刀的长度有限，加工几个齿以后，需要进行分度，因而机床的结构较复杂，辅助时间较长，生产率较低。目前这类机床应用不广。

2. 插齿机

插齿机分为立式和卧式两种。其中，立式的是目前应用较广的一种齿轮加工机床，用来加工直齿或斜齿、外啮合或内啮合圆柱齿轮，特别适应内齿轮和塔形齿轮的加工。装上特殊附件后，还能插制齿条、凸轮及非圆齿轮等。卧式的用两把斜齿插齿刀加工人字齿圆柱齿轮。此外，还有用插齿刀专门加工齿条的齿条插齿机，这种机床一般也是立式结构。

3. 滚齿机

滚齿机是齿轮加工机床中应用最广泛的一种。滚齿机多数是立式结构，用来加工直齿或斜齿的外啮合圆柱齿轮及蜗轮。卧式滚齿机主要用于仪表工业中加工小模数齿轮和一般机械制造业中加工齿轮轴，花键轴等。

4. 齿轮精加工机床

齿轮精加工机床包括磨齿机、剃齿机、研齿机和珩齿机等。

4.1.2.2　锥齿轮加工机床

锥齿轮在轮齿的不同法向截面上的齿形是不相同的，因此，一般不能用成形刀具加工出正确的齿廓形状。成形铣刀只能用于加工要求不高的直齿锥齿轮，或用来进行粗加工。锥齿轮加工机床一般都是按展成原理工作。由于这种加工方法的万能性、生产率和加工精度都比较高，因而应用很广。

按展成原理加工锥齿轮的齿轮加工机床通常是根据所加工齿轮齿长方向的齿形和加工方法来分类的，主要有下列几种：直齿锥齿轮刨齿机、直齿锥齿轮铣齿机、直齿锥齿轮磨齿机、弧齿锥齿轮铣齿机、弧齿锥齿轮磨齿机。

此外，还有加工齿长方向为摆线或渐开线的外摆线锥齿轮铣齿机和准渐开线锥齿轮铣齿机。

4.2　Y3150E 型滚齿机

4.2.1　主要组成部件

图 4-3 是 Y3150E 型滚齿机外形图。滚齿机常见的布局形式有立柱移动式和工作台移动式两种，Y3150E 型滚齿机属于工作台移动式。组成滚齿机的主要部件有：立柱 2 固定在床身 1 上，刀架溜板 3 可沿立柱上的导轨垂直移动，滚刀用刀杆 4 装夹在刀架体 5 的主轴上，工件装夹在工作台 9 的心轴 7 上，随同工作台一起旋转。后立柱 8 和工作台安装在床鞍 10 上可沿床身的水平导轨移动，用于调整工件的径向位置或做径向进给运动。后立柱上的支架 6 可用轴套或顶尖支承心轴上端，以提高工件的装夹刚性。

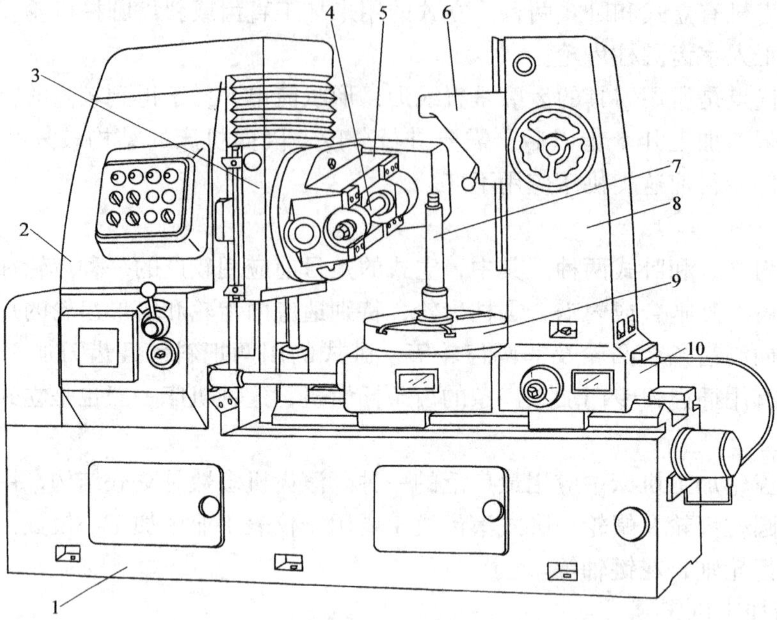

图 4-3 Y3150E 型滚齿机

1—床身 2—立柱 3—刀架溜板 4—刀杆 5—刀架体 6—支架
7—心轴 8—后立柱 9—工作台 10—床鞍

4.2.2 主要技术性能

Y3150E 滚齿机的主要技术性能如下：

最大加工直径	500mm
最大加工模数	8mm
最大加工齿宽	250mm
工件最少齿数	$z_{\min}=5\times K$（滚刀头数）
主轴孔锥度	Morse NO. 5
允许安装的最大滚刀尺寸（直径×长度）	160mm×160mm
滚刀最大轴向移动距离	55mm
滚刀可换心轴直径规格	22mm、27mm、32mm
滚刀主轴转速（9 级）	40～250r/min
刀架轴向进给量（12 级）	0.4～4mm/工作台每转
主电动机功率	4kW
转速	1430r/min

4.2.3 传动系统分析

通用滚齿机一般要求它能加工直齿、斜齿圆柱齿轮和蜗轮，因此，其传动系统应具备下列传动链：主运动传动链、展成运动传动链、轴向进给传动链、附加运动传动链、径向进给传动链和切向进给传动链。其中，前四种传动链是所有通用滚齿机都具备的，后两种传动链只有部分滚齿机具备。此外，大部分滚齿机还具备刀架快速空行程传动链，用于刀架溜板快速移动。

4.2.3.1 传动系统和传动路线表达式

图 4-4 为 Y3150E 型滚齿机的传动系统。该机床主要用于加工直齿和斜齿圆柱齿轮，也可用径向切入法加工蜗轮，但径向进给只能手动。因此，传动系统中只有主运动、展成运动、轴向进给和附加运动传动链。另外，还有一条刀架空行程传动链。传动系统的传动路线表达式如下。

$$\text{电动机}\left(\frac{4\text{kW}}{1430\text{r/min}}\right)-\frac{\phi115}{\phi165}-\text{I}-\frac{21}{42}-\text{II}-\begin{bmatrix}\frac{31}{39}\\ \frac{35}{35}\\ \frac{27}{43}\end{bmatrix}-\text{III}-\frac{A}{B}-\text{IV}-\frac{28}{28}-\text{V}-\frac{28}{28}-\text{VI}-\frac{28}{28}-\text{VII}-\frac{20}{80}-\text{VIII(滚刀主轴)}$$

$$[\text{IV}]-\frac{42}{56}-\text{IX}-\begin{bmatrix}\text{合成机构}\end{bmatrix}-\text{X}-\frac{e}{f}-\begin{bmatrix}\text{(换向)}\\ \text{XI}-\frac{36}{36}\end{bmatrix}-\text{XII}-\frac{ac}{bd}-\text{XIII}-\frac{1}{72}-\text{工作台主轴}$$

$$[\text{XIII}]-\frac{2}{25}-\text{XIV}-\begin{bmatrix}\text{(换向)}\\ \frac{39}{39}-\text{XV}\end{bmatrix}-\frac{a_1}{b_1}-\text{XVI}-\frac{23}{69}-\text{XXII}-\begin{bmatrix}\frac{39}{45}\\ \frac{30}{54}\\ \frac{49}{35}\end{bmatrix}-\text{XVIII}-M_3-\frac{2}{25}-\text{XXI(刀架轴向进给丝杠)}\ p=3\pi$$

$$[\text{XIII}]-\frac{36}{72}-\text{XX}-\frac{c_2}{d_2}-\begin{bmatrix}\text{(换向)}\\ \frac{\text{惰轮}}{b_2}\ \frac{a_2}{\text{惰轮}}\\ -\frac{a_2}{b_2}-\end{bmatrix}-\text{XIX}-\frac{2}{25}-[\text{XVIII}];\quad \text{快速电动机}\left(\frac{1.1\text{kW}}{1430\text{r/min}}\right)-\frac{13}{26}-[\text{XVIII}]$$

4.2.3.2 滚切直齿圆柱齿轮的传动链及其换置计算

1．滚切直齿圆柱齿轮时所需的运动及传动原理图

滚切直齿和斜齿圆柱齿轮轮齿表面的原理相当于一对互相啮合的斜齿齿轮传动。将其中一个齿轮的齿数减少到一个或几个，就成了蜗杆。再将蜗杆开槽并铲背，就成了齿轮滚刀。因此，滚刀实质上就是一个斜齿圆柱齿轮，滚刀的刀刃就分布在蜗杆的螺旋表面上。

由于滚齿应用了斜齿齿轮啮合原理，所以滚齿时滚刀与齿坯轴线间的相对位置相当于一对交错轴斜齿轮啮合时的轴线相对位置，只是在滚切直齿圆柱齿轮时把被加工齿轮看作是螺旋角为零的特殊情况。图 4-5 为滚切直齿圆柱齿轮轮齿表面时所需的运动及传动原理图。要加工出渐开线（母线），需要一个独立的复合运动，即滚刀旋转 B_{11} 和工件旋转 B_{12}。此外还需要滚刀沿工件轴线作直线移动 A_2。以便得到形成表面的导线（直线）。

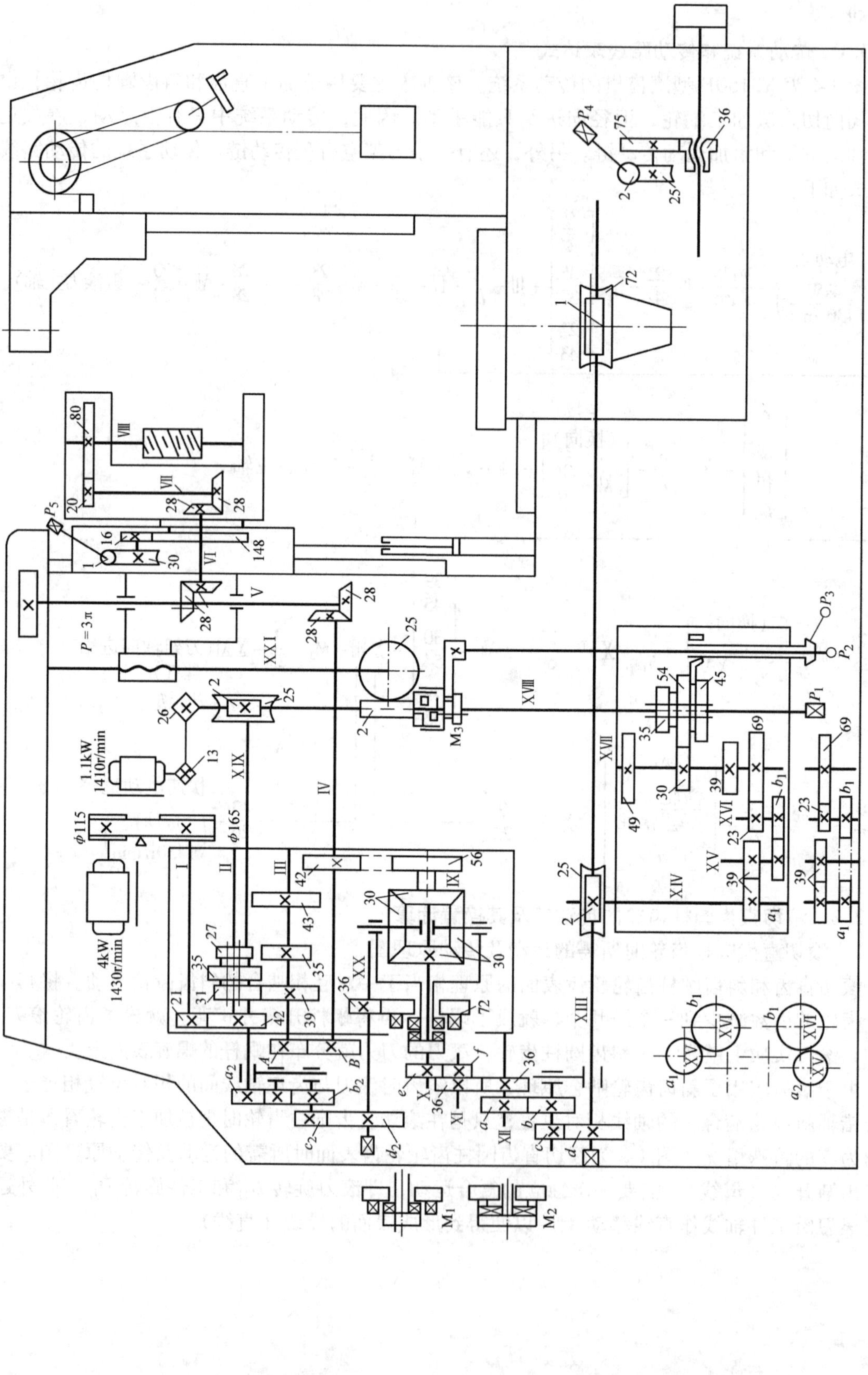

图 4-4 Y3150E 型滚齿机传动系统图

以下分析滚切直齿圆柱齿轮时的各主要运动及其传动原理。

展成运动如图 4-5 所示，展成运动是由滚刀旋转 B_{11} 和工件旋转 B_{12} 组成一个独立的复合成形运动实现，滚刀和工件之间的传动联系属“内联系”，它们的运动联系有严格的传动比要求，即滚刀转一转，工件应转过 K 个齿（K 为滚刀头数），也就是当滚刀转过 $1/K$ 转时，工件应转过 $1/z$ 转（z 为被加工齿轮的齿数）。在传动原理图中，滚刀的运动经“4－5－u_x－6－7”传给工件，这个传动联系为展成运动传动链。根据所选滚刀的头数 K 和被加工齿轮的齿数 z，来调整换置机构的传动比 u_x，而且滚刀和工件两者的旋转方向互相配合，即必须符合一对交错轴斜齿轮啮合传动时的相对运动方向。当滚刀旋转方向一定时，工作的旋转方向由滚刀螺旋方向确定。

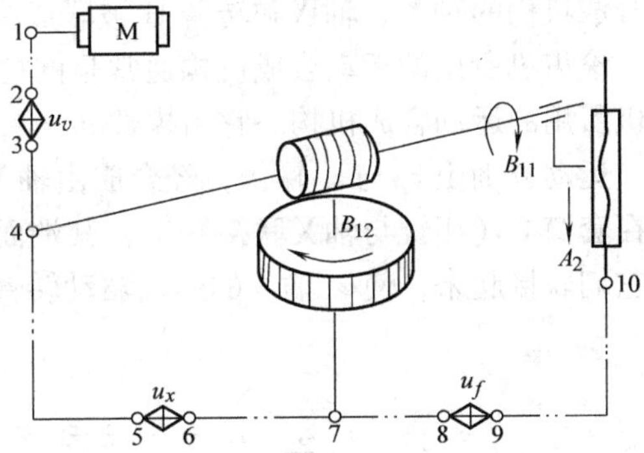

图 4-5　滚切直齿圆柱齿轮的传动原理图

（1）主运动　为使滚刀和工件能实现展成运动，还需接上动力源，即从电动机通过传动件把运动和动力传至展成运动传动链。图 4-5 中，由电动机至机床主轴（即由点 1 至点 4）的传动联系为主运动传动链，电动机的运动经“1－2－u_v－3－4”传给主轴，其中 u_v 用来调整渐开线成形运动的速度参数。速度参数的大小取决于滚刀材料及直径、工件材料及硬度、模数、精度和表面粗糙度等。主运动传动链属“外联系”传动，没有严格的传动比要求。可以设想，即使滚刀转快或转慢，仍然不会影响渐开线的形成，因为随着滚刀的加快或减慢，工件也随着转快或转慢，滚刀与工件间的相对转速关系仍保持不变。

（2）轴向进给运动　刀架沿工件轴线的轴向进给运动是一个简单成形运动，通常把装夹工件的工作台作为间接动力源，使轴向进给运动从工件传给刀架。工件与刀架之间的传动联系为轴向进给传动链，属外联系传动链。工件的运动经“7－8－u_f－9－10”传给刀架，刀架移动速度是以工件每转一转的刀架轴向移动量来计算，此移动量称轴向进给量，可通过改变换置机构的传动比 u_f 来调整。

2. 展成运动传动链

由传动原理图可知，这条传动链从滚刀主轴经中间一系列的传动和换置机构到工作台，其传动路线表达式如下

$$\text{滚刀主轴VIII}-\frac{80}{20}-\text{VII}-\frac{28}{28}-\text{VI}-\frac{28}{28}-\text{V}-\frac{28}{28}-\text{IV}-\frac{42}{56}-\text{IX}-\text{合成机构}-\text{X}-\frac{e}{f}-$$

$$\left|\begin{matrix}\text{XI}-\dfrac{36}{36}\\ \\ \text{——}\end{matrix}\right|-\text{XII}-\frac{ac}{bd}-\text{XIII}-\frac{1}{72}-\text{工作台}$$

在展成运动传动链中，换置机构由 e、f 和 a、b、c、d 所组成的交换齿轮组来担任，这组交换齿轮称为分齿交换齿轮。计算完成以后，根据计算的结果重新安装交换齿轮，并按工作台的转向确定是否加惰轮。

传动链中的运动合成机构是用于加工斜齿圆柱齿轮、齿数大于 100 的质数直齿圆柱齿轮

和用切向进给法加工蜗轮时，将展成运动和表面成形所需要的附加运动合成，然后将合成的运动传到工作台。加工直齿圆柱齿轮时，不需要合成机构进行运动合成，这时，将离合器 M_1（见图 4-6b）装入轴Ⅹ，并由键与轴Ⅹ联接，它的端面齿与转臂 H 端面齿联接，这样运动合成机构的轴Ⅹ、轴Ⅸ和转臂 H 被联成一体。

滚齿机所用的运动合成机构通常是圆柱齿轮或锥齿轮行星机构。图 4-6 为 Y3150E 型滚齿机所用的运动合成机构。它由模数 $m=3$，齿数 $z=30$、螺旋角 $\beta=0°$的四个弧齿锥齿轮组成。运动分别由 z_x 与 z_y 输入，经合成由轴Ⅹ输出，这时，应使用离合器 M_2。离合器 M_2 空套在套筒 G（用键与轴Ⅹ联接）上，其端面齿与空套齿轮 z_y 端面齿、转臂 H 的端面齿啮合，将它们联接起来，使 z_y 输入的运动驱动转臂 H 独立旋转。

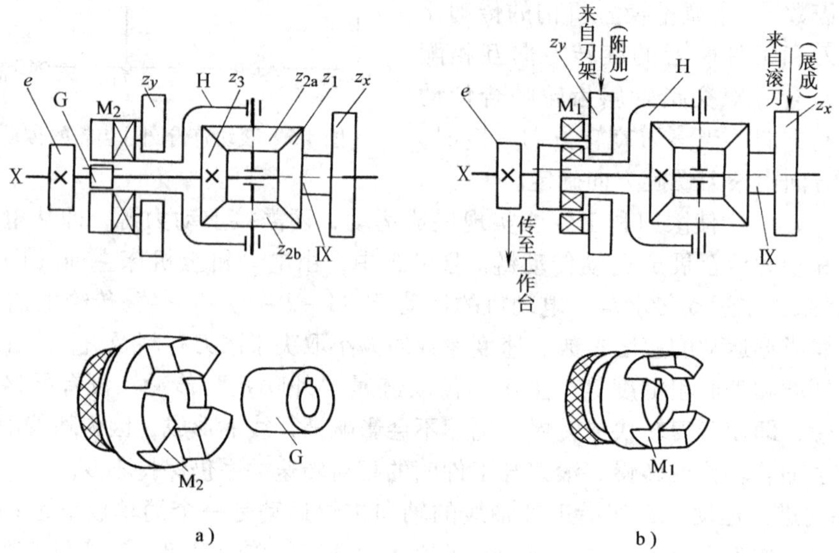

图 4-6 Y3150E 滚齿机合成机构

设 $n_Ⅹ$、$n_Ⅸ$、n_H 分别为轴Ⅹ（输出轴）、轴Ⅸ（输入轴）及转臂 H 的转速，根据行星齿轮机构传动原理，可以列出运动合成机构的传动比计算式

$$\frac{n_Ⅹ-n_H}{n_Ⅸ-n_H}=(-1)\frac{z_1}{z_{2a}}\times\frac{z_{2a}}{z_3} \tag{4-1}$$

式中的（-1），由锥齿轮传动的旋转方向确定。将锥齿轮齿数 $z_1=z_{2a}=z_3=30$ 代入上式则得

$$\frac{n_Ⅹ-n_H}{n_Ⅸ-n_H}=-1 \tag{4-2}$$

将上式整理后，可得运动合成机构的输出轴与两个运动输入轴（轴Ⅸ与转臂 H）之间的关系式

$$n_Ⅹ=2n_H-n_Ⅸ \tag{4-3}$$

在展成运动传动链调整计算中，来自滚刀的运动由齿轮 z_x 经合成机构传至轴Ⅹ；可设 $n_H=0$，则运动合成机构的输入轴与输出轴之间的传动比为

$$u_{合1}=\frac{n_Ⅹ}{n_Ⅸ}=-1 \tag{4-4}$$

在附加运动传动链的调整计算中，来自刀架的运动由齿轮 z_y 传给转臂 H，再经合成机构传至轴Ⅹ；可设 $n_{Ⅸ}=0$，使运动合成机构的输入轴（转臂 H）与输出轴之间的传动比为

$$u_{合2}=\frac{n_{Ⅹ}}{n_{H}}=2 \tag{4-5}$$

综上所述，加上斜齿圆柱齿轮，大质数齿轮以及用切向法加工蜗轮时，展成运动和附加运动同时通过合成机构传动，并分别按传动比 $u_{合1}=-1$ 及 $u_{合2}=2$ 经轴 X 和齿轮 e 传往工作台。

加工直齿圆柱齿轮时，工件不需要附加运动，为此需卸下离合器 M_2 及套筒 G，将离合器 M_1 装在轴Ⅹ上（图4-6b）。M_1 通过键和轴Ⅹ联接，其端面齿爪只和转臂 H 的端面齿爪联接，此时

$$n_{H}=n_{Ⅹ}$$

$$n_{Ⅹ}=2n_{Ⅹ}-n_{Ⅸ}$$

$$n_{Ⅹ}=n_{Ⅸ}$$

展成运动传动链中轴Ⅹ与轴Ⅺ间的传动比为

$$u'_{合1}=\frac{n_{Ⅹ}}{n_{Ⅺ}}=1 \tag{4-6}$$

实际上，在上述调整状态下，转臂 H、轴Ⅹ与轴Ⅺ之间都不能作相对运动，相当于联成一整体，因此，在展成运动传动链中，运动由齿轮 z_x 经轴Ⅸ直接传至轴Ⅹ及齿轮 e，即合成机构传动比 $u'_{合1}=1$。

加工直齿轮时的调整计算：

（1）展成运动传动链的两端件

滚刀主轴（滚刀转动）—工作台（工件转动）

（2）计算位移量

滚刀主轴转1转—工件转 K/z 转

其中 K 为滚刀的头数；z 为被加工齿轮的齿数。

（3）列运动平衡式

$$1\times\frac{80}{20}\times\frac{28}{28}\times\frac{28}{28}\times\frac{28}{28}\times\frac{42}{56}\times u'_{合1}\times\frac{e}{f}\times\frac{ac}{bd}\times\frac{1}{72}=\frac{K}{z}$$

（4）由上式导出换置公式

$$u_x=\frac{ac}{bd}=\frac{f}{e}\times\frac{24K}{z} \tag{4-7}$$

式中的交换齿轮 f/e 用于调整传动比，使其成为较合适的数值。使用单头滚刀能加工的最小齿数为5，最大齿数可超过250，此时，换置公式中的分子与分母相差倍数过大，会出现小齿轮带动很大齿轮，或者相反的情况，这对交换齿轮齿数的选择和安装均不利。采用 f/e 可使传动比的数值适中，以便于选取交换齿轮。

根据 z/K 值，f/e 可以有如下三种选择

$5\leqslant z/K\leqslant 20$ 时，取 $e=48$，$f=24$；

$21\leqslant z/K\leqslant 142$ 时，取 $e=36$，$f=36$；

$z/K\geqslant 143$ 时，取 $e=24$，$f=48$。

3. 主运动传动链

主运动传动链中，运动经电动机至轴Ⅰ间V带传动。换置机构采用三联滑移齿轮和交换齿轮组合的方案。

（1）主运动传动链的两端件

电动机—滚刀主轴

（2）计算位移量

电动机 $n_{电}$ （r/min）—滚刀主轴（滚刀转动）$n_{刀}$ （r/min）

（3）列运动平衡式

$$1430 \times \frac{115}{165} \times \frac{21}{42} \times u_{Ⅱ-Ⅲ} \times \frac{A}{B} \times \frac{28}{28} \times \frac{28}{28} \times \frac{28}{28} \times \frac{20}{80} = n_{刀}$$

（4）换置公式

$$u_v = u_{Ⅱ-Ⅲ} \frac{A}{B} = \frac{n_{刀}}{124.583} \tag{4-8}$$

式中，$u_{Ⅱ—Ⅲ}$是轴Ⅱ—Ⅲ之间的可变传动比，共三种：$u_{Ⅱ—Ⅲ} = \frac{27}{43}$；$\frac{31}{39}$；$\frac{35}{35}$；$\frac{A}{B}$是主运动变速交换齿轮齿数比，共三种：$\frac{A}{B} = \frac{22}{44}$；$\frac{33}{33}$；$\frac{44}{22}$。

滚刀的转速确定后，可算出 u_v 的数值，由此决定变速箱中变速齿轮的啮合位置和交换齿轮的齿数。

4. 轴向进给运动传动链

轴向进给运动传动链从工作台经交换齿轮组，三联滑移齿轮、蜗杆副传动到刀架。

（1）轴向进给运动的两端件

工作台（工件转动）—刀架（滚刀移动）

（2）计算位移

工作台转1转—刀架进给 f（单位为 mm）

（3）运动平衡式

$$1 \times \frac{72}{1} \times \frac{2}{25} \times \frac{39}{39} \times \frac{a_1}{b_1} \times \frac{23}{69} \times u_{XⅦ-XⅧ} \times \frac{2}{25} \times 3\pi = f$$

（4）换置公式

$$u_f = \frac{a_1}{b_1} u_{XⅦ-XⅧ} = \frac{f}{0.4608\pi} \tag{4-9}$$

式中，f 为轴向进给量，单位为 mm/r，根据工件材料、加工精度及表面粗糙度等条件选定；$\frac{a_1}{b_1}$是轴向进给交换齿轮；$u_{XⅦ-XⅧ}$是进给箱轴Ⅶ-Ⅷ之间的可变传动比，共三种：

$$u_{XⅦ-XⅧ} = \frac{49}{35}；\frac{30}{54}；\frac{39}{45}。$$

4.2.3.3 滚切斜齿圆柱齿轮时的传动链及其换置计算

1. 滚切斜齿圆柱齿轮时所需的运动及传动原理图

斜齿圆柱齿轮与直齿圆柱齿轮不同之处是齿线为螺旋线，因此，滚切斜齿齿轮时，除了与滚切直齿一样，需要有展成运动、主运动和轴向进给运动外，为了形成螺旋线齿线，在滚刀作轴向进给运动的同时，工件还应作附加旋转运动 B_{22}（简称附加运动，见图 4-7b），而且这两个运动之间必须保持确定的关系，即滚刀移动一个工件螺旋线导程 L 时，工件应准确地附加转过一转，对此用图 4-7a 加以说明，设工件螺旋线为右旋，当刀架带着滚刀沿工件轴向进给 f（单位为 mm），滚刀由 a 点到 b 点时，为了能切出螺旋线齿线，应使工件的 b'点转到 b 点，即在工件原来旋转运动 B_{12}的基础上，再附加转动 bb'。当滚刀进给至 c 点时，工件应附加转动 cc'。依次类推，当滚刀进给至 p 点，即滚刀进给一个工件螺旋线导程 L 时，工件上的 p'点应转到 p 点，就是说工件应附加转 1 转。附加运动 B_{22}的方向与工件在展成运动中的旋转运动 B_{12}方向或者相同，或者相反，这取决于工件螺旋线方向及滚刀进给方向；如果 B_{22}和 B_{12}同向，计算时附加运动取 +1 转，反之，若 B_{22}和 B_{12}方向相反，则取 −1 转。由上述分析可知，滚刀的轴向进给运动 A_{21}和工件的附加运动 B_{22}是形成螺旋线齿线所必需的运动，它们组成一个复合运动——螺旋轨迹运动。

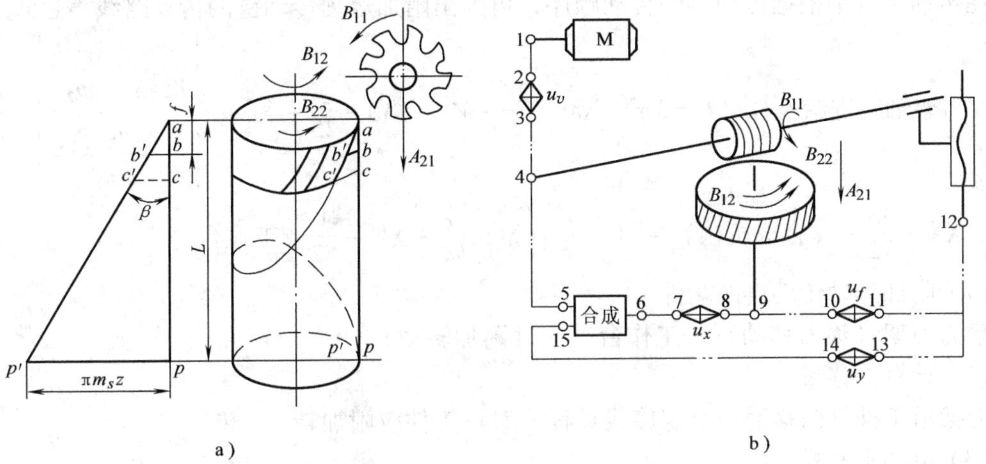

图 4-7　滚切斜齿圆柱齿轮的传动原理

实现滚切斜齿圆柱齿轮所需成形运动的传动原理如图 4-7b 所示。其中展成运动、主运动以及轴向进给运动传动链与加工直齿圆柱齿轮时相同，只是在刀架与工件之间增加了一条附加运动传动链：“刀架（滚刀移动 A_{21}）—12—13—u_y—14—15—［合成］—6—7—u_x—8—9—工作台（工件附加转动 B_{22}）”，以保证刀架沿工件轴线方向移动一个螺旋线导程 L 时，工件附加转 1 转，形成螺旋线齿线。显然，这条传动链属于内联系传动链。根据工件螺旋线导程 L 和螺旋方向调整换置机构的传动比 u_y。由于滚切斜齿圆柱齿轮时，工件旋转运动既要与滚刀旋转运动配合，组成形成齿廓的展成运动，又要与滚刀刀架直线进给运动配合，组成形成螺旋线齿线的螺旋轨迹运动，而且它们又是同时进行的，所以加工时工件的旋转运动是两个运动合成：展成运动中的旋转运动 B_{12}和螺旋轨迹运动的附加运动 B_{22}。这两个运动分别由展成运动传动链和附加运动传动链传来，为使工件同时接受两个运动而不发生矛盾，需在传动系统中配置运动合成机构（图 4-7b 以及其他传动原理图中均用［合成］表示），将两个运动合成之后再传给工件。

2. 展成运动传动链

加工斜齿圆柱齿轮时，虽然展成运动传动链的传动路线以及两端件、计算位移都和加工直齿圆柱齿轮时相同，但是，这时因运动合成机构用离合器 M_2 联接，其传动比为 $u_{合1}=-1$,代入运动平衡式后得出的换置公式为

$$u_x=\frac{ac}{bd}=-\frac{f}{e}\times\frac{24K}{z} \tag{4-10}$$

式中的负号说明展成运动传动链中轴X与Ⅸ的转向相反，而在加工直齿圆柱齿轮时两轴的转向相同（换置公式中符号为正）。因此，在调整展成运动交换齿轮时，必须按机床说明书规定配加惰轮。

3. 主运动传动链与轴向进给运动传动链

加工斜齿圆柱齿轮时，机床主运动传动链和轴向进给传动链的调整计算与加工直齿圆柱齿轮时相同。

4. 附加运动传动链

在传动系统中根据传动链的传动顺序，可列出附加运动传动链的传动路线表达式

$$\text{刀架轴向进给丝杠}(P=3\pi)\ \text{XXI}-\frac{25}{2}-M_3-\text{XVIII}-\frac{2}{25}-\text{XIX}-\left|\begin{array}{c}\dfrac{a_2}{\text{惰轮}}\times\dfrac{\text{惰轮}}{b_2}\\ --\dfrac{a_2}{b_2}--\end{array}\right|-\frac{c_2}{d_2}-$$

$$\text{XX}-\frac{36}{72}-(\text{合成机构})-\text{X}-\frac{e}{f}-\text{XI}-\frac{ac}{bd}-\text{XIII}-\frac{1}{72}-\text{工作台}$$

（1）附加运动传动链两端件

滚刀刀架（滚刀移动）—工作台（工件附加转动）

（2）计算位移量

刀架沿工件轴向移动一个螺旋线导程 L 时—工件应附加转 ±1 转

（3）运动平衡式

$$\frac{L}{3\pi}\times\frac{25}{2}\times\frac{2}{25}\times\frac{a_2c_2}{b_2d_2}\times\frac{36}{72}\times u_{合2}\times\frac{e}{f}\times\frac{ac}{bd}\times\frac{1}{72}=\pm1$$

式中，3π 是轴向进给丝杠的导程，单位为 mm；$u_{合2}$是运动合成机构在附加运动传动链中的传动比，$u_{合2}=2$；$\frac{ac}{bd}$是展成运动链交换齿轮传动比，$\frac{ac}{bd}=-\frac{f}{e}\times\frac{24K}{z}$；$L$ 是被加工齿轮螺旋线的导程，单位 mm，$L=\frac{\pi m_n z}{\sin\beta}$；$m_n$ 是法向模数，单位为 mm；β 是被加工齿轮的螺旋角，单位为（°）。代入上式并整理后得换置公式。

（4）换置公式

$$u_y=\frac{a_2c_2}{b_2d_2}=\pm9\,\frac{\sin\beta}{m_nK} \tag{4-11}$$

式中的“±”号，表明工件附加运动的旋转方向，它决定于被加工齿轮的螺旋方向。如设滚刀垂直进给方向自上而下，附加运动以逆时针转动为“+”，顺时针转动为“-”（从工件顶视）。当加工右旋斜齿轮时，工件应作逆时针的附加运动，当加工左旋斜齿轮时，工件应作顺时针的附加运动。配换交换齿轮齿数时，“±”值可不予考虑。

对于附加运动传动链的运动平衡式和换置公式，作如下分析：

1）附加运动传动链是形成螺旋线齿线的内联系传动链，其传动比数值的精确度影响着工件齿轮的齿向精度，所以交换齿轮传动比应配算准确。但是，换置公式中包含有无理数 $\sin\beta$，这就给精确配算交换齿轮$\dfrac{a_2c_2}{b_2d_2}$带来困难，因为交换齿轮个数有限，且与展成运动传动链共用一套交换齿轮。为保证展成交换齿轮传动比绝对准确，一般先选定展成交换齿轮；剩下的供附加运动交换齿轮选择，所以往往无法配算得非常准确，只能近似配算，但误差不能太大。选配的附加运动交换齿轮传动比与按换置公式计算所要求的传动比之间的误差，对于 8 级精度的斜齿轮，要准确到小数点后第四位数字（即小数点后第五位数字才允许有误差），对于 7 级精度的斜齿轮，要准确到小数点后第五位数字，才能保证不超过精度标准中规定的齿向公差。

2）运动平衡式中，不仅包含了 u_y，而且还包含有 u_x，这是因为附加运动传动链与展成运动传动链在运动合成机构以后有一公用传动段（轴X至工作台）的结果。这样的安排方案，可以经过代换使附加运动传动链换置公式中不包含工件齿数 z 这个参数，就是说配算附加运动交换齿轮与工件齿数无关。它的好处在于：一对互相啮合的斜齿轮，由于模数相同，螺旋角绝对值也相同，当用一把滚刀加工一对斜齿轮时，虽然两轮的齿数不同，但是可以用相同的附加运动交换齿轮，因而只需计算和调整交换齿轮一次。更重要的是，由于附加运动交换齿轮近似配算所产生的螺旋角误差，对两个斜齿轮是相同的，因此，仍可获得良好的啮合。

3）刀架的传动丝杠采用模数螺纹，其导程为 3π，由于丝杠的导程值中包含 3π 这个因子，可消去运动平衡式中工件齿轮螺旋线导程 L 中的 π，使得到的换置公式中不含因子 π，计算简便。

4）左旋和右旋螺旋齿线是两个不同的运动轨迹，是靠附加运动交换齿轮改变传动方向，即在附加运动交换齿轮中配加惰轮，改变附加运动 B_{22} 的方向而获得的。

4.2.3.4　交换齿轮齿数的选择

1. 交换齿轮传动比的精度

从滚齿机的传动和调整计算分析中可知，在滚切圆柱齿轮时，需确定主运动、展成运动、轴向进给运动和附加运动等交换齿轮的齿数。其中主运动、轴向进给运动属于简单运动，实现这些运动的传动链为外联系传动链。其交换齿轮的传动比确定了滚刀旋转的快慢和进给量大小，影响滚刀寿命、轮齿表面的粗糙度，但几乎不影响渐开线齿形和轮齿的分布情况，所以，在选择主运动交换齿轮和轴向进给运动交换齿轮时允许取近似值。展成运动属于复合运动，实现这个运动的传动链为内联系传动链，展成运动交换齿轮传动比的误差，将影响渐开线齿形和轮齿的分布情况，所以，展成运动交换齿轮传动比不允许取近似值。为了在有限个交换齿轮范围内保证展成交换齿轮传动比绝对准确，在调整过程中，应首先选定展成交换齿轮。附加运动也属于复合运动的内联系传动链，附加运动交换齿轮传动比的误差使斜齿轮的螺旋角产生齿向误差，因此，附加交换齿轮必须按一定的精度要求进行配算。

配算交换齿轮的方法有查表法和计算法两种。查表法所得交换齿轮传动比的精度不一定能满足使用要求，但方便可行；用计算法确定交换齿轮，应将理论传动比的小数化成能分解因数的近似分数，再将分子和分母分解为现有交换齿轮的齿数。

2. 选择的交换齿轮应是机床所配备的

Y3150E 型滚齿机配有 47 个交换齿轮以供选择。交换齿轮齿数分别为：20（两个），

23，24，25，26，30，32，33，34，35，37，40，41，43，45，46，47，48，50，52，53，55，57，58，59，60（两个），61，62，65，67，70，71，73，75，79，80，83，85，89，90，92，95，97，98，100。

在配算交换齿轮时除满足传动比要求外，还必须满足交换齿轮架结构上的要求。如图4-8所示，为使c轮不碰到轴Ⅰ，b轮不碰到轴Ⅲ，所选交换齿轮齿数之间应满足条件

$$z_a + z_b > z_c + (15 \sim 20) \tag{4-12}$$

$$z_c + z_d > z_b + (15 \sim 20) \tag{4-13}$$

4.2.3.5 刀架快速移动的传动路线

利用快速电动机可使刀架作快速升降运动，以便调整刀架位置及在进给前后实现快进和快退。此外，在加工斜齿圆柱齿轮时，起动快速电动机，可经附加运动传动链传动工作台旋转，以便检查工作台附加运动的方向是否正确。

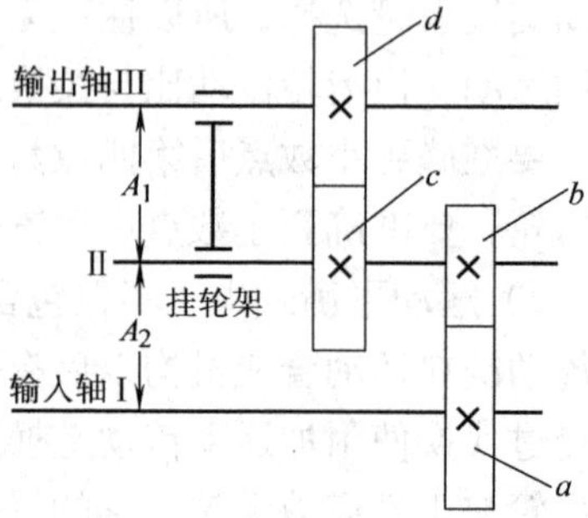

图4-8 配换交换齿轮齿数与轴关系示意图

刀架快速移动的传动路线如下：

$$\text{快速电动机} - \frac{13}{26} - \mathrm{M}_3 - \frac{2}{25} - \text{ⅩⅪ（刀架轴向进给丝杠）}$$

刀架快速移动的方向可通过控制快速电动机的旋转方向来变换。在Y3150E型滚齿机上，起动快速电动机之前，必须先用操纵手柄P_3将轴ⅩⅧ上的三联滑移齿轮移到空挡位置，以脱开ⅩⅦ和ⅩⅧ之间的传动联系（见图4-4）。为了确保操作安全，机床设有电气互锁装置，保证只有当操纵手柄P_3放在“快速移动”的位置上时，才能起动快速电动机。

当起动快速电动机实现刀架快速退回时，主电动机开动与不开动都可以。例如：滚切斜齿轮，若刀架快速退回时，主电动机仍在转动，这时刀架带动以B_{11}旋转的滚刀一起退回，工作台以$B_{12}+B_{22}$的合成运动转动；如果退回时，主电动机停止，刀架带着不旋转的滚刀一起退回，工作台以B_{22}旋转，由主电动机驱动的展成运动则停止。在滚切齿轮时，往往需要几次进给，在每次进给后，需将刀架退回到起始位置。应特别注意，在加工的整个过程中，展成运动传动链和附加运动传动链都不可脱开，否则，将损坏滚刀和机床，引起被加工齿轮产生乱齿及轮齿破坏等现象的发生。

4.2.4 机床的工作调整及主要部件结构

4.2.4.1 滚刀旋转方向和展成运动方向的确定

滚切齿轮时，不仅要解决各传动链两端件相对运动的数量关系，即配算符合相对运动所需传动比的交换齿轮，还需确定各运动的旋转方向，如果旋转方向不正确，仍切不出符合要求的齿轮。

如图4-9所示，在滚刀与被切齿轮作啮合运动时，滚刀的旋转方向由滚刀安装后的前、后刀面的位置所确定。工作台旋转的方向通常称为展成运动方向，可由以下方法确定：当选用右旋滚刀时，用左手法则判定展成运动方向，其方法是四个手指表示滚刀的旋转方向，大拇指所指方向为切削点上齿轮的速度方向，如图4-9a所示，这时工作台带动工件逆时针回转；当选用左旋滚刀时，用右手法则判定展成运动方向，其方法是四个手指表示滚刀的旋转方向，大拇

指所指方向为切削点上齿轮的速度方向，如图 4-9b 所示，这时工作台带动工件顺时针回转。由以上分析可知，当滚刀的旋转方向一定时，展成运动的方向只与滚刀的螺旋线方向有关。

4.2.4.2　滚刀刀架扳动角度的方法

在滚齿机上加工齿轮，相当于一对斜齿轮的啮合。一对斜齿轮的正确啮合，必须要求两个齿轮在同一假想的法向断面中具有相等的齿距和齿形角，其参数亦为标准值，即滚刀在切削点处的螺旋线方向应与被加工齿轮齿槽方向一致。为此，滚刀轴线应该与齿轮端面倾斜一个 $\gamma_{安}$ 角（安装角）。图 4-10 所示为滚切直齿和斜齿圆柱齿轮时滚刀与被加工齿轮间的安装角。其安装角 $\gamma_{安}$ 为

$$\gamma_{安}=\beta_f \pm \lambda_f \tag{4-14}$$

式中，β_f 是被切齿轮的螺旋角；λ_f 是滚刀的螺旋升角。

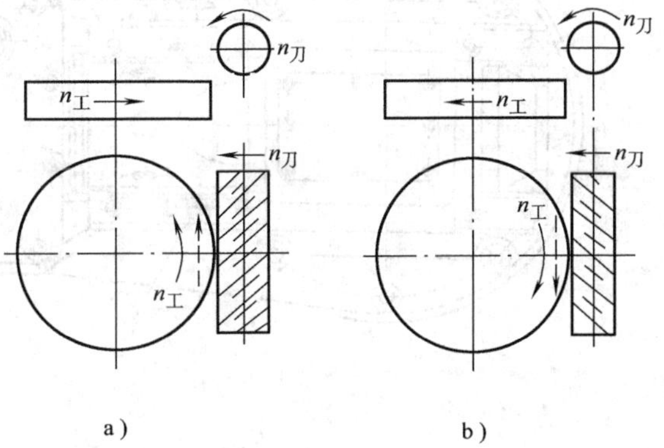

图 4-9　滚刀展成运动的旋转方向

上式中，当被加工的斜齿轮与滚刀的螺旋线方向相反时取“+”号，螺旋线方向相同时取“-”号。

滚切斜齿轮时（图 4-10b、c），应尽量采用与工件螺旋方向相同的滚刀，使滚刀安装角较小，有利于提高机床运动平稳性及加工精度。

当加工直齿圆柱齿轮时（图 4-10a），因 $\beta_f=0$，所以滚刀安装角 $\gamma_{安}$ 为

$$\gamma_{安}=\lambda_f \tag{4-15}$$

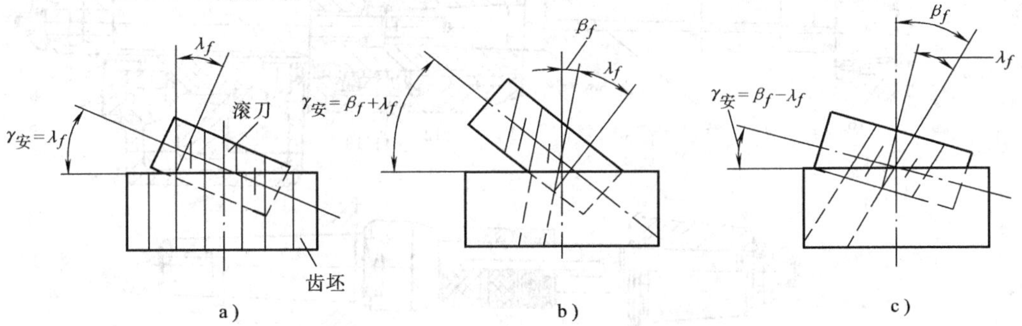

图 4-10　滚刀的安装角度

图 4-11 为 Y3150E 型滚齿机滚刀刀架的结构。刀架体 1 用装在环形 T 形槽内的六个螺钉 4 固定在刀架溜板（图中未示出）上。调整滚刀安装角时，应先将螺钉 4 松开，然后用扳手转动刀架溜板上的方头螺杆 P_5（见图 4-4），经蜗杆副 1/30 及齿轮 z_{16} 带动固定在刀架体上的齿轮 z_{148}，使刀架体回转至所需的位置。

主轴 14 前（左）端用内锥外圆的滑动轴承 13 支承，以承受径向力，并用两个推力球轴承 11 承受轴向力。主轴后（右）端通过铜套 8 及套筒 9 支承在两个圆锥滚子轴承 6 上。轴承 13 及 11 安装在轴承座 15 内，轴承座 15 用六个螺钉 2 通过两块压板压紧在刀架上。主轴以其后端的花键与套筒 9 内的花键孔联接，由齿轮 5 带动旋转。

当主轴前端的滑动轴承 13 磨损，引起主轴径向圆跳动超过允许值时，可以拆下垫片 10

及12，磨去相同的厚度，调配至符合要求时为止。如需调整主轴的轴向窜动，则可将垫片10适当磨薄。

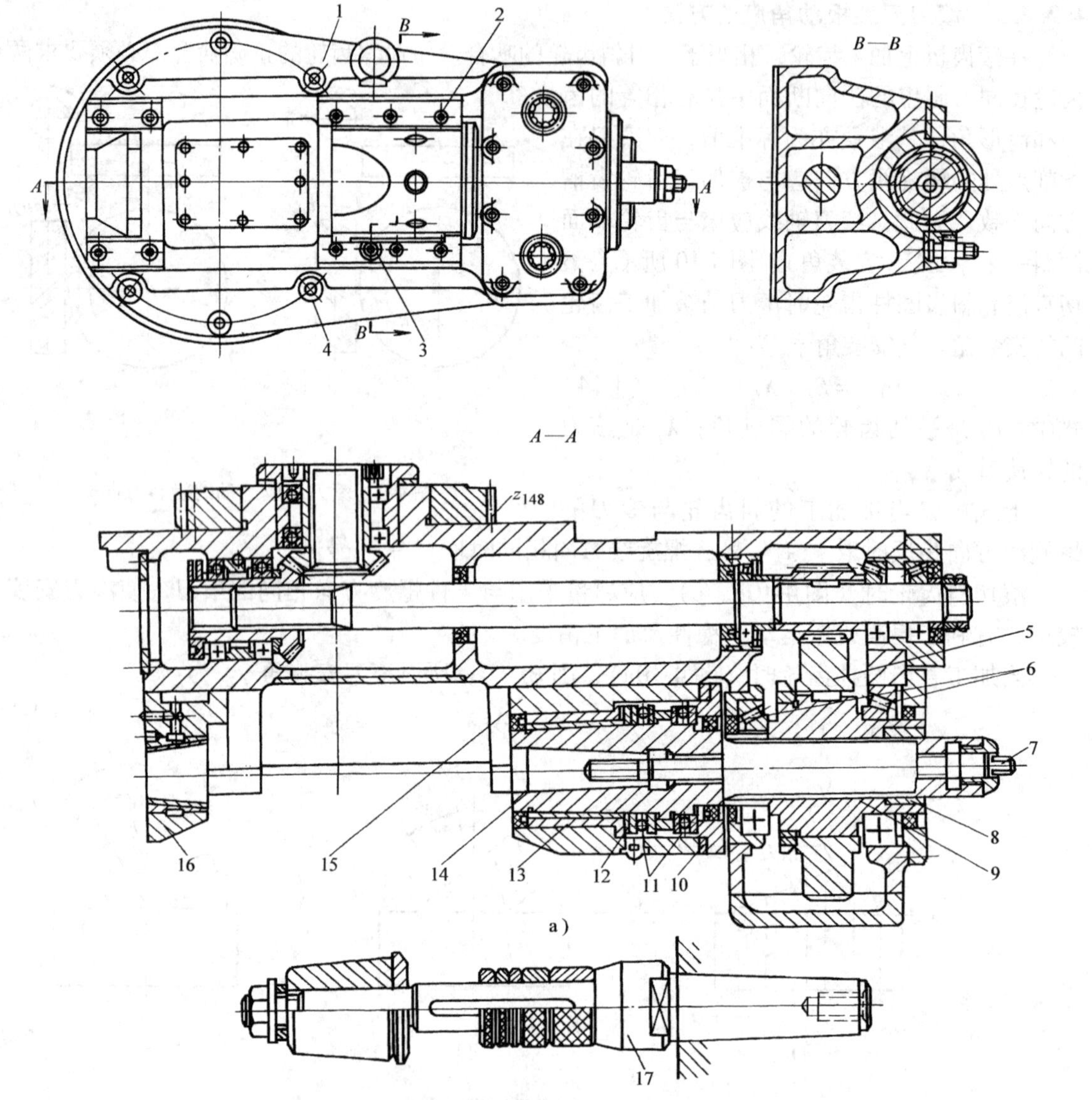

图 4-11 Y3150E 型滚齿机滚刀刀架

1—刀架体 2、4—螺钉 3—方头轴 5—齿轮 6—圆锥滚子轴承 7—方头螺杆 8—铜套 9—套筒 10、12—垫片 11—推力球轴承 13—滑动轴承 14—主轴 15—轴承座 16—支架 17—刀杆

4.2.4.3 滚刀的安装和滚刀轴向位置的调整

滚刀的安装对齿轮的加工质量有直接影响。安装滚刀的刀杆 17（见图 4-11b）用锥柄安装在主轴前端的锥孔内，并用方头螺杆 7 将其拉紧。刀杆左端装在支架 16 上的内锥套支承孔中、支架 16 可在刀架体上沿主轴轴线方向调整位置，并用压板固定在所需位置上。

为使加工出的齿廓两侧齿面对称，并使滚刀沿全长均匀地磨损，以提高滚刀寿命，都需调整滚刀轴向位置，这就是所谓的串刀。调整时，先旋松压板螺钉 2，然后转动方头轴 3，通过方头轴 3 上的齿轮，经轴承座 15 上的齿条，带动轴承座连同滚刀主轴一起轴向移动，调整妥当后，应锁紧压板螺钉。Y3150E 型滚齿机滚刀最大串刀范围为 55mm。

对中时，滚刀的前刀面处于水平位置，同时使一个刀齿（或刀槽）的对称中心线通过齿坯的中心（见图 4-12）。滚刀对中是通过调整主轴部件的轴向位置来实现的。

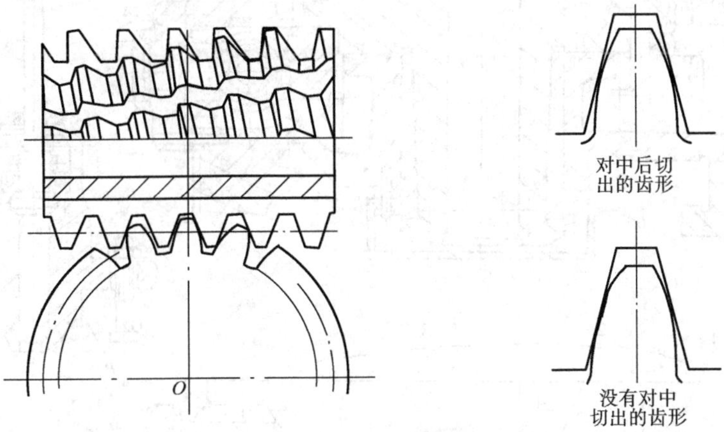

图 4-12　滚刀对中

对 8 级以下精度的齿轮，可用试切法进行对中，即滚刀在齿坯上先切出一圈很浅的刀痕，观察刀痕的两侧是否对称，如不对称，微调滚刀的轴向位置，再换一个位置进行试切，直至两侧刀痕对称为止。对 7 级以上精度的齿轮，可用对中架进行对中（见图 4-13），对中时，应使用与滚刀模数相同的对中样板，调整滚刀主轴的轴向位置，使对中样板紧贴滚刀齿槽两侧刀刃即可。

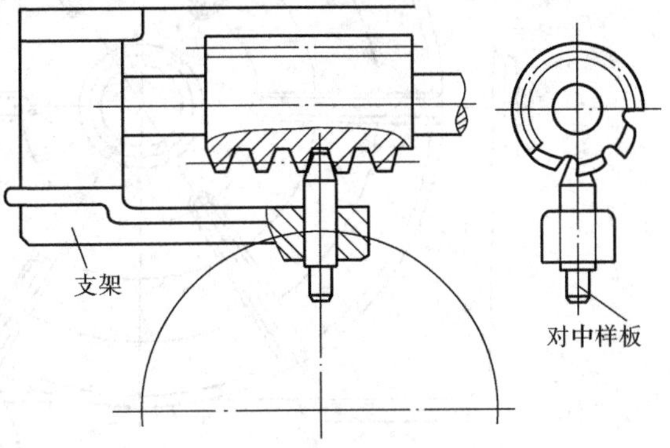

图 4-13　用对中架进行对中

4.2.4.4　工件的装夹和工作台的结构

图 4-14 为工作台结构。工作台主轴轴承采用整体式内锥外柱滑动轴承，以保证工作台的回转精度，同时承受作用在工作台上的径向力。工作台的轴向力由平面圆导轨 *M* 和 *N* 承受。传动工作台的分度蜗杆副具有较高的精度，蜗杆由滚动轴承 D7510 型和 D210 型支承在支架上。蜗杆副采用压力喷油润滑。

心轴底座 7 安装在工作台的中心，由位于工作台中心的圆柱面定位，并用螺钉紧固在工作台上。心轴 10 由压紧螺母 8 压紧在心轴底座的莫氏锥孔中，保证心轴与工作台回转中心同轴，并用锁紧套 9 两边的锁紧螺钉锁紧，防止切削加工过程中松动。

加工较小直径的齿轮时，可将工件直接装夹在心轴上，用压紧螺母锁紧，如图 4-15a 所示。加工较大直径的齿轮时，一般采用直径较大的底座，并在靠近加工部位的轮缘处夹紧，如图 4-15b 所示。被加工齿轮的两端面中，至少有一个端面是定位端面，如图 4-15 中 *E* 为定位端面，它应装在下面。装夹齿轮坯时所使用的垫圈、垫套等，其两端面平行度误差应小于0.005mm，压紧螺母接触端面与轴线的垂直度误差应小于0.02mm，以保证工件装夹的精度。下面介绍一个滚齿机调整实例。

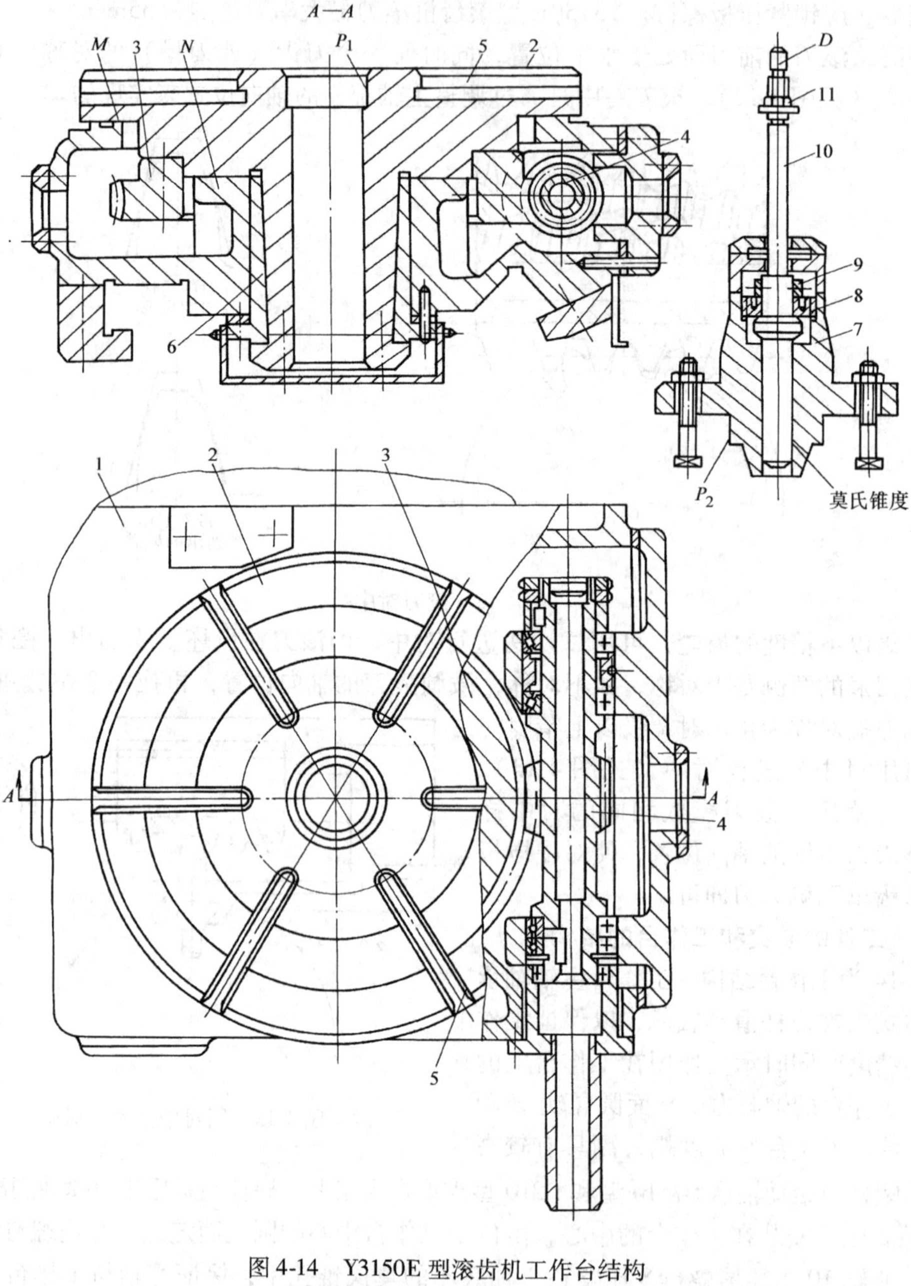

图 4-14　Y3150E 型滚齿机工作台结构

1—溜板　2—工作台　3—分度蜗轮　4—蜗杆　5—T 形槽　6—锥形滑动轴承
7—底座　8—压紧螺母　9—锁紧套　10—心轴　11—螺母

例 4-1　使用Y3150E型滚齿机，滚切右旋斜齿圆柱齿轮，其法向模数 $m_n=4$，法向压力角 $\alpha_n=20°$，分度圆螺旋角 $\beta=16°55'$，齿数 $z=76$，8 级精度，齿轮材料为 45 钢，调质硬度

210～230HBW，使用右旋单头滚刀，试对滚齿机进行调整计算。

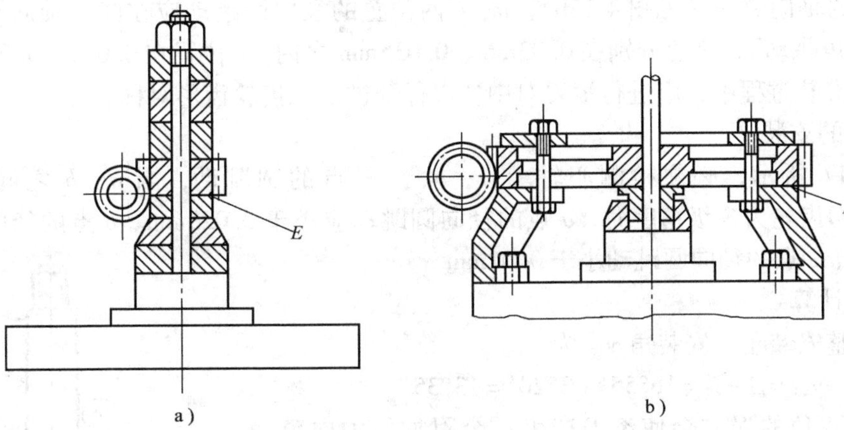

图4-15 工件装夹示意图

解 齿轮加工是在机床—刀具—工件所组成工艺系统中完成，这个系统以及调整操作等不可避免地存在误差，因此，要保证加工精度，就必须在这些方面采取措施，控制好原始误差，正确调整机床。

1. 滚刀选择与安装

滚刀本身的制造精度对被切齿轮的齿形精度和基节精度都有很大的影响，为了保证加工精度，必须正确选择齿轮滚刀的精度等级。滚刀精度等级分为AA、A、B、C级，分别适用于加工7、8、9、10级精度的齿轮。滚刀的前角为0°，材料为高速钢，法向模数m_n大于7的滚刀，镶硬质合金作刀齿部分。根据本例要求，选择A级精度右旋滚刀，法向模数为4mm，螺旋升角为3°20′，滚刀内、外径分别为27mm、80mm，长度为75mm。

要保证滚刀的安装精度，首先必须保证刀杆的安装精度，刀杆安装到滚刀主轴上之后，应按图4-16a检验刀杆在a、b位置的径向圆跳动，c位置的端面轴向窜动，根据齿轮的精度（8级）的要求，应分别控制在0.025mm（a位置）、0.03mm（b位置）、0.02mm（c位置）

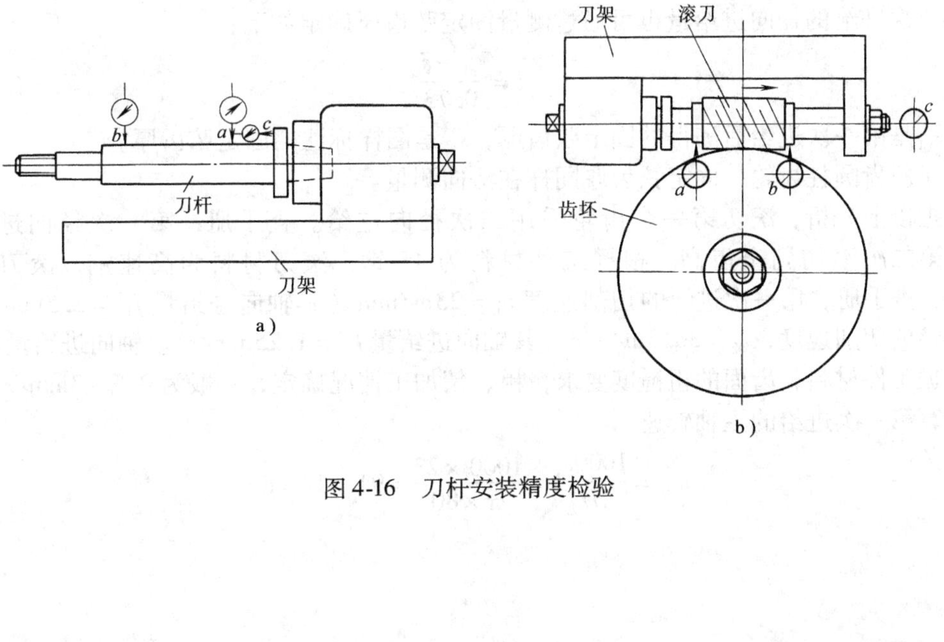

图4-16 刀杆安装精度检验

之内。刀杆安装合格后装上滚刀、刀垫和活动支架。应检查滚刀凸台 a、b 位置的径向圆跳动和 c 位置的轴向窜动（见图 4-16b）。a、b 两位置的径向圆跳动应在同一轴向平面内，尽量避免“对角跳动”，其值分别在 0.03mm、0.035mm 之内，c 位置在 0.005 ~0.01mm 之内。

在滚刀安装过程中，应进行滚刀对中，以保证被加工齿轮齿形对称。

2. 心轴的安装

如图 4-17 所示，必须检测心轴上 a、b、c 三点的圆跳动，当 a、b 之间的距离为 150mm，被切齿轮为 8 级精度时，a 点的径向圆跳动应小于 0.025mm、b 点的径向圆跳动小于 0.015mm、c 点的径向圆跳动小于 0.01mm。

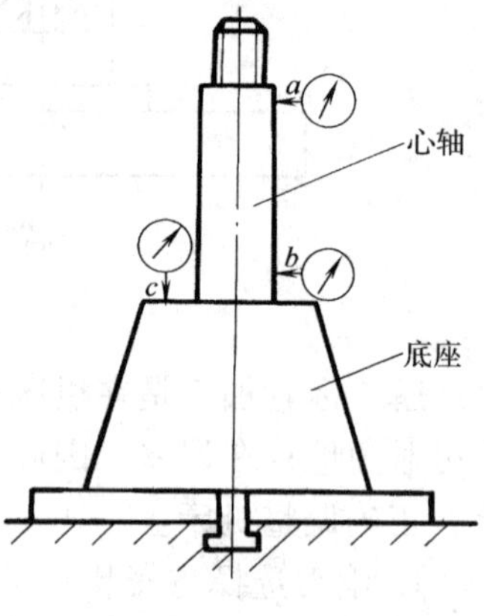

图 4-17 心轴安装后的精度检验

3. 调整计算

（1）调整安装角 安装角 $\gamma_{安}$ 为

$$\gamma_{安} = \beta - \lambda = 16°55' - 3°20' = 13°35'$$

滚刀安装角的误差会使滚刀产生一个附加的轴向窜动，引起被加工齿轮的齿形误差。调整时，先根据刀架的刻度值来调整，然后再按刀架滑板上的游标尺作精确调整，游标尺每格读数值为 6′。

（2）主运动传动链调整计算 首先要确定被加工齿轮是一次进给切出全齿高，还是二次进给切出。若采用二次进给切出，第一次进给可采用较大的轴向进给量，较低的切削速度；第二次进给用较小轴向进给量，较高的切削速度，以保证齿轮的加工精度。滚切齿轮时，总的径向进给量为 2.25 倍模数，但是齿坯外圆的精度通常不高，以外圆为基准进行径向进给只能作为参考。加工模数较大或精度要求很高的齿轮时，采用分次切削。当采用二次进给切出时，第一次切削后，测量公法线长度，确定第二次切削的径向进给量为

$$t = 1.46\ (W_1 - W) \tag{4-16}$$

式中，t 是第二次进给的径向进给量；W_1 为测得的公法线长度；W 为图样标注的公法线长度。

对于斜齿圆柱齿轮，公法线长度应在法向测量。

第二次进给的径向进给量也可通过测量固定弦齿厚确定如下：

$$t = \frac{\bar{s}_{c1} - \bar{s}_c}{0.73} \tag{4-17}$$

式中，$\bar{s}_{c1}$是第一次进给后测得的固定弦齿厚；$\bar{s}_c$ 是图样标注的固定弦齿厚。

对于斜齿圆柱齿轮，固定弦齿厚同样在法向测量。

根据以上分析，滚切第一个齿轮采用二次径向进给。查手册，第一次径向进给量为 2mm，第二次滚切到全齿高。根据工件材料为 45 钢，滚刀材料为高速钢，滚刀寿命为 600min，查手册，第一次进给的切削速度 $v_1 = 23$m/min（其轴向进给量 $f_1' = 2.5$mm/r）；第二次进给的切削速度，$v_2 = 36.5$m/min（其轴向进给量 $f_2' = 1.25$mm/r）。轴向进给量的大小，通常根据工件材料，齿面的粗糙度要求，粗、精加工情况确定，一般为 0.5 ~3mm/r。

计算第一次进给的主轴转速

$$n_{刀} = \frac{1000v_1}{\pi D_{刀}} = \frac{1000 \times 23}{\pi \times 80} = 91.51\text{r/min}$$

查机床使用说明书，最接近的转速为 100r/min，其变速齿轮和交换齿轮为

$$u_{Ⅱ-Ⅲ}=\frac{31}{39}\qquad \frac{A}{B}=\frac{33}{33}$$

计算第二次进给的主轴转速

$$n_{刀2}=\frac{1000v_2}{\pi D_{刀}}=\frac{1000\times 36.5}{\pi\times 80}=145.23\text{r/min}$$

查机床使用说明书，最接近的转速为 160r/min，其变速齿轮和交换齿轮为

$$u_{Ⅱ-Ⅲ}=\frac{27}{43}\qquad \frac{A}{B}=\frac{44}{22}$$

（3）展成运动传动链调整计算

$$\frac{ac}{bd}=\frac{f}{e}\times\frac{24K}{z}=-\frac{36}{36}\times\frac{24}{76}=-\frac{6}{19}=-\frac{6\times 4\times 3\times 15}{15\times 4\times 19\times 3}=-\frac{24\times 45}{60\times 57}$$

（4）附加运动传动链调整计算

$$\frac{a_2c_2}{b_2d_2}=\pm 9\frac{\sin\beta_f}{m_nK}=\pm 9\frac{\sin 16°55'}{4\times 1}=\pm 0.654706\approx\pm\frac{55\times 50}{60\times 70}$$

根据附加运动交换齿轮传动比调整要求，对于 8 级精度齿轮，其交换齿轮传动比与计算值的小数点后四位应相同。附加运动的方向与展成运动相同，查机床使用说明书，确定是否加装惰轮，然后起动快速电动机，检查附加运动转向。

（5）轴向进给传动链调整计算　查手册获得的轴向进给是加工直齿圆柱齿轮时的轴向进给量，而滚切斜齿圆柱齿轮是沿斜齿的螺旋线方向进给，齿槽方向的进给量要比轴向进给大些，因此应乘修正系数。查手册：$\beta_f=15°\sim 25°$时，取直齿圆柱齿轮轴向进给量$f_{精}$的 90%。

$$f_1=0.9f'_1=0.9\times 2.5=2.25\text{mm/r}$$

$$f_2=0.9f'_2=0.9\times 1.25=1.125\text{mm/r}$$

第一次进给时轴向进给交换齿轮和变速齿轮为

$$\frac{a_1}{b_1}u_{ⅩⅦ-ⅩⅧ}=\frac{f_1}{0.4608\times\pi}=\frac{2.25}{0.4608\times\pi}=1.5542=\frac{33\times 49}{30\times 35}$$

第二次进给时轴向进给交换齿轮和变速齿轮为

$$\frac{a_1}{b_1}u_{ⅩⅦ-ⅩⅧ}=\frac{f_1}{0.4608\times\pi}=\frac{1.125}{0.4608\times\pi}=0.7771=\frac{52\times 39}{58\times 45}$$

4. 其他问题

1）在整个加工过程中，展成运动传动链和附加运动传动链不可脱开。

2）各种参数是根据手册和机床使用说明书所提供的有关数据进行选择，而生产实际中的情况是多种多样的。例如，滚齿机的刚度强弱、工件装夹的刚度情况、加工经验的不同等都会影响各种参数的选择，因此，应根据调整计算的原则结合实际情况综合考虑。

3）根据渐开线的形成原理，基圆是决定渐开线形状的唯一参数，而被加工齿轮的基圆是在机床、刀具和工件所组成的工艺系统的相对位置和运动关系中形成，展成运动关系的误差，滚刀齿形角的误差，工件装夹的几何误差等都会使被加工齿轮的基圆半径产生误差。抓住这一基本问题，就会对调整中的各种要求认识更加清楚。

4.2.5 滚切齿数大于100的质数直齿圆柱齿轮的调整计算

4.2.5.1 加工原理

由前述展成运动传动链换置公式可知，当被加工齿轮的齿数 z 为质数时，展成运动交换齿轮$\dfrac{ac}{bd}$的 b、d 两个齿轮中，必须有一个齿轮的齿数选用这个质数或它的整数倍，才能加工出这个质数齿轮。由于滚齿机通常不配备齿数大于100的质数交换齿轮，为了加工齿数大于100的质数齿轮，可用两条传动链并通过运动合成机构来实现所需展成运动。其工作原理说明如下：首先选择一接近于所需加工齿数 z 的数值 z_0 来调整展成运动传动链（z_0 应是能够利用机床现有交换齿轮的数值）。显然，这时展成运动传动链两端件运动关系改变为：滚刀主轴转1转，工件转 K/z_0 转。因而，在展成运动中，滚刀转1转时，工件产生的运动误差为（$K/z-K/z_0$）转。为了补偿这一误差，可利用附加运动传动链，在工件转 K/z 转的过程中，使工件得到附加的（$K/z-K/z_0$）转，从而加工出齿数为 z 的直齿圆柱齿轮。此处的附加运动传动链，其两端件是工作台（工件转动）—工作台（工件附加转动），运动的联系路线为："9—10—u_f—11—13—u_y—14—15—［合成］—6—7—u_x—8—9"（见图4-7b）。

附加运动传动链的传动路线表达式如下：

$$\text{工作台主轴}-\frac{72}{1}-\text{VIII}-\frac{2}{25}-\text{XIV}-\begin{bmatrix}\text{(换向)}\\ \dfrac{39}{39}-\text{XV}\\ \text{-----}\end{bmatrix}-\frac{a_1}{b_1}-\text{XVI}-\frac{23}{69}-\text{XXII}-\begin{bmatrix}\dfrac{39}{45}\\ \dfrac{30}{54}\\ \dfrac{49}{35}\end{bmatrix}-\text{XVIII}-\frac{2}{25}-\text{XIX}-$$

$$\begin{bmatrix}\dfrac{a_2}{\text{惰轮}}-\dfrac{\text{惰轮}}{b_2}\\ \text{---}\dfrac{a_2}{b_2}\text{---}\end{bmatrix}-\frac{c_2}{d_2}-\text{XX}-\frac{36}{72}\,[\text{合成机构}]-\text{X}-\frac{e}{f}\begin{bmatrix}\text{XI}-\dfrac{36}{36}\\ \text{(换向)}\end{bmatrix}-\text{XII}-\frac{ac}{bd}-\text{XIII}-\frac{1}{72}-\text{工作台主轴}$$

4.2.5.2 传动链的调整计算

1）主运动和轴向进给运动传动链与滚切直齿圆柱齿轮相同。

2）展成运动传动链由于加工齿数大于100的质数齿轮时，展成运动传动链两端件的计算位移改变为滚刀主轴转1转，工作台转 K/z_0 转。所以，其运动平衡式为

$$1\times\frac{80}{20}\times\frac{28}{28}\times\frac{28}{28}\times\frac{28}{28}\times\frac{42}{56}\times u_{\text{合}1}\frac{e}{f}\times\frac{ac}{bd}\times\frac{1}{72}=\frac{K}{z_0}$$

式中，$u_{\text{合}1}=-1$，将其代入上式，得换置公式

$$u_x=\frac{ac}{bd}=-\frac{f}{e}\times\frac{24K}{z_0}$$

$z\leqslant142$ 时取$\dfrac{e}{f}=\dfrac{36}{36}$，则 $u_x=\dfrac{ac}{bd}=-\dfrac{24K}{z_0}$

$z\geqslant143$ 时取$\dfrac{e}{f}=\dfrac{24}{48}$，则 $u_x=\dfrac{ac}{bd}=-\dfrac{48K}{z_0}$

3）附加运动传动链　附加运动传动链的两端件是工作台—工作台，计算位移是：工作

台转 K/z 转，工作台附加转（$K/z-K/z_0$）转，其运动平衡式为

$$\frac{K}{z}\times\frac{72}{1}\times\frac{2}{25}\times\frac{39}{39}\times\frac{a_1}{b_1}\times\frac{23}{69}\times u_{\text{XVII - XVIII}}\times\frac{2}{25}\times\frac{a_2}{b_2}\times\frac{c_2}{d_2}\times\frac{36}{72}\times u_{合2}\times\frac{e}{f}\times\frac{ac}{bd}\times\frac{1}{72}=\frac{K}{z}-\frac{K}{z_0}$$

式中，$u_{合2}=2$；$\frac{ac}{bd}=-\frac{f}{e}\times\frac{24K}{z_0}$；$\frac{a_1}{b_1}u_{\text{XVII - XVIII}}=u_f=\frac{f}{0.4608\pi}$。

代入运动平衡式，经整理后得

$$u_y=\frac{a_2c_2}{b_2d_2}=\frac{9\pi\ (z_0-z)}{fK} \tag{4-18}$$

式中，z_0 是所选的接近被加工齿数 z 的数值（z 与 z_0 的差值为任意一个很小的数，可正可负，通常取差值为 1/5～1/50）；f 是刀架轴向进给量，单位为 mm/r。

工件附加运动的方向与所选定的 z_0 的大小有关，当 $z_0>z$ 时，由于 $K/z_0<K/z$，造成被加工齿轮的转速较所需的转速慢，应通过附加运动使其加快一些以达到所需转速，所以附加运动的方向与展成运动的方向相同；反之，若 $z_0<z$，则两运动方向相反。

例 4-2　在 Y3150E型滚齿机上加工大质数齿轮，已知被加工齿轮的齿数 $z=103$，滚刀头数 $K=1$，轴向进给量 $f=1.41$mm/r。试确定展成运动和附加运动交换齿轮的齿数。

解

（1）计算展成运动交换齿轮

选定：$z_0=103+\frac{1}{25}$，并取交换齿轮 $e=36$，$f=36$。

将其代入展成运动传动链换置公式，得

$$u_x=\frac{ac}{bd}=-\frac{24K}{z_0}=-\frac{24\times1}{103+\frac{1}{25}}=-0.232919254$$

查交换齿轮选用表，选取交换齿轮齿数

$$\frac{ac}{bd}=\frac{30\times25}{46\times70}=0.232919254$$

（2）计算附加运动交换齿轮

题中给定的轴向进给量 $f=1.41$ 是标称值，查机床说明书，得

$$u_f=\frac{a_1}{b_1}u_{\text{XVII - XVIII}}=\frac{32}{46}\times\frac{49}{35}$$

据此可计算出机床实际轴向进给量 f'

$$f'=0.4608\pi u_f\text{mm/r}=0.4608\pi\times\frac{32}{46}\times\frac{49}{35}\text{mm/r}=1.409881219\text{mm/r}$$

以 f' 代替 f 代入附加运动换置公式，可减少计算误差。

现将 f'、z、z_0 和 K 的数值代入附加运动传动链换置公式，得

$$u_y=\frac{a_2c_2}{b_2d_2}=\frac{9\pi\ (z_0-z)}{f'K}=\frac{9\pi\left(103+\frac{1}{25}-103\right)}{1.409881219\times1}=0.802176339$$

选择交换齿轮齿数为

$$\frac{a_2c_2}{b_2d_2}=\frac{41}{25}\times\frac{45}{92}=0.802173913$$

误差为 -2.43×10^{-6}，其值很小，故选取的附加运动交换齿轮可以使用。

由于本例取 $z_0>z$，附加运动方向应与展成运动方向相同。

4.3 其他齿轮加工机床

4.3.1 插齿机

插齿机主要用于加工内、外啮合的圆柱齿轮，尤其适用于加工多联齿轮中的小齿轮、内齿轮和齿条，但插齿机不能加工蜗轮。

4.3.1.1 插齿原理

插齿机也是按展成法原理来加工圆柱齿轮，插齿刀实质上是一个端面磨有前角，齿顶及齿侧均磨有后角的齿轮，如图 4-18a 所示，其模数和压力角与被加工齿轮相同。插齿时，插齿刀沿工件轴向作直线往复运动以完成切削运动，在刀具与工件作“无间隙啮合运动”的过程中，在轮坯上逐渐地切出全部齿廓。加工过程中，刀具每往复一次，仅切出工件齿槽的一小部分，齿廓曲线渐开线是在插齿刀刀刃多次切削中，由刀刃各瞬时位置的包络线所形成，如图 4-18b 所示。

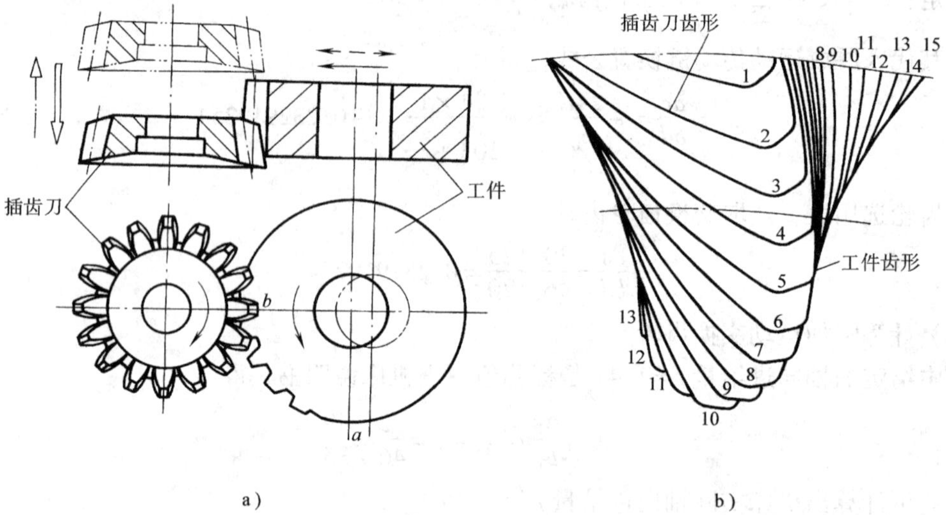

图 4-18 插齿原理

4.3.1.2 插齿机的运动

由图 4-18 可知，加工直齿圆柱齿轮时，插齿机应具有以下运动。

1. 主运动

插齿机的主运动是插齿刀沿其轴线所作的直线往复运动。在立式插齿机上，刀具垂直向下为工作行程，向上为空行程。若切削速度 v（单位为 m/min）及行程长度 L（单位为 mm）已确定，则可按下式计算插齿刀每分钟往复行程数（双行程/min）

$$n_{刀}=\frac{1000v}{2L} \tag{4-19}$$

2. 展成运动

加工过程中，插齿刀和工件轮坯应保持一对圆柱齿轮的啮合运动关系，即在插齿刀转过一个齿时，工件必须转过一个齿；或者说，插齿刀转过 $1/z_{刀}$ 转（$z_{刀}$ 为插齿刀齿数）时，工件转过 $1/z_{工}$ 转（$z_{工}$ 为工件的齿数）。插齿刀和工件的旋转运动组成了一个形成渐开线齿廓的复合运动——展成运动。

3. 圆周进给运动

插齿刀转动的快慢决定了工件转动的快慢，同时也决定了插齿刀每一次切削的切削负荷，加工精度和生产率。圆周进给量的大小用插齿刀每次往复行程中刀具在分度圆周上所转过的弧长表示，其单位为 mm/往复行程。

4. 让刀运动

插齿刀向上运动时，为了避免擦伤工件齿面和减少刀具磨损，刀具和工件之间应该让开，使其产生一定的间隙，而插齿刀向下开始工作行程之前，应迅速恢复原位，以便进行下一次切削，这种让开和恢复原位的运动称为让刀运动。插齿机的让刀运动可由工作台移动来实现，或由主轴摆动得到。由于刀具主轴的惯量较小，所以新型插齿机，普遍采用主轴摆动实现让刀运动。

5. 径向切入运动

开始插齿时，如插齿刀立即径向切入工件至全齿深，将会因切削负荷过大而损坏刀具和工件。为了避免这种现象的发生，工件应逐渐地向插齿刀（或插齿刀向工件）做径向切入运动，如图 4-18a 所示，开始加工时，工件外圆上的 a 点与插齿刀外圆相切，在插齿刀和工件作展成运动的同时，工件相对于刀具做径向切入运动，当刀具切入全齿深后（至 b 点），径向切入停止，然后工件再转过一整转，便能加工出全部齿廓。

径向进给量的大小，用插齿刀每往复行程中工件或刀具径向切入的距离表示，其单位为 mm/往复行程。根据工件的材料、模数、精度等条件，也可采用两次和三次径向切入方法，每次径向切入运动结束后，工件都需要转过一整转。

4.3.1.3　插齿机的传动原理

插齿机的传动原理如图 4-19 所示。图中表示了三个成形运动的传动链。主运动传动链由“电动机 M—1—2—u_v—3—4—5—曲柄偏心盘 A—插齿刀主轴”组成，曲柄偏心盘 A 将旋转运动转换成往复直线运动，u_v 为调整插齿刀每分钟往复行程次数的换置机构。圆周进给运动传动链由

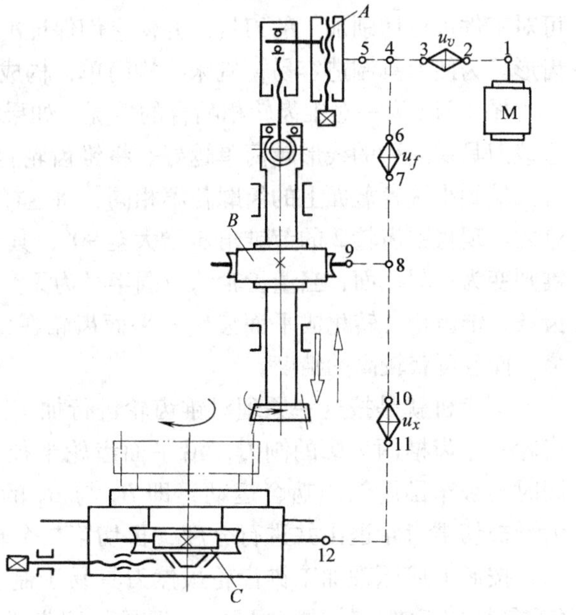

图 4-19　插齿机的传动原理图

“曲柄偏心盘 A—5—4—6—u_f—7—8—9—蜗杆副 B—插齿刀主轴”组成，u_f 为调整插齿刀圆周进给量大小的换置机构。展成运动传动链由“插齿刀主轴（插齿刀转动）—蜗杆副 B—9—8—10—u_x—11—12—蜗杆副 C—工作台”组成，u_x 为调整插齿刀与工件之间传动比的换置机构，用以适应插齿刀和工件齿数的变化。让刀运动及径向切入运动不直接参与工件表面的形成过程，因此，没有在图中表示。

在插齿机上加工斜齿圆柱齿轮时，必须采用斜齿插齿刀（见图 4-20），其螺旋角与工件螺旋角相等而螺旋方向相反。为使插齿刀刀刃在运动时形成斜齿的螺旋运动，将刀具主轴安装在螺旋导轨中，主轴的螺旋导轨相对固定的螺旋导轨面滑动，使刀具主轴产生相应的附加回转运动。螺旋导轨的导程应等于插齿刀及工件的导程。加工螺旋角不同的工件时，需更换插齿刀及螺旋导轨。由于螺旋导轨的制造难度较大，一般需要向制造厂订货，因此，这种方法仅适用于大批大量生产中。

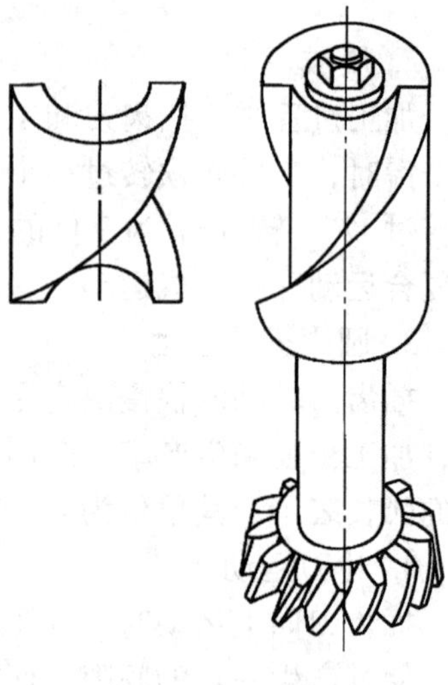

图 4-20　加工斜齿圆柱齿轮所用插齿刀及螺旋导轨

4.3.2　刨齿机

按锥齿轮轮齿表面的成形原理，锥齿轮加工方法主要有两种：一种为成形法，通常是使用盘形铣刀或指状铣刀和分度头在万能铣床上切齿。这种方法不但费时，而且加工精度较低；另一种是在锥齿轮加工中使用较多的展成法，刨齿机属于展成法加工直齿锥齿轮的机床。

展成法加工锥齿轮的基本原理，相当于一对啮合传动的锥齿轮，将其中一个锥齿轮转化为可对工件进行切削加工的刀具，并使它们保证准确的展成运动关系，即可加工出齿轮的渐开线齿形。为使刀具制造容易，机床结构简单，构成刀具的锥齿轮应采用平面齿轮或平顶齿轮。

图 4-21a 为一对锥齿轮相啮合的情况。如果将锥齿轮 2 转化为加工另一锥齿轮的刀具，希望该刀具切削刃的线形越简单越好。将锥齿轮背锥展开后所形成的当量齿轮的齿形为渐开线，且大端到小端各截面上的齿廓各不相同，将这样的锥齿轮做成刀具，并要形成切削运动是很困难的。现将锥齿轮 2 的节锥角 δ_2' 增大至 90°，其节锥面变为一圆平面（见图 4-21b），这时其背锥则变为一圆柱面，当量齿轮的节圆半径为无穷大，由背锥展开后所形成的当量齿轮的齿形为齿条，锥齿轮 2 转化成平面齿轮。平面齿轮在任意截面上的齿形都是直线。因此制造刀具容易，而且可获较高的精度。

刨齿机就是按这一原理对锥齿轮进行加工。如图 4-21c 所示，切齿时，两把相当于平面齿轮一个齿槽两齿廓的刨刀，沿平面齿轮半径方向作直线运动 A，形成切削加工的主运动，同时与被车锥齿轮作啮合运动，即 B_{22} 与 B_{21} 的旋转运动，形成渐开线齿廓。每切完一个轮齿，被切锥齿轮退出并进行分度，再切第二个轮齿，依次进行便可加工出全部轮齿。

按照上述原理加工锥齿轮虽然刀具易于制造，但是，由于平面齿轮的顶锥角是 90° + θ_f（θ_f 是被加工锥齿轮的齿根角），刀具的刀尖必须沿平面齿轮的顶锥面运动，或者说必须沿被加工锥齿轮的齿根运动。锥齿轮的齿根角不同，则刀具的运动轨迹也不相同。这就使得机床的结构较为复杂。在实际应用中将上述原理中的平面齿轮改为“近似平面齿轮”的平顶齿轮，其顶锥角为90°，节锥角为（$90-\theta_f$），顶面为平面。这时加工锥齿轮的刀尖的运动轨迹沿齿顶平面运动，而且固定不变，不考虑被加工锥齿轮的齿根角 θ_f 的变化，使机床结构简化，减少刀架调整。平顶齿轮的“当量圆柱齿轮”的齿形，非常接近直线，但在理论上仍为渐开线。为了使刀具制造、刃磨方便，刀刃仍然制成直线，虽然存在理论误差，但由于齿根角一般都很小，对加工精度影响很小。

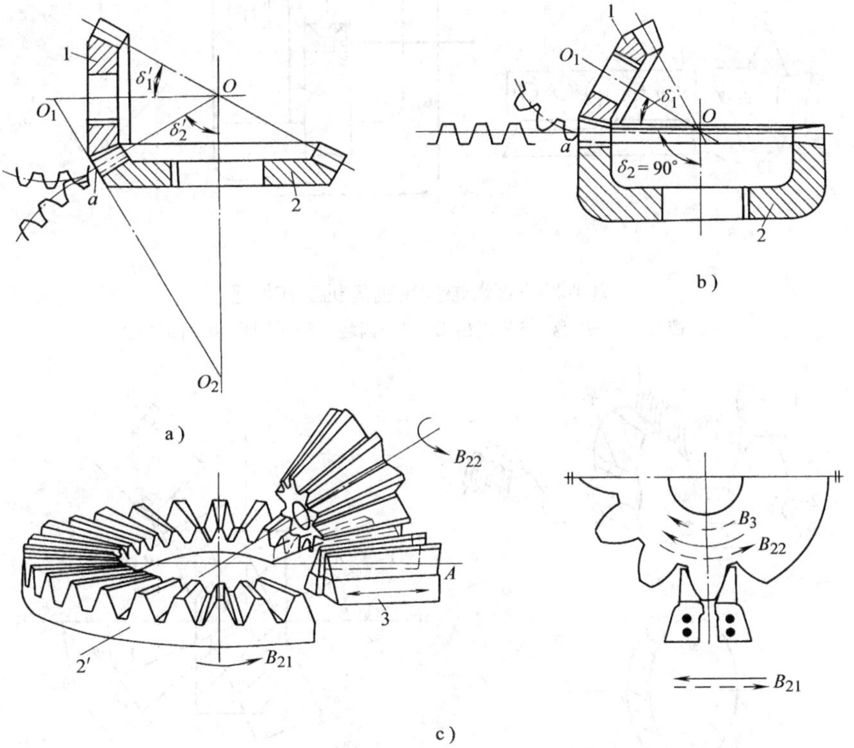

图 4-21　锥齿轮展成原理

图 4-22 是直齿锥齿轮刨齿机的工作原理。图 4-22a 为刨齿刀 3 的结构和两把刀刃切齿的情况，图 4-22b 中，摇台 1 由锥齿轮副 20/25 传入，通过蜗杆副 1/120 传至蜗轮，从而使摇台摆动，实现假想冠轮的转动；齿坯 4 的旋转运动（B_{22}）与假想冠轮的转动组成展成运动；同时齿坯 4 还有分度运动；刨齿刀 3 的往复直线运动（A）由曲柄连杆摆盘机构经曲柄盘 6、连杆 5 和摇盘 2 实现。

4.3.3　剃齿机

剃齿加工是对滚（插）齿后未经淬火的直齿和斜齿圆柱齿轮进行齿形精加工的方法。剃齿刀是一个精度很高的斜齿轮，只是在齿面上沿渐开线方向开有许多小槽，以形成切削刃。

用圆盘剃齿刀加工直齿圆柱齿轮的原理如图 4-23c 所示。被剃直齿圆柱齿轮装夹在心轴上，它与剃齿刀啮合，并由剃齿刀驱动其旋转，如同一对斜齿轮双面紧密啮合的齿轮副，因此，剃齿加工是一种自由啮合的展成加工。

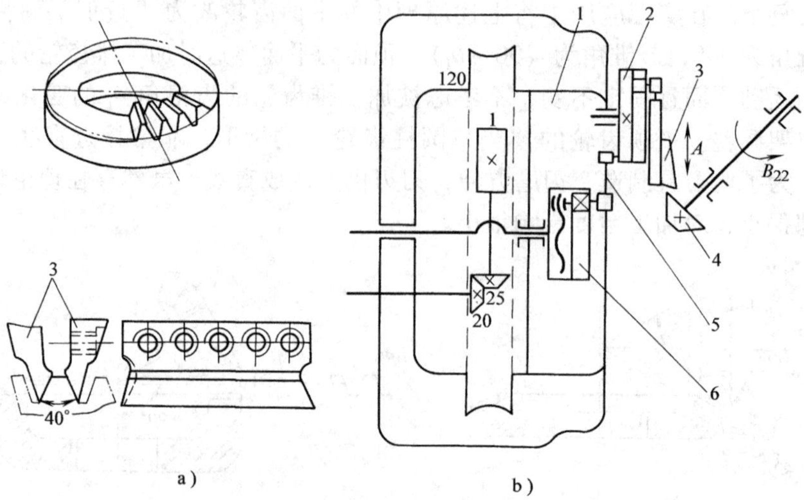

图 4-22 直齿锥齿轮刨齿机工作原理

1—摇台 2—摇盘 3—刨齿刀 4—齿坯 5—连杆 6—曲柄盘

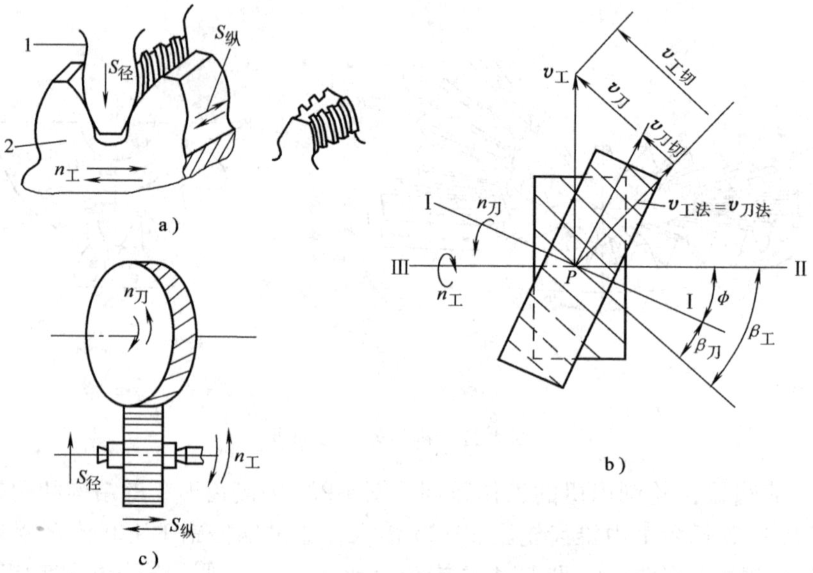

图 4-23 剃齿原理

剃齿所需的切削速度就是螺旋齿啮合传动中齿面相对滑动速度。图 4-23b 表示一把左旋剃齿刀对右旋齿轮进行剃齿的情况，$v_{刀}$ 和 $v_{工}$ 分别为啮合点 P 剃齿刀旋转的圆周速度与工件旋转的圆周速度，$v_{刀}$ 和 $v_{工}$ 都可分解成切向分量和法向分量，在啮合点上的法向分量相等，两个切向分量不等，因而产生齿面相对滑动，这个相对滑动速度就是剃齿时的切削速度，可按下式计算

$$v_{切削} = v_{工切} \pm v_{刀切} = \frac{v_{刀}}{\cos\beta_{工}} \times \sin\phi \tag{4-20}$$

式中，ϕ 是剃齿刀轴线与工件轴线的夹角，$\phi = \beta_{工} \pm \beta_{刀}$；$\beta_{工}$、$\beta_{刀}$ 分别是工件与剃齿刀的螺

旋角。

剃齿刀与被剃齿轮是点接触。如果剃齿时，工件不沿轴线作纵向进给，齿面上只能剃出一条接触点的痕迹，要剃出齿面的全齿宽，工作台必须带动工件沿其轴线作纵向往复运动。工作台每往复一次，剃齿刀应沿工件径向进给一次，直至被切齿轮得到所需的齿厚。

普通的剃齿机应具备的运动是：剃齿刀的高速旋转；工作台沿工件轴线的纵向往复运动；每次往复后剃齿刀沿工件径向作进给运动。

4.3.4　磨齿机

磨齿机是用磨削方法对淬硬齿轮的齿面进行精加工的精密机床。通过磨齿可以纠正磨削前预加工中的各项误差。齿轮精度可达 6 级或更高。

按齿廓的形成方法，磨齿有成形法和展成法两种，大多数的磨齿机均以展成法来磨削齿轮。下面介绍几种常用的磨齿机的工作原理及其特点。

4.3.4.1　按成形法工作的磨齿机

这类磨齿机又称成形砂轮型磨齿机。它所用砂轮的截面形状被修整成工件轮齿间的齿廓形状。图 4-24a 是磨削内啮合齿轮用的砂轮截面形状；图 4-24b 是磨削外啮合齿轮用的砂轮截面形状。

成形法磨齿时，砂轮高速旋转并沿工件轴线方向做往复运动，一个齿磨完后，工件需分度一次，再磨第二个齿。砂轮对工件的切入进给运动，由装夹工件的工作台做径向进给运动得到。这种磨齿方法使机床的运动比较简单。

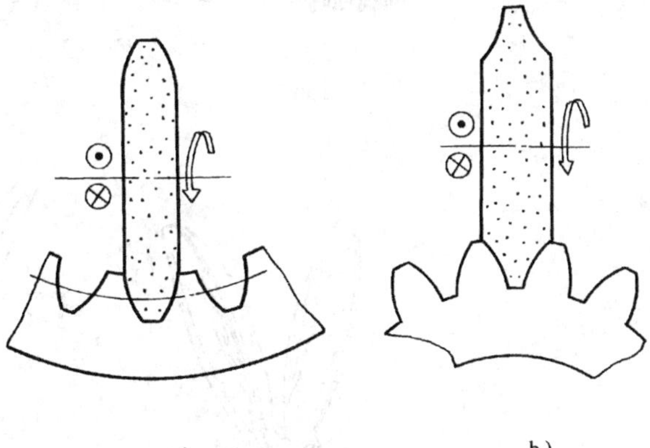

图 4-24　成形砂轮磨齿机的工作原理

成形法磨齿机的优点是加工时砂轮和工件接触面积大，生产率较高。缺点是砂轮修整时容易产生误差，并且在磨削过程中，由于砂轮各部分的磨损不均匀，直接影响加工精度和表面质量。这种类型的磨齿机一般用于大量生产中磨削精度要求不高的齿轮。

此外，展成法由于结构上的限制，难以磨削内齿轮，因此，内齿轮一般采用成形法进行加工。

4.3.4.2　按展成法工作的磨齿机

1. 蜗杆砂轮型磨齿机

蜗杆砂轮型磨齿机是用直径很大的修整成蜗杆形的砂轮磨削齿轮，其工作原理与滚齿机相同，如图 4-25a 所示。蜗杆形砂轮相当于滚刀，其旋转运动 B_{11}（即主运动）与工件的旋转运动 B_{12} 组成一个复合成形运动，形成渐开线齿廓（即展成运动传动链）。加工直齿圆柱齿轮时，轴向进给运动 A_2 通常由工件（即工作台）完成。加工斜齿圆柱齿轮时，工件齿槽与砂轮螺旋线方向应一致，同时还应具有相应的附加回转运动 B_{22}（图 4-25a 中未标注）。这类机床在加工过程中是连续磨削不需分度，且蜗杆砂轮具有很高的转速，其生产率在各类磨齿机中是最高的，对于模数较小的齿轮，也可直接从轮坯上磨出轮齿。其缺点是砂轮修整困难，不易达到较高精度。磨削不同模数的齿轮时需要更换砂轮；由于砂轮转速很高，使联系砂轮与工件的内联系传动链中的各个传动环节转速也很高，如采用机械方式传动，易产生噪声，磨损较快。为此，目前常采用两个同步电动机分别传动砂轮和工件，靠电气系统保证它们之间的严格传动比关系，不但简化了传动链，也提高了传动精度。这种机床适用于中小模数齿轮的成批和大量生产。

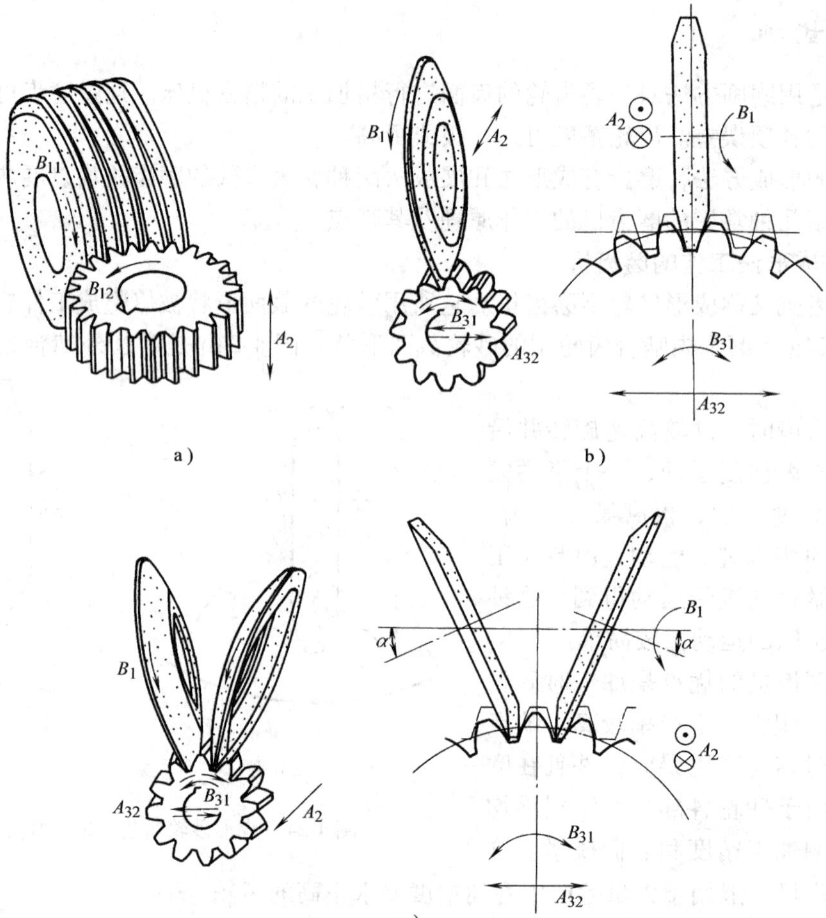

图 4-25 展成法磨齿机的工作原理

2. 锥形砂轮型磨齿机

锥形砂轮型磨齿机是利用齿条和齿轮啮合原理来磨削齿轮的，它所使用的砂轮截面形状是按照齿条的齿廓修整的。当砂轮按切削速度高速旋转（B_1），并沿工件齿线方向作直线往复运动（A_2）时，砂轮两侧面的母线就形成了假想齿条的一个齿廓，如图 4-25b 所示，通过机床的传动链强制被磨削齿轮在此假想齿条上作无间隙的纯滚动运动，即被磨削齿轮在转过 $1/z$ 转（B_{31}）时（也就是转一个齿），其轴线移过一个齿距（πm）的距离（A_{32}），便可磨出工件上一个轮齿一侧的齿面。因此，渐开线齿廓是由工件转动 B_{31} 和移动 A_{32} 所组成的复合运动形成，而直线形齿线则由砂轮旋转 B_1 和直线移动 A_2 用相切法形成。

在这类机床上磨削齿轮时，是按单齿分度法磨削的，每一个齿槽的两侧面均需分别进行磨削。工件向左滚动时，磨削左侧的齿面，向右滚动时，磨削右侧的齿面。工件往复滚动一次，磨完一个齿槽的两侧齿面后，工件退离砂轮进行分度。分度时，工件在不做直线移动的情况下绕其轴线转过一个齿。可见，工件上全部轮齿齿面需经多次分度和磨削才能完成。

由上述可知，锥形砂轮型磨齿机的成形运动有：砂轮旋转运动 B_1 和直线运动 A_2 是形成齿线所需的两个简单运动；工件转动运动 B_{31} 和直线运动 A_{32} 是形成渐开线齿廓所需的一个复合运动——展成运动。此外，为磨出全部轮齿，加工过程中还需一个周期的分度运动。这类磨齿机典型的传动原理如图 4-26 所示。

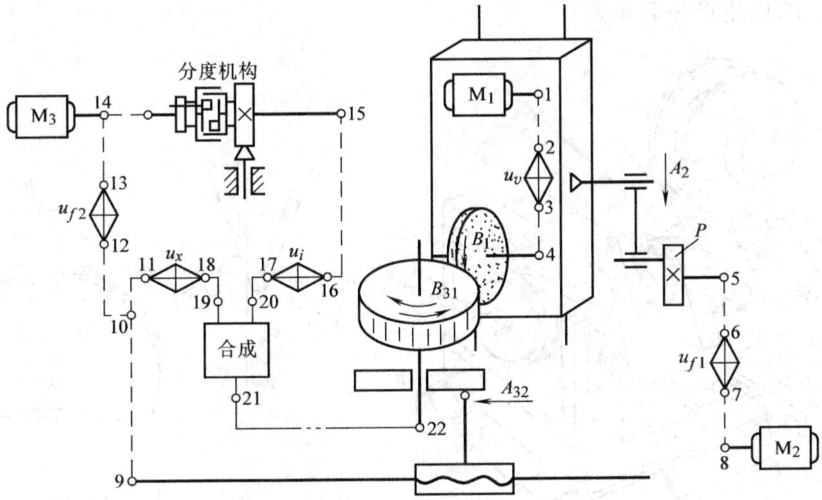

图 4-26　锥形砂轮型磨齿机的传动原理

（1）主运动　主运动是砂轮旋转运动 B_1，由外联系传动链“M_1—1—2—u_v—3—4 —砂轮主轴（砂轮转动）”实现，换置机构 u_v 用于调整砂轮的转速。

（2）轴向进给运动　轴向进给运动是砂轮的往复直线运动 A_2，由外联系传动链“M_2—8—7—u_{f1}—6—5—曲柄偏心盘机构 P—砂轮架溜板（砂轮移动）”实现。换置机构 u_{f1} 用于调整砂轮轴向进给的速度。

（3）展成运动　展成运动是工件转动运动 B_{31} 和直线运动 A_{32} 所构成的复合运动而组成，它是由内联系传动链“回转工作台（工件旋转 B_{31}）—22—21—［合成机构］—19—18—u_x—11—10—9—纵向工作台（工件直线移动 A_{32}）”和外联系传动链“M_3—14—13—u_{f2}—12—10”来实现。前者保证展成运动的运动轨迹，即工件转动与移动之间的严格运动关系，后者使工件获得一定的速度和运动方向。换置机构 u_{f2} 除调整展成速度外，还有工件往复滚动的自动换向机构，使工件在加工过程中能来回滚转，依次完成各个齿的磨齿工作循环。u_x 是用来调节工件齿数和模数变化的换置机构。

（4）分度运动　工件的分度由分度运动传动链“分度机构—15—16—u_i—17—20—［合成机构］—21—22—回转工作台”实现，换置机构 u_i 用于调整每分度时工作台转过的角度。每次分度时，由控制系统使其自动分度，然后脱开并由分度盘准确定位。

这种机床的优点是通用性高，砂轮形状（直线）简单；缺点是内联系传动链长。

4.3.4.3 双碟形砂轮型磨齿机

双碟形砂轮型磨齿机也是按单齿分度法磨削。该磨齿机用两个碟形砂轮的端平面（实际是宽度约为0.5mm的工作棱边所构成的环形平面）来形成假想齿条的一个轮齿两侧齿面，同时磨削齿槽的左右齿面，如图4-27c所示。磨削过程中的成形运动和分度运动与锥形砂轮型磨齿机基本相同，但轴向进给运动通常是由工件来完成。由于砂轮的工作棱边很窄，且为垂直于砂轮轴线的平面，易于获得高的修整精度；磨削接触面积小，磨削力和磨削热很小；机床具有砂轮自动修整与补偿装置，使砂轮能始终保持锐利和良好的工作精度，因而磨齿精度较高，最高可达4级，是各类磨齿机中精度最高的一种。其缺点是砂轮刚性较差，磨削用量受到限制，所以生产率较低。

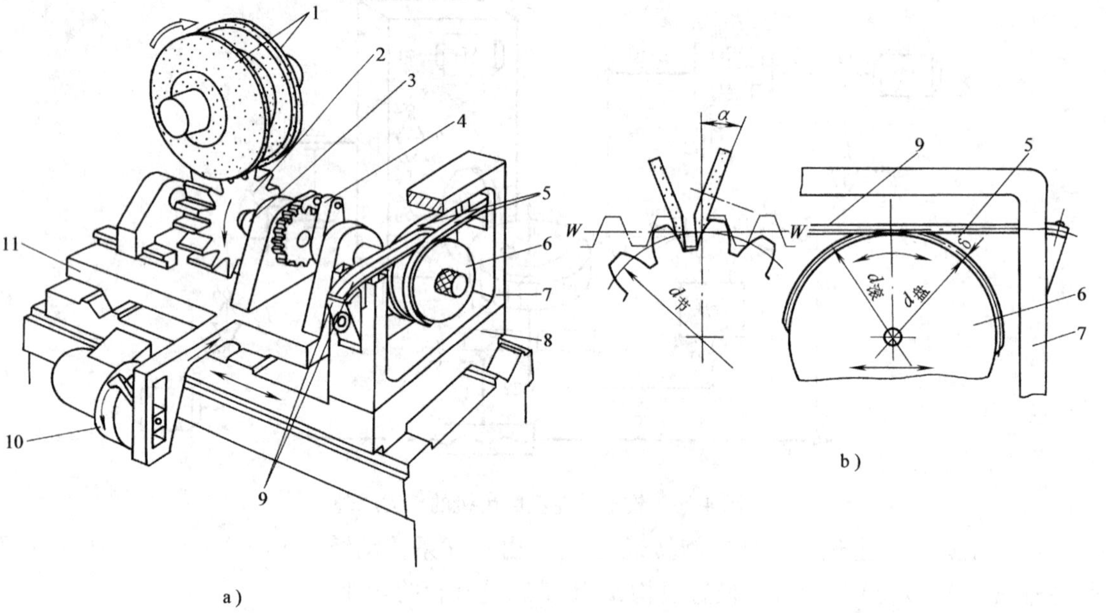

图4-27 滚圆盘机构工作原理

1—碟形砂轮 2—工件 3—工件主轴 4—分度机构 5、9—钢带 6—滚圆盘 7—支架 8—纵向溜板 10—曲柄盘 11—横向溜板

为了提高磨齿精度，这类磨齿机一般采用钢带滚圆盘机构实现展成运动。这种机构的工作原理如图4-27所示。纵向溜板8上固定有支架7，横向溜板11上装有工件主轴3，其前端装夹工件2，后端通过分度机构4与滚圆盘6连接。钢带5及9的一端固定在滚圆盘6上，另一端固定在支架7上，并沿水平方向张紧。当横向溜板11由曲柄盘10驱动作横向直线往复运动时，滚圆盘因受钢带5及9的约束而转动，从而使工件主轴一边随横向溜板移动，一边转动，带动工件2沿假想齿条的节线做纯滚动，实现了展成运动。依据材料力学知识，钢带绕在圆盘外圆上时，它的外层是伸长的，内层是缩短的，中间层长度则基本上不变，所以，通常把水平张紧的钢带厚度的中间层作为纯滚动的节线 $W-W$，而把与这条线相切的圆（就是以滚圆盘回转中心为中心，由该中心到钢带厚度中间层的距离为半径的圆）叫做“磨削节圆”。滚圆盘直径 $d_盘$ 和滚圆直径 $d_滚$ 以及钢带厚度的关系为

$$d_盘 = d_滚 + \delta$$

工件来回滚动一次，完成两个齿面的磨削后，继续滚动至脱离砂轮，随即由分度传动链传动，通过分度机构 4 使工件进行一次分度，然后开始下一个齿槽的磨削循环。利用滚圆盘实现展成运动可以大大缩短传动路线，且没有传动间隙，减小了传动误差，加工精度较高。

本章小结

本章简要介绍了齿轮加工机床的类型、用途、Y3150E 型滚齿机的主要组成部件、插齿机、刨齿机、剃齿机和磨齿机的运动及应用范围。详细分析了 Y3150E 型滚齿机的主运动、展成运动、轴向进给运动和附加运动传动链，重点介绍了 Y3150E 型滚齿机的工作调整和主要部件的结构。

通过本章的学习，搞清滚切直齿和斜齿圆柱齿轮时所需的运动及工作原理，掌握分析计算 Y3150E 型滚齿机传动链的步骤和方法，能根据所给传动系统图，推算出主运动、展成运动和附加运动传动链的换算公式。熟练地判定滚刀旋转方向、展成运动方向和附加运动的方向，正确板动滚刀刀架，进行滚刀的安装和轴向位置的调整，正确装夹工件，并进行工作台的调整。对其他齿轮加工机床，重点掌握机床的运动和工艺范围。

思考与练习题

4-1　分析比较展成法与成形法加工圆柱齿轮各有何特点。

4-2　在滚齿机上加工直齿和斜齿圆柱齿轮、大质数直齿圆柱齿轮，分别需要调整哪几条传动链，画出传动原理图，并说明各传动链的两端件及计算位移是什么？

4-3　滚齿机上加工斜齿圆柱齿轮时，工件的展成运动（B_{12}）和附加运动（B_{22}）的方向如何确定？以 Y3150E 滚齿机为例，说明如何判断这两种运动的方向？

4-4　滚齿机上加工直齿和斜齿圆柱齿轮时如何确定滚刀刀架扳转角度与方向？如扳转角度有误差或方向有误，将会产生什么后果？

4-5　在滚齿机上加工齿轮时，如果滚刀的刀齿相对于工件的轴线不对称将会产生什么后果，如何解决？

4-6　在滚齿机上加工一对斜齿轮时，当一个齿轮加工完成后，在加工另一个齿轮前应当进行哪些交换齿轮计算和调整工作？

4-7　在其他条件不变，而只改变下列某一条件的情况下，滚齿机上哪些传动链的换向机构应变向？

（1）由滚切右旋齿轮改变为滚切左旋齿轮。

（2）由逆铣滚齿改为顺铣滚齿（改变轴向进给方向）。

（3）由使用右旋滚刀改变为左旋滚刀。

（4）由加工直齿齿轮改变为加工斜齿齿轮。

4-8　根据 Y38 型滚齿机传动系统图（见图 4-28），回答下列问题：

（1）写出该机床的传动路线表达式。

（2）推导展成运动传动链及附加运动传动链换置机构 u_x、u_y 的换置公式。

4-9　在 Y38 型滚齿机上加工齿数 $z=113$ 的质数直齿圆柱齿轮，采用右旋单头滚刀，进给量 $f=1\text{mm/r}$，试选配展成运动交换齿轮和附加运动交换齿轮。

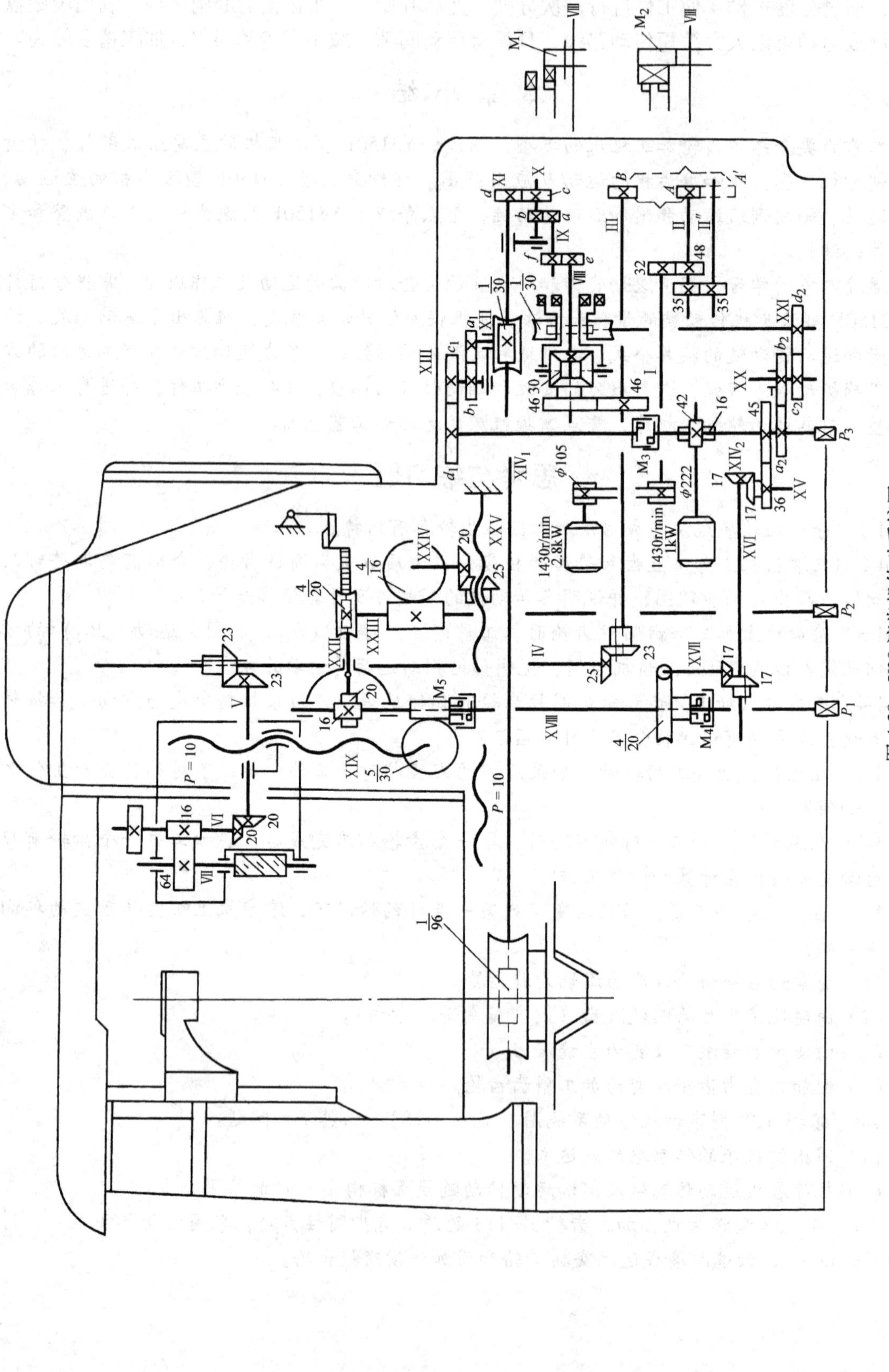

图 4-28　Y38 滚齿机传动系统图

注：Y38 型滚齿机随机备有的交换齿轮齿数有：20（两件）、23、24、25（两件）、30、33、34、35、37、40、41、43、45、47、48、50、53、55、57，58、　59、60、61、62、65. 67、70、71、73、75、79、80、83、85　90、92、95、97、98、100。

4-10　对比滚齿机和插齿机的加工方法，说明它们各自的特点及应用范围。

4-11　应用成形法、连续分度展成法、单齿分度展成法磨削齿轮，各有什么特点？磨削内齿轮应采用哪一种方法？

4-12　为什么锥齿轮加工机床的工作原理有假想平面齿轮和假想平顶齿轮之分？在机床上，如何实现假想齿轮与工件的啮合关系，并把工件的全部轮齿切出？

4-13　在磨齿机上采用滚圆盘钢带机构产生展成运动有什么优点？

第 5 章　磨　　床

学习目标：通过第 5 章的学习，了解磨床的种类、用途。熟悉普通外圆磨床、内圆磨床、平面磨床的运动、工作原理和工艺范围。详细了解 M1432A 型万能外圆磨床主要组成部件、机床的机械传动系统。重点掌握砂轮架、头架、尾座和横向进给机构的结构和调整方法。

5.1　磨床的用途和分类

5.1.1　磨床的用途

磨床是用磨料磨具（砂轮、砂带、油石、研磨剂）为工具进行切削加工的机床。它主要用于各种零件特别是淬硬零件的精加工。随着磨料磨具和高效磨削工艺（如高速磨削、强力磨削等）的发展，以及磨床结构性能的不断改进，磨床的应用已从精加工逐步扩展到粗加工领域。

磨床可加工各种表面，如内外圆柱面和圆锥面、平面、齿轮齿面、螺旋面以及各种成型面，还可以刃磨刀具和进行切断等，工艺范围十分广泛。

磨削加工较容易获得高的加工精度和细的表面粗糙度，在一般条件下，外圆磨床的加工精度可达 IT5 ~ IT6 级，表面粗糙度可达 $Ra0.32 \sim 1.25\mu m$；高精度外圆磨床的精密磨削尺寸精度可达 $0.2\mu m$，圆度精度可达 $0.1\mu m$，表面粗糙度可控制到 $Ra0.01\mu m$。精密平面磨削的平面度精度可达 0.0015/1000。

所有磨床的主运动都是砂轮的高速旋转运动，进给运动则取决于加工工件表面的形状以及所采用的磨削方法。它可以由工件或砂轮完成，也可以由两者共同完成。

5.1.2　磨床的分类

磨床的种类很多，按用途和采用的工艺方法不同，大致可分为以下几类：

（1）外圆磨床　主要用于磨削回转表面，包括万能外圆磨床、外圆磨床及无心外圆磨床等。

（2）内圆磨床　主要用于磨削内回转表面，包括内圆磨床、无心内圆磨床及行星内圆磨床等。

（3）平面磨床　用于磨削各种平面，包括卧轴矩台平面磨床、立轴矩台平面磨床、卧轴圆台平面磨床及立轴圆台平面磨床等。

（4）工具磨床　用于磨削各种工具，如样板、卡板等。包括工具曲线磨床、钻头沟槽磨床、卡板磨床及丝锥沟槽磨床等。

（5）刀具刃具磨床　用于刃磨各种切削刀具，包括万能工具磨床（能刃磨各种常用刀具）、拉刀刃磨床及滚刀刃磨床等。

（6）专门化磨床　专门用于磨削一类零件上的一种表面，包括曲轴磨床、凸轮轴磨床、花键轴磨床、活塞环磨床、球轴承套圈沟磨床及滚子轴承套圈滚道磨床等。

（7）研磨机　以研磨剂为切削工具，用于对工件进行光整加工，以获得很高的精度和很细的表面粗糙度。

（8）其他磨床　包括珩磨机、抛光机、超精加工机床及砂轮机等。

5.2　外圆磨床

5.2.1　M1432A 型万能外圆磨床

M1432A 型万能外圆磨床主要用于磨削内外圆柱面、内外圆锥面、阶梯轴轴肩以及端面和简单的成形回转体表面等。它属于普通精度级机床，磨削加工精度可达 IT6 ~ IT7 级，表面粗糙度为 $Ra1.25 \sim 0.08\mu m$ 之间。这种磨床万能性强，但磨削效率不高，自动化程度较低，适用于工具车间、维修车间和单件小批生产类型。其主参数为：最大磨削直径 320mm。

5.2.1.1　组成部件及技术性能

1. 机床的主要组成部件

图 5-1 是 M1432A 型万能外圆磨床外形图，它由下列主要部件组成：

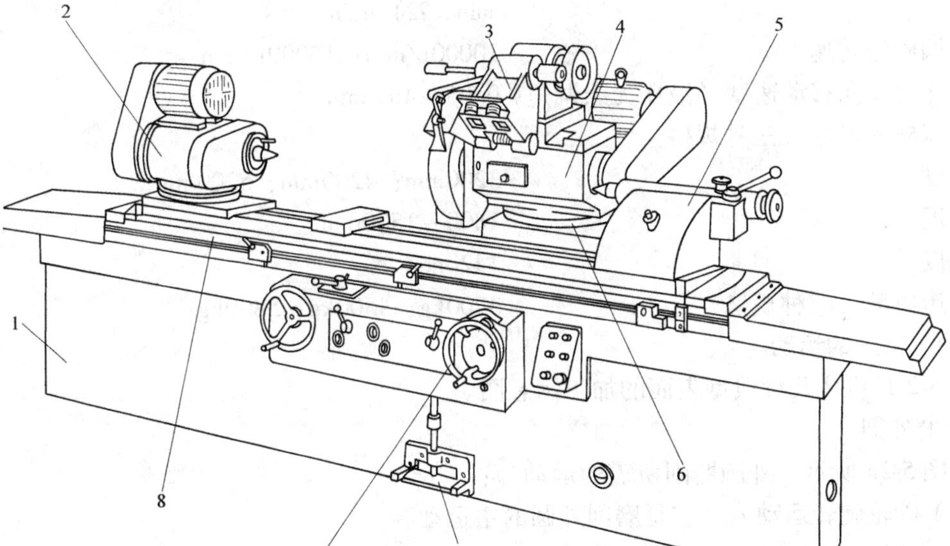

图 5-1　M1432A 型万能外圆磨床外形图

1—床身　2—头架　3—内圆磨具　4—砂轮架　5—尾座　6—滑鞍　7—手轮　8—工作台

（1）床身 1　它是磨床的基础支承件，用以支承机床的各部件。

（2）头架 2　它用于装夹工件并带动工件转动。当头架体座逆时针回转 0° ~ 90°的角度时，可磨削锥度大的短圆锥面。

（3）砂轮架 4　它用以支承并传动砂轮主轴高速旋转。砂轮架装在滑鞍 6 上，回转角度为 ±30°。当需要磨削短圆锥面时，砂轮架可调至一定的角度位置。

（4）内圆磨具3　它用于支承磨内孔的砂轮主轴。内圆磨具主轴由单独的内圆砂轮电动机驱动。

（5）尾座5　尾座上的后顶尖和头架前顶尖一起，用于支承工件。

（6）工作台8　它由上工作台和下工作台两部分组成。上工作台可绕下工作台的心轴在水平面内调至某一角度位置，用以磨削锥度较小的长圆锥面。工作台台面上装有头架和尾座，这些部件随着工作台一起，沿床身纵向导轨作纵向往复运动。

（7）滑鞍及横向进给机构　转动横向进给手轮7，通过横向进给机构带动滑鞍6及砂轮架做横向移动，也可利用液压装置，使滑鞍及砂轮架作快速进退或周期性自动切入进给。

2. 机床的主要技术性能

外圆磨削直径	8～320mm
外圆最大磨削长度（共三种规格）	1000mm；1500mm；2000mm
内孔磨削直径	30～100mm
内孔最大磨削长度	125mm
磨削工件最大质量	150kg
砂轮尺寸和转速	ϕ400mm×50mm×ϕ203mm，1670r/min
头架主轴转速	6级25r/min、50r/min、80r/min、112r/min、160r/min、224r/min
内圆砂轮转速	10000r/min；15000r/min
工作台纵向移动速度（液压无级调速）	0.05～4m/min
机床外形尺寸（三种规格）	
长度	3200mm；4200mm；5200mm
宽度	1800～1500mm
高度	1420mm
机床质量（三种规格）	3200kg；4500kg；5800kg

5.2.1.2　机床的运动

图5-2是机床几种典型表面的加工示意图。

1. 磨外圆

如图5-2a所示，外圆磨削所需的运动为：

（1）砂轮旋转运动 n_t　它是磨削外圆的主运动。

（2）工件旋转运动 n_w　它是工件的圆周进给运动。

（3）工件纵向往复运动 f_a　它是磨削出工件全长所必需的纵向进给运动。

（4）砂轮横向进给运动 f_r　它是间歇的切入运动。

2. 磨长圆锥面

如图5-2b所示，所需的运动和磨外圆时一样，所不同的是将工作台调至一定的角度位置。这时工件的回转中心线与工作台纵向进给方向不平行，所以磨削出来的表面是圆锥面。

3. 切入法磨外圆锥面

如图5-2c所示，将砂轮调整至一定的角度位置，工件不做往复运动，砂轮做连续的横向切入进给运动。这种方法仅适合磨削短的圆锥面。

4. 磨内锥孔

如图5-2d所示，将工件装夹在卡盘上，并调整至一定的角度位置。这时磨外圆的砂轮不转，磨削内孔的内圆砂轮做高速旋转运动 n_t，其他运动与磨外圆时类似。

从上述四种典型表面加工的分析中可知，机床应具有下列运动：

主运动：①磨外圆砂轮的旋转运动 n_t；②磨内孔砂轮的旋转运动 n_t；主运动由两个电动机分别驱动，并设有互锁装置。

进给运动：①工件旋转运动 n_w；②工件纵向往复运动 f_a；③砂轮横向进给运动 f_r；往复纵磨时，横向进给运动是周期性间歇进给；切入式磨削时是连续进给运动。

辅助运动：包括砂轮架快速进退（液压），工作台手动移动以及尾座套筒的退回（手动或液动）等。

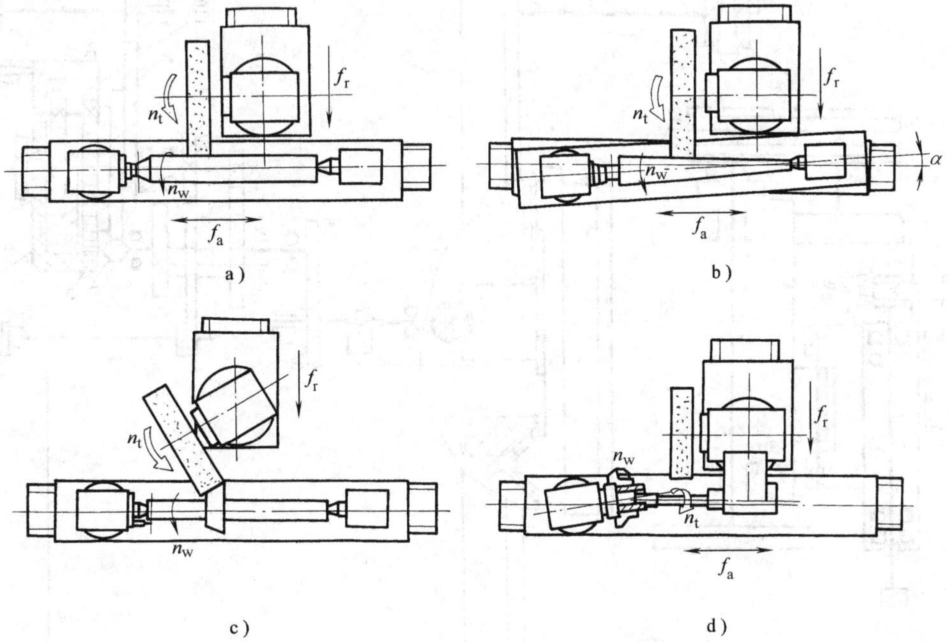

图5-2　万能外圆磨床典型加工示意图

a）纵磨法磨外圆柱面　b）扳转工作台用纵磨法磨长圆锥面　c）扳转砂轮架用切入法磨短圆锥面　d）扳转头架用纵磨法磨内圆锥面

5.2.1.3　机床的机械传动系统

M1432A型万能外圆磨床的工作运动，是由机械和液压联合传动的。在该机床中，除了工作台的纵向往复运动，砂轮架的快速进退和周期自动切入进给，以及尾座顶尖套筒的缩回是液压传动外，其余运动都是由机械传动的。图5-3是M1432A型万能外圆磨床的传动系统。

1. 外圆磨削砂轮的传动链

砂轮主轴的运动是由砂轮架电动机（1440r/min，4kW）经4根V形带直接传动。砂轮主轴的转速达1670r/min。

2. 头架拨盘（带动工件）的传动链

拨盘的运动是由双速电动机（700/1350r/min，0.55/1.1kW）驱动，经V形带塔轮及两

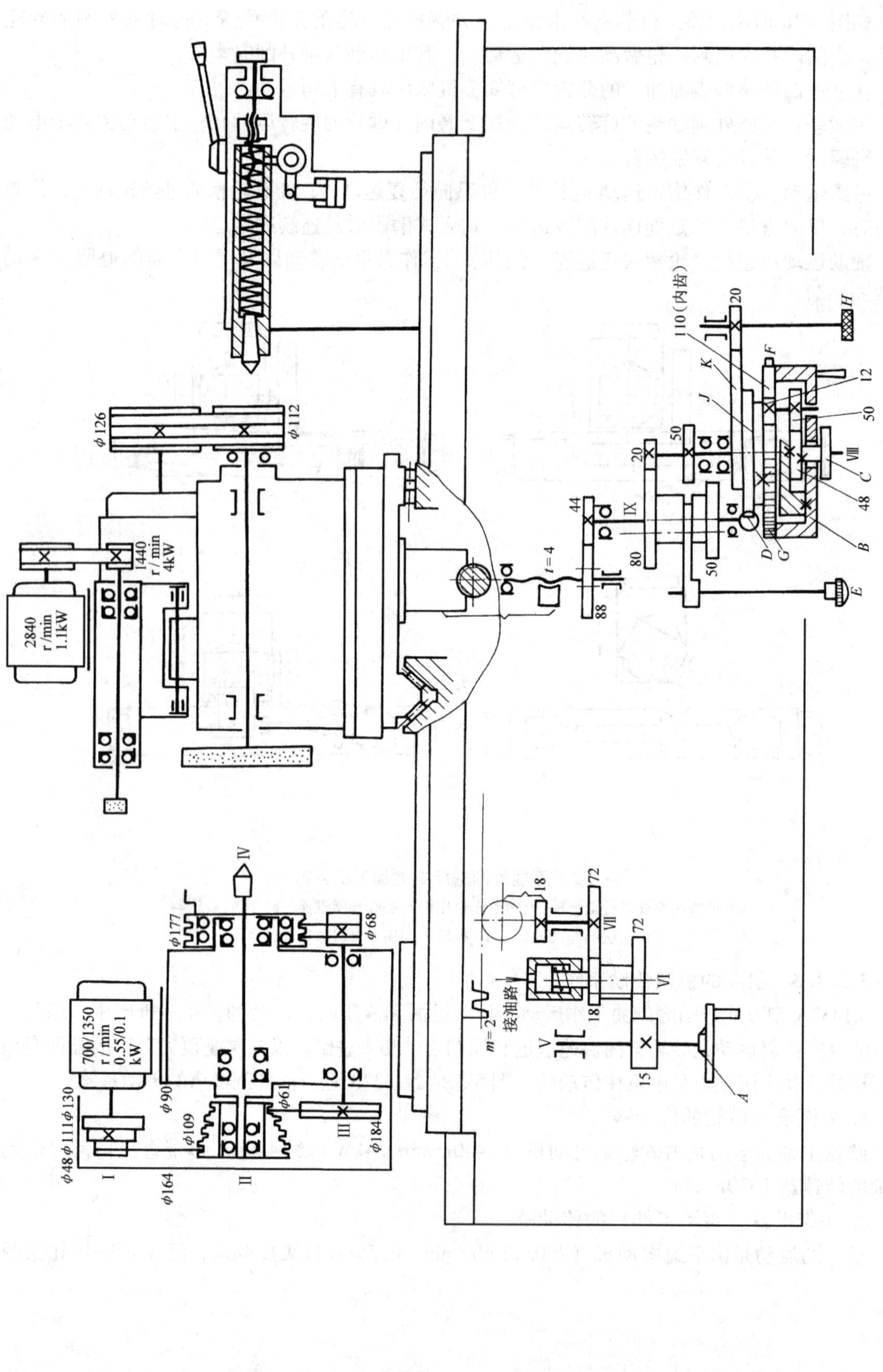

图 5-3 M1432A 型万能外圆磨床机械传动系统

级V形带传动，使头架的拨盘或卡盘带动工件，实现圆周运动。

3. 内圆磨具的传动链

内圆磨削砂轮主轴由内圆砂轮电动机（2840r/min，1.1kW）经平带直接传动。更换平带轮可使内圆砂轮主轴得到两种转速。

内圆磨具装在支架上，为了保证工作安全，内圆砂轮电动机的起动与内圆磨具支架的位置有互锁作用；只有当支架翻到工作位置时，电动机才能起动。同时，砂轮架快速进退手柄在原位上自动锁住，不能快速移动。

4. 工作台的手动驱动

调整机床及磨削阶梯轴的台阶时，工作台还可由手轮 A 驱动。

为了避免工作台纵向运动时带动手轮 A 快速转动碰伤操作者，采用了互锁液压缸。轴Ⅵ的互锁液压缸和液压系统相通，工作台运动时压力油推动轴Ⅵ上的双联齿轮移动，使齿轮 z_{18} 与 z_{72} 脱开。因此，液压驱动工作台纵向运动时手轮 A 并不转动。当工作台不用液压传动时，互锁液压缸上腔连通油池，在液压缸内的弹簧作用下，使齿轮副18/72重新啮合传动，转动手轮 A，便可实现工作台手动纵向直线移动。

5. 滑鞍及砂轮架的横向进给运动

横向进给运动，可摇动手轮 B 来实现，也可由进给液压缸的柱塞 G 驱动，实现周期的自动进给。传动路线表达式为：

$$\left.\begin{array}{c}\text{手轮B}\\ (\text{手动进给})\\ \text{进给液压缸柱塞G}\\ (\text{自动进给})\end{array}\right| - \text{XIII} - \left|\begin{array}{c}\dfrac{50}{50}\\ \dfrac{20}{80}\end{array}\right| - \text{IX} - \frac{44}{88} - \text{横向进给丝杠}\ (L=4\text{mm})$$

横向手动进给分粗进给和细进给。粗进给时，将手柄E向前推，转动手轮 B 经齿轮副50/50和44/88、丝杠使砂轮架做横向粗进给运动。手轮 B 转1转，砂轮架横向移动2mm，手轮 B 的刻度盘 D 上分为200格，则每格的进给量为0.01mm。细进给时，将手柄 E 拉到图5-3所示位置，经齿轮副20/80和44/88啮合传动，则砂轮架做横向细进给，手轮 B 转1转，砂轮架横向移动0.5mm，刻度盘上每格进给量为0.0025mm。

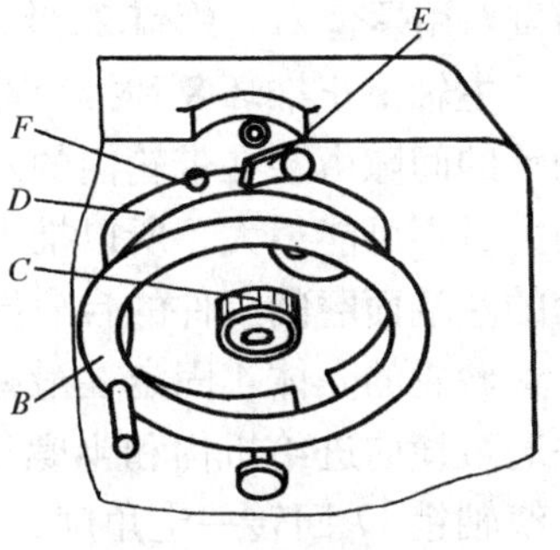

图5-4　手动刻度的调整
B—手柄　C—按钮　D—刻度盘
F—挡块　E—定位块

如图5-4所示，磨削一批工件时，为了简化操作及节省时间，通常在试磨第一个工件达到要求的直径后，调整刻度盘上挡块 F 的位置，使它在横进给磨削至所需直径时，正好与固定在床身前罩上的定位块相碰。因此，磨削后续工件时，只须摇动横进给手轮（或开动液压自动进给），当挡块 F 碰在定位块 E 上时，停止进给（或液压自动停止进给），就可达到所需的磨削直径，上述过程就叫定程磨削。利用定程磨削可减少测量工件直径尺寸的次数，提高生产效率。

当砂轮磨损或修正后，由于挡块 F 控制的工件直径变大了。这时，必须调整砂轮架的行程终点位置，也就是调整刻度盘 D 上挡块 F 的位置。如图5-3所示，其调整的方法为：拔

出旋钮 C，使它与手轮 B 上的销子脱开，顺时针方向转动旋钮 C，经齿轮副 48/50 带动齿轮 z_{12} 旋转，z_{12} 与刻度盘 D 的内齿轮 z_{110} 相啮合，于是使刻度盘 D 逆时针方向转动。刻度盘 D 应转过的格数，根据砂轮直径减小所引起的工件尺寸变化量确定。调整妥当后，将旋钮 C 的销孔推入手轮 B 的销子上，使旋钮 C 和手轮 B 成一整体。

由于旋钮 C 上周向均布 21 个销孔，而手轮 B 每转一转的横向进给量为 2mm 或 0.5mm。因此，旋钮每转过一个孔距，砂轮架的附加横向进给量为 0.01mm 或 0.0025mm。

5.2.1.4 机床主要部件的结构

1. 砂轮架

如图 5-5 所示，主轴的两端以锥体定位，前端通过压盘 1 安装砂轮，末端通过锥体安装 V 带轮 13，并用轴端的螺母进行压紧。主轴由两个短三瓦调位动压轴承来支承，每个轴承各由三块均布在主轴轴颈周围，包角约为 60°的扇形轴瓦 19 组成。每块轴瓦上都由可调节的球头螺钉 20 支承。而球头螺钉的球面与轴瓦的球面经过配研，能保证有良好的接触刚度，并使轴瓦能灵活地绕球头螺钉自由摆动。螺钉的球头（支承点）位置在轴向处于轴瓦的正中，而在周向则偏离中间一些距离。这样，当主轴旋转时，三块轴瓦各自在螺钉的球头上自由摆动到一定平衡位置，其内表面与主轴轴颈间形成楔形缝隙，于是在轴颈周围产生三个独立的压力油膜，使主轴悬浮在三块轴瓦的中间，形成液体摩擦作用，以保证主轴有较高的精度保持性。当砂轮主轴受磨削载荷而产生向某一轴瓦偏移时，这一轴瓦的楔缝变小，油膜压力升高；而在另一方向的轴瓦的楔缝变大，油膜压力减小，这样，砂轮主轴就能自动调节到原中心位置，保持主轴有高的旋转精度。轴承间隙用球头螺钉 20 进行调整，调整时，先卸下封口螺钉 23，锁紧螺钉 22 和螺套 21，然后转动球头螺钉 20，使轴瓦与轴颈间的间隙合适为止（一般情况下，其间隙为 0.01～0.02mm）。一般只调整最下面的一块轴瓦即可。调整好后，必须重新用螺套 21，螺钉 22 将球头螺钉 20 锁紧在壳体 4 的螺孔中，以保证支承刚度。

主轴由止推环 8 和推力球轴承 10 做轴向定位，并承受左右两个方向的轴向力。推力球轴承的间隙由装在带轮内的六根弹簧 11 通过销子 14 自动消除。由于自动消除间隙的弹簧 11 的力量不可能很大，所以推力球轴承只能承受较小的向左的轴向力。因此，本机床只宜用砂轮的左端面磨削工件的台肩端面。

砂轮的壳体 4 固定在滑鞍 16 上，利用滑鞍下面的导轨与床身顶面后部的横导轨配合，并通过横向进给机构和半螺母 18，使砂轮做横向进给运动或快速向前或向后移动。壳体 4 可绕轴销 17 回转一定角度，以磨削锥度大的短锥体。

2. 内圆磨具及其支架

图 5-6 为内圆磨具装配图。

由于磨削内圆时砂轮直径较小，所以内圆磨具主轴应具有很高的转速，内圆磨具应保证高转速下运动平稳，同时主轴轴承应具有足够的刚度和寿命。内圆磨具主轴由平带传动。主轴前、后支承各用两个 D 级精度的角接触球轴承，均匀分布的 8 个弹簧 3 的作用力通过套筒 2、4 顶紧轴承外圈。当轴承磨损产生间隙或主轴受热膨胀时，由弹簧自动补偿调整，从而保证了主轴轴承的刚度和稳定的预紧力。

主轴的前端有一莫氏锥孔，可根据磨削孔深度的不同安装不同的内磨接长轴 1；主轴的后端有一外锥体，以安装平带轮。

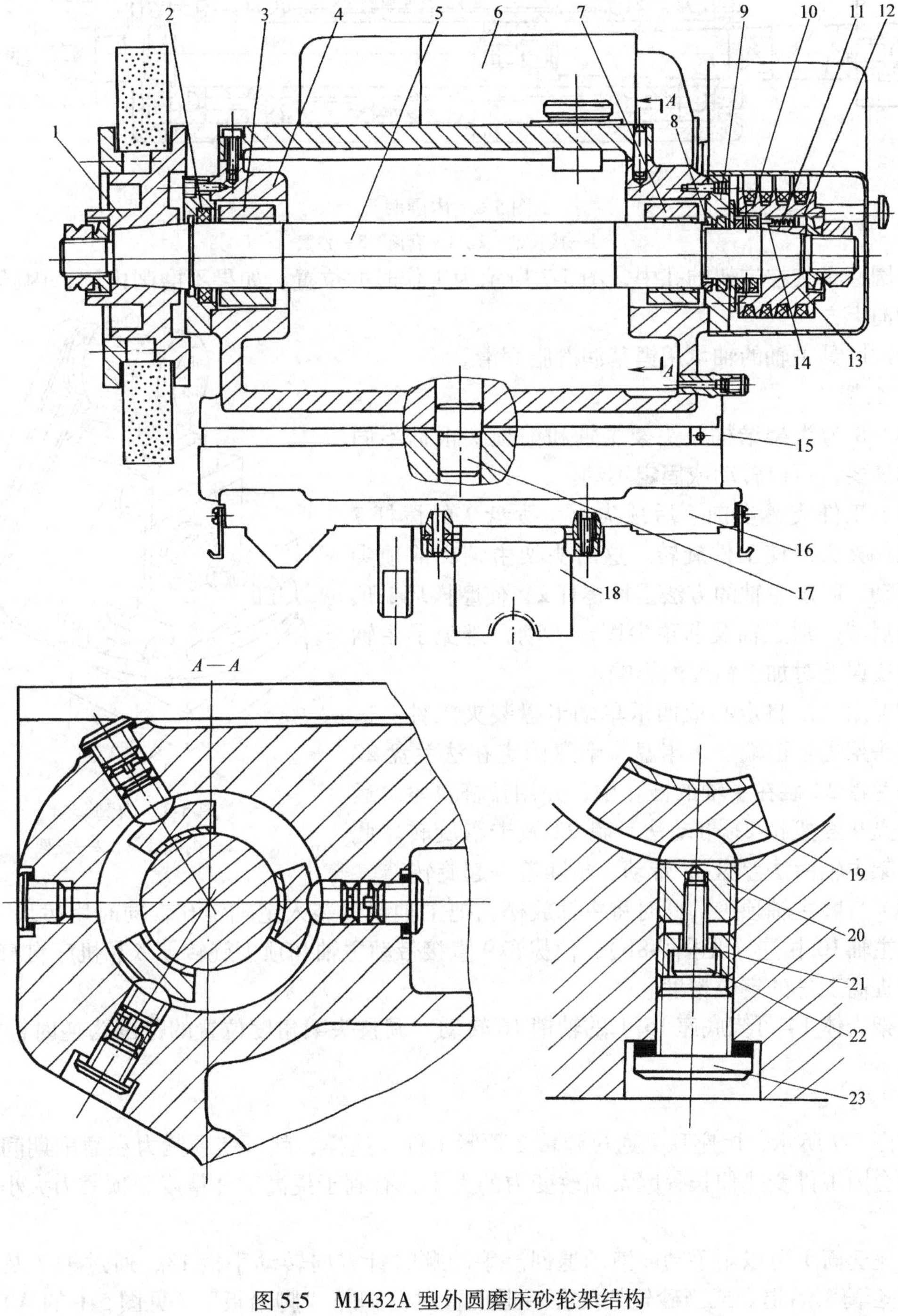

图 5-5　M1432A 型外圆磨床砂轮架结构

1—压盘　2、9—轴承盖　3、7—动压滑动轴承　4—壳体　5—砂轮主轴　6—主电动机　8—止推环　10—推力轴承　11—弹簧　12—调节螺钉　13—带轮　14—销子　15—刻度盘　16—滑鞍　17—定位轴销　18—半螺母　19—扇形轴瓦　20—球头螺钉　21—螺套　22—锁紧螺钉　23—封口螺钉

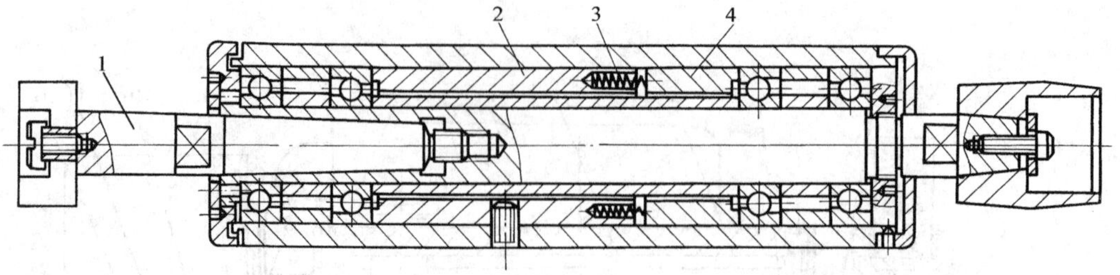

图 5-6 内圆磨具
1—接长轴 2、4—套筒 3—弹簧

内圆磨具装在支架的孔中，图 5-7 所示为工作时的位置。如果不磨削内圆，内圆磨具支架 2 翻向上方。

内圆磨具主轴的轴承用锂基润滑脂润滑。

3. 头架

图 5-8 为头架结构，头架主轴和前顶尖根据不同的工作需要，可以转动或固定不动。

（1）工件支承在前、后顶尖上，拨盘 9 的拨杆 7 拨动工件夹头，使工件旋转。这时头架主轴和前顶尖固定不动。固定主轴的方法是拧螺杆 2，使摩擦环 1 顶紧主轴后端，则主轴及前顶尖固定不动，避免了主轴回转精度误差对加工精度的影响。

（2）用三爪自定心或四爪单动卡盘装夹工件。这时，在头架主轴前端安装卡盘，卡盘固定在法兰盘 22 上，法兰盘 22 装在主轴的锥孔中，并用拉杆拉紧。运动由拨盘 9 经拨销 21 带动法兰盘 22 及卡盘旋转。此时，头架主轴由法兰盘 22 带动，也随着一起旋转。

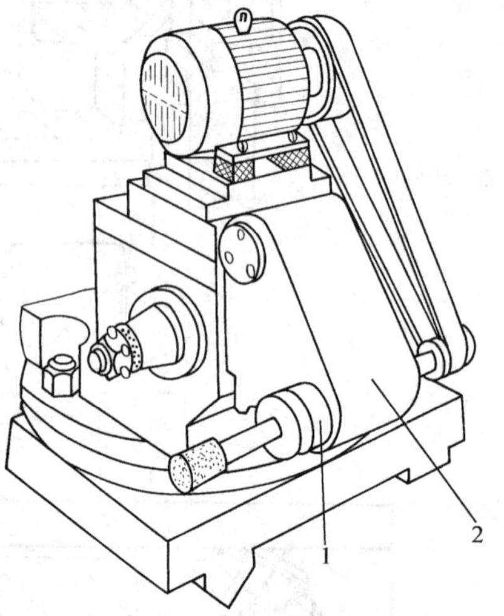

图 5-7 内磨装置
1—内圆磨具 2—支架

（3）自磨主轴顶尖。此时将主轴放松，把主轴顶尖装入主轴锥孔，同时用拨块 19 将拨盘 9 和主轴 10 相连（见图 5-8b），使拨盘 9 直接带动主轴和顶尖旋转，依靠机床自身修磨顶尖，以提高工件的定位精度。

头架壳体 14 可绕底座 15 上的轴销 16 转动，调整头架角度位置的范围为逆时针方向 0°~90°。

4. 尾座

如图 5-9 所示，尾座顶尖通过弹簧 2 顶紧工件。这样，就可使顶紧力在磨削期间保持稳定，不会因工件受热伸长等因素而改变力的大小，有利于提高工件精度。顶紧力大小由手把 9 调整。

尾座套筒 1 可以用手动或液动退回。手动顺时针方向转动手柄 13，通过轴 7 及上拨杆 12 可使套筒 1 后退。或当砂轮架处在后退位置时，脚踩“脚踏板”（见图 5-1 的 A），压力油就进入液压缸 4 的左腔，推动活塞 5，通过下拨杆 6，上拨杆 12、使套筒 1 后退。

磨削时，尾座用 T 形螺钉 14 紧固在工作台上。

尾座前端的密封盖上装有修整砂轮用金刚笔孔，金刚笔用螺钉 3 固定。

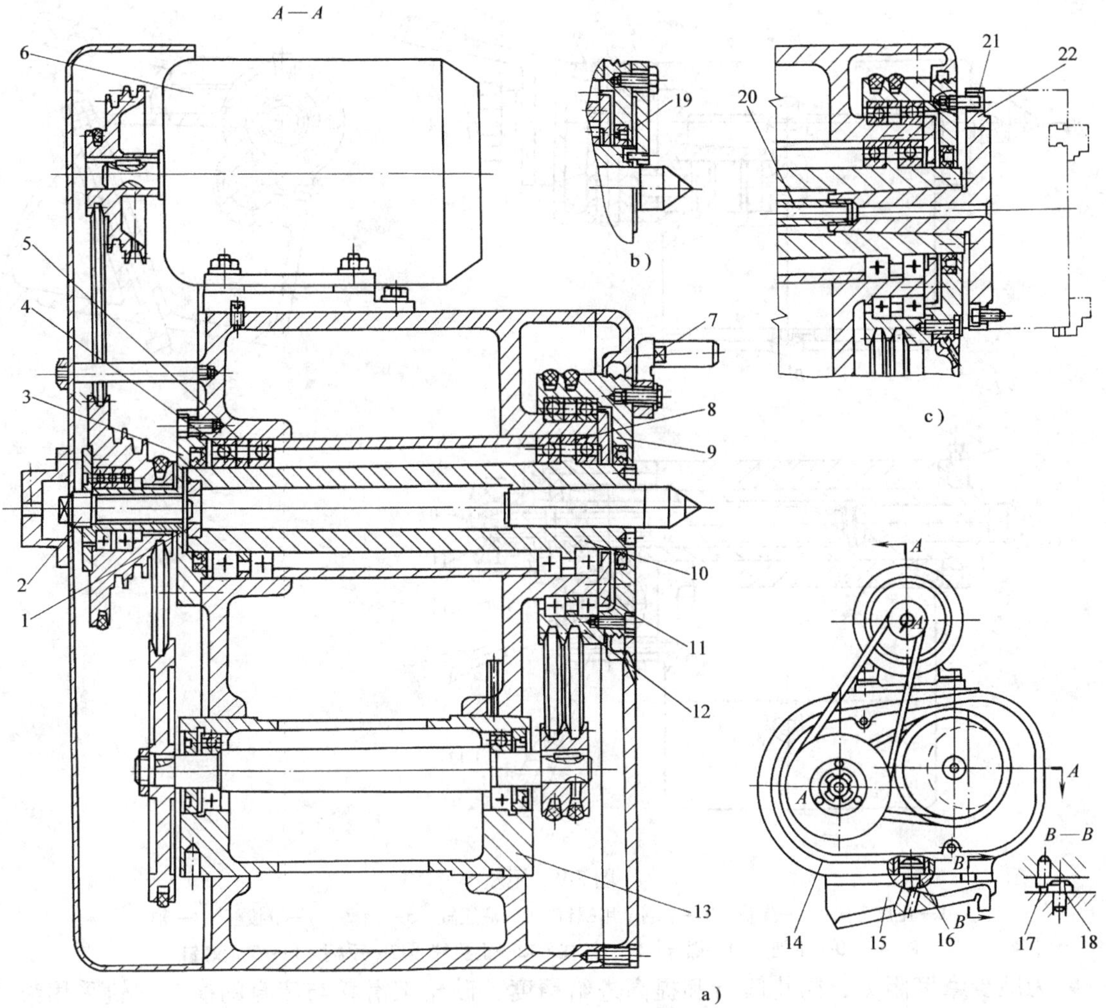

图5-8　头架（M1432A）

1—摩擦环　2—螺杆　4、5、8—隔套　3、11—轴承盖　6—电动机　7—拨杆　9—拨盘　10—头架主轴　12—带轮　13—偏心套　14—壳体　15—底座　16—轴销　17—销子　18—固定销　19—拨块　20—拉杆　21—拨销　22—法兰盘

5. 横向进给机构

图5-10为横向进给机构，它用于实现砂轮架横向工作进给，调整位移和快速进退，以确定砂轮和工件的相对位置，控制工件尺寸等。调整位移为手动；快速进退的距离是固定的，用液压传动。

如图5-10a所示，砂轮架的快速进退由液压缸1实现，液压缸的活塞杆右端用角接触球轴承与丝杠16联接，它们之间可以相对转动，但不能作相对轴向移动。丝杠16右端用花键与$z=88$齿轮联接并能在齿轮花键孔中滑移。当液压缸1的左腔或右腔通压力油时，活塞带动丝杠16经半螺母15带动砂轮架快速向前趋近工件或快速向后退离工件。砂轮架快进至终点位置时，丝杠16端头顶在刚性定位螺钉6上而实现准确定位。

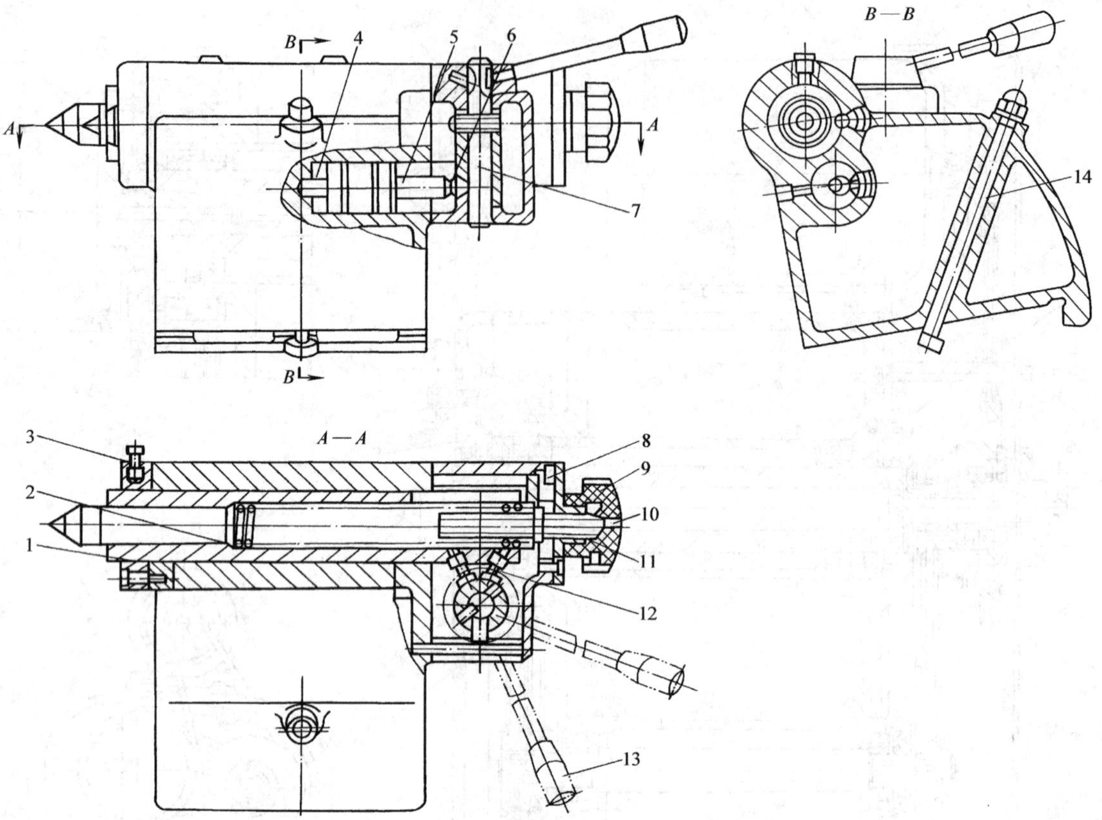

图 5-9 尾座

1—尾座套筒 2—弹簧 3—金刚笔用螺钉 4—液压缸 5—活塞 6—下拨杆 7—轴
8—销 9—手把 10—螺母 11—丝杠 12—上拨杆 13—手柄 14—T 形螺钉

为减少摩擦阻力，防止爬行和提高进给精度，砂轮架滑鞍与床身的横向导轨采用滚动导轨。为消除丝杠 16 与半螺母 15 之间的间隙，提高进给精度和重复定位精度，其上设置有闸缸 4。机床工作时，闸缸 4 便通上压力油，经柱塞 3、挡块 2 使砂轮受到一个向后的 F 作用力，此力与径向磨削分力同向，因此，半螺母 15 与丝杠 16 始终紧靠在螺纹的一侧工作。

周期自动进给是由进给液压缸的柱塞 18 驱动（见图 5-10b），当工作台换向时，进给液压缸右腔接通压力油，推动柱塞 18 向左移动，这时用销轴联接在柱塞 18 槽内的棘爪 19 推动固定在中间体 17 上的棘轮 8 转过一个角度，实现自动进给一次（此时手轮 11 也被带动旋转）。进给完毕后，进给液压缸右腔与回油路接通，于是柱塞 18 在左端弹簧的作用下复位。转动齿轮 20（通过齿轮 20 轴上的手把操纵，调整好后由钢球定位，图中未表示），使遮板 7 转动一个位置（其短臂的外圆与棘轮外圆大小相同），可以改变棘爪 19 所能推动的棘轮齿数，从而改变每次进给的进给量大小。当横向自动进给至所需尺寸时，装在刻度盘上的撞块 14，正好处于正下方，由于撞块的外圆与棘轮外圆大小相同，因此将棘爪 19 压下，使其无法与棘轮相啮合，于是横向进给便自动停止。

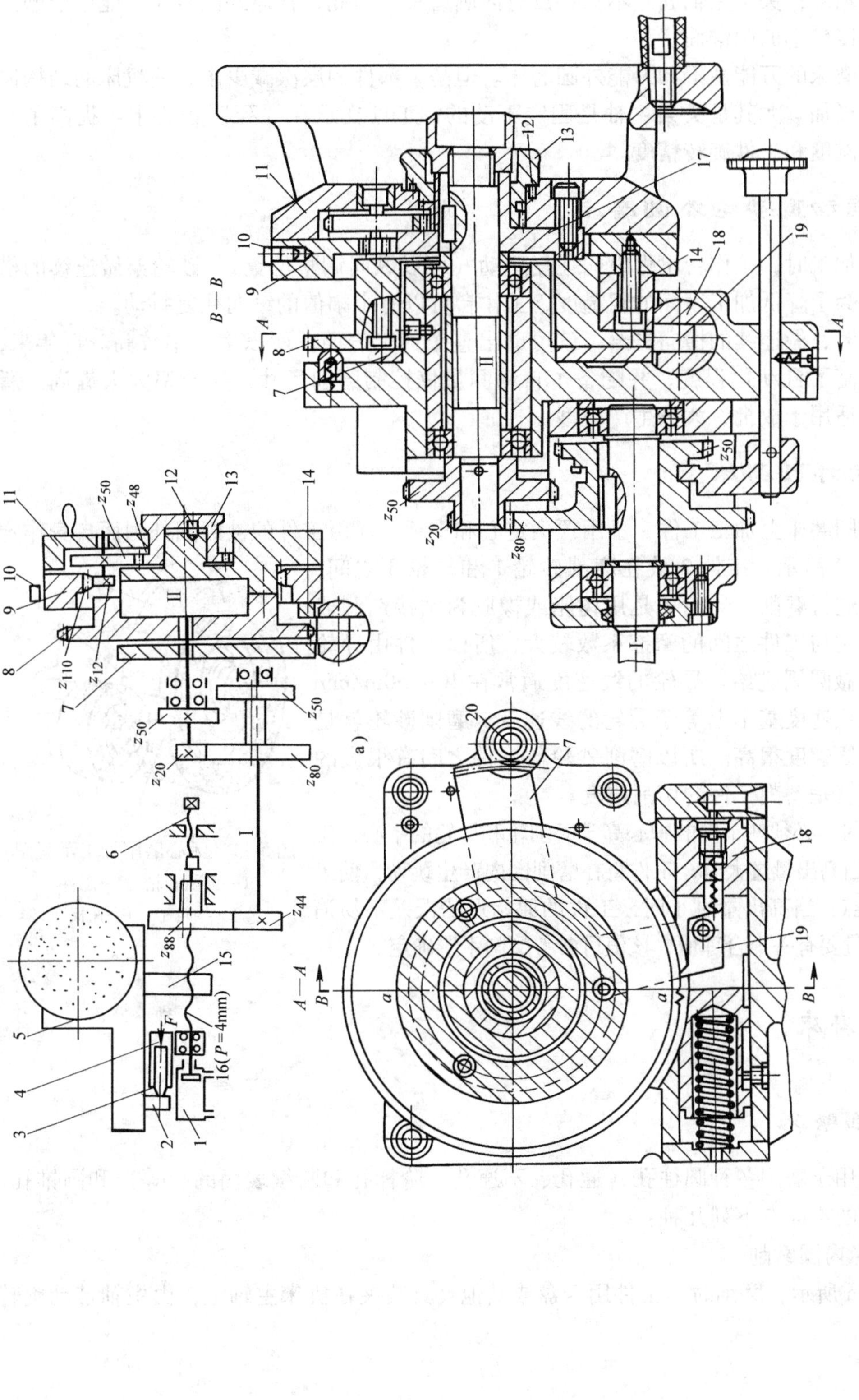

b)

图5-10　横向进给机构

1—液压缸　2—挡块　3、18—柱塞　4—闸缸　5—砂轮架　6—定位螺钉　7—遮板　8—棘轮　9—刻度盘　10—挡销　11—手轮　12—销钉　13—旋钮　14—撞块　15—半螺母　16—丝杠　17—中间体　19—棘爪　20—齿轮

5.2.2 普通外圆磨床

普通外圆磨床与万能外圆磨床在结构上的差别是：普通外圆磨床的头架和砂轮架都不能绕竖直轴调整角度；头架主轴固定不动；没有内圆磨具。因此，普通外圆磨床只能用于磨削外圆柱面和锥度较小的圆锥面。

普通外圆磨床的万能性不如万能外圆磨床。但是，部件的层次减少了，使机床的结构简化，刚度稍有增加。尤其是头架主轴是固定不动的，工件支承在“死”顶尖上，提高了头架主轴组件的刚度和工件旋转精度。

5.2.3 半自动宽砂轮外圆磨床

这种机床加工时，工作台不做纵向往复运动（可以纵向调整位置），砂轮架做连续的横向切入进给。为了降低加工表面的粗糙度，工作台可以有小幅值的纵向往复抖动。

切入磨削时，做连续的横向进给，就可磨出整个加工表面，所以生产率较高。近年来，磨床进一步提高了自动化程度，并配备了自动测量仪控制磨削尺寸，生产率大大提高。所以，这类机床适用于成批、大量生产类型。

5.2.4 无心外圆磨床

在无心外圆磨床上加工工件，不用顶尖定心和支承，而由工件的被磨削外圆面自身作定位面。如图 5-11 所示，工件 2 放在磨削砂轮 1 和导轮 3 之间，由托板 4 支承进行磨削。导轮 3 是用树脂或橡胶为粘接剂制成的刚玉砂轮，它与工件之间的摩擦系数较大，所以工件由导轮的摩擦力带动做圆周进给。导轮的线速度通常在 10 ~ 50m/min 左右，工件的线速度基本上等于导轮的线速度。磨削砂轮就是一般的砂轮，线速度很高。所以磨削砂轮与工件之间有很大的相对速度，这就是磨削工件的切削速度。

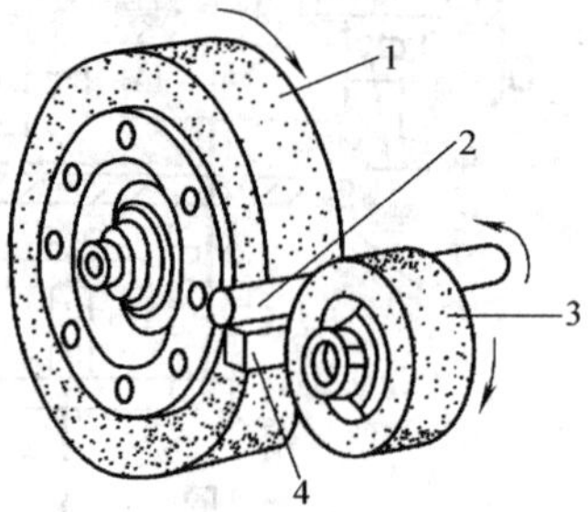

图 5-11 无心磨削加工示意图
1—磨削砂轮 2—工件
3—导轮子 4—托板

无心磨削时，必须使工件的中心高于磨削轮和导轮的中心，工件才能磨圆。当高出量过大时，工件将在磨削区内产生跳动，使工件表面出现斑点；当高出量过小时，工件的原始形状误差不易消除。一般高出量要有一个合理值，该值可参考磨削手册确定。

5.3 其他磨床

5.3.1 内圆磨床

内圆磨床用于磨削各种圆柱孔（通孔、不通孔、阶梯孔和断续表面的孔等）和圆锥孔，按其磨削方法的不同有下列几种：

5.3.1.1 普通内圆磨削

如图 5-12a 所示，磨削时，工件用卡盘或其他夹具装夹在机床主轴上，由主轴带动旋转做圆周进给运动$f_{周}$，砂轮高速旋转实现主运动$n_{内}$，同时砂轮或工件往复移动做纵向进给运动$f_{纵}$，在每次（或几次）往复行程后，砂轮或工件做一次横向进给$f_{横}$。这种磨削方法适用于形状规则、便于旋转的工件。

5.3.1.2 无心内圆磨削

如图 5-12b 所示，磨削时，工件支承在滚轮 1 和导轮 3 上，压紧轮 2 使工件紧靠导轮 3，工件即由导轮 3 带动旋转，实现圆周进给运动。砂轮除了完成主运动外，还做纵向进给运动和周期横向进给运动。加工结束时，压紧轮沿箭头 A 方向摆开，以便装卸工件。这种磨削方式适用于大批大量生产中，外圆表面已精加工的薄壁工件，如轴承套等。

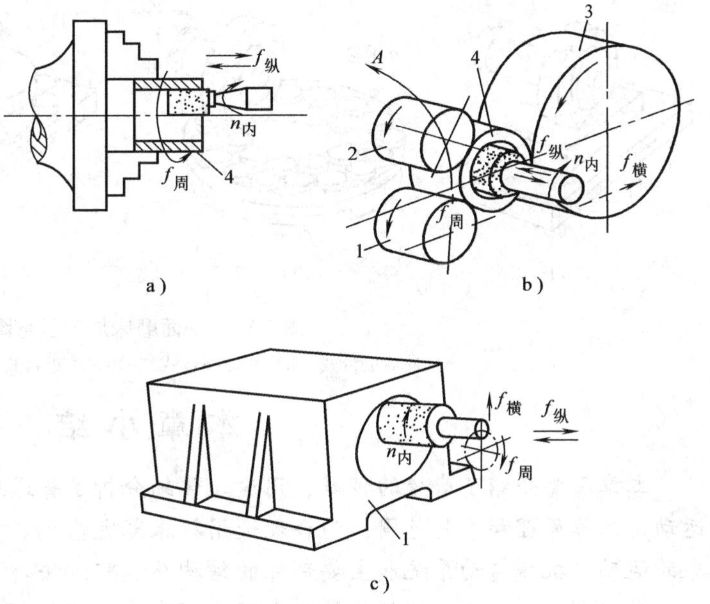

图 5-12 内圆磨削方式

1—滚轮 2—压紧轮 3—导轮 4—工件

5.3.1.3 行星内圆磨削

如图 5-12c 所示，磨削时，工件固定不转，砂轮除了绕其自身轴线高速旋转实现主运动$n_{内}$外，同时还绕被磨内孔的轴线公转，以实现圆周进给运动$f_{周}$。纵向往复运动$f_{纵}$由砂轮或工件完成。周期性地改变与被磨内孔轴线间的偏心距，即增大砂轮公转运动的旋转半径，可实现横向进给运动$f_{横}$。这种磨削方式适用于磨削大型或形状不对称且不便于旋转的工件。

上述内圆磨床，在机械制造企业中，普通内圆磨床使用最为普遍。

5.3.2 平面磨床

平面磨床用于磨削各种零件的平面。根据砂轮的工作面不同，平面磨床可分为用砂轮轮缘（即圆周）进行磨削和砂轮端面进行磨削两类。用砂轮轮缘磨削的平面磨床，砂轮主轴常处于水平位置（卧式）；而用砂轮端面磨削的平面磨床，砂轮主轴通常为立式的。根据工作台的形状不同，平面磨床又可分为矩形工作台和圆形工作台两类。因此，根据砂轮工作面和工作台形状的不同，普通平面磨床可分为四类：卧轴矩台式平面磨床（图 5-13a）；卧轴圆台式平面磨床（图 5-13b）；立轴矩台式平面磨床（图 5-13c）；立轴圆台式平面磨床（图 5-13d）。

在上述四种平面磨床中，用砂轮端面磨削的平面磨床与用砂轮轮缘磨削的平面磨床相比较，由于端面磨削的砂轮直径往往比较大，能同时磨出工件的全宽，磨削面积较大，所以生产率较高。但端面磨削时，冷却困难，切屑也不易排除，所以加工精度和表面质量不高。圆台式平面磨床与矩台式平面磨床相比，由于圆台式是连续进给，其生产率较高。圆台式只适用于磨削小零件和大直径的环形零件端面，不能磨削长零件；而矩台式可方便磨削各种常用零件，包括直径小于矩台宽度的环形零件。

在机械制造行业中，用得较多的是卧轴矩台式平面磨床和立轴圆台式平面磨床。

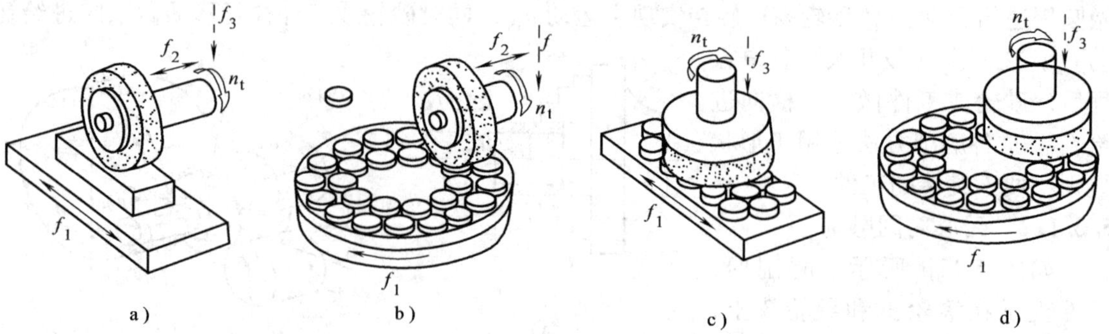

图 5-13 平面磨床加工示意图
a）卧轴矩台式 b）卧轴圆台式 c）立轴矩台式 d）立轴圆台式

本章小结

本章简要介绍了磨床的种类、用途。详细分析了普通外圆磨床、内圆磨床和平面磨床的运动、工作原理和工艺范围，为合理选用机床奠定基础。重点介绍了 M1432A 型万能外圆磨床的运动、机械传动系统和主要部件的结构及调整方法。

学习本章后，能依据具体情况合理选用磨床，进行 M1432A 万能外圆磨床的机械传动系统的调整和砂轮架、头架、尾座和横向进给机构的调整，合理使用该机床。

思考与练习题

5-1 从传动和结构特点方面简要说明 M1432A 型外圆磨床为保证加工质量（尺寸精度，形状精度和表面粗糙度），采取了哪些措施？

5-2 在 M1432A 型外圆磨床上磨削外圆时，问：

1）若用两顶尖支承工件进行磨削，为什么工件头架的主轴不转动？另外，工件是怎样获得旋转（圆周进给）运动的？

2）若工件头架和尾座的锥孔中心在垂直平面内不等高，磨削的工件将产生什么误差，如何解决？若二者在水平平面内不同轴，磨削的工件又将产生什么误差，如何解决？

3）采用定程磨削一批零件后发现工件直径尺寸大了 0.07mm，应如何进行补偿调整？说明其调整步骤。

4）当磨削了若干工件后，发现砂轮磨钝，经修正后砂轮直径小了 0.05mm，应如何调整？

5-3 在 M1432A 型外圆磨床上磨削工件，装夹工件的方法有哪几种？

5-4 无心外圆磨床的加工精度和生产率为什么比普通外圆磨床高？

5-5 试分析卧轴矩台平面磨床与立轴圆台平面磨床在磨削方法、加工质量以及生产率等方面有何不同？它们的适用范围如何？

第 6 章　其他类型机床

学习目标： 通过第 6 章的学习，了解钻床、镗床和直线运动机床的分类，详细了解钻床、镗床和直线运动机床的工艺范围和应用，能依据工件加工表面的形状及精度要求合理选用其他类型机床。熟悉 Z3040 型摇臂钻床和 TP619 型卧式铣镗床主轴部件的结构及调整方法。

6.1　钻床

钻床一般用于加工直径不大、精度要求较低的孔。其主要加工方法是用钻头在实心材料上钻孔，此外，还可进行扩孔、铰孔、攻螺纹等加工。加工时，工件固定不动，刀具旋转作主运动，同时沿轴向移动做进给运动，钻床的加工方法如图 6-1 所示。

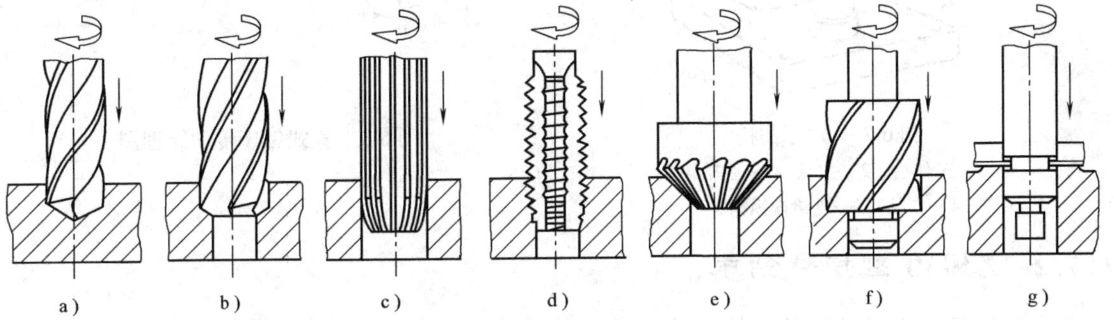

图 6-1　钻床的加工方法

a）钻孔　b）扩孔　c）铰孔　d）攻螺纹　e）、f）锪埋头孔　g）锪端面

钻床的主要类型有台式钻床、立式钻床、摇臂钻床以及专门化钻床等。

6.1.1　立式钻床

立式钻床是一种应用较广的钻床，其特点是主轴轴线垂直布置，且位置固定。

立式钻床的外形如图 6-2 所示。它主要由工作台、主轴、主轴箱、立柱、进给操纵机构等组成。主轴箱 3 中装有主运动和进给运动变速传动机构、主轴部件以及操纵机构等。加工时，主轴箱固定不动，主轴随同主轴套筒在主轴箱中做直线移动来实现进给运动。利用装在主轴箱上的进给操纵机构 5，使主轴实现手动快速升降、手动进给和接通、断开机动进给。被加工工件直接或通过夹具装夹在工作台 1 上，工作台和主轴箱都装在方形立柱 4 的垂直导轨上，并可上下调整位置，以适应加工不同高度的工件。

立式钻床的传动原理如图 6-3 所示。主轴旋转方向的变换，靠电动机正反转实现。

使用立式钻床加工工件上同一方向的多个平行孔，因其主轴在水平位置上固定不动，只能通过移动工件来实现，因而操作不便，生产率不高，常用于单件、小批生产中加工中、小型工件。

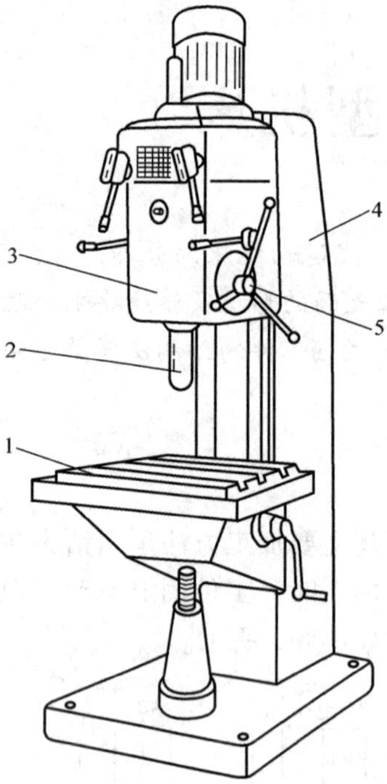

图 6-2 立式钻床
1—工作台 2—主轴 3—主轴箱
4—立柱 5—进给操纵机构

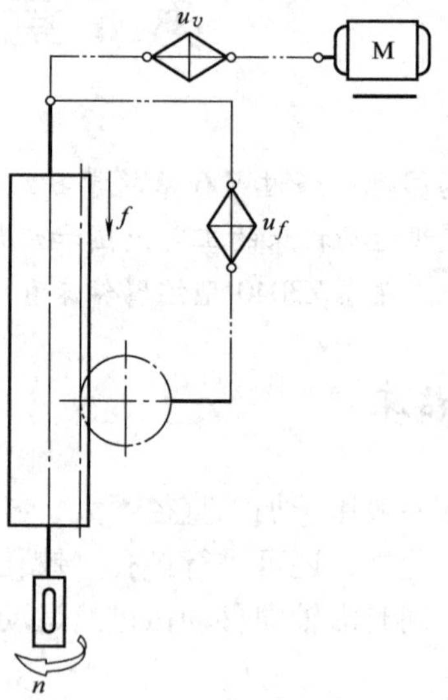

图 6-3 立式钻床传动原理图

6.1.2 Z3040 型摇臂钻床

在结构尺寸大且较重的工件上钻孔时，因工件移动费力，找正困难，加工时希望工件固定，调整主轴的坐标位置以实现加工，因而就产生了摇臂钻床。目前，常用的有 Z3040 型摇臂钻床。

6.1.2.1 主要组成部件

图 6-4 为 Z3040 型摇臂钻床的外形图，它由底座、内外立柱、升降丝杠、摇臂、主轴箱、主轴、工作台等部件组成。底座 1 上装有立柱，也可安装工作台 8 或直接安装夹具、装夹工件。立柱为双层，内立柱 2 固定在底座上，外立柱 3 由滚动轴承支承，并带着摇臂 5 绕立柱转动。摇臂可沿外立柱轴向移动（垂直升降），以便加工不同高度的工件。主轴箱 6 可沿摇臂的导轨作水平移动，以调整主轴 7 的坐标位置，使主轴旋转轴线与被加工孔的轴线重合。为使机床在加工时有足够刚度，并使主轴调整好的位置保持不变，机床设有立柱、摇臂

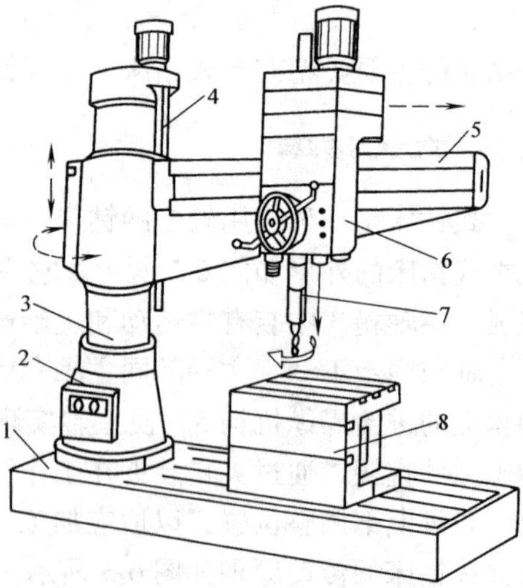

图 6-4 Z3040 型摇臂钻床
1—底座 2—内立柱 3—外立柱 4—升降丝杠
5—摇臂 6—主轴箱 7—主轴 8—工作台

及主轴箱的夹紧机构，当主轴的位置调整妥当后，可以快速地将它们夹紧。摇臂钻床被广泛地应用于大、中型零件的加工。摇臂钻床的运动有：主轴的旋转主运动、主轴的轴向进给运动、主轴箱沿摇臂的水平移动、摇臂的升降运动及回转运动等，其中，前两个运动为表面成形运动，后三个运动为辅助运动。摇臂钻床的传动原理与立式钻床相同。

6.1.2.2　主要部件结构

1. 主轴部件

图 6-5 为 Z3040 型摇臂钻床主轴部件的结构。摇臂钻床主轴部件在加工时既作旋转主运动，又作轴向进给运动，所以主轴 1 用轴承支承在主轴套筒 2 内，主轴套筒则装在主轴箱体的镶套 13 中，由齿轮 4 和主轴套筒 2 上的齿条驱动主轴套筒连同主轴作轴向进给运动。主轴的旋转由主轴箱内的齿轮经主轴尾部（上端）的花键传入，而齿轮通过轴承支承在主轴箱体上，使主轴卸荷。这样既可减少主轴的弯曲变形，又可使主轴移动轻便。主轴的径向支

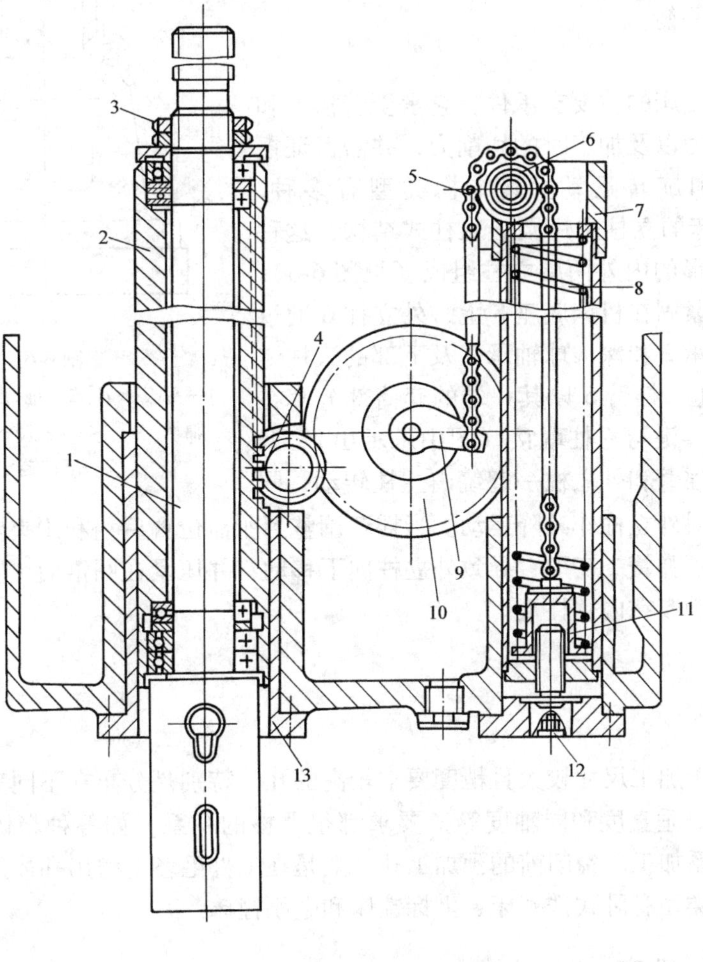

图 6-5　Z3040 型摇臂钻床的主轴部件

1—主轴　2—主轴套筒　3—螺母　4—小齿轮　5—链条　6—链轮　7—弹簧座
8—弹簧　9—凸轮　10—齿轮　11—套　12—内六角圆柱头螺钉　13—镶套

承采用两个深沟球轴承，因钻床主轴的旋转精度要求不高，故深沟球轴承的间隙不需要调整。主轴的轴向支承采用两个推力球轴承，前端的推力球轴承承受钻削时产生的向上的轴向力，后端的推力球轴承主要承受在空转时主轴的重量。轴承的间隙由螺母3调整。主轴的头部（下端）有莫氏锥孔，用于装夹和紧固刀具，主轴的头部有两个横向腰形孔，用于传递转矩和卸下刀具。

由于钻床的主轴部件是垂直安装的，需要有平衡装置平衡其重力，使上、下移动时的操纵力基本相同，并得到平稳的轴向进给，在摇臂钻床上设有弹簧凸轮平衡装置。由弹簧8产生的弹力，经链条5、链轮6、凸轮9、齿轮10和4作用在主轴套筒2上，与主轴部件重力相平衡。

2. 立柱

立柱是摇臂钻床的主要支承件，它承受着摇臂和主轴箱的全部重力以及加工时的切削力，并需保证摇臂能实现升降和旋转运动。其结构类型有多种，Z3040型摇臂钻床的立柱采用圆形双柱式结构，这种立柱结构由圆柱形的内外两层立柱组成（见图6-6）。内立柱4用螺钉紧固在机床底座8上，外立柱6通过上部的推力球轴承2和深沟球轴承3及下部的滚柱链7支承在内立柱上。摇臂5以其一端的套筒部分套在外立柱上，并以导键与立柱联接（图中未示出）。调整主轴位置时，摇臂和外立柱一起绕内立柱转动；同时，摇臂又可相对外立柱作升降运动。当摇臂调整到所需位置后，利用夹紧机构产生的向下夹紧力，迫使平板弹簧1变形，导致外立柱向下移动，并压紧在圆锥面A上，依靠锥面间的摩擦力将外立柱锁紧在内立柱上。

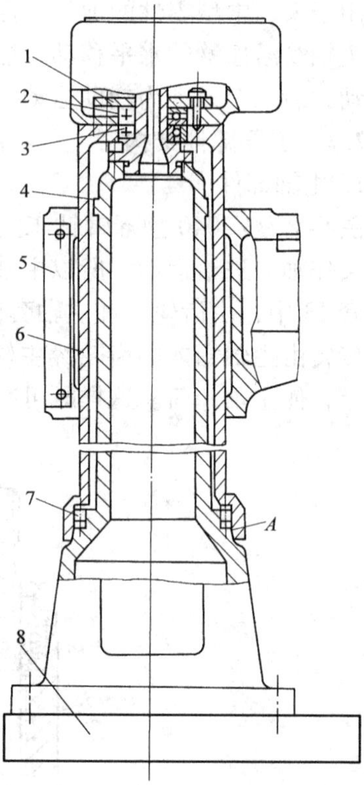

图6-6　立柱

1—平板弹簧　2—推力球轴承　3—深沟球轴承　4—内立柱　5—摇臂　6—外立柱　7—滚柱链　8—底座

6.2 镗床

镗床通常用于加工尺寸较大且精度要求较高的孔，特别是分布在不同表面上，孔距和位置精度（平行度、垂直度和同轴度等）要求都很严格的孔系，如各种箱体、汽车发动机缸体等零件上的孔系加工。镗削前的预加工孔一般是在工件毛坯上铸出孔或经过粗钻而形成的孔。镗床的主要类型有卧式铣镗床、坐标镗床和金刚镗床。

6.2.1 卧式铣镗床

6.2.1.1 卧式铣镗床的加工方法

卧式铣镗床是一种用途较为广泛的孔加工机床。它除能镗孔外，还可以进行铣、钻、扩、铰孔等，也可以车端面和车螺纹。因此，卧式铣镗床在工件一次装夹中可完成大部分或全部的加工工序，其典型加工方法如图 6-7 所示。

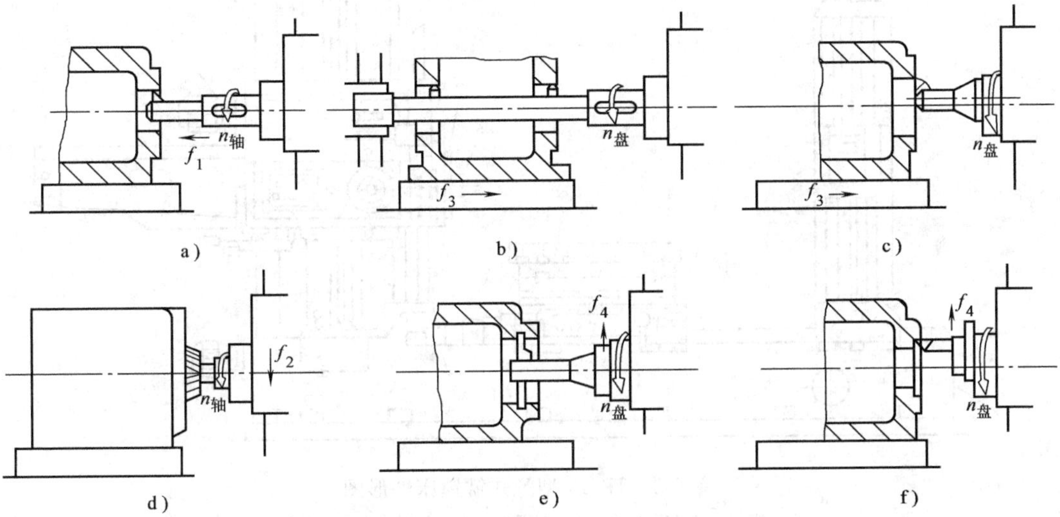

图 6-7　卧式铣镗床的典型加工方法

图 6-7a 为用装在镗轴上的悬伸刀杆镗孔，由镗轴移动完成纵向进给运动（f_1）；图 6-7b 为利用后立柱支承长刀杆同时镗削同一轴线上的两个孔，由工作台移动完成纵向进给运动（f_3）；图 6-7c 为用装在平旋盘上的悬伸刀杆镗削大直径的孔，由工作台移动完成纵向进给运动（f_3）；图 6-7d 为用装在镗轴上的面铣刀铣平面，由主轴箱移动完成垂直进给运动（f_2）；图 6-7e、f 为用装在平旋盘刀具溜板上的车刀车内沟槽和端面，由刀具溜板移动完成径向进给运动（f_4）。

6.2.1.2　TP619 型卧式铣镗床的主要部件

图 6-8 为 TP619 型卧式铣镗床的外形图。它由床身 1、主轴箱 9、工作台 5、平旋盘 7、前立柱 8 和后立柱 2 等组成。主轴箱内装有主轴 6 和平旋盘 7、主变速和进给变速及液压预选变速操纵机构；加工时，镗轴 6 旋转形成主运动，并可沿其轴线移动实现轴向进给运动；平旋盘 7 只作旋转主运动，装在平旋盘导轨上的径向刀具溜板（图 6-8 中未示出），除了随平旋盘一起旋转外，还可沿导轨移动作径向进给运动；主轴箱 9 可沿前立柱 8 的垂直导轨作上下移动，以实现垂直进给运动。工作台组件由下滑座 3、上滑座 4 和工作台 5 组成，工件装夹在工作台上，并可绕垂直轴线在导轨上回转（转位），以及随上滑座 4 沿下滑座 3 的导轨作横向进给运动，随下滑座沿床身导轨作纵向进给运动。装在后立柱 2 垂直导轨上可以上下移动的后支承架，用以支承长镗杆的悬伸端，以增加其刚性。后立柱可沿床身导轨调整纵向位置，以适应支承不同长度的镗杆。后立柱上的支承架可沿导轨上下移动，保持与镗轴同轴。

6.2.2　坐标镗床

6.2.2.1　应用范围

坐标镗床是一种用于加工精密孔系（如钻模、镗模和量具等零件上的精密孔）的高精

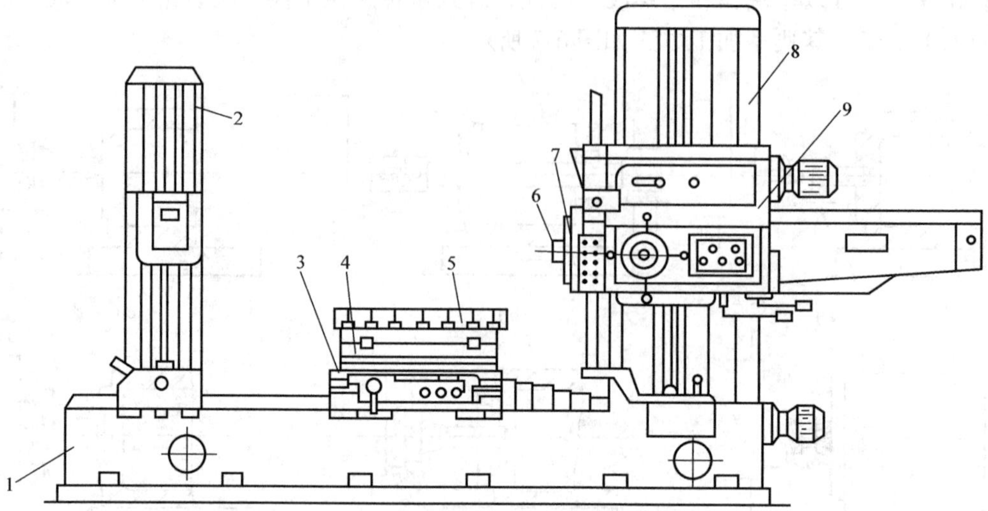

图 6-8 TP619 型卧式铣镗床外形图

1—床身 2—后立柱 3—下滑座 4—上滑座 5—工作台

6—主轴 7—平旋盘 8—前立柱 9—主轴箱

度机床，其主要特点是具有坐标位置的精密测量装置，依靠坐标测量装置，能精确地确定工作台、主轴箱等移动部件的位移量，实现工件和刀具的精确定位。坐标镗床主要零部件的制造和装配精度很高，具有良好的刚度和抗振性。坐标镗床除镗孔外，还可进行钻孔、扩孔、铰孔、锪端面以及铣平面和沟槽等加工。镗削孔的尺寸精度可达 IT5 以上，坐标位置精度可达 0.002～0.01mm，因其具有很高的定位精度，故还可用于精密刻线、精密划线、孔距及直线尺寸的精密测量等。所以，坐标镗床是一种用途比较广泛的精密机床。

过去，坐标镗床主要用在工具车间的单件生产，近年来也逐渐应用到生产车间中，成批地加工具有精密孔系的零件。例如，在飞机、汽车、内燃机和机床等制造行业中加工某些箱体零件（可以省掉钻模、镗模等夹具）。

6.2.2.2 主要类型

坐标镗床按其布局形式分为单柱、双柱和卧式三种类型。

1. 单柱坐标镗床

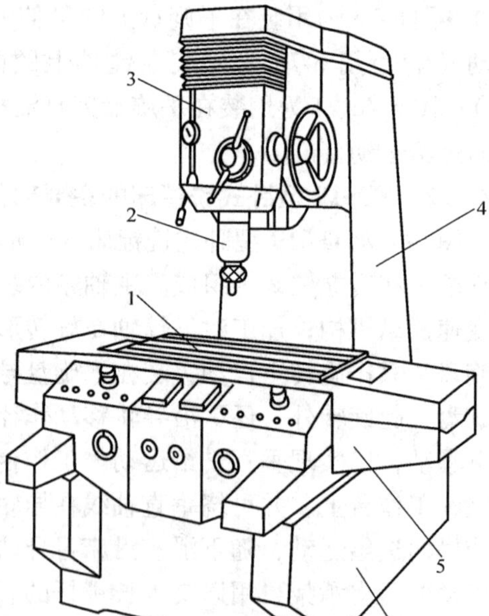

图 6-9 单柱坐标镗床

1—工作台 2—主轴 3—主轴箱 4—立柱

5—床鞍 6—床身

这类坐标镗床的布局形式与立式钻床类似。如图 6-9 所示，带有主轴部件的主轴箱 3 装在立柱 4 的垂直导轨上，可上下调整位置，以适应加工不同高度的工件。主轴 2 由精密轴承支承在主轴套筒中（其结构形式与钻床主轴相同，但旋转精度和刚度要高得多），由主传动机构传动其旋转，完成主运动。当进行孔加工时，主轴由主轴套筒带动，在垂直方向作机动或手动进给运动。镗孔坐标位置由工作台1沿床鞍5的导轨纵向移动和床鞍沿床身6的导轨横向移动来实现。当进行铣削时，则由工作台在纵向或横向移动完成进给运动。

单柱坐标镗床的工作台三面敞开，操作比较方便，但主轴箱悬臂安装，机床尺寸大时，将会影响刚度。单柱式一般为中、小型（工作台宽度小于630mm）机床。

2. 双柱坐标镗床

这类坐标镗床具有两个立柱、顶梁和床身构成的龙门框架。如图6-10所示，主轴箱5装在可沿立柱3的导轨上下调整位置的横梁2上，工作台1则直接支承在床身8的导轨上。镗孔坐标位置由主轴箱沿横梁导轨移动和工作台沿床身导轨移动来确定。双柱式一般为大、中型机床。

3. 卧式坐标镗床

这类坐标镗床的特点是其主轴水平布置，与工作台台面平行，如图6-11所示。安装工件的工作台由下滑座7、上滑座1以及可作精密分度的回转工作台2组成。镗孔坐标位置由下滑座沿床身6的导轨纵向移动和主轴箱5沿立柱导轨的垂直方向移动来确定。机床进行孔加工时的进给运动，可由主轴3轴向移动完成，也可由上滑座横向移动完成。卧式坐标镗床具有较好的工艺性能，工件高度不受限制，且装夹方便，利用回转工作台的分度运动，可在工件一次装夹中完成多方向孔与平面的加工。所以，近年来这种类型的坐标镗床应用越来越多。

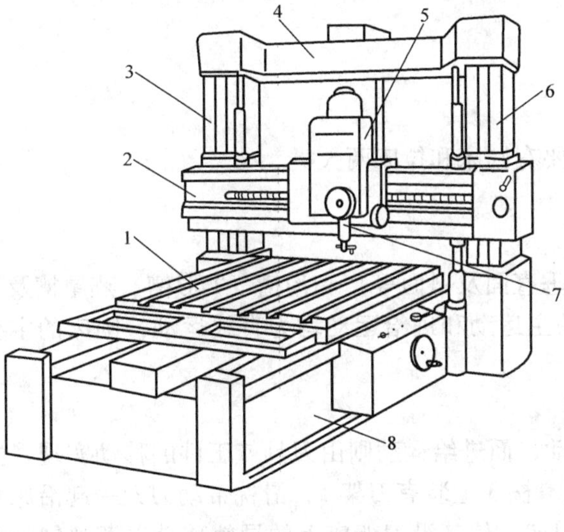

图6-10　双柱坐标镗床

1—工作台　2—横梁　3、6—立柱　4—顶梁
5—主轴箱　7—主轴　8—床身

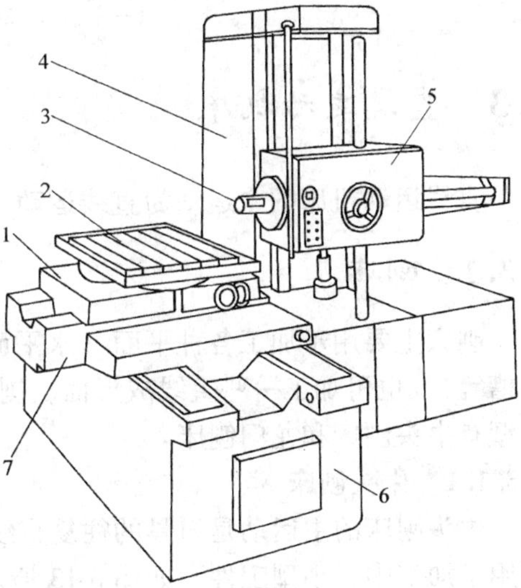

图6-11　卧式坐标镗床

1—上滑座　2—回转工作台　3—主轴　4—立柱
5—主轴箱　6—床身　7—下滑座

6.2.3　金刚镗床

金刚镗床是一种高速镗床，通常采用硬质合金刀具，主要是对有色金属和铸铁工件的内

孔以极高的速度，很小的切削深度和进给量进行精细加工，加工尺寸精度可达到 0.003 ~ 0.005mm，表面粗糙度可达 $Ra0.16 \sim 1.25\mu m$。

根据主轴的位置不同，金刚镗床可分为卧式和立式两类。图 6-12 为单面卧式金刚镗床。为了保证主轴 2 准确平稳运转，通常直接由电动机经带传动带动主轴高速旋转，并且主轴采用精密轴承支承。工件通过夹具装夹在工作台 3 上，并随工作台一起沿床身 4 的导轨做低速平稳的进给。

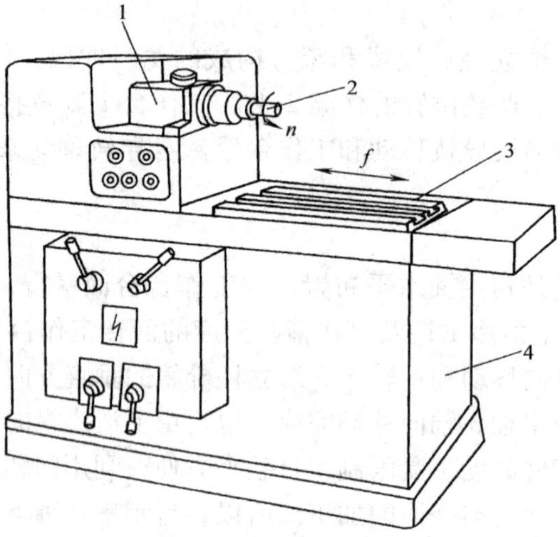

图 6-12 单面卧式金刚镗床

1—主轴箱 2—主轴 3—工作台 4—床身

6.3 直线运动机床

直线运动机床的主运动为直线运动，主要有刨床和拉床两大类。

6.3.1 刨床

刨床主要用于加工各种平面（水平面、垂直面及斜面等）和沟槽（T 形槽、燕尾槽及 V 形槽等），也可加工一些直线成形面。刨床的主运动和进给运动均为直线运动，刨床的主要类型有牛头刨床和龙门刨床。

6.3.1.1 牛头刨床

牛头刨床的主运动是刀具的往复直线运动，而进给运动则由刀具或工件的移动实现，主要用于加工中、小型工件。如图 6-13 所示，滑枕 3 上装有刀架 1，滑枕带动刀架一起沿床身 4 的水平导轨作往复直线运动，可手动调整刀架，使其沿刀架座上的导轨移动以调整刨削深度，也可调整转盘 2 的角度，加工斜面和斜槽。横梁 5 可在床身上升降，以适应加工不同高度的工件，工作台 6 可沿横梁做横向间歇进给运动。

牛头刨床主运动的传动方式有机械和液压两种。机械的曲柄摇杆机构结构简单、传动可靠、维修方便，因此，应用较广泛。而液压传动能传递较大的力，可实现无级调速，运动平稳，但结构复杂，成本较高，一般用于较大规格的牛头刨床。

牛头刨床的主参数是最大刨削长度。

6.3.1.2　龙门刨床

龙门刨床主要用于加工大型或重型零件上的各种平面、沟槽和各种导轨面，也可在工作台上一次装夹数个中小型工件进行多件加工。

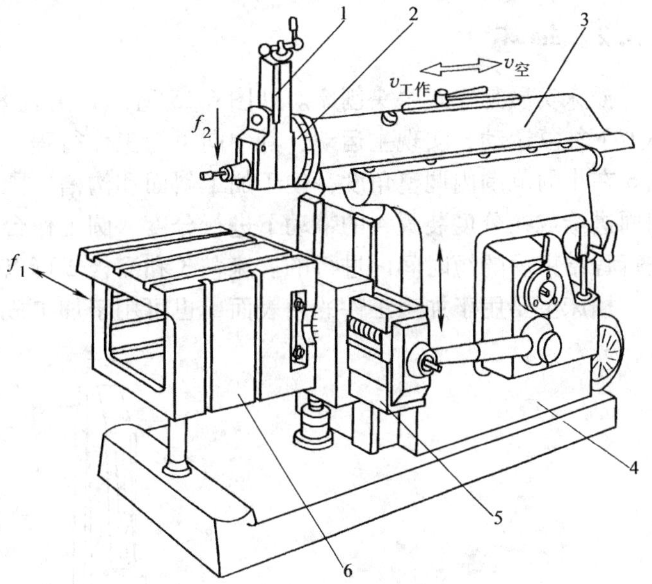

图 6-13　牛头刨床

1—刀架　2—转盘　3—滑枕　4—床身　5—横梁　6—工作台

图 6-14 是龙门刨床的外形图。龙门刨床的主运动是工作台 2 沿床身 1 水平导轨所作的直线运动。床身 1 的两侧固定有左右立柱 6，两立柱顶部用顶梁 5 连接，形成结构刚性较好的龙门框架。横梁 3 上装有两个垂直刀架 4，可在横梁导轨上做水平方向（横向）进给运动。横梁 3 可沿立柱的导轨做垂直升降以调整垂直刀架位置，适应不同高度工件的加工，加工时，横梁由夹紧机构夹紧在两个立柱上，两个立柱上分别装有左右侧刀架 9，侧刀架可沿垂直方向做进给运动，以加工侧平面。垂直刀架可绕水平轴线调整角度，以加工斜面和斜槽。

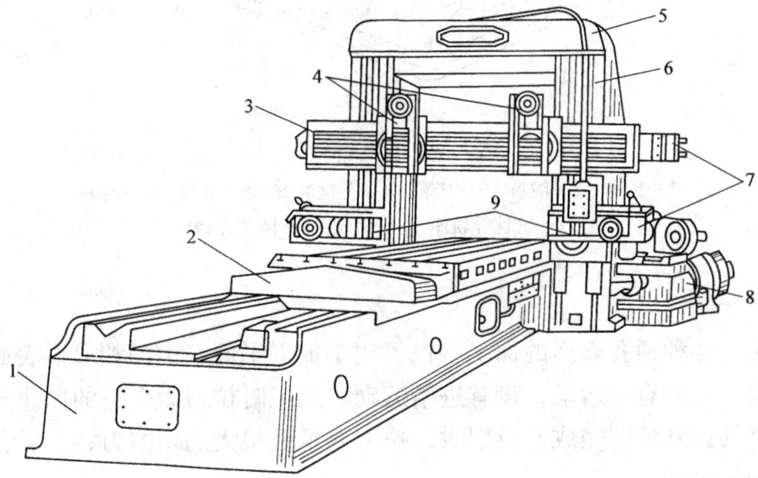

图 6-14　龙门刨床

1—床身　2—工作台　3—横梁　4—垂直刀架　5—顶梁

6—立柱　7—进给箱　8—减速箱　9—侧刀架

6.3.2 插床

插床实质是立式牛头刨床。如图 6-15 所示，滑枕 8 带动插刀沿滑枕导轨座 7 上的导轨作上下往复运动，实现主运动，其中向下为工作行程，向上为空行程。滑枕导轨座可以绕销轴 6 在小的范围内调整角度，便于加工斜面和沟槽。圆工作台 9 可绕垂直轴线回转，以完成圆周进给或在分度装置 4 的带动下进行分度。圆工作台在上述各方向的进给运动都是在滑枕空行程结束后的短时间内进行的。床鞍 3 和溜板 2 可以分别做横向和纵向进给运动。

插床主要用于加工工件的内表面，也可用于加工成形内表面。

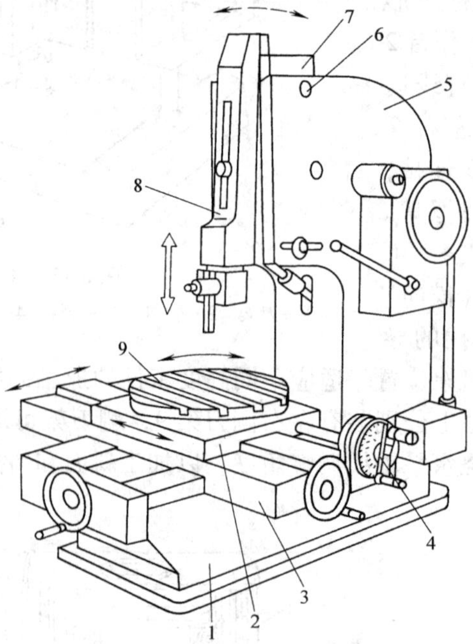

图 6-15 插床

1—床身 2—溜板 3—床鞍 4—分度装置 5—立柱 6—销轴 7—滑枕导轨座 8—滑枕 9—圆工作台

6.3.3 拉床

拉床主要用于各种通孔表面的加工，也可用于加工平面、沟槽和成形表面。

拉床很简单，它只有主运动，没有进给运动。加工时拉刀做平稳的低速直线运动，而进给则由拉刀刀齿的齿升量来完成。拉削时，拉刀要承受很大的切削力，为了获得平稳的主运动，通常采用液压驱动。

拉削加工，切屑薄，运动平稳，因而可获得较高的加工精度（精度可达 IT7 ~ IT8）和较小的表面粗糙度（$Ra \leqslant 0.63\mu m$）。拉床工作时，拉刀在通过加工表面的依次行程中可完成粗加工、半精加工和精加工，因此生产率很高。但拉削不同的表面需要不同的专用拉刀，且拉刀的结构复杂，成本较高，因此仅适用于成批、大量生产。

拉床的主要参数是额定拉力。

拉床的类型主要有：按加工表面可分为内表面拉床和外表面拉床；按机床的布局形式可分为卧式拉床和立式拉床。另外，还有专用拉床和连续式拉床。

最常用的拉床是卧式内拉床（见图 6-16），用它可以拉花键孔、键槽和精加工孔。图 6-17 为立式内拉床，常用于校正齿轮淬火后的花键孔的变形。这时切削量不大，拉刀较短，故为立式。拉削时常从拉刀的上部向下推（所以这种“拉刀”有时称为推刀）。图 6-18 为立式外拉床，常用于汽车、拖拉机行业加工气缸体等零件的平面。图 6-19 为连续式拉床，毛坯从拉床左端装入夹具，连续地向右运动，经过拉刀下方时拉削顶面，到达右端时加工完毕，从机床上卸下工件。它主要用于大量生产中加工小型零件。

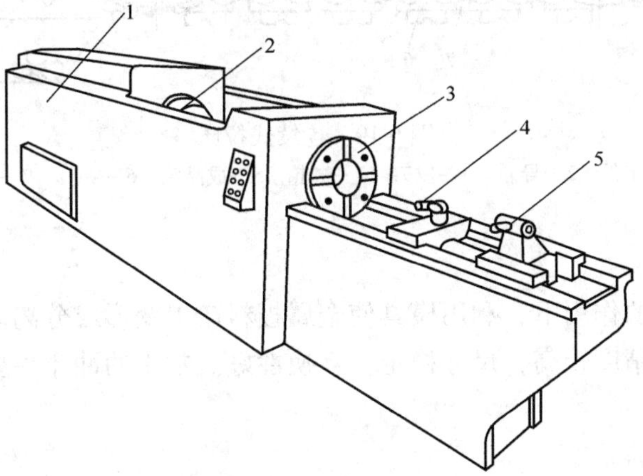

图 6-16　卧式内拉床

1—床身　2—液压缸　3—支承座　4—滚柱　5—护送夹头

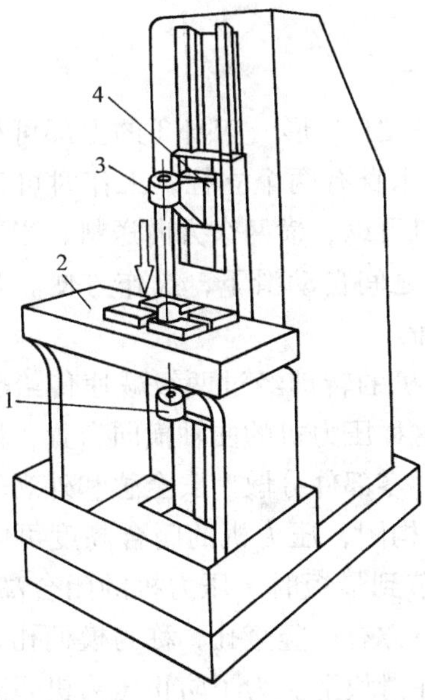

图 6-17　立式内拉床

1—下支架　2—工作台　3—上支架　4—滑座

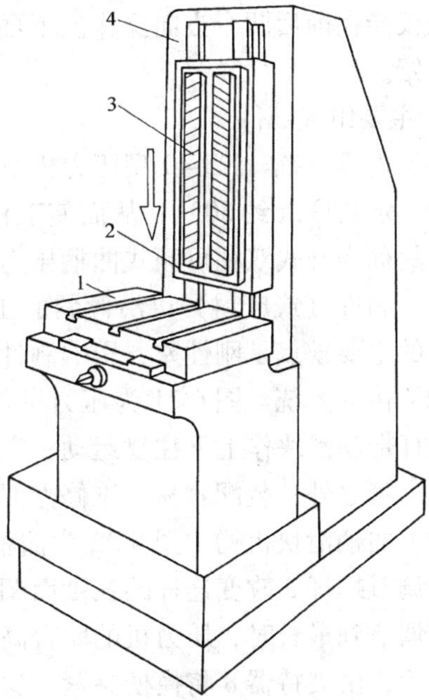

图 6-18　立式外拉床

1—工作台　2—滑块　3—拉刀　4—床身

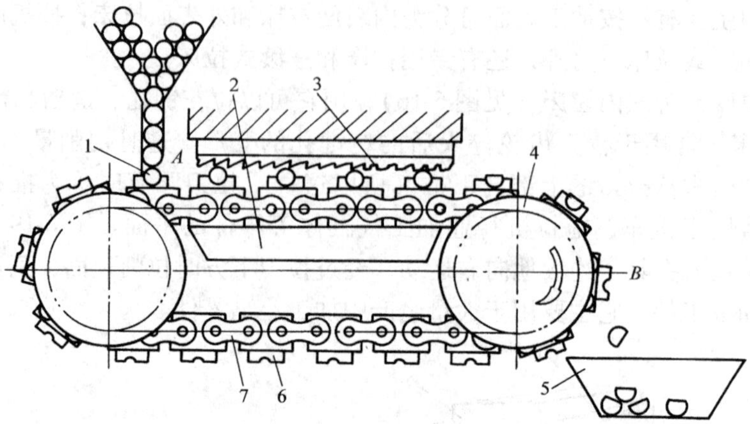

图 6-19 连续式拉床
1—工件 2—导轨 3—拉刀 4—链轮 5—成品箱 6—夹具 7—链条

6.3.4 冲床

冲压是在压力机的作用下，利用模具使金属板料产生变形或分离。其特点是少切屑或无切屑加工，且制件的精度较高，尺寸稳定，互换性好。常用的冲床主要有曲柄压力机、摩擦压力机和油压机。

6.3.4.1 曲柄压力机

按床身结构形式，曲柄压力机可分为开式和闭式两类。开式压力机具有结构紧凑，体积小，可三个方向操作，工艺性能好等优点，一般中、小型压力机均采用这种结构形式。闭式压力机仅能在前后两个方向操作。下面以目前广泛使用的 J23-40 型压力机（图 6-20）为例进行介绍。

1. 主要组成部件

（1）支承系统 J23-40 型压力机由两部分组成，呈“C”形。床身 3 的上部可相对于底座转动一定角度（约 30°），从而使工作台倾斜，C 形床身有两个立柱，工作时可三个方向操作，故称为开式双柱可倾式曲柄压力机。这种压力机可纵、横两个方向送料，当采用纵向送料时，制件（或废料）可沿倾斜的工作台从两立柱之间自动滑下，操作方便。开式压力机床身的主要缺点是刚性差，影响制件精度和模具寿命。

（2）传动系统 图 6-21 为压力机传动系统。电动机的转动经过两级减速传给曲轴，再经过连杆带动滑块作上下往复运动，完成冲压工作。这种压力机的曲轴横向布置，齿轮、带轮均在床身之外，装配容易，维修方便，但占空间大，零部件分散、安全感和外观较差。

（3）曲柄滑块机构 图 6-22 为曲柄滑块机构的结构图，压力机的闭合高度可以通过连杆 4 和调节螺杆 3 改变连杆的长度而调整。当连杆调节到最短时，压力机的闭合高度最大；当连杆调节到最长时，压力机的闭合高度最小。滑块下方有一竖直孔，称为模柄孔，模柄插入该孔后，由夹持器 8 将模柄夹紧，这样上模就固定在滑块上。为了防止压力机超载，在滑块球形垫 6 下面装有保险器 7，当压力机的载荷超过其承载能力时，保险器被剪切坏，可保护压力机免遭破坏。

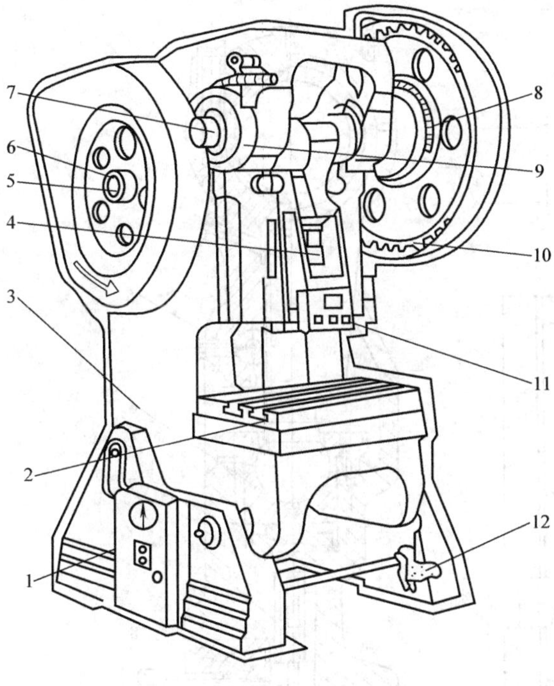

图6-20　J23-40型压力机

1—底座　2—工作台　3—床身　4—连杆　5—传动轴　6—带轮　7—曲轴　8—离合器　9—制动器　10—大齿轮　11—滑块　12—脚踏板

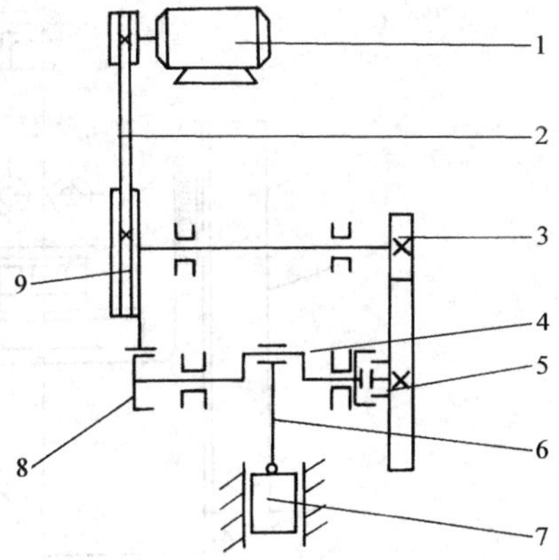

图6-21　曲柄压力机传动示意图

1—电动机　2—传动带　3—小齿轮　4—曲轴　5—离合器　6—连杆　7—滑块　8—制动器　9—飞轮

在冲压工作中，为顶出卡在上模中的制件或废料，在压力机上装有可调刚性打料（顶件）装置。如图6-23所示，滑块上有一水平长方形通孔，孔内放置打杆横梁2，当滑块运行到下死点进行冲压加工时，制件（或废料）进入上模（凹模）将打杆3顶起，打杆3又将打杆横梁2抬起，当滑块上升时，打杆横梁两端碰上固定在床身上的打料螺钉1，使之不能继续随滑块向上运动，因而通过打杆将卡在上模（凹模）中的制件或废料打出。

2. 冲床的用途

曲柄压力机是使用最广泛的一种冲压设备，具有精度高、刚性好、生产率高、工艺性能好、操作方便、易实现机械化和自动化生产等多种优点。在曲柄压力机上几乎可以完成所有冲压工序。开式曲柄压力机适用于中小制件的大批量生产。

6.3.4.2　摩擦压力机和油压机

1. 摩擦压力机

摩擦压力机的结构如图6-24所示，其主要特点是电动机通过转轴3带动两摩擦盘高速旋转，轴3既带动摩擦盘2、5转动，又可带动两摩擦盘做轴向移动。由于两摩擦盘间的距离比飞轮4直径稍大，操纵手柄14，则可控制两摩擦盘中的一个与飞轮边缘接触，利用摩擦力带动飞轮4和螺杆6旋转，根据螺杆与螺母相对运动的原理，从而使滑块向上（或向下）运动，完成冲压工作。摩擦压力机的优点是安全性好，缺点是生产率低，精度低。主要用于整形、校平、弯曲等冲压工序。

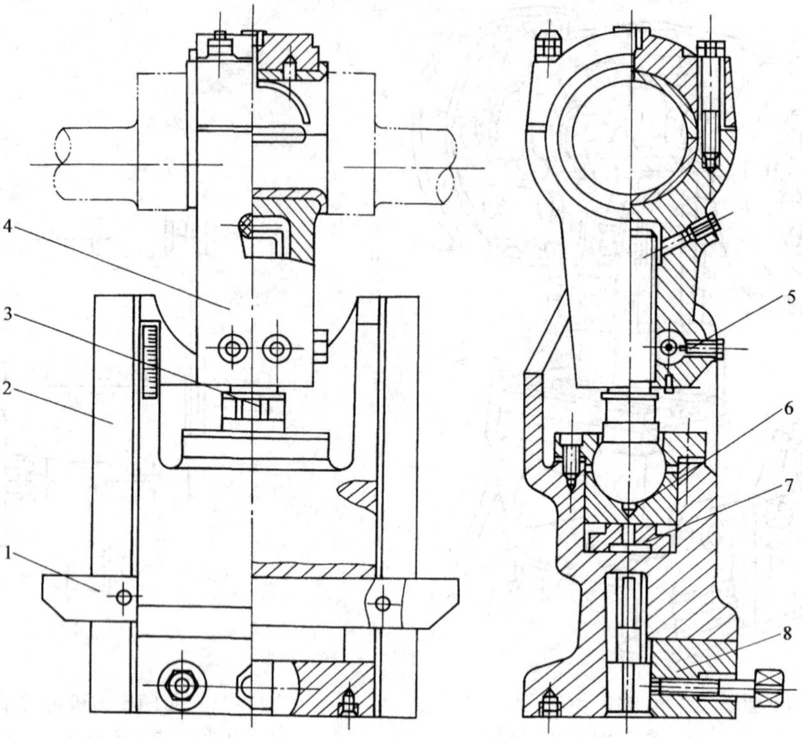

图 6-22 滑块机构

1—打杆横梁 2—滑块 3—调节螺杆 4—连杆 5—锁紧机构 6—球形垫
7—保险器 8—夹持器

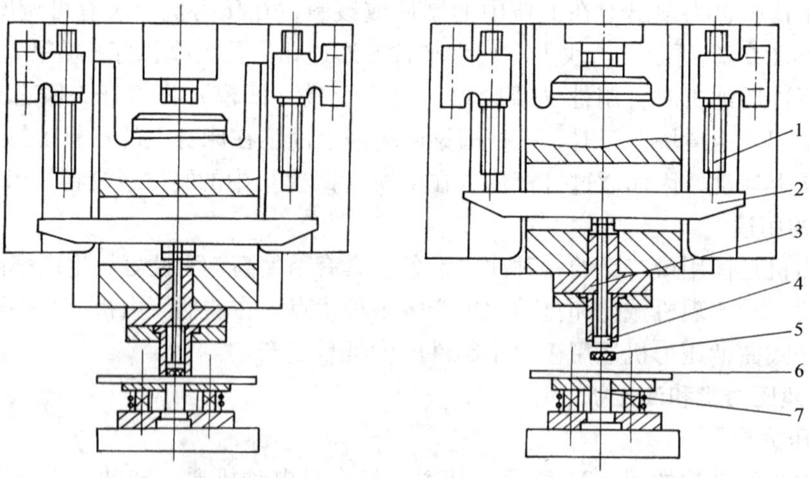

图 6-23 打料装置

1—打料螺钉 2—打杆横梁 3—打杆 4—凹模 5—制件 6—板料 7—凸模

2. 油压机

图 6-25 为最常见的 Y32 系列万能压力机，它是典型的三梁、四柱结构。电动机带动液压泵向液压缸输送高压油，推动活塞（或柱塞）带动横梁上下往复运动。模具装在活动横

梁和工作台上，能够完成弯曲、翻边、整形等冲压工序。油压机的工作行程长，并在整个行程上都能承受公称载荷，不会发生超负载的危险，但工作效率低。若无特殊措施，不能用于冲裁工序。

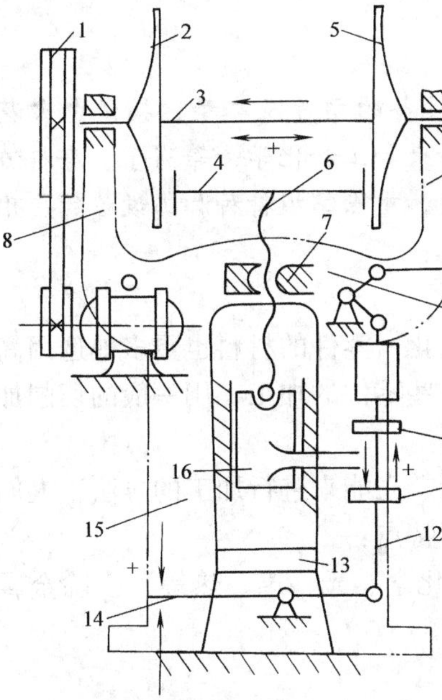

图 6-24　摩擦压力机的机构简图

1—带轮　2、5—摩擦盘　3—轴　4—飞轮　6—螺杆　7—圆螺母　8—支架　9、12—传动杆　10—横梁　11—挡块　13—工作台　14—手柄　15—机身　16—滑块

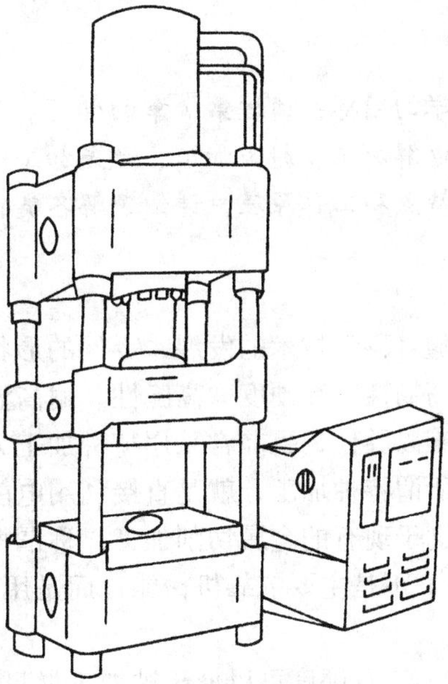

图 6-25　Y32 系列万能油压机

本 章 小 结

本章简要介绍了钻床、镗床和直线运动机床的分类，详细介绍了钻床、镗床和直线运动机床的工艺范围、应用，对 Z3040 型摇臂钻床和 TP619 型卧式铣镗床主轴部件的结构进行了比较详细的分析。

学习本章后，能依据工件加工表面的形状及精度要求合理选用其他类型机床。

思考与练习题

6-1　在各类机床中，能用来加工内孔、平面和沟槽的各有哪些机床？它们的适用范围有何区别？

6-2　单柱、双柱及卧式坐标镗床在布局上各有什么特点？它们各适用于什么场合？

6-3　为了加工出精确的孔间距，坐标镗床在结构和使用条件等方面采取了哪些措施？

6-4　Z3040 型摇臂钻床和 TP619 型卧式铣镗床的主轴部件在结构上有什么主要区别？

6-5　压力机的连杆有何用途？连杆的长度是否可调？

第 7 章　特种加工设备

学习目标：通过第 7 章的学习，了解各类特种加工设备的型号及类型，搞清电火花加工、电解加工、超声加工、激光加工、电子束加工、离子束加工和化学、等离子、磨料流的加工特点和工作原理，详细了解各类特种加工设备的组成，重点掌握特种加工设备的应用范围。

随着科学技术的发展，零件的形状日趋微型化和复杂化，零件的材料也更多地选用高强度、高韧性、高硬度、高脆性、耐高温和磁化材料等。这些零件的加工，用一般的切削加工方法难以胜任，目前常采用特种加工方法。

所谓特种加工，就是直接利用电能、电化学能、声能、光能来进行加工的方法，人们为了区别于现有的金属切削加工，称谓特种加工。它有如下特点：

1）不是主要依靠机械能，而是用其他能量（如电、化学、光、声、热等）去除金属材料。

2）工具硬度可以低于被加工材料的硬度。

3）加工过程中工具和工件之间不存在显著的机械切削力。

特种加工种类很多，一般按能量来源和作用原理可分为

电、热——电火花加工，电子束加工，等离子束加工。

电、机械——离子束加工。

电化学——电解加工。

声、机械——超声波加工。

光、热——激光加工。

化学——化学加工。

液流——液力加工。

流体、机械——磨料流动加工，磨料喷射加工。

随着特种加工技术的发展，也形成某些过渡性的工艺，它具有特种加工和常规机械加工的双重特点是介于二者之间的加工方法。例如在切削过程中引入超声振动或低频振动切削；加热切削，以及低温切削等。这些加工方法是在切削加工的基础上发展起来的，目的是改善切削的条件，基本上还属于切削加工。

在特种加工范围内还有一些属于改善表面粗糙度或表面性能的工艺，前者如电解抛光、离子束抛光等，后者如电火花表面强化、电子束曝光、离子束注入掺杂等。

电子束、离子束加工，是近年来提出的超微量加工，即所谓原子、分子单位的加工方法。

本章主要讲述电火花、电解、激光、超声、电子束、离子束等加工方法的基本原理、基本设备、主要特点及适应范围。

7.1　电火花加工机床

电火花加工又称放电加工（Electrical Discharge Machining，简称 EDM），是一种直接利用电能和热能进行加工的新工艺。电火花加工与金属切削加工的原理完全不同，在加工过程中，工具和工件并不接触，而是靠工具和工件之间不断的脉冲性火花放电，产生局部、瞬时的高温把金属材料逐步蚀除掉。由于放电过程中可见到火花，故称之为电火花加工，日本、英国、美国称之为放电加工，俄罗斯称之为电蚀加工。目前这一工艺技术广泛用于加工淬火钢、不锈钢、模具钢、硬质合金等难加工材料；用于加工模具等复杂表面和有特殊要求的零部件，在民用和国防工业中获得愈来愈多的应用，已成为切削加工的重要补充和发展。

7.1.1　电火花加工原理及应用

众所周知，电器开关启用时，因放电而使接触部位烧蚀，造成接触面的损坏，这种放电引起的电极烧损现象叫电腐蚀。电火花加工的原理是基于工具和工件（正、负电极）之间脉冲性火花放电时的电腐蚀现象来蚀除多余的金属，以达到对零件的尺寸、形状及表面质量的要求。

电火花加工的主要特点是脉冲放电的能量密度很高，可以加工用机械加工方法难以加工或无法加工的特殊材料，复杂形状的工件。加工时，工具电极与工件不直接接触，两者之间的宏观作用力小，不受工具和工件刚度的限制，有利于实现微细加工，而且工具电极材料不需比工件材料硬，工具电极较易制造。因此，电火花加工机床已广泛用于宇航、电子、电机、电器、精密机械、汽车拖拉机等机械制造行业及科学研究部门。

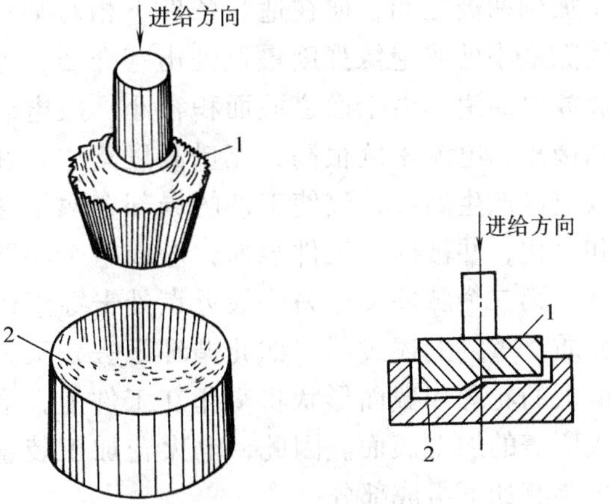

图 7-1　电火花加工模具型腔

1—工具电极　2—工件

电火花加工方法按加工过程中工具和工件相对运动的方式和用途的不同，分为如下几种。

7.1.1.1　型腔加工

如图 7-1 所示，电火花型腔加工包括各类锻模、压铸模、挤压模、塑料模等型腔的加工。由于这类零件为不通孔型腔、且形状复杂，各处深浅不同，所以加工较为困难。

7.1.1.2　穿孔加工

各种截面形状的型孔（圆孔、方孔、异形孔），曲线孔（弯孔、螺旋孔）和微小孔（$\phi < 0.1$mm）等，能加工的各种表面如图 7-2 所示。

7.1.1.3　电火花线切割

当工具电极为电极丝，利用专用机床，便可进行各种图形和冲压模具的切割。

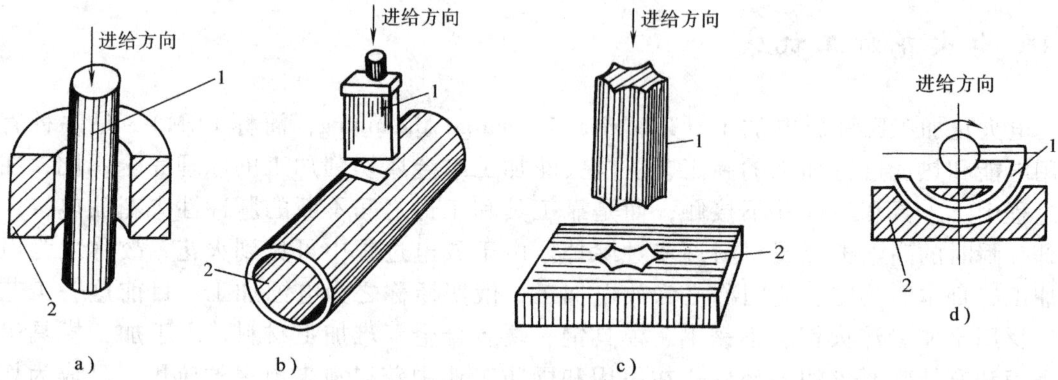

图 7-2 电火花穿孔加工

1—工具电极 2—工件

7.1.1.4 其他加工

电火花加工除上述加工方法外，还可进行磨削和雕刻花纹等。

电火花加工装置如图 7-3 所示，加工时，工件 1 与工具 4 分别与脉冲电源 2 的两输出端相联接。两极浸入绝缘的工作液（煤油或矿物油）中，自动进给调节装置 3 使工具和工件间经常保持一很小的放电间隙，当脉冲电压加到两极之间，便在适当条件下相对某一间隙最小处或绝缘强度最低处击穿介质，形成放电通道。由于通道截面积很小，放电时间极短，电流密度很高，能量高度集中，在放电区产生高温，致使工件的局部金属熔化和气化，并被抛出工件表面，形成一个小凹坑。第二个脉冲又在另一最近点处击穿液体介质，重复上述过程。如此循环下去，工具电极的轮廓和截面形状将复印在工件上，形成所需的加工表面。因此，电火花加工装置主要有如下组成部分：

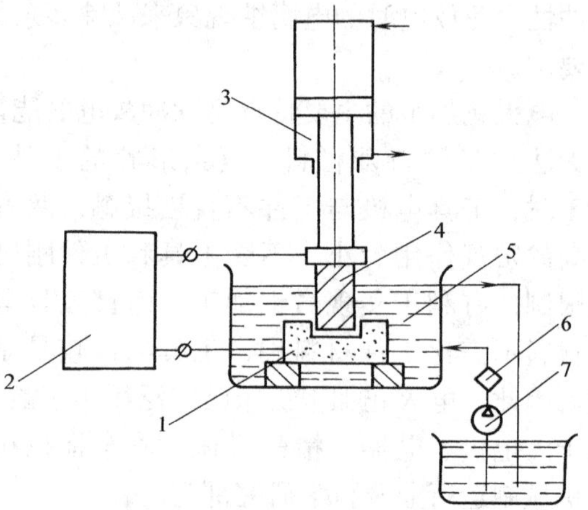

图 7-3 电火花加工装置

1—工件 2—脉冲电源 3—自动进给调节装置 4—工具 5—工作液 6—过滤器 7—工作液泵

（1）脉冲电源 是把工频交流电转换成一定频率的单向脉冲电流，以供给电极放电间隙所需要的能量来蚀除金属。

（2）工具电极与工件电极的自动进给调节装置 它主要用来维持一定的放电间隙，保证电火花加工正常而稳定地进行，以获得较好的加工效果。

（3）绝缘的液体介质 作用是形成火花击穿放电通道，并在放电结束后迅速恢复间隙的绝缘状态，并能对工具、工件起冷却作用，帮助电蚀产物的抛出和排除。

7.1.2 电火花穿孔、成型加工机床

由于电火花加工工艺的形式较多，而且近年来微电子元器件、数控技术和计算机应用等

技术发展得很快，因此，电火花加工机床的型号和性能也相应地有了很大的发展，种类繁多。在 20 世纪 60 ~ 70 年代，我国早期生产的电火花加工机床，分为电火花穿孔加工机床和电火花成形加工机床分别命名为 D61 系列和 D55 系列。20 世纪 80 年代开始大量采用晶体管脉冲电源，电火花加工机床既可用作穿孔加工，也可用作成形加工。因此，1985 年起国家把电火花穿孔成形机床称为电火花穿孔、成形机床或称为电火花成形加工机床，并定名为 D71 系列。其型号表示方法如下：

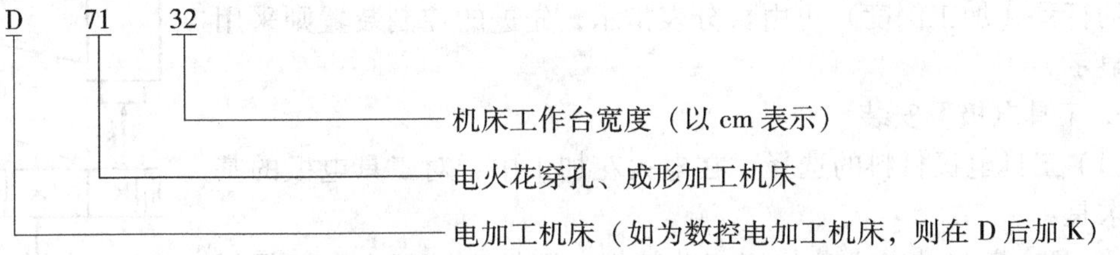

7.1.2.1　电火花穿孔、成形加工机床的型号及分类

电火花穿孔、成形加工机床按其规格大小可分小型（D7125 以下）、中型（D7125 ~ D7163）和大型（D7163 以上）；按数控程度分为非数控、单轴数控或三轴数控型；按精度等级分标准精度型和高精度型；按工具电极的伺服进给系统的类型分为液压进给、步进电动机进给、直流或交流伺服电动机进给驱动等类型。随着模具工业的需要，国外已经大批生产微机三坐标数字控制的电火花加工机床，以及带工具电极库能按程序自动更换电极的电火花加工中心。我国汉川机床厂和少数中外合资厂以及专业电加工研究所也已研制、生产出三坐标微机数控电火花加工机床。

7.1.2.2　电火花穿孔、成形加工机床的组成

如图 7-4 所示，电火花穿孔成形加工机床主要由三部分组成：机床主机、脉冲电源及工作液循环系统。

1. 机床主机的组成

机床主机由床身、主轴头、工作台及工作液槽等部分组成。

1）床身 1 是电火花机床的基础构件，用以保证工具电极与工件之间的相对位置，刚性好，抗振性高。

2）工作台的作用是支承和装夹工件，并可通过纵向、横向丝杠来调节工件与工具电极的相对位置。工作台上固定有工作液槽 2，用来容纳工作液，使放电加工部位浸在工作液介质中。

近年来，已生产有三坐标伺服控制的以及主轴和工作台回转运动并加三向伺服控制的五坐标数控电火花机床。机床还带有工具电极库，可以自动更换工具电极，机床的坐标位移精度为 0.002mm。

3）主轴头 3 是电火花成形机床中最关键的部件，是工具电极自动调节器的执行机构。主轴头的性能直接影响电火花成形加工的加工精度和表面质量。对主轴头的要求是：结构简单，传动链短，传动间隙小，热变形

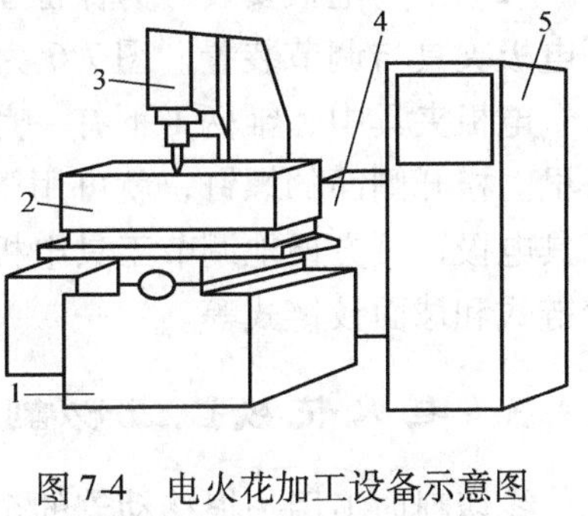

图 7-4　电火花加工设备示意图
1—床身　2—工作液槽　3—主轴头
4—工作液箱　5—电源箱

小，具有足够的精度和刚度，以适应自动调节系统的惯性小，灵敏度好，能承受一定负载的要求。

主轴头的自动进给机构有很多类型。图 7-5 是最常见的步进电动机伺服进给机构。步进电动机由放电间隙自动调节器输入脉冲信号进行运转，并通过一对速比较大的齿轮副减速，然后带动丝杠旋转，螺母及套筒便同工具电极一起进给或回升。

主轴头可在床身后立柱上作升降运动，以补充主轴行程的不足。主轴的行程（加工深度）可由百分表指示，先进的控制装置则采用数字显示。

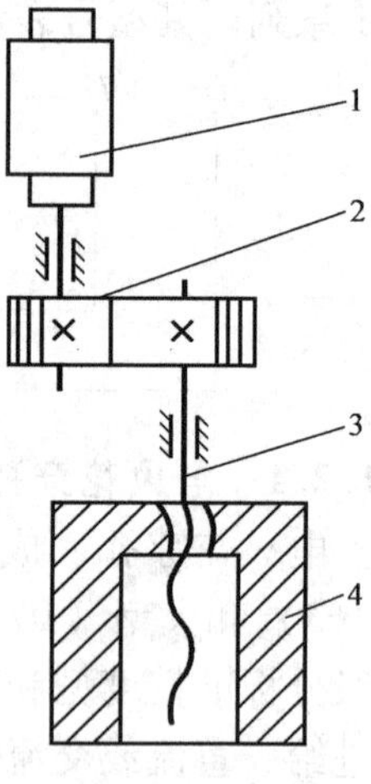

图 7-5 步进电动机伺服进给机构传动示意图
1—步时电动机 2—齿轮副 3—丝杠 4—套筒

2. 工具电极及安装

（1）工具电极材料的选择 在电火花加工中，对工具电极的基本要求是：

1）具有良好的电火花加工工艺特性，即加工过程中电极损耗小，加工速度高，加工过程稳定。

2）电极的加工制造较为容易。

3）取材方便，价格低廉。

因此，目前用得最多的电极是石墨和紫铜。但在冲模加工时常用钢，微孔加工则用铜丝或钼丝。紫铜的主要优点是：不容易产生电弧，在困难条件下也能稳定加工；精加工时电极损耗小；加工的粗糙度 $Ra<0.8\mu m$。故常用于形状复杂、精度高、表面要求光滑的型腔模加工。其缺点是机加工成形性差、价格高，不适于加工大、中型腔模。

石墨的优点是：加工成形和修正容易；在宽脉冲大电流情况下电极损耗比紫铜更小。其缺点是：容易产生电弧烧伤，精加工时电极损耗较紫铜大，加工的粗糙度 $Ra\geqslant1.6\mu m$。石墨电极主要用于加工大、中型模腔和穿孔。

钢主要用作冲模、凹模的工具电极，其优点是电极损耗较小，加工的粗糙度较低。特别是工具电极和冲头在制造时可做成一个整体，大大简化了制造过程。钢电极的缺点是生产率较低，稳定性较差，易起弧。

（2）工具电极安装 为保证工具电极和工件的垂直度和定位度，电火花成形机床都采用了电极夹具与调节装置。图 7-6 为常用电极夹具的结构图。

电极夹具中，锥柄 1 下有一燕尾滑块 3，滑块下固定一个钻夹头 6，工具电极装在钻夹头里。松开侧面的螺钉，就可用微动螺钉调节滑块的偏心量。这种电极夹具适合于安装小型工具电极，可方便地调节工具电极与工件之间的相对位置。电极夹具还有其他形式，如十字铰链式和球面铰链式等。

7.1.3 电火花数控线切割机床

线切割加工用一根移动着的金属丝为工具电极，以被切割的材料为工件电极，利用二者之间产生脉冲放电所形成的腐蚀进行切割加工，故称线切割加工，也是电火花加工的一个分支。由于后来都用数控技术控制工件和电极丝作相对切割运动，故常称为数控线切割加工或简称线切割加工。因此，线切割加工机床可加工各种金属材料以及高硬度、高强度、高韧性、高脆性的导电材料，如淬火钢、硬质合金和金属陶瓷等。线切割所用的金属丝多为钼丝、钨丝和铜丝，其直径很小，约为 0.04 ~ 0.2mm。因此，可加工精密、狭窄和复杂的型孔，可用于制造冲模、样板、成形刀具及其他具有二维复杂图形的零件。加工精度可达 0.01 ~ 0.02mm，表面粗糙度 *Ra* 值可达 1.6μm。

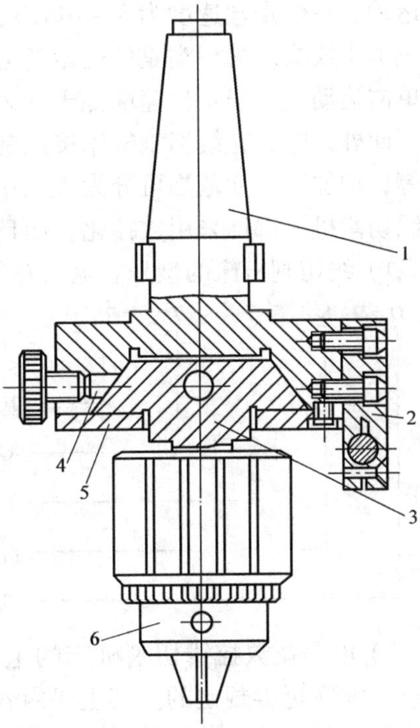

图 7-6　电极夹具结构图
1—锥柄　2—表夹　3—燕尾滑块
4—锁紧块　5—压板　6—钻夹头

7.1.3.1　电火花数控线切割机床的工作原理

电火花数控线切割机床的工作原理如图 7-7 所示。被切割的材料和金属丝分别接脉冲电源 7 的正、负极。在两极之间沿金属丝方向喷射充分的、具有绝缘性能的工作液。当工件 5 接近金属丝 4，距离小到一定程度时，在脉冲电压的作用下，工作液被击穿。在金属丝和工件之间形成瞬时放电通道，产生瞬时高温，使工件材料局部熔化甚至气化而被蚀除下来。在脉冲电压的作用下连续重复上述过程，即可连续进行切割加工。

切割加工前，用户按规定的格式编制加工程序，并将加工程序及尺寸参数输入微机的 RAM 存贮器中。起动后，微机即按加工程序依次发出一系列的电脉冲，分别或同时驱动 *X*、*Y* 向两个步进电动机旋转，切割出所需的图形。

7.1.3.2　电火花数控线切割机床类型及组成

（1）电火花数控线切割机床类型　根据电极丝的运行速度，电火花数控线切割机床通常分为两大类：一类是高速走丝电火花切割机床（WEDM—HS），这类机床的电极丝作高速往

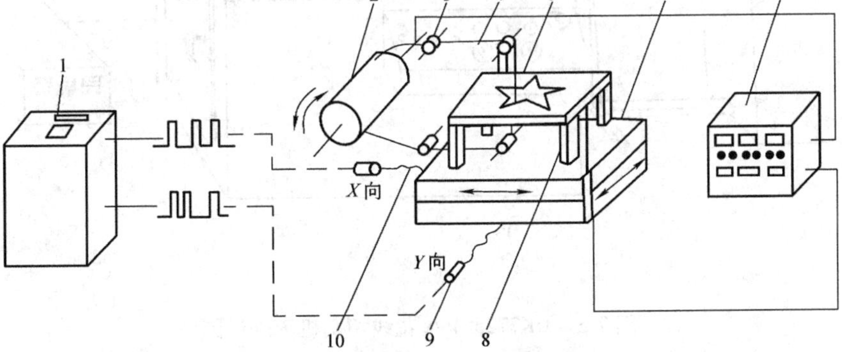

图 7-7　电火花数控线切割机床工作原理
1—微机控制装置　2—贮丝筒　3—导轮　4—金属丝　5—工件　6—工作台
7—脉冲电源　8—绝缘层　9—步进电动机　10—丝杠

复运动，一般走丝速度为 8 ~ 10m/s，这是我国生产和使用的主要机型，也是我国独创的电火花加工模式。另一类是低速走丝电火花切割机床（WEDM—LS），这类机床的电极丝作低速单向运动，一般走丝速度低于 0. 2m/s，这是国外生产和使用的主要机型。

此外，电火花线切割机床按控制方式可分为靠模仿型控制、光电跟踪控制、数字程序控制等；按加工尺寸范围可分为大、中、小型以及普通型与专用型等。目前国内外 95% 以上的线切割机床都已采用数控化，而且采用不同水平的微机控制系统。

1）线切割机床的型号。电火花数控线切割机床型号 DK7725 的含义如下：

D　K　7　7　25

- 25——基本参数代号（工作台台面横向行程 250mm）
- 7——型别代号（7 快速走丝、6 为慢速走丝线切割机床）
- 7——组别代号（电火花加工机床）
- K——机床特性代号（数控）
- D——机床类别代号（电加工机床）

2）电火花数控线切割机床的主要技术参数。《电火花线切割机床参数》是由 GB/T 7925—1987 标准规定的。其主要内容有：工作台行程（纵向行程 × 横向行程）、最大切割厚度、加工表面粗糙度、加工精度、切割速度以及数控系统的控制功能等。

（2）电火花数控线切割机床的组成　现以 DK7725 型电火花数控线切割机床（见图 7-8）为例加以介绍。

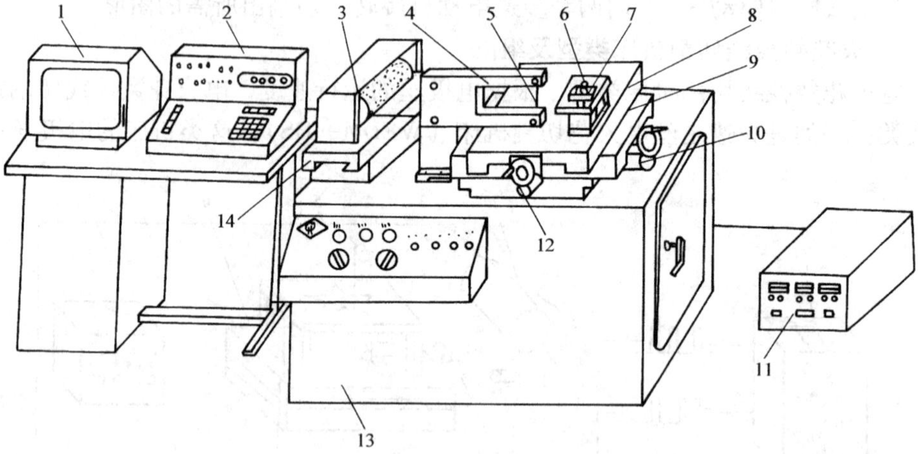

图 7-8　DK7725 电火花线切割机床外形图

1—显示器　2—微机数控台　3—贮丝筒　4—丝架　5—电极丝　6—工件安放架
7—压板　8—上滑板　9—下滑板　10—X 向步进电动机　11—脉冲电源
12—Y 向步进电动机　13—床身　14—小滑板

DK7725 型电火花数控线切割机床由机床主机、高频脉冲电源、数控装置和工作液循环系统四大部分组成。

1）机床主机。它由床身、工作台、丝架和运丝机构组成。

① 床身 13：起支承工作台、丝架和运丝机构的作用。床身里面装有高频电源，工作液强迫循环系统和机床电器等。

② 工作台：由上下两层滑板构成。规定下滑板 9 移动方向为 X 坐标轴方向，上滑板 8 移动方向为 Y 坐标轴方向。上滑板上面装有工件安放架 6，X，Y 滑板分别由两个步进电动机 10、12 驱动。控制台向步进电动机每发出一个进给脉冲信号，步进电动机就旋转 3°，通过一组齿轮减速后带动丝杠转动，再通过螺母的传动使工作台移动 0.001mm，即机床的脉冲当量为 0.001mm/脉冲。

③ 丝架 4：确保切割工件的那部分电极丝始终保持与工作台平面垂直（仅对二维线切割机而言）。在快速运丝时，不允许有明显抖动。

④ 运丝机构：由电动机、贮丝筒 3 和小滑板等组成。电动机不仅带动贮丝筒做正反交替转动，使电极丝上下快速移动，同时，还通过齿轮、丝杠和螺母的传动，使小滑板 14 沿贮丝筒轴向往复移动，让电极丝穿过丝架整齐地排绕在贮丝筒上，以便连续使用。

2）微机数控装置。微机数控装置的主要作用是将图样上工件的形状和尺寸编制成线切割程序指令，一般通过键盘或磁盘输给微机的输入机构，微机根据输入指令控制驱动伺服电动机，由伺服电动机带动精密丝杠，使工件相对电极丝作运动，从而实现加工过程的自动控制。

3）高频脉冲电源。它将 50Hz 交流电转换成单向高频脉冲电流作为火花放电电源，是线切割机床的重要部件之一。其性能直接影响加工质量和生产率。高频脉冲电源有电子管式和晶体管式两种。晶体管式电源具有体积小、质量轻、寿命长、不需加热、功率损耗小等优点，因此，晶体管式电源在生产中广泛应用。

脉冲电源的脉冲波形一般是单向的。放电延续时间称脉冲宽度，脉冲高度称脉冲电流峰值，相邻脉冲之间的间隔时间称脉冲间隔，单位时间脉冲放电次数时间称脉冲频率。在加工过程中所选用的一组电脉冲参数称电规准。均可根据加工需要对电规准进行调整。电规准分粗、中、精三种。粗规准一般采用较大的峰值电流、较长的脉冲宽度（一般 20 ~ 60μs）；中规准采用的脉冲宽度一般为 6 ~ 20μs；精规准采用小的峰值电流、高频率和短的脉冲宽度（一般为 2 ~ 6μs）。加工时，电极丝接高频脉冲电源负极，工件接正极。

4）工作液循环系统。它由工作液、贮液箱、高压泵、导管和喷嘴组成。通过高压泵强迫清洁工作液以一定的压力不断地通过放电间隙。工作液起绝缘、排屑、冷却的作用。每次脉冲放电之后，工件与金属丝间必须迅速恢复绝缘状态，以便产生下一次脉冲放电，否则，将形成持续的电弧放电而影响加工质量。

7.2　电解加工的基本设备

电解加工又称电化学加工，是继电火花之后发展较快，应用较广的一种新工艺。目前，国内外已经成功地应用于枪炮、航空发动机、火箭和宇宙飞行器等制造部门；在汽车、拖拉机、采矿机械的模具制造中也得到了广泛应用，已成为一种不可缺少的工艺方法。

7.2.1 电解加工原理及其特点

电解加工是利用金属产生阳极溶解的原理，将工件加工成形。如图 7-9 所示，在工件 3 和工具 2 之间接上直流电源，工件接电源阳极（正极），工具接电源的阴极（负极），在工件和工具之间保持较小的间隙（0.15～1.0μm），在间隙中间通过高速流动的电解液。当工件和工具之间施加一定的外加电压时工件表面的金属材料就不断地产生阳极溶解，这些溶解的产物被高速流动的电解液冲击，使阳极溶解能够不断地进行。

电解加工成形原理如图 7-10 所示。图中的细竖线表示通过阴极（工具）与阳极（工件）间的电流，竖线的疏密程度表示电流密度的大小。在加工刚开始时，阴极与阳极距离较近的地方通过的电流密度较大，电解液的流速也常较高，阳极溶解速度也就较快，如图 7-10a 所示。由于工具相对工件不断进给，工件表面就不断被电解，电解产物不断被电解液冲击，直至工件表面形成与阴极工作面基本相似的形状为止，如图 7-10b 所示。

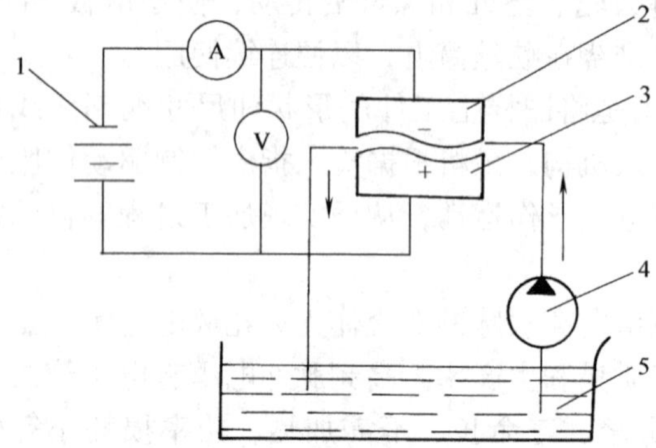

图 7-9 电解加工示意图

1—直流电源 2—工具阴极 3—工件阳极 4—电解液泵 5—电解液

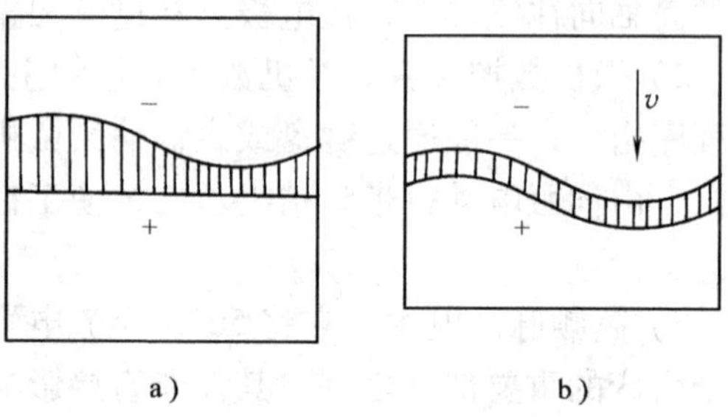

图 7-10 电解加工成形原理

电解加工与其他加工方法相比，具有下述特点：

1）加工范围广，不受金属材料本身硬度和强度的限制，可以加工硬质合金、淬火钢、不锈钢、耐热合金等高硬度、高强度及韧性金属材料，并可加工形面、形孔、形腔、叶片、锻模等各种复杂型面。

2）电解加工的生产率较高，电解加工的生产效率约为电火花加工的 5～10 倍，在某些情况下，比切削加工的生产率还高；且加工生产率不直接受加工精度和表面粗糙度的限制。

3）可以达到较好的表面质量，表面粗糙度 Ra 值为 1.25～0.08μm；但加工精度较差，可达到 ±0.1mm 左右的平均加工精度。这是由于阴极制造和修正都比较困难，阴极本身的精度也难保证等。

4）由于加工过程中不存在机械切削力，所以不会产生切削力所引起的残余应力和变形，没有飞边毛刺。

5）工具阴极基本没有消耗。由于工具阴极本身不参与电极反应，而且工具材料又是抗蚀性良好的不锈钢或黄铜等，所以工具阴极基本上没有损耗，这对保持工具的形面以及加工工件的形面精度是很重要的。

6）适用于批量较大的生产。这是由于电解加工附属设备比较多，占地面积较大，机床需有足够的刚性和防腐性能，造价较高，因此单件小批生产时成本较高。此外，电解产物需进行妥善处理，否则将污染环境。

7.2.2　电解加工的基本设备

电解加工的基本设备包括：直流电源、机床及电解液系统三大部分。

7.2.2.1　直流电源

电解加工中常用的直流电源为硅整流电源及晶闸管整流电源。硅整流电源中先用变压器把 380V 交流电变为低电压的交流电，再用 2CZ 型的大功率硅二极管将交流整成直流。为了能无级调压，目前生产中采用有：①扼流式饱和电抗器调压；②自饱和式电抗器调压；③晶闸管调压。

为了进一步提高电解加工精度，生产中采用了脉冲电流电解加工，这时需采用脉冲电源。由于电解加工采用大电流，因而都采用可控硅脉冲电源。

7.2.2.2　机床

电解加工机床的功能是安装夹具，工件和阴极工具，并实现其相对运动，传送直流电和电解液。机床的形式主要有卧式和立式两类。卧式机床主要用于加工叶片，深孔及其他长筒形零件。立式机床主要用于加工模具、齿轮、形孔、短的花键等。

电解加工机床目前大多采用机电传动方式，有采用交流电动机经变速机构实现机械进给的，它不能无级调速，在加工过程中也不能变速，一般用于产品比较固定的专用电解加工机床。目前大多数采用伺服电动机或直流电动机无级调速的进给系统，而且易实现自动控制。电解加工中所采用的进给速度都比较低，因此都需要有降速用的变速机构，由于降速比较大，故行星减速器，谐波减速器在电解加工机床中被更多地采用。为了保证进给系统的灵敏性，使低速进给时不发生爬行现象，故广泛地采用滚珠丝杠传动，用滚动导轨代替滑动导轨。

对长期与电解液及其腐蚀性气体接触部分如电解加工机床的工作台，工作箱，夹具等部分，使用了耐腐蚀材料。目前采用的主要材料是不锈钢、铜及耐腐蚀的塑料。

电解加工机床的其他部分，都采用了耐腐蚀材料。如采用花岗石、耐蚀水泥制造床身和立柱；机床各部件的表面喷涂环氧树脂等耐腐蚀的塑料进行保护等。

7.2.2.3　电解液系统

电解液系统是电解加工设备中不可缺少的一个组成部分。它的主要功能是电解液产生强力循环，冲走工具和工件间电解产物，有利于电解的连续加工；系统的主要组成有泵、电解液槽、过滤装置、管道和阀门等。

7.3　超声加工设备

超声加工也称超声波加工。电火花加工和电化学加工都只能加工金属导电材料，无法加工不导电的非金属材料，然而超声加工不仅能加工硬质合金、淬火钢等脆硬金属材料，而且更适合加工玻璃、陶瓷、半导体锗和硅片等不导电的非金属脆硬材料，同时，还可用于清洗、焊接和探伤等。

7.3.1 超声加工的原理及特点

7.3.1.1 超声加工原理

超声波加工是利用超声频振动工具，冲击磨料悬浮液进而撞击和抛磨脆性材料的一种成型方法，加工原理如图7-11所示。

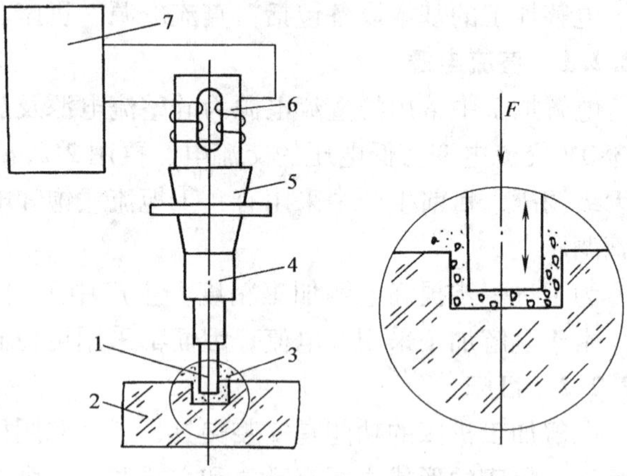

图7-11 超声加工原理示意图

1—工具 2—工件 3—磨料悬浮液 4、5—变幅杆 6—换能器 7—超声发生器

加工时，在工具1和工件2之间加入液体（水或煤油等）和磨料混合的悬浮液3，并使工具1以很小的力P轻轻压在工件上。超声换能器6产生16000Hz以上的超声频纵向振动，并借助于变幅杆4、5把振幅放大到0.05～0.1mm左右，驱动工具端面做超声振动，迫使工作液中悬浮的磨料以很大的速度和加速度不断地撞击，抛磨被加工表面，把加工区域的材料粉碎成很细的微粒，从材料上被打击下来。虽然每次打击下来的材料很少，但由于每秒钟打击次数多达16000次以上，所以仍有一定的加速度。与此同时，工作液受工具端面超声振动作用而产生的高频，交变的液压正负冲击波和“空化”作用，促使工作液钻入被加工材料的微裂缝处，加剧了机械破坏作用。所谓空化作用，是指当工具端面以很大的加速度离开工件表面时，加工间隙内形成负压和局部真空，在工作液体内形成很多微空腔，当工具端面以很大的加速度接近工件表面时，空泡闭合，引起极强的液压冲击波，这一过程时间极短，空腔闭合压力可达几千个大气压，爆炸时可产生水压冲击，引起加工表面破碎，强化加工过程。此外，正负交变的液压冲击也使悬浮工作液在加工间隙中强迫循环，使变钝了的磨粒及时得到更新，即工作液在超声振动下形成的冲击波，使钝化的磨粒崩碎产生新的刃口，进一步提高了加工效率。

7.3.1.2 超声加工的特点

1）超声加工适合于加工硬、脆材料，特别是不导电的非金属材料，如玻璃、陶瓷（氧化铝、氮化硅等）、石英、锗、硅、石墨、宝石、金刚石等。对于导电的硬质金属材料也能加工，但加工生产率较低。

2）由于工具可用较软的材料，做成较复杂的形状，故不需要使工具和工件作比较复杂的相对运动，因此超声加工机床的结构比较简单，操作、维修方便。

3）由于去除加工材料是靠极小磨料瞬时局部的撞击作用，故工件表面的宏观切削力很小，切削应力、切削热很小，不会引起变形和烧伤，表面粗糙度 Ra 为3.2～0.8μm，加工精度可达0.01～0.02mm，且可以加工薄壁、窄缝、低刚度零件。

7.3.2　超声加工设备及其组成

超声加工设备一般包括超声波振动系统 4、工作头 5、工作台 2、立柱 6、磨料工作液循环系统 1 等部分，如图 7-12 所示。

工件放置在工作台上，随工作台可作纵横调节，工作台带有盛放磨料悬浮液的工作槽。磨料悬浮液在循环装置的带动下能使加工区域得到良好的循环。

立柱可带动工作头作上下运动，工作头则可用来调节工具的进给压力及进给速度，并定期地上升，以便更换加工区的磨料。

超声波振动系统包括超声波发生器，换能器与振幅扩大棒等几部分，如图 7-13 所示。

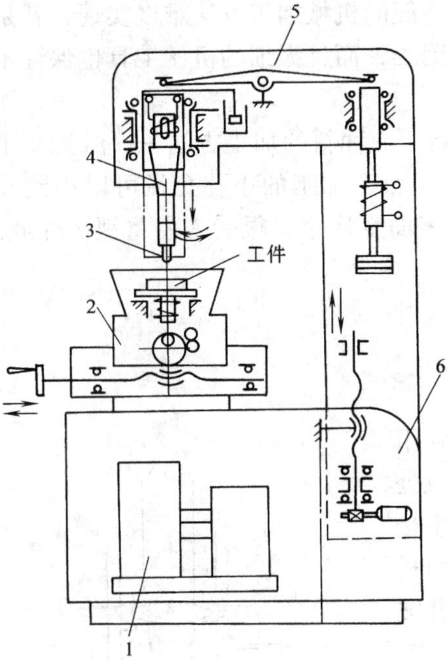

图 7-12　超声波加工机床组成示意图

1—液体循环系统　2—工作台　3—工具
4—工具振动系统　5—工作头　6—立柱

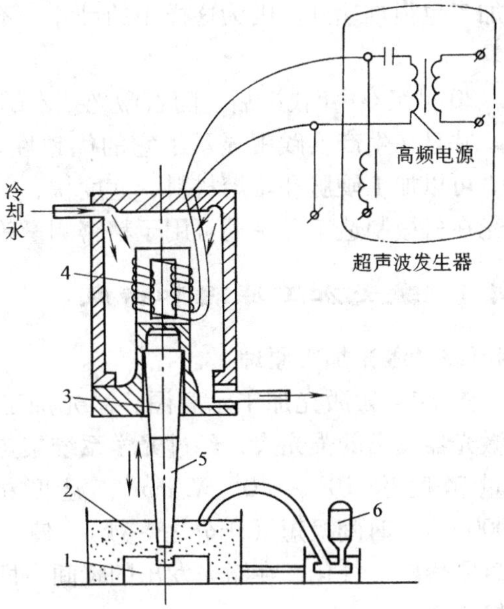

图 7-13　超声波振动系统

1—工件　2—液体磨料　3—振幅扩大棒
4—换能器　5—工具头　6—泵

超声波发生器是超声波加工的动力源，它将 50Hz 的交流电能变为 15 ~ 30Hz 的高频振荡（超声波）电源，供给超声波换能器。其功率约为 20 ~ 4000W。

换能器 4 的作用是将高频电振荡变为高频机械振动。换能器是利用铁、钴、镍等合金磁性材料，在交变磁场作用下使其尺寸发生伸长和缩短这一特性，从而引起振动，这种现象称之为磁致伸缩效应。

振幅扩大棒 3 用以扩大振幅，因为磁致伸缩的振幅一般只能达到 0.005 ~ 0.01mm，不能满足一般工件的加工需要。振幅扩大棒之所以能扩大振幅是由于通过它每一截面的振动能量是不变的，故截面小时能量密度大，振幅也增大。振幅棒可作成锥形、曲线形，阶梯形等。

超声波加工工具头 5 可以和振幅扩大棒做成一体，也可直接焊在一起。工具头较重时，可制空心的，以免降低共振频率。

磨料悬浮液一般是水或煤油和磨料的混合液。磨料常用碳化硼、碳化硅、氧化铝等材料，其粒度的大小可根据加工生产率和精度要求选定。颗粒大的，生产率高，但加工精度低；颗粒小的，生产率低，但加工精度高。

7.4 激光加工设备

随着生产和科学技术的不断发展，对零件加工的要求越来越高，特别是对机械性能高，熔点高的材料进行精密微型加工，例如火箭发动机的燃料喷嘴、柴油机喷嘴、人造纤维喷丝板、精密仪表上的宝石轴承以及精密机械上的一些小孔、窄缝，其尺寸在 10 ~ 20μm 左右，并且有一定的深度要求，这样的工艺要求，不仅用一般的机械加工方法难以实现，就是电火花加工也很难达到。因为这样小的尺寸，不仅排屑困难，而且太细的机械工具也保证不了刚度。

20 世纪 60 年代以后，随着激光技术的迅速发展，一种新的加工方法——激光加工出现了，并且在生产实践中显示了它的优越性。它不需工具，加工的小孔孔径可以小到几个微米。可以加工硬脆和难熔材料，速度快，效率高，表面变形小，很受人们重视。除此之外，激光在机械制造工业中还可用于精密测量等方面。

7.4.1 激光加工原理和特点

7.4.1.1 激光加工原理

图 7-14 为激光加工示意图，激光加工原理是利用从激光器发出的强光束，经过光学系统聚焦，在焦点处能量密度达 10^8 ~ 10^{10} W/mm²、温度极高（可达 10000℃）、时间极短（千分之一秒），使工件表面的材料急剧熔融、气化，在激光发出的瞬间，即完成打孔或焊接工作。

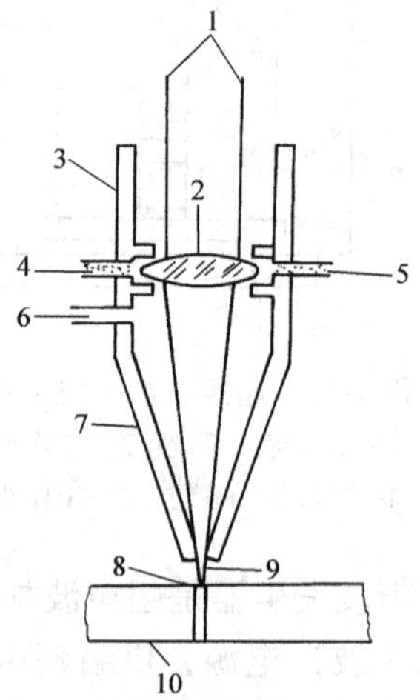

图 7-14 激光加工示意图
1—激光束 2—聚焦透镜 3—水冷透镜支架 4—冷却水进口 5—冷却水出口 6—气体进口 7—喷嘴 8—聚焦光束 9—喷吹气体流 10—被切工件

从大量的实验研究来看，激光加工的机理可以这样来认识，当能量密度极高的激光束照射在被加工表面时，光能被加工表面吸收，并转换成热能，使照射斑点的局部区域温度迅速升高到熔化以致气化，并形成陷坑，同时由于热扩散，使斑点周围的金属熔化，随着光能的继续吸收，陷坑中金属蒸汽迅速膨胀，相当于产生一个微型爆炸，把熔融物高速喷射出来。同时，产生一个方向性很强的反冲击波，这样，工件材料就在高温熔融和冲击波的同时作用下，打出一个具有一定锥度的小孔。

7.4.1.2 特点

1）不受工件材料性能限制。由于激光加工能量密度大，几乎能加工所有的金属材料和非金属材料。如硬质合金、不锈钢、宝石、金刚石、陶瓷等。

2）不受加工形状限制。因激光能聚焦成极细的光束，故可以加工微孔（ϕ0.01 ~ ϕ1mm）、深孔（深径比达 50 ~ 100）、窄缝，也可切割异形孔、焊接，适宜于精密加工。

3）不需要工具，不存在工具损耗、更换和调整等问题，适宜于自动化操作。

4）加工速度快，效率高，热影响区小。

5）可透过玻璃对工件进行加工，这在特殊情况下（如工件需在真空环境中加工）是十分便利的。

7.4.2　激光加工设备组成

激光加工设备包括激光器、电源、光学系统及机械系统等四大部分，如图 7-15 所示。

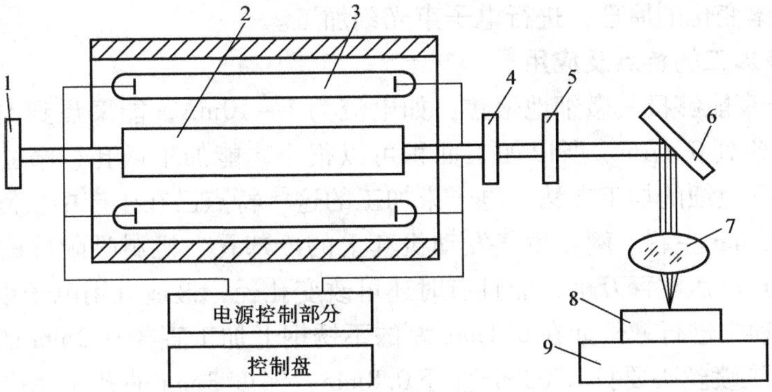

图 7-15　激光加工装置示意图

1、6—反射镜　2—激光器　3—氙灯　4—部分反射镜

5—光阑　7—聚焦镜　8—工件　9—工作台

激光器的作用是把电能转变为光能，当工作物质受到氙灯 3 发出的光能激发时，产生激光，并通过两块全反射镜 1、6 和部分反射镜 4 之间多次来回反射，互相激发，迅速反射放大，并通过部分反射镜和光阑 5 输出激光。

电源为激光器提供所需的能量，包括电压控制、时间控制、储能电容及触发器等。

光学系统的作用在于把激光引向聚焦物镜 7，调整聚焦点位置，使激光以小光点打到工件 8 上。它由显微镜瞄准，加工位置可在投影仪上显示。

机械系统包括床身、工作台、机电控制系统、冷却系统等。床身为固定各部件的基准。工作台能在三坐标范围内移动，以调整加工位置。机电系统为机床的电器操纵部分，控制加工过程。冷却系统是用循环水冷却激光器，以防过热，影响正常工作。

7.5　电子束加工设备

电子束加工是近年来得到较大发展的新兴特种加工。它们在精密微细加工方面，尤其是在微电子学领域中得到较多的应用。电子束加工主要用于打孔、焊接等热加工和电子束光刻化学加工。近期发展起来的毫微米加工技术，主要是用电子束加工。

7.5.1 电子束加工的原理、特点及应用

7.5.1.1 电子束加工的原理

电子束加工是在真空条件下，利用聚焦后能量密集度极高（$10^6 \sim 10^9 W/cm^2$）的电子束，以极高的速度冲击到工件表面极小的面积上，在极短的时间（几分之一微秒）内，其能量的大部分转变成热能，使被冲击部分的工件材料达到几千摄氏度以上的高温，从而引起材料的局部溶化或汽化。

控制电子束能量密度的大小和能量注入时间，就可以达到不同的加工目的。如果只使材料局部加热就可进行电子束热处理；使材料局部溶化可进行电子束焊接；提高电子束能量密度，使材料溶化和汽化，就可进行打孔、切割等加工；利用较低能量密度的电子束轰击高分子材料时产生化学变化的原理，进行电子束光刻加工。

7.5.1.2 电子束加工的特点及应用

1）由于电子束能够极其微细地聚焦，如电流为 1 ~ 10mA，能聚焦到 10 ~ 100μm，电流为 1nA 时，能聚焦到 0.1μm。所以加工面积可以很小，能加工微孔、窄缝、半导体集成电路等，是一种精密微细的加工方法。电子束加工的这一特点已在生产中实际应用，目前最小加工直径可 0.003mm 左右。例如喷气发动机套上的冷却孔、机翼吸附屏的孔，不仅孔的密度可连续变化，孔数达数百万个，而且有时还可改变孔径，最适宜用电子束高速打孔。高速打孔可在工件运动中进行，例如在 0.1mm 厚的不锈钢上加工直径 0.2mm 的孔，速度为每秒 3000 孔。玻璃纤维喷丝头要打 6000 个直径 0.8mm、深度 3mm 的孔，用电子束打孔可达每秒 20 孔。电子束打孔还能加工深孔，孔的长径比大于 10∶1，如在叶片上打深度 5mm、直径 0.4mm 的孔。

2）由于电子束能量密度很高，使照射部分的温度超过材料的溶化和汽化温度，去除材料主要靠瞬时蒸发。又由于电子束加工是非接触式加工，工件不受机械力作用，不易产生宏观应力和变形，所以加工材料范围很广，对脆性、韧性、导体、半导体材料都可加工。电子束加工的这一特点已应用于加工玻璃、陶瓷、宝石等脆性材料之中。如用电子束加工玻璃、陶瓷、宝石等脆性材料时，由于在加工部位的附近有很大的温差，容易引起变形以至破裂，所以在加工前和加工时，需用电阻炉或电子束进行预热。在宝石上可钻孔直径为 3μm。

3）可以通过磁场或电场对电子束的强度、位置、聚焦等进行直接控制，所以整个加工过程便于实现自动化。特别是在电子束曝光中，从加工位置找准到加工图形的扫描，都可实现自动化。在电子束打孔和切割时，可以通过电器控制加工异形孔，实现曲面弧形切割等。

电子束加工的这一特点应用于如下几个方面：

① 电子束的刻蚀加工。在微电子器件生产中，为了制造多层固体组件，利用电子束对陶瓷或半导体材料刻出许多微细沟槽和孔来，如在硅片上刻出宽 2.5μm，深 0.25μm 的细槽，在混合电路电阻的金属镀层上刻出 40μm 宽的线条。还可在加工过程中对电阻值进行测量校准，这些都可用计算机自动控制完成。电子束刻蚀还可用于制板，在铜制印滚筒上按色调深浅刻出许多大小与深浅不一的沟槽或凹坑，其直径为 70 ~ 120μm，深度为 5 ~ 40μm。

② 电子束可以用来切割或截割各种复杂形面，切口宽度为 6 ~ 3μm，边缘粗糙度可控制在 ±5μm。

③　电子束不仅可以加工各种直的形孔和成形表面，而且也可以加工弯孔和立体曲面。

④　电子束可进行光刻加工。是利用低能量密度的电子束照射高分子材料，由于入射电子和高分子相碰撞，使分子的链被切断或重新聚合而引起分子量的变化。按规定图形进行电子束照射就会产生潜像。若再将它浸入适当的溶剂中，则由于分子量不同而溶解速度不一样，就会使潜像显影出来。如果将这种方法与其他处理工艺并用，就能在金属掩模或材料的表面上进行刻槽。

4）由于电子束加工是在真空中进行，因而产生污染少，加工表面在高温时，也不易氧化，特别适用于加工易氧化的金属及合金材料，以及纯度要求极高的半导体材料。

其应用领域有：

①　电子束热处理。其工艺方法是把电子束作为热源，控制电子束的功率和功率密度大小，使金属表面加热而不熔化，达到热处理的目的。电子束热处理的加热速度和冷却速度都很高，在相变过程中，奥氏体化时间很短，只有几分之一秒乃至千分之一秒，奥氏体晶粒来不及长大，从而能获得一种超细晶粒组织，可使工件获得用常规热处理不能达到的硬度，硬化深度可达 0.3 ~ 0.8mm。电子束的电热转换效率高，可达 90%，电子束热处理又在真空中进行，可以防止材料氧化，所以电子束热处理工艺是很有发展前途的工艺。

②　用电子束加热金属达到表面熔化，可在熔化区加入添加元素，使金属表面形成一层很薄的新的合金层，从而获得更好的机械物理性能。铸铁的熔化处理可以产生非常细的维氏体结构，其优点是抗滑动磨损。铝、钛、镍的各种合金几乎全可进行添加元素处理，从而得到很好的耐磨性能。

5）电子束加工需要一整套专用设备和真空系统、价格较贵。目前生产应用有一定的局限性。

7.5.2　电子束加工设备组成

电子束加工设备的基本结构如图 7-16 所示，它主要由电子枪、真空系统、控制系统和电源等部分组成。

7.5.2.1　电子枪

电子枪是获得电子束的装置，它包括电子发射阴极、控制栅极和加速阳极等。如图 7-17 所示，阴极经电流加热发射电子，带负电荷的电子高速飞向带高电位的正极，在飞向正极的过程中，经过加速极加速，又通过电磁透镜把电子束聚焦成很小的束流。

发射阴极一般用纯钨或纯钽制成，在加热状态下发射大量电子。小功率时用钨或钽作成丝状阴极，如图 7-17a 所示。大功率时用钽作

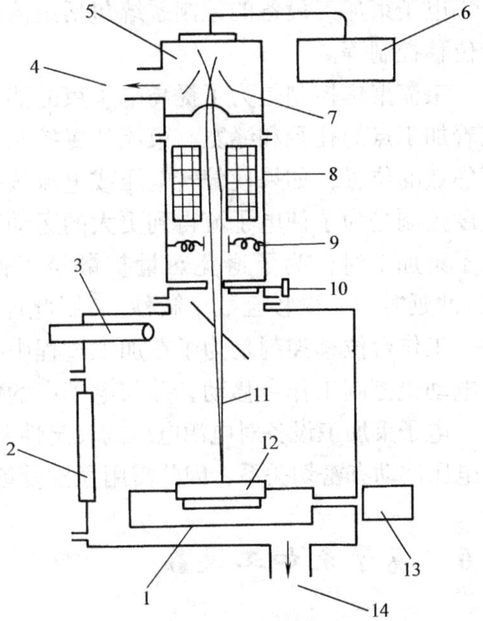

图 7-16　电子束加工设备结构示意图

1—动工作台　2—工件更换盖及观察窗　3—观察筒　4—抽气　5—电子枪　6—加速电压　7—束流强度控制　8—束流聚焦控制　9—束流位置控制　10—更换工件用截止阀　11—电子束　12—工件　13—驱动电动机　14—抽气

成块状阴极，如图7-17b所示。在电子束打孔装置中，电子枪阴极在工作过程中受到损耗，因此，每过10～30h就得进行定期更换。控制栅极为中间有孔的圆桶形，其上加以较阴极为负的偏压，既能控制电子束的强弱，又有初步的聚焦作用。加速阳极通常接地，而在阴极加以很高的负电压，以驱使电子加速。

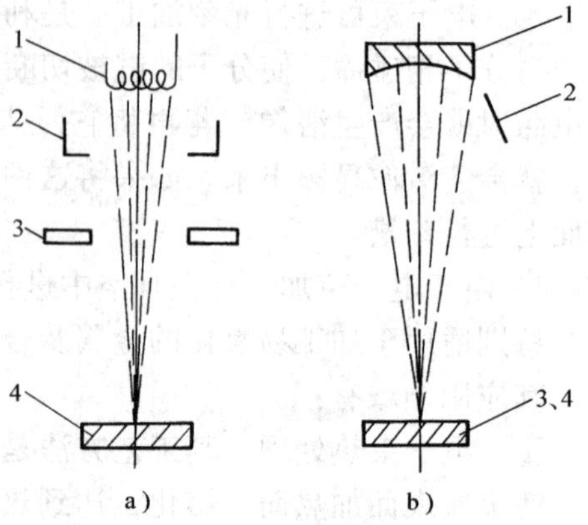

图7-17 电子枪

1—发射电子的阴极 2—控制栅极 3—加速阳极 4—工件

7.5.2.2 真空系统

真空系统是为了保证在电子束加工时达到 $1.33\times10^{-2}\sim1.33\times10^{-4}$Pa 的真空度。因为只有在高真空时，电子才能高速运动。为了消除加工时的金属蒸汽影响电子发射、使其产生不稳定现象，需要不断地把加工中产生的金属蒸汽抽去。

真空系统一般由机械旋转泵和油扩散泵或涡轮分子泵两极组成，先用机械旋转泵把真空室抽至1.4～0.14Pa的初步真空度，然后由油扩散泵或涡轮分子泵抽至的0.014～0.00014Pa高真空度。

7.5.2.3 控制系统和电源

电子束加工设备的控制系统包括束流聚焦控制、束流位置控制、束流强度控制以及工作台位移控制等。

束流聚焦控制是为了提高电子束的能量密度，使电子束聚焦成很小的束流，它基本上决定着加工点的孔径和缝宽。束流位置控制是为了改变电子束的方向，常用磁偏转来控制电子束焦点的位置，如果使偏转电压或电流按一定程序变化，电子束便按预定的轨迹运动；束流强度控制是为了使电子流得到更大的运动速度，常在阴极上加上50～150kV以上的负高压。电子束加工时，为了避免热量扩散至工件上不加工部位，常使电子束间歇脉冲性地运动（脉冲延时为一微秒至数十微秒），因此加速电压也常是间歇脉冲性的。

工作台位移控制是为了在加工过程中控制工作台的位置。因此在大面积加工时需要用伺服电动机控制工作台移动，并与电子束的偏转相配合。

电子束加工设备对电源电压的稳定性要求较高，这是因为电子束聚焦以及阴极的发射强度与电压波动有密切关系，因此需用稳压设备。各种控制电压以及加速电压由升压整流器供给。

7.6 离子束加工设备

离子束加工同电子束加工一样，应用于精密微细加工方面。主要用于离子刻蚀、离子镀膜和离子注入加工。

7.6.1 离子束加工原理、特点及应用

7.6.1.1 离子束加工原理

离子束加工的原理和电子束加工基本类似，也是在真空条件下，将离子源产生的离子

束经过加速聚焦，使之射到工件表面。不同的是离子带正电荷，其质量比电子大数千、数万倍，如氩离子的质量是电子的7.2万倍，所以一旦离子加速到较高速度时，离子束比电子束具有更大的撞击功能，它是靠微观的机械撞击能量，而不是靠动能转化为热能来加工的。

离子束加工的物理基础是离子束射到材料表面时所发生的撞击效应、溅射效应和注入效应。具有一定动能的离子射到材料（靶材）表面时，可以将靶材表面的原子击出，这就是离子的溅射效应。如果将工件直接作为离子轰击的靶材，工件表面就会受到离子刻蚀（离子铣削）。如果将工件放置在靶材附近，靶材原子就会溅射到工件表面进行溅射沉积吸附，使工件表面镀上一层薄膜。如果离子能量足够大时，射到靶材的离子，就会钻进靶材表面，这就是离子的注入效应。

7.6.1.2 离子束加工的特点及应用

1）由于离子束可以通过光学系统进行聚焦扫描，离子束轰击材料是逐层去除原子，离子束流密度及离子能量可以精确控制，所以离子刻蚀可以达到毫微米（0.001μm）级的加工精度。

应用领域有：

① 用于加工空气轴承沟槽。

② 致薄石英晶体振荡器和压电传感器。

③ 集成电路、声表面波器件、磁泡器件、光电器件和光集成器件等微电子学器件亚微米图形的离子束刻蚀等。

④ 离子注入的深度和浓度也可极精确的控制。所以说，离子束加工是所有特种加工方法中最精密、最微细的加工方法，是当代毫微米加工技术的基础。

2）由于离子束加工是在高真空中进行，所以污染少，特别适用于对易氧化的金属、合金材料和半导体材料的加工。

3）离子束加工是靠离子轰击材料表面的原子来实现的，它是一种微观作用，宏观压力很小。所以加工应力、变形等极小，加工质量高，适用于对各种材料和低刚度零件的加工。

4）离子束加工设备费用贵、成本高，加工效率低，因此应用范围受到一定限制。

7.6.2 离子束加工设备组成

离子束加工设备与电子束加工设备类似，包括离子源、真空系统、控制系统和电源等部分。主要的不同部分是离子源系统。

离子源用以产生离子束流。产生离子束流的基本原理和方法是使原子电离。具体办法是把要电离的气态原子注入电离室，经高频放电、电弧放电、等离子体放电轰击，使气态原子电离为等离子体（即正离子数和负电子数相等的混合体）。用一个相对于等离子体为负电位的电极（吸极），就可从等离子体中引出离子束流。离子源有很多形式，常用的有考夫曼型离子源和双等离子管型离子源。

图7-18为考夫曼型离子源示意图，它由灼热的灯丝2发射电子，在阳极9的作用下向下方移动，同时受线圈4磁场的偏转作用，做螺旋运动前进。惰性气体氩由注入口3注入电离室10，在电子撞击下被电离成离子体，阳极9和引出电极（吸极）8上各有300个直径为

0. 3mm 的小孔，上下位置对齐。在引出电极 8 的作用下，将离子吸出，形成 300 条准直的离子束，再向下则均匀分布在直径为 5cm 的面积上。

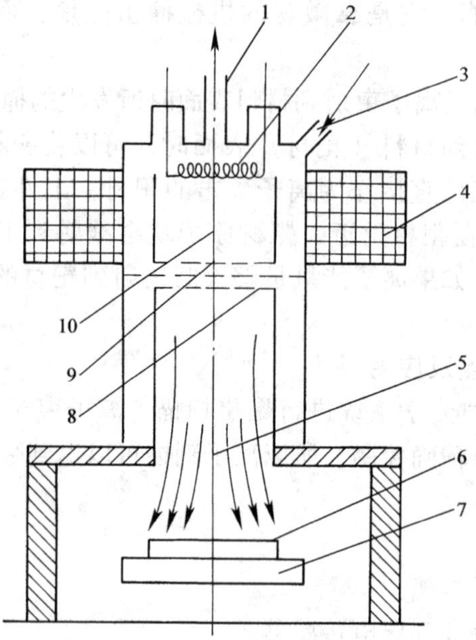

图 7-18 考夫曼型离子源示意图
1—真空抽气口 2—灯丝 3—惰性气体注入口 4—电磁线圈 5—离子束流 6—工件 7—阴极 8—引出电极 9—阳极 10—电离室

本 章 小 结

本章简要介绍了各类特种加工设备的型号及类型，详细介绍了电火花加工、电解加工、超声加工、激光加工、电子束加工、离子束加工等特种加工方法的特点和工作原理，重点介绍了特种加工设备的组成和应用范围。学习本章后，能熟练地依据实际情况选用特种加工设备。

思考与练习题

7-1 什么叫特种加工？它有哪几种类型？

7-2 简述电火花加工、电解加工、超声加工、激光加工、电子束加工、离子束加工的工作原理及特点，各适合何种加工场合？

第 8 章　现代加工设备

学习目标： 通过第 8 章的学习，了解数控机床的工作原理、基本组成、数控机床的特点和 MJ－50 型数控车床及 XKA5750 型数控铣床的主要技术规格、组成部件。详细了解机床主要部件的结构及调整方法。对加工中心，重点了解主轴部件的结构和自动换刀装置的结构及工作原理。对车/铣加工中心、高速切削机床和数控齿加工机床作一般性了解。

8.1　概述

随着计算机、微电子、信息和自动化技术的迅速发展，20 世纪 50 年代后在制造业中陆续出现了数控 NC（Numerical Control）、计算机数控 CNC（Computer Numerical Control）、柔性制造单元 FMC（Flexible Manufacturing Cell）、柔性制造系统 FMS（Flexible Manufacturing System）、计算机集成制造系统 CIMS（Computer Integrated Manufacturing System）等多项现代制造技术与制造模式。现代制造技术已成为各国经济发展、满足人民日益增长需要、加速高新技术发展和实现国防现代化的主要技术支撑，成为企业在激烈的市场竞争中能立于不败之地并求得迅速发展的关键因素。本章将介绍上述现代制造技术的基础加工设备，包括数控车床、数控铣床、加工中心以及柔性制造单元、柔性制造系统等。

8.1.1　数控机床的工作原理

数控技术是指用数字信号构成的控制程序对某一对象进行控制的技术，简称 NC（Numerical Control）。它所控制的一般是位移、角度、速度等机械量，也可以是温度、压力、流量等物理量。

数控机床（Numerical Control Machine Tool）则是采用了数控技术的机床，或者说是装备了数控系统的自动化机床。这种机床是一种综合运用了计算机、自动控制、精密测量和新型机械结构等新技术的机电一体化的典型产品。它的产生，较好地解决了机电产品日趋复杂、精密、小批量及多变化的问题，满足了科技发展与社会生产日益发展的需要。

金属切削机床加工零件，是操作者根据工程图样的要求，不断改变刀具与工件之间相对运动的参数（位置、速度等），使刀具从工件上切下多余金属，最终得到所需要的合格零件。

数控机床加工零件时，首先要将零件图样上的几何信息和工艺信息用规定的代码和格式编写成加工程序，然后将加工程序输入数控装置，经过计算机的处理、运算，按各坐标轴的分量送到相应的驱动电路，经过转换、放大去驱动伺服电动机，使各坐标移动若干个最小位移量，即控制刀具运动轨迹，并进行反馈控制，使各轴精确走到程序要求的位置，实现刀具与工件的相对运动，完成零件加工。

以图 8-1 为例，在 XY 平面上，要加工任意曲线 L 的零件，要求刀具 T 沿工件形状的曲线轨迹运动，并进行切削加工。可以将曲线 L 分解成 ΔL_0、ΔL_1、ΔL_2、…、ΔL_i 等线段，设切削 ΔL_i 的时间为 Δt_i，当 $\Delta L_i \to 0$，即把曲线划分的段数越多，每段长度越小，则刀具的运动轨迹越逼近曲线 L。即

$$\lim_{\Delta t_i \to 0} \sum_{i=0}^{\infty} \Delta L_i = L$$

如果在 Δt_i 时间内，x 坐标及 y 坐标方向移动量分别是 Δx_i、Δy_i，即

$$\Delta L_i = \sqrt{\Delta x_i^2 + \Delta y_i^2}$$

进给速度

$$v_i = \frac{\Delta L_i}{\Delta t_i} = \sqrt{\left(\frac{\Delta x_i}{\Delta t_i}\right)^2 + \left(\frac{\Delta y_i}{\Delta t_i}\right)^2}$$

如果 v 等于常数而保持不变时，称为恒定进给速度。

当加工直线时，ΔL_i 的斜率不变，各坐标轴速度分量比值 $\Delta v_{yi}/\Delta v_{xi}$ 不变，因此进给速度 v 可以保持常量。

当加工任意曲线时，ΔL_i 的斜率不断变化，$\Delta v_{yi}/\Delta v_{xi}$ 的比值也在不断变化。只要能连续地自动控制 X、Y 两个坐标方向运动速度的比值，就可以实现任意曲线的零件加工。

在数控加工中，使数控机床动作的是数控装置给数控机床传递运动命令的脉冲群，每一个脉冲对应于机床的单位位移量。

在进行曲线加工时，可以用一给定的数学函数来模拟线段 ΔL_i。根据给定的数学函数，如线性函数、圆函数或高次函数，在理想的轨迹或轮廓上的已知点之间，进行数据点的密化，确定一些中间点的方法，称之为插补。处理这些插补的算法，称之为插补运算。

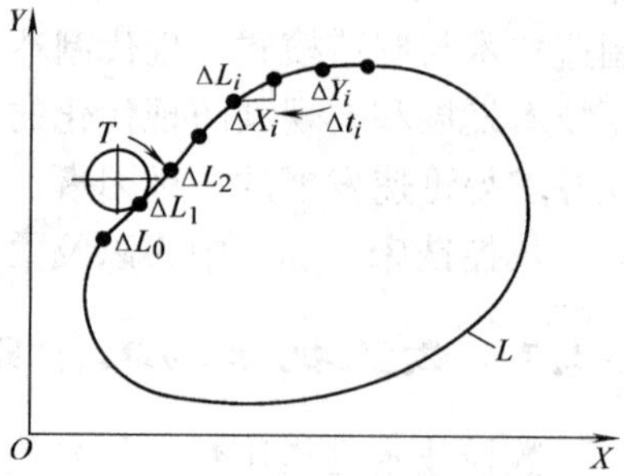

图 8-1 数控机床加工原理

数控装置就是一台能够接受零件图样加工要求的信息，并按照一定的数学模型进行插补运算。实时地向各坐标轴发出速度控制指令及切削用量的特殊用途的计算机。

除数控装置外，为了使数控机床实现数控加工，还必须有能满足和实现上述加工方式要求的驱动装置、机床主机、刀具以及其他一整套辅助、配套设备，这样，就可以组成一台数控机床，完成各种零件的数控加工。

8.1.2 数控机床的基本组成

数控机床主要由控制介质、计算机数控装置、伺服系统、辅助装置及机床本体等部分组成。其组成框图如图 8-2 所示。

8.1.2.1 控制介质

数控机床工作时，所需要的各种控制信息要靠某种中间载体携带和传输，这种载体称为控制介质。控制介质以指令的形式记载各种加工信息，如零件加工的工艺信息、工艺参数和刀具运动等，并将这些信息输入到数控装置，控制数控机床对零件切削加工。

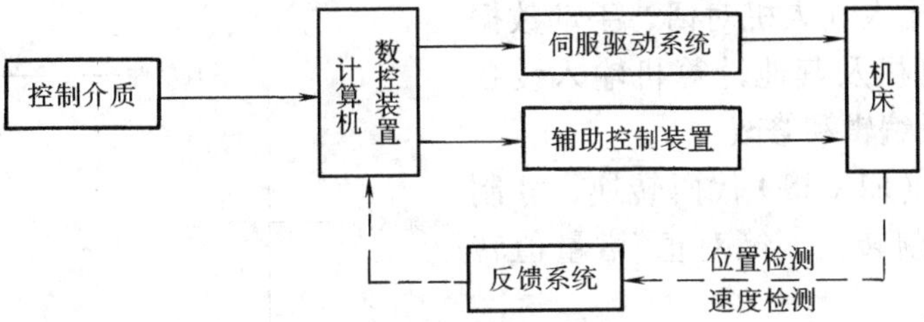

图 8-2　数控机床的组成

控制介质有多种形式，它随着数控装置类型的不同而不同，常用的有穿孔纸带、穿孔卡、磁带及磁盘等。还有一部分数控机床采用数码拨盘、数码插销或利用键盘直接将程序及数据输入。另外，随着 CAD/CAM 技术的发展，有些数控设备利用 CAD/CAM 软件在其他计算机上编程，然后通过计算机与数控系统通信，将程序和数据直接传送给数控装置。

8.1.2.2　计算机数控装置（CNC）

数控装置是数控机床的控制核心，是高技术密集型产品。它集成了微电子技术、信息技术、自动控制技术、驱动技术、监控检测技术、软件工程技术和机械加工工艺知识。

最初的数控装置是硬接线数控，由固定接线的硬件电路组成的专用计算机实现数控功能，制成后不易改变，柔性差。目前，绝大部分的数控机床采用微机控制，所以也称为 CNC（Computer Numerical Control，计算机数控）。CNC 装置由硬件和软件组成。CNC 的硬件为一小型计算机，一般由中央处理单元（CPU）、存储器、总线和输入输出接口等组成，其结构如图 8-3 所示。CNC 装置由软件来实现部分或全部数控功能，通过改变软件很容易更改或扩展其功能，软件结构如图 8-4 所示。CNC 装置较硬件数控装置柔性增强，更为灵活和经济，而且提高了工作可靠性，其高性能价格比促进了数控机床的迅速发展。

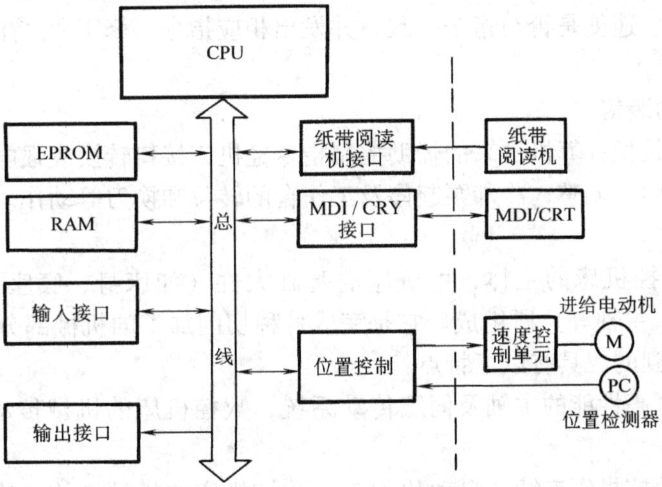

图 8-3　CNC 装置的硬件结构

为了完成各种形状的零件加工，CNC 装置必须具备的主要功能有：

1）多坐标控制功能（多轴联动）。

2）多种函数插补功能（直线、圆弧、抛物线等）。

3）多种程序输入（人机对话、手动数据输入，由上级计算机及其他计算机输入设备的接口输入）以及编辑和修改。

4）代码转换（EIA/ISO 代码转换，寸制/米制转换、记数制转换、绝对值/增量值转换、坐标转换等）。

5）加工选择，各种加工循环，重复加工、凹（凸）模加工，镜像加工等。

6）可实现各种补偿功能，进行刀具半径、刀具长度、传动间隙、螺距误差的补偿。

7）实现故障自诊断。

8）CTR 显示，实现图形、轨迹、字符显示。

9）联网及通信功能。

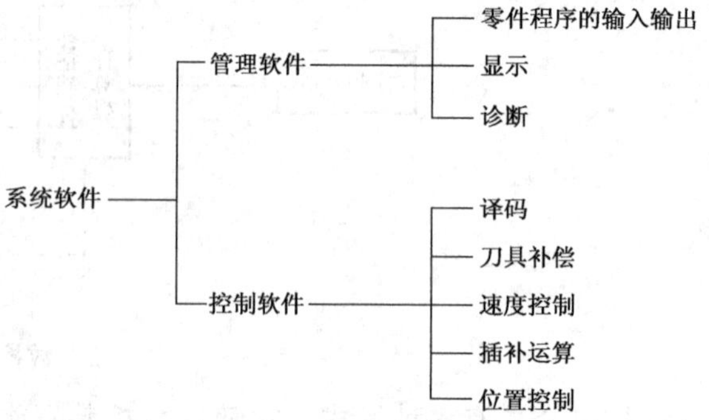

图 8-4　CNC 装置的软件结构

8.1.2.3　伺服系统

伺服系统是数控系统的执行部分，它的作用是将来自数控装置插补产生的脉冲信号转化为受控设备的执行机构的位移（运动）。每个进给运动的执行部件都配有一套伺服驱动系统。

伺服系统由伺服驱动电路、功率放大电路、伺服电动机、传动机构和检测反馈装置组成。常用的伺服电动机有步进电动机、直流伺服电动机和交流伺服电动机。伺服系统的性能是决定数控机床加工精度和生产效率的主要因素之一。

闭环控制的数控机床带有检测反馈系统，如图 8-2 虚线所示，其作用是将机床移动的实际位置、速度参数检测出来，转换成电信号，并反馈到 CNC 装置中，使 CNC 装置能随时判断机床的实际位置、速度是否与指令一致，并发出相应指令，修正所产生的偏差，提高加工精度。

8.1.2.4　辅助控制装置

辅助控制装置是把计算机送来的辅助控制指令经机床接口转换成强电信号，用来控制主轴电动机起、停、转速调整，冷却泵起停及工作台的转位和换刀等动作。

8.1.2.5　机床本体

机床本体是数控机床的主体，由机床的基础大件（如床身、底座）和各种运动部件（如工作台、床鞍、主轴等）所组成。它是完成各种切削加工的机械部分，是在原普通机床的基础上改进而得到的，具有以下特点：

1）由于采用了高性能的主轴及伺服传动系统，数控机床的机械传动结构得到了简化，传动链较短。

2）为了适应数控机床连续地自动化加工，数控机床的机械结构具有较高的动态刚度、阻尼精度及耐磨性，热变形较小。

3）更多地采用了高效传动部件，如滚珠丝杠副、直线滚动导轨等。

与传统机床相比，数控机床的外部造型、整体布局，传动系统与刀具系统的部件结构及操作机构等方面都发生了很大的变化，这种变化的目的是为了满足数控机床的要求和充分发挥数控机床的特点。因此，必须建立数控机床设计的新概念。

8.1.3 数控机床的特点

1）能完成很多普通机床难以完成，或者根本不能加工的复杂形面的零件加工。因此，数控机床首先在航空、航天领域获得应用。在复杂型面的模具加工中，在蜗轮叶片及螺旋桨的加工中，也都得到了广泛应用。

2）适应性强。数控机床是根据数控程序来完成加工任务，当加工对象改变时，只要改变数控程序软件，而不需改变机械部分和控制部分的硬件，就能适应新的工作要求。因此数控机床特别适用于单件、小批量及新产品的试制，满足了当前产品更新快的市场竞争需要。

3）加工精度高，质量稳定。由于数控机床是按照预定的程序自动加工，加工过程不需要人工干预，消除了人为误差。而且可以通过实时检测反馈修正误差或补偿来获得更高的精度。因此，可以获得比机床本身精度还高的加工精度和重复精度，尤其提高了同批零件生产的一致性，使产品质量稳定。

4）生产率高。数控机床能缩短生产准备时间，采用最佳切削参数和最佳进给路线，缩短加工时间，从而提高生产效率。

5）大大减轻了工人的劳动强度。

6）良好的经济效益。虽然数控机床价格昂贵，初期投资大，但使用数控机床可以通过提高生产效率节约直接生产费用，几乎不需专用的工装夹具，还可实现一机多用，节省了设备和厂房投资。所以，总体成本下降，可以获得良好的经济效益。

7）有利于生产管理。数控机床使用数字信息与标准代码处理、传递信息，有利于与计算机联接，构成由计算机控制和管理的生产系统，实现制造和生产管理的自动化。

虽然数控机床有以上优点，但初期投资大，维修费用较高，对操作及管理人员的素质要求也较高。因此，要合理地选择及使用数控机床，达到降低企业生产成本，提高经济效益和竞争能力的目的。

8.2 MJ-50 型数控车床

8.2.1 机床的用途和主要组成部件

MJ－50 型数控车床是由济南第一机床厂生产的产品。该机床主要用于加工圆柱形、圆锥形和各种成形回转表面，车削各种螺纹，以及对盘形零件的钻孔、扩孔、铰孔和镗孔等加工，还可以完成车端面、切槽、倒角等加工。它具有加工精度高、稳定性好、生产效率高、工作可靠等优点，适用于航空航天、国防、石油、电机、仪表、汽车及机械制造等行业中的回转体零件的中小批量生产。

MJ－50 型数控车床是两坐标连续控制的卧式车床，其外形如图 8-5 所示，床身 14 为平床身，床身导轨面上支承 30°倾斜布置的床鞍 13，排屑方便。导轨横截面为矩形，支承刚性好，导轨上配置有防护罩 8。主轴箱 4 安装在床身的左上方，主轴由交流伺服电动机驱动，不需变速传动装置，因此使得主轴箱的结构大大简化。为了快速并且省力地装夹工件，主轴卡盘3的夹紧与松开是由主轴尾端的液压缸来控制的。

床身右上方是尾座12，该机床配置两种尾座，一种是标准尾座，另一种是选择配置的尾座。

床鞍的倾斜导轨上安装有10个工位的回转刀架11，床鞍上分别安装有X轴和Z轴的进给传动装置。

根据用户的要求，主轴箱前端面可以安装对刀仪2，用于机床的机内对刀。检测刀具时，对刀仪的转臂9摆出，其上部的接触式传感器测头对所用刀具进行检测。检测完成后，对刀仪的转臂摆回图中所示的原位，且测头被锁在对刀仪防护罩7中。

10是操作面板，5是机床防护门，可以配置手动防护门，也可以配置气动防护门。6为液压系统的压力表，1是主轴卡盘夹紧与松开的脚踏开关。

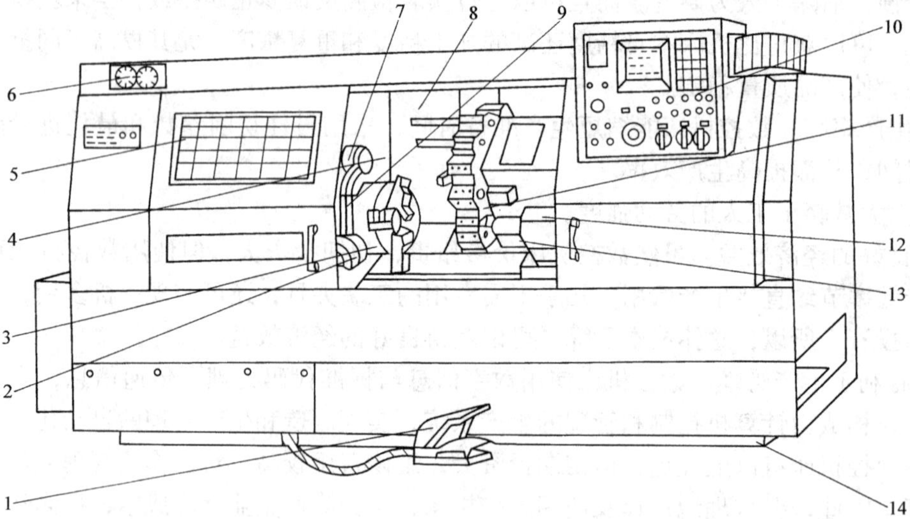

图8-5 MJ－50型数控车床外观图

1—主轴卡盘松、夹开关 2—对刀仪 3—卡盘 4—主轴箱 5—机床防护门 6—压力表 7—对刀仪防护罩 8—导轨防护罩 9—对刀仪转臂 10—操作面板 11—回转刀架 12—尾座 13—床鞍 14—床身

该机床配有日本FANUC－OTE、德国SIEMENS或中国台湾地区HUST－11T三种数控系统。

机床的主运动为主轴的转动，转速范围35～3500r/min。可实现X轴和Z轴两个方向的进给。

8.2.2 机床的传动系统

8.2.2.1 主运动传动链

MJ－50型数控车床的传动系统图如图8-6所示。其中主运动的传动系统是由功率11/15kW（连续/30min超载）的直流伺服电动机驱动，经一级1：1的带传动带动主轴旋转，由电气系统无级调速。由于传动链中没有齿轮变速机构，所以提高了主轴精度，噪声很小，而且维修方便。

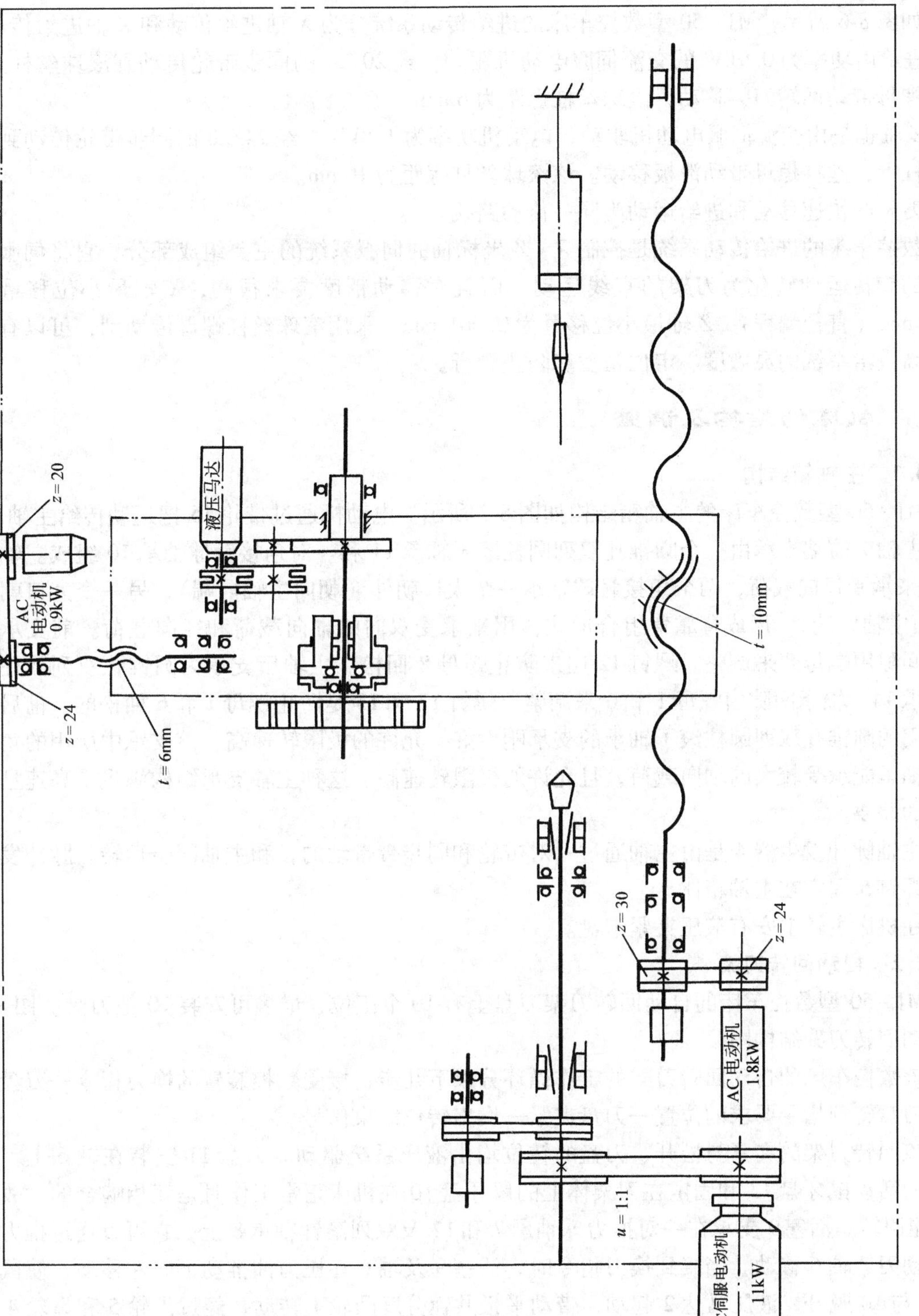

图 8-6　MJ－50 型数控车床传动系统图

8.2.2.2 进给传动链

如图 8-6 所示，MJ－50 型数控车床的进给传动系统分为 *X* 轴进给传动和 *Z* 轴进给传动。*X* 轴进给由功率为 0.9kW 的交流伺服电动机驱动，经 20/24 的同步带轮传动到滚珠丝杠上，丝杠螺母带动回转刀架移动，滚珠丝杠螺距为 6mm。

Z 轴也是由交流伺服电动机驱动，电动机功率为 1.8kW，经 24/30 的同步带轮传动到滚珠丝杠上，丝杠螺母带动滑板移动。该滚珠丝杠螺距为 10mm。

刀架的快速移动和进给运动为同一传动路线。

数控车床的进给传动系统是控制 *X*、*Z* 坐标轴的伺服系统的主要组成部分。它将伺服电动机的旋转运动转化为刀架的直线运动，而且对移动精度要求很高，*X* 轴最小位移量为 0.005mm（直径编程），*Z* 轴最小位移量为 0.001 mm。采用滚珠丝杠螺母传动副，可以有效地提高进给系统的灵敏度、定位精度和防止爬行。

8.2.3 机床的结构及调整

8.2.3.1 主轴箱结构

MJ－50 型数控车床的主轴箱结构如图 8-7 所示。电动机通过带轮 15 把运动传给主轴。

主轴 7 前端支承由一个圆锥孔双列圆柱滚子轴承 11 和一对角接触球轴承 10 组成。轴承 11 用来承受径向载荷，两个角接触球轴承一个大口朝外（朝向主轴前端），另一个大口朝里（朝向主轴后端），形成背靠背组合形式，用来承受双向的轴向载荷和径向载荷。前支承轴承的间隙用螺母 8 来调整。螺钉 12 用来防止螺母 8 回松。主轴后支承为圆锥孔双列圆柱滚子轴承 14，轴承间隙由螺母 1 和 6 来调整。螺钉 17 和 13 是防止螺母 1 和 6 回松的。前后支承所用的圆锥孔双列圆柱滚子轴承的支承刚性好，允许的极限转速高，前支承中所用的角接触球轴承能承受较大的轴向载荷，且允许的极限转速高。这种主轴支承结构满足了高速且大载荷的需要。

主轴脉冲发生器 4 是由主轴通过一对带轮和同步带带动的，和主轴同步运转。脉冲发生器用螺钉 5 固定在主轴箱体 9 上。

在机床主轴上安有液压夹紧卡盘。

8.2.3.2 自动回转刀架

MJ－50 型数控车床的自动回转刀架刀盘上有 10 个工位，最多可安装 10 把刀具。图 8-8 为自动回转刀架结构图。

该数控车床的自动回转刀架的工作循环分以下几步：接受数控装置的换刀指令—刀盘松开—刀盘转到指令要求的位置—刀盘夹紧—发出转位结束信号。

该回转刀架的夹紧与松开、刀盘的转位均由液压系统驱动。刀盘 11 安装在轴 6 上。刀盘上的活动鼠牙盘 13 和固定在刀架体上的鼠牙盘 10 在机床正常工作时是互相啮合的，故轴 6 不能回转。活塞 9 支承在一对推力球轴承 7 和 12 及双列滚针轴承 8 上，它可以通过推力轴承带动刀架轴 6 移动。当接到换刀指令时，活塞 9 及轴 6 在压力油推动下向左移动，使鼠牙盘 13 与 10 脱开，液压马达 2 起动，带动平板共轭分度凸轮 1 转动，经过齿轮 5 和齿轮 4 带动刀架轴 6 及刀盘旋转。刀盘旋转的位置，通过开关 PRS1、PRS2、PRS3、PRS4 和 PRS5 的通断组合来检测确认。当刀盘旋转到准指定的刀位后，开关 PRS7 通电，向数控装置发出信

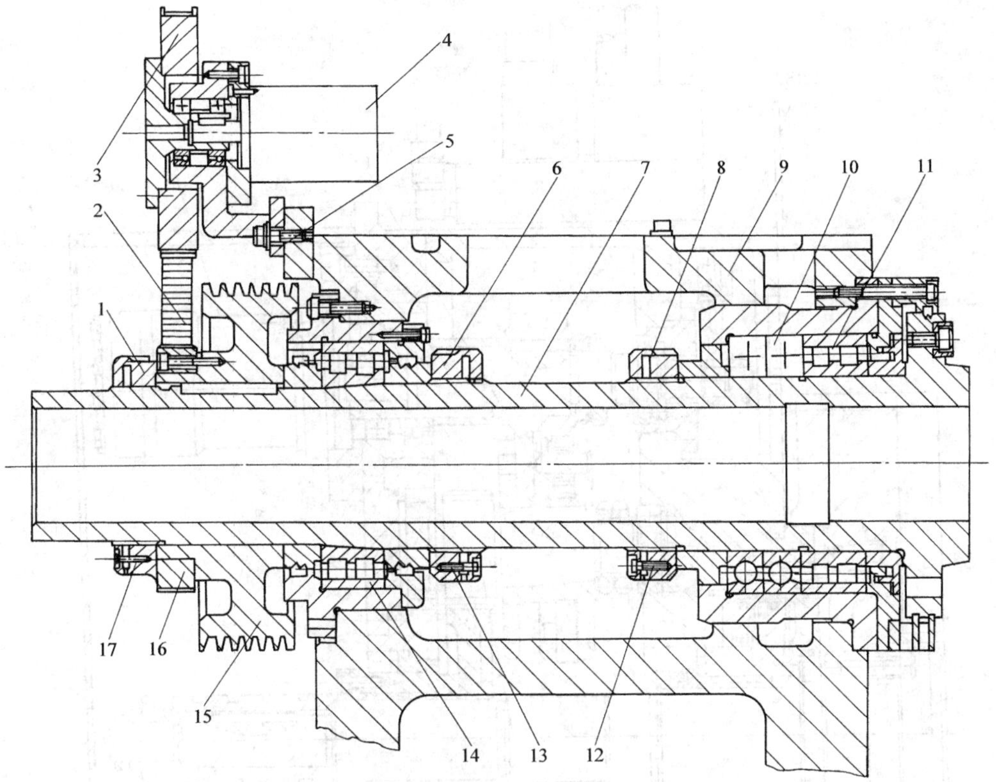

图 8-7　MJ－50 型数控车床主轴箱结构简图

1、6、8—螺母　2—同步带　3、16—同步带轮　4—主轴脉冲发生器

5、12、13、17—螺钉　7—主轴　9—主轴箱体　10—角接触球轴承

11、14—双列圆柱滚子轴承　15—V 带轮

号，指令液压马达停转，这时压力油推动活塞 9 向右移动，使鼠牙盘 10 和 13 重新啮合，刀盘被定位夹紧。接通开关 PRS6 用来确认夹紧，并向数控装置发出信号，这样刀架的工作循环就完成了。

在机床自动工作状态下，当指定换刀的刀号后，数控系统能够通过内部的运算判断，实现刀盘就近转位换刀，即刀盘可以正转也可以反转。但当手动操作机床时，从刀盘方向观察，只允许刀盘顺时针转动换刀。

8.2.3.3　进给装置和尾座

（1）X 轴进给传动装置　图 8-9 是 MJ－50 型数控车床 X 轴进给传动装置的结构图。图 8-9a 中，交流伺服电动机 15 的运动经同步带轮 14 和 10 以及同步带 12 传动到滚珠丝杠 6，由丝杠螺母 7 带动刀架 21 沿床鞍 1 的导轨移动（见图 8-9b），实现 X 轴进给运动。电动机与同步带轮用键 13 联结。滚珠丝杠有前后两个支承。前支承由三个角接触球轴承组成，其中的一个轴承大口朝前，另两个大口向后，分别承受双向的轴向载荷。这几个轴承由螺母 2 进行预紧。后支承 9 为一对角接触球轴承，轴承大口相背放置，由螺母 11 进行预紧。丝杠的这种两端固定的支承形式，结构和工艺都较复杂，但是可以保证和提高丝杠的轴向刚度。脉冲编码器 16 安装在伺服电动机尾部。缓冲块 5 和 8，在出现意外碰撞时起保护作用。

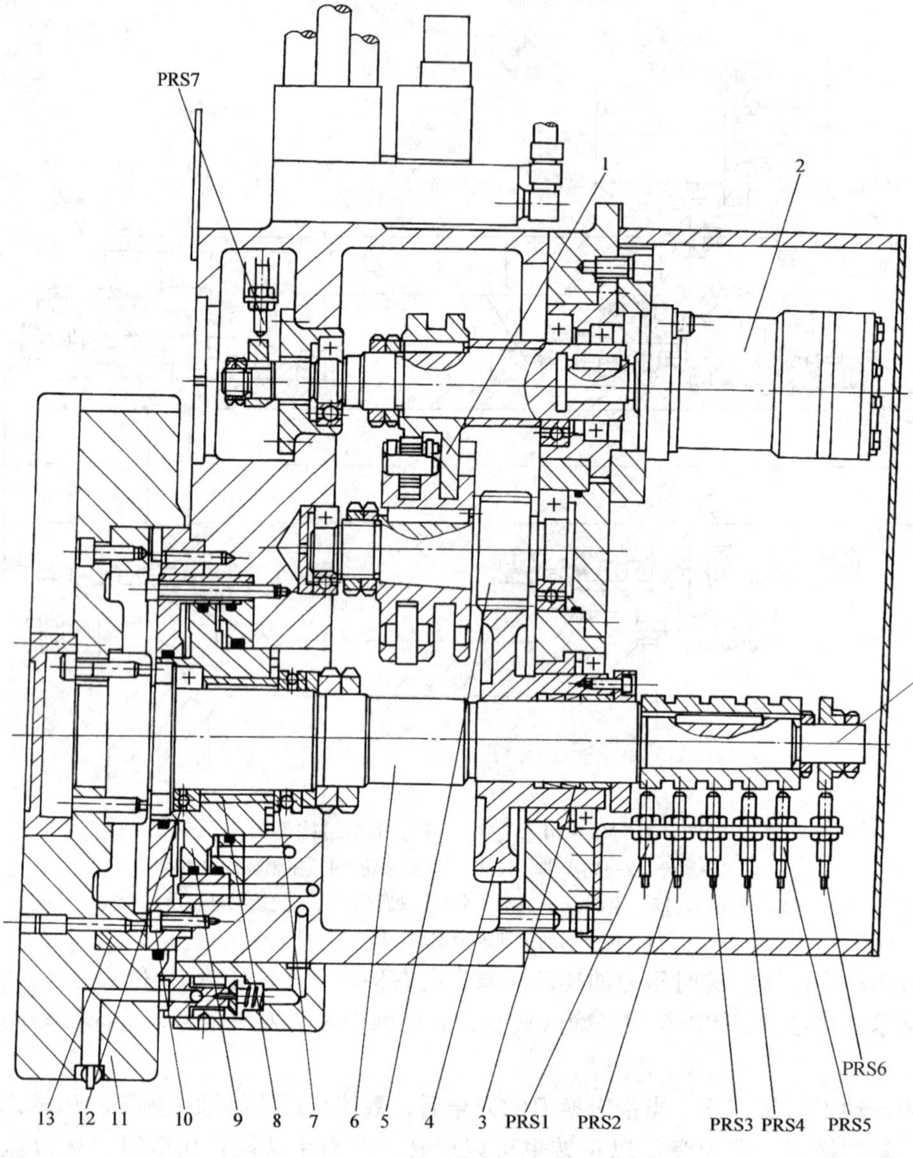

图 8-8 MJ－50 型数控车床的回转刀架结构图

1—分度凸轮 2—液压马达 3—套 4、5—齿轮 6—刀架轴 7、12—推力球轴承 8—双列滚针轴承 9—活塞 10、13—鼠牙盘 11—刀盘

A－*A* 剖视图表示滚珠丝杠前支承的轴承座 4 是用螺钉 20 固定在床鞍上。床鞍导轨如 *B*－*B* 剖视图所示为矩形导轨，这种截面导轨制造维修方便，承载能力大，新导轨导向精度高，但磨损后不能自动补偿，需用镶条调节。图中镶条 17、18、19 用来调整刀架与床鞍导轨的间隙。

图 8-9b 中 22 为导轨护板，26、27 为机床参考点的限位开关和撞块。镶条 23、24、25 用于调整床鞍与床身导轨之间的间隙。

因为床鞍顶面导轨与水平面倾斜 30°，回转刀架在自重作用下会下滑，而滚珠丝杠不能自锁阻止其下滑，所以机床依靠交流伺服电动机的电磁制动来实现自锁。

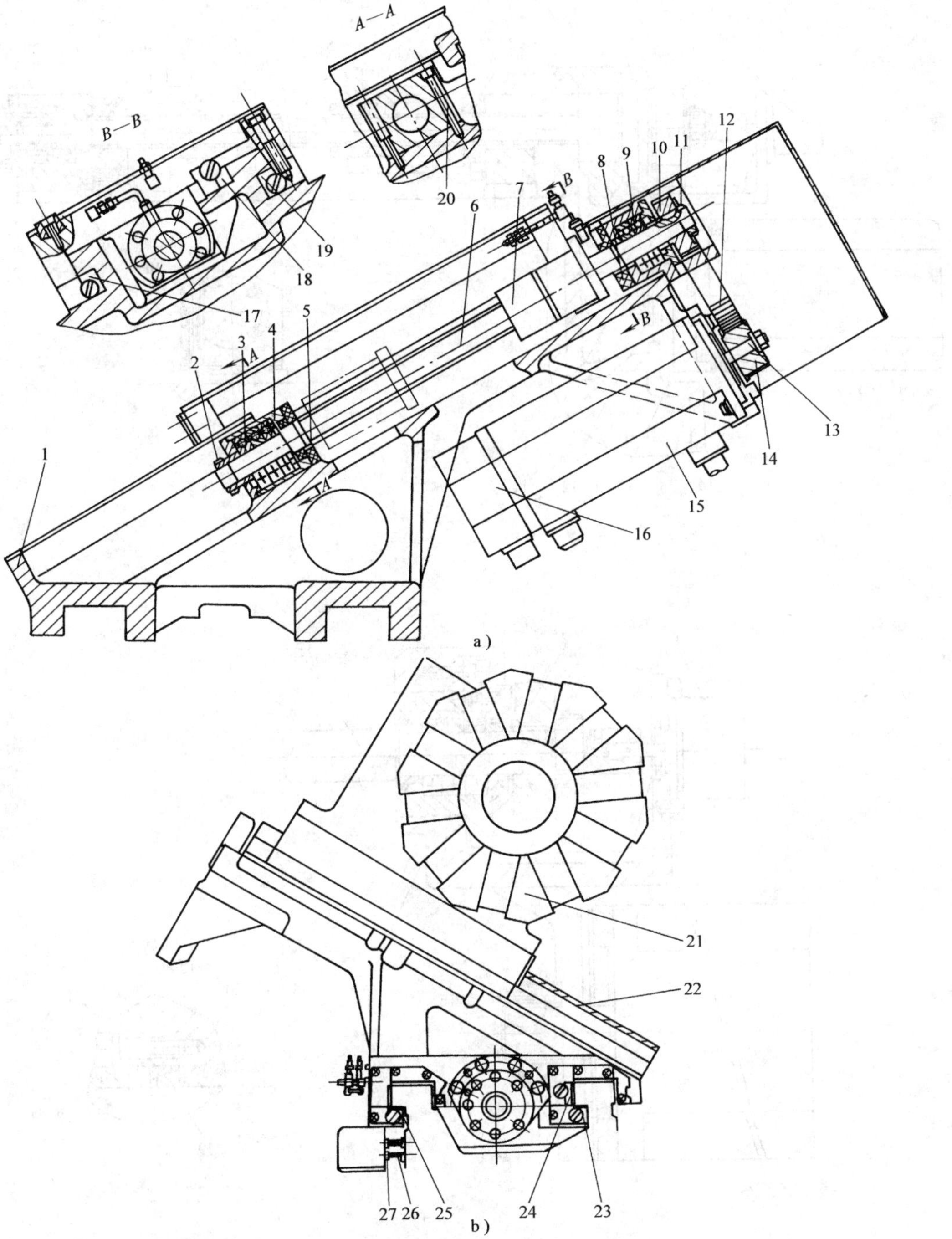

图 8-9　MJ－50 型数控车床 X 轴进给传动装置

1—床鞍　2、11—螺母　3、9—角接触球轴承　4—支承座　5、8—缓冲块
6—滚珠丝杠　7—丝杠螺母　10、14—同步带轮　12—同步带　13—键
15—交流伺服电动机　16—脉冲编码器　17、18、19、23、24、25—镶条
20—螺钉　21—刀架　22—导轨护板　26—限位开关　27—撞块

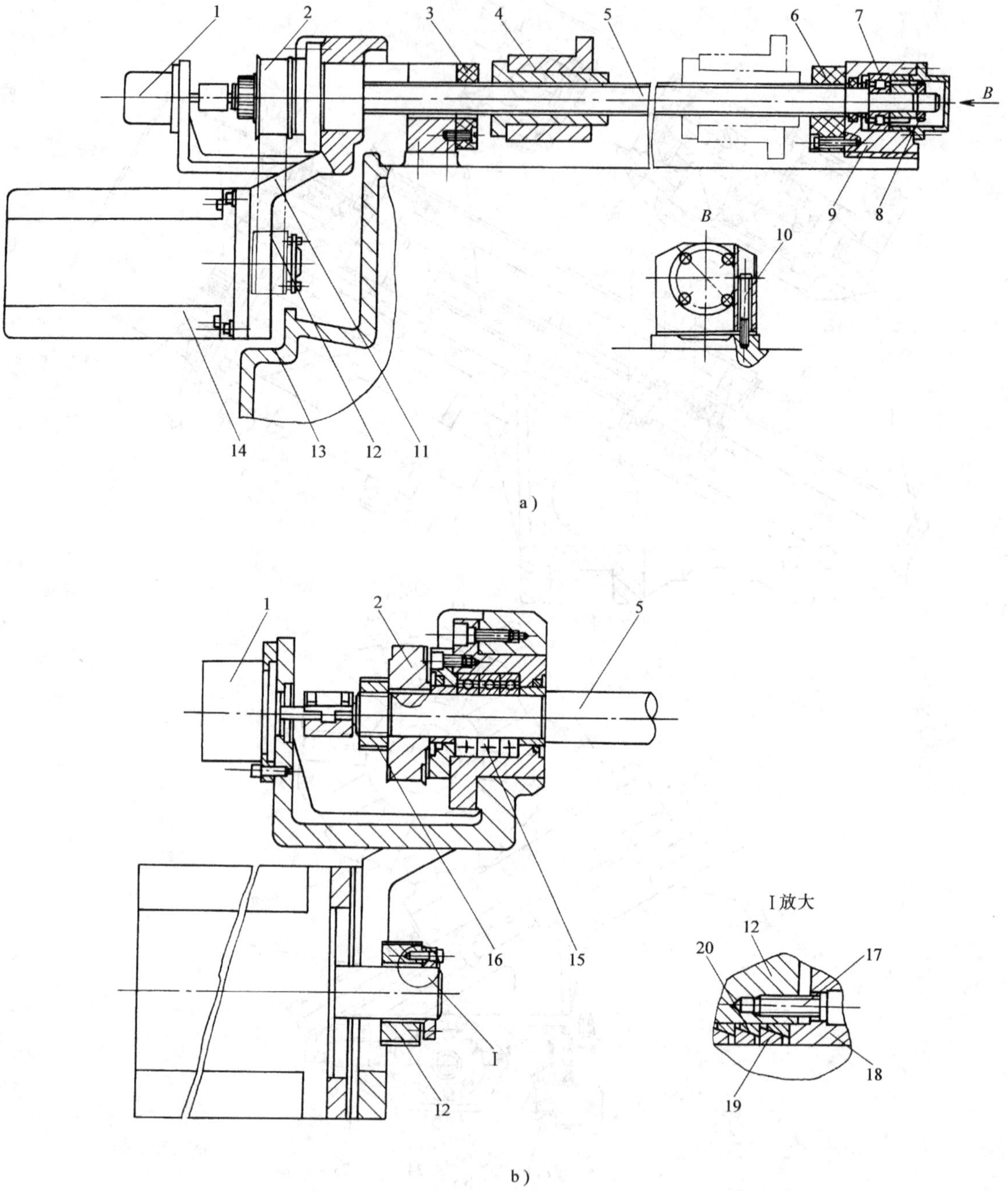

图 8-10 MJ－50 型数控车床 Z 轴进给传动装置

1—脉冲编码器 2、12—同步带轮 3、6—缓冲挡块 4—丝杠螺母 5—滚珠丝杠 7—圆柱滚子轴承 8、16—螺母 9—轴承座 10、17—螺钉 11—同步带 13—床身 14—交流伺服电动机 15—角接触球轴承 18—法兰盘 19、20—内、外锥环

（2）Z 轴进给传动装置　图 8-10 是 MJ－50 型数控车床 Z 轴进给传动装置的结构图。交流伺服电动机 14 的运动经同步带轮 12 和 2 以及同步带 11 传动到滚珠丝杠 5，由丝杠螺母 4 带动床鞍连同刀架沿床身 13 的矩形导轨移动（见图 8-9b），实现 Z 轴的进给运动。如图 8-10b 所示，电动机轴与同步带轮 12 之间用锥环无键联接，局部放大视图中 19 和 20 是内外锥环，当拧紧螺钉 17 时，法兰盘 18 的端面压迫外锥环 20，由于相配合的锥面的作用，使外锥环 20 的外径膨胀，内锥环 19 的内孔收缩，从而靠摩擦力使电动机轴与同步带轮联接在一起。根据所传递转矩的大小，选择锥环的对数。这种联结方式不需在联结件上开键槽，联结件之间的相对角度可任意调节，配合无间隙，故对中性好。

如图 8-10b 所示，滚珠丝杠的左端支承由三个角接触球轴承 15 组成，其中右边两个轴承与左边一个轴承的大口相对布置，可承受双向轴向载荷，由螺母 16 进行预紧。滚珠丝杠的右端圆柱滚子轴承 7 是一个圆柱滚子轴承，只承受径向载荷，轴承间隙由螺母 8 来调整。支承形式为左端固定，右端浮动，丝杠受热后有膨胀伸长的余地。3、6 为缓冲挡块，起超程保护作用。B 向视图表示滚珠丝杠的右端支承轴承座 9 是由螺钉 10 固定在床身 13 上。

为了消除同步带传动误差对精度的影响，把反馈元件脉冲编码器 1 与滚珠丝杠 5 相联接，直接检测丝杠的回转角度，有利于系统精度的提高。

（3）尾座　图 8-11 是尾座的结构图。尾座体的移动由滑板带动，当移动到所需位置时，由手动控制的液压缸将其锁紧在床身上。在调整机床时，可以手动控制尾座套筒移动。

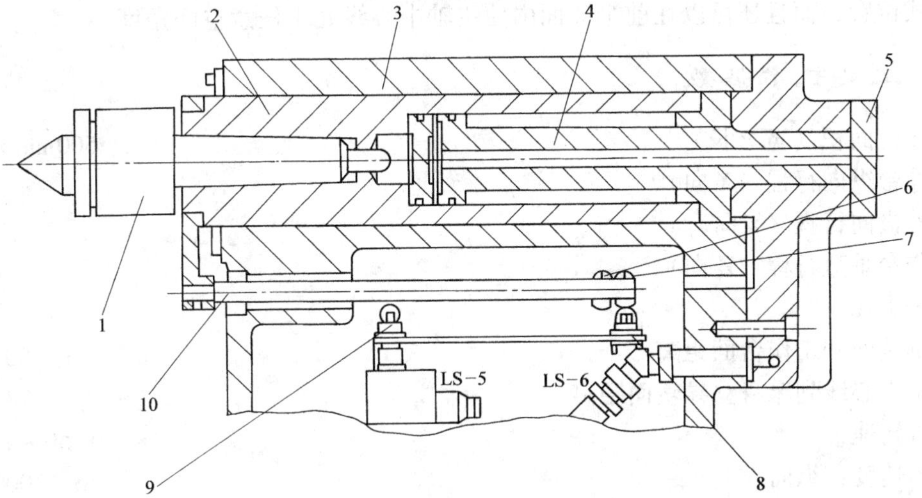

图 8-11　MJ－50 型数控车床尾座结构简图

1—顶尖　2—套筒　3—尾座体　4—活塞杆　5—端盖　6、7—挡块

8、9—行程开关　10—行程杆

顶尖 1 与尾座套筒 2 用锥孔联接，尾座套筒可以带动顶尖一起运动。在机床自动工作循环中，可通过加工程序由数控系统控制尾座套筒的移动。当数控系统发出尾座套筒伸出的指令后，液压电磁阀动作，压力油通过活塞杆 4 的内孔进入套筒液压缸 2 的左腔，推动尾座套筒伸出。当数控系统指令其退回时，压力油进入套筒液压缸的右腔，从而使尾座套筒退回。

尾座套筒移动的行程，靠移动联接在套筒外部的行程杆 10 上面的挡块 6 来进行调整。图中挡块位于右端极限位置，套筒的行程最大。当套筒伸出到位时，挡块 6 压下行程开关

9，向数控系统发出尾座套筒伸出到位信号。当套筒退回时，行程杆上的固定挡块 7 压下行程开关 8，向数控系统发出套筒退回的信号。

8.3 XKA5750 型数控铣床

XKA5750 型数控铣床是北京第一机床厂生产的带有万能铣头的立卧两用数控铣床，可实现三坐标联动，能够铣削具有复杂曲线轮廓的零件，如凸轮、模具、样板、叶片、弧形槽等零件。

8.3.1 机床的基本构成及运动

图 8-12 是 XKA5750 型数控铣床的外形图，该机床由机床本体部分和控制部分构成。机床本体部分由底座 1、床身 5、滑枕 8、万能铣头 9、工作台 13、升降滑座 16、各个方向的伺服进给机构及限位装置等构成。控制部分则包括数控柜 10、操作面板 11 等。

在图 8-12 所示的坐标系中，数控铣床存在以下三种运动：工作台 13 由伺服电动机 15 带动在升降滑座 16 上作纵向移动（X 轴方向）；伺服电动机 2 带动升降滑座 16 作垂直升降运动（Z 轴方向）；滑枕 8 作横向进给运动（Y 方向）。

XKA5750 型数控铣床是立卧两用数控铣床，其万能铣头不仅可以将铣头主轴调整到立式或卧式位置，而且还可以在前半球面内使主轴中心线处于任意空间角度。

8.3.2 主要技术参数

工作台面积（宽×长）	500mm×1600mm
工作台纵向行程（X 向）	1200mm
滑枕横向行程（Y 向）	700mm
工作台垂直行程（Z 向）	500mm
主轴锥孔	ISO50
主轴端面到工作台面距离	50～550mm
主轴中心线到床身立导轨面距离	28～278mm
主轴转速	50～2500r/min
进给速度：纵向	6～3000mm/min
横向	6～3000mm/min
垂向	3～1500mm/min
快速移动速度：纵向、横向	6000mm/min
垂向	3000mm/min
主轴电动机功率	11kW
进给电动机转矩：纵向、横向	9.3N·m
垂向	13N·m
润滑电动机功率	60W
冷却电动机功率	125W

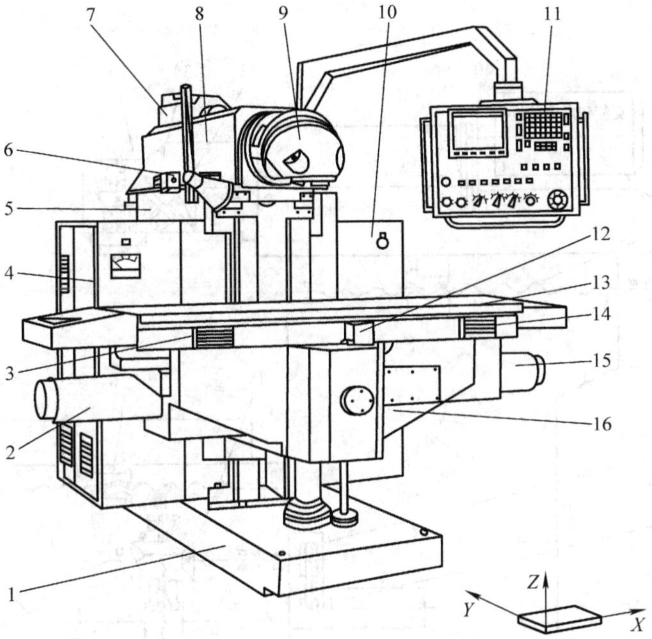

图 8-12　XKA5750 型数控铣床

1—底座　2、15—伺服电动机　3、14—行程限位挡铁　4—强电柜　5—床身　6—横向限位开关　7—后壳体　8—滑枕　9—万能铣头　10—数控柜　11—操作面板　12—纵向限位开关　13—工作台　16—升降滑座

机床外形尺寸（长×宽×高）	2393mm×2264mm×2180mm
控制轴数	3（可选 4 轴）
最大同时控制轴数	3
最小设定单位	0.001mm/0.0001in
插补功能	直线/圆弧
编程功能	多种固定循环、用户宏程序
程序容量	64KB
显示方法	9in 单色 CRT

8.3.3　机床的传动系统

1. 主运动传动链

图 8-13 是 XKA5750 型数控铣床的传动系统图。主运动是铣床主轴的旋转运动，由装在滑枕后部的交流主轴伺服电动机驱动，电动机的运动通过速比为 1∶2.4 的一对弧齿同步带轮传到滑枕的水平轴 I 上，再经万能铣头的两弧齿锥齿轮副（33/34、26/25）将运动传到主轴Ⅳ，主轴的转速范围为 50 ～ 2500r/min（电动机转速范围 120～6000r/min）。主轴转速在 625r/min（电动机转速 1500r/min）以下是为恒转矩输出；主轴转速在 625～1875r/min 内为恒功率输出；超过 1875r/min 后输出功率下降，转速到 2500r/min 时，输出功率下降到额定功率的 1/3。

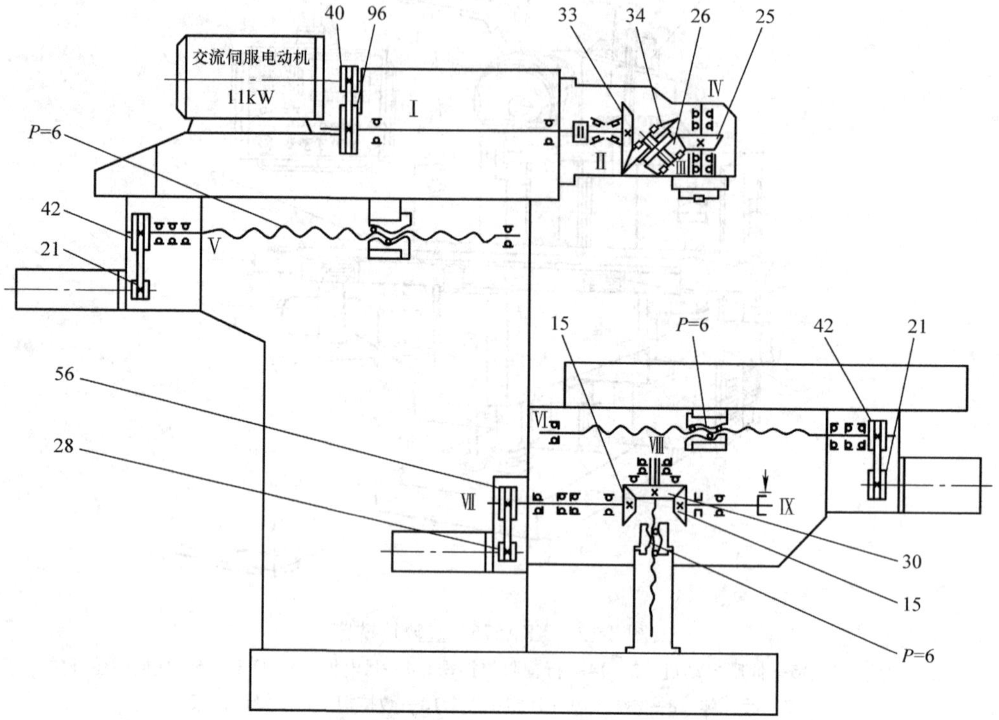

图 8-13 XKA5750 型数控铣床传动系统图

2. 进给运动传动链

工作台的纵向（X 向）进给和滑枕的横向（Y 向）进给，都是由交流伺服电动机通过速比为 1:2 的一对同步圆弧齿形带轮，将运动传动至导程为 6mm 的滚珠丝杠。升降台的垂直（Z 向）进给运动为交流伺服电动机通过速比为 1:2 的一对同步带轮将运动传到轴Ⅶ，再经一对弧齿锥齿轮传到垂直滚珠丝杠上，带动升降台运动。垂直滚珠丝杠上的弧齿锥齿轮带动轴Ⅸ上的锥齿轮，经单向超越离合器与自锁器相连，防止升降台因自重而下滑。

8.3.4 典型部件结构

1. 万能铣头部件

万能铣头部件结构如图 8-14 所示，主要由前、后壳体 12、5，法兰盘 3，传动轴Ⅱ、Ⅲ，主轴Ⅳ及两对弧齿锥齿轮组成。万能铣头用螺栓和定位销安装在滑枕前端。铣削主运动由滑枕上的传动轴Ⅰ（见图 8-13）的端面键传到轴Ⅱ，端面键与连接盘 2 的径向槽相配合，连接盘与轴Ⅱ之间由两个平键 1 传递运动。轴Ⅱ右端为弧齿锥齿轮，通过轴Ⅲ上的两个锥齿轮 22、21 和用花键联接方式装在主轴Ⅳ上的锥齿轮 27，将运动传到主轴上。主轴为空心轴，前端有 7:24 的锥孔，用于刀具或刀具心轴的定心；通孔用于安装拉紧刀具的拉杆。主轴端面有径向槽，并装有两个端面键 18，用于主轴向刀具传递转矩。

万能铣头可通过两个互成 45°的回转面 A 和 B 调节主轴Ⅳ的方位，在法兰盘 3 的回转面

A 上开有 T 形圆环槽 a，松开 T 形螺栓 4 和 24，可使铣头绕水平轴Ⅱ转动，调整到要求的位置时将 T 形螺栓拧紧；在万能铣头后壳体 5 的回转面 B 内，也开有 T 形圆环槽 b，松开 T 形螺栓 6 和 23，可使铣头主轴绕与水平轴线成 45°夹角的轴Ⅲ转动。绕两个轴线转动的综合结果，可使主轴轴线处于前半球面的任意角度。

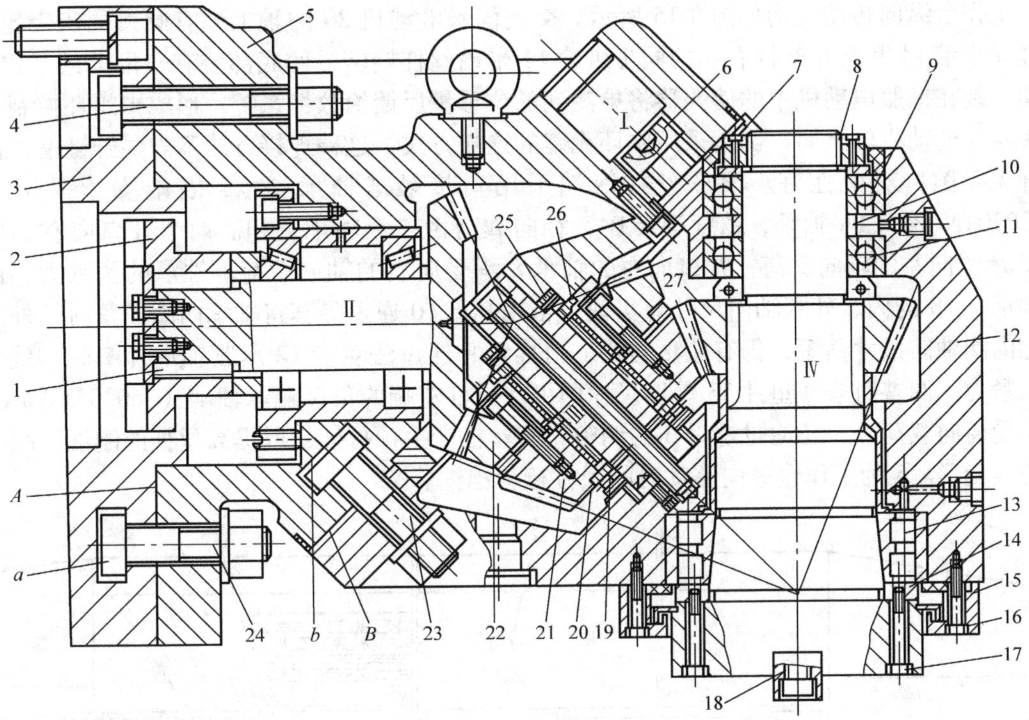

图 8-14　万能铣头部件结构

1—键　2—连接盘　3、15—法兰盘　4、6、23、24—T 形螺栓　5—后壳体　7—锁紧螺钉　8—螺母　9、11—角接触球轴承　10—隔套　12—前壳体　13—轴承　14—半圆环垫片　16、17—螺钉　18—端面键　19、25—推力圆柱滚子轴承　20、26—滚针轴承　21、22、27—锥齿轮

万能铣头作为直接带动刀具的运动部件，不仅要能传递较大的功率，更要具有足够的旋转精度、刚度和抗振性。万能铣头除在零件结构、制造和装配精度要求较高外，还要选用承载力和旋转精度都较高的轴承。两个传动轴都选用了 D 级精度的轴承，轴Ⅱ上为一对 D7029 型圆锥滚子轴承。轴Ⅲ上为一对 D6354906 型向心滚针轴承 20、26，承受径向载荷，轴向载荷由两个型号分别为 D9107 和 D9106 的推力短圆柱滚子轴承 19 和 25 承受。主轴前后支承均为 C 级精度轴承，前支承是 C3182117 型双列圆柱滚子轴承 13，只承受径向载荷；后支承为两个 C36210 型向心推力球轴承 9 和 11，既承受径向载荷，也承受轴向载荷。为了保证旋转精度，主轴轴承不仅要消除间隙，而且要有预紧力，轴承磨损后也要进行间隙调整。前轴承消除间和预紧的调整是靠改变轴承内圈在锥形颈上的位置，使内圈外胀实现的。调整时，先拧下四个螺钉 16，卸下法兰盘 15，再松开螺母 8 上的锁紧螺钉 7，拧松螺母 8 将主轴Ⅳ向前推动 2mm 左右，然后拧下两个螺钉 17，将半圆环垫片 14 取出，根据间隙大小磨薄垫片，最

后将上述零件重新装好。后支承的两个向心推力球轴承开口相背（轴承 9 开口朝上，轴承 11 开口朝下），作消隙和预紧调整时，采用两轴承外圈不动，内圈的端面距离相对减小的办法来实现。具体是通过控制两轴承内圈隔套 10 的尺寸。调整时取下隔套 10，修磨到合适尺寸，重新装好后，用螺母 8 顶紧轴承内圈及隔套即可。最后要拧紧锁紧蝶钉 7。

2. 工作台纵向传动机构

工作台纵向传动机构如图 8-15 所示。交流伺服电动机 20 的轴上装有圆弧同步带轮 19，通过同步带 14 和装在丝杠右端的同步带轮 11 带动丝杠旋转，使底部装有螺母 1 的工作台 4 移动。装在伺服电动机中的编码器将检测到的位移量反馈给数控系统，形成半闭环控制。同步带轮与电动机轴之间，都是采用锥环无键的连接方式，这种连接方法不需要开键槽，而且配合无间隙，对中性好。滚珠丝杠两端采用角接触球轴承支承，右端支承采用三个 7602030TN/P4TFTA 轴承，精度等级 P4，径向载荷由三个轴承分担。两个开口向右的轴承 6、7 承受向左的轴向载荷，开口向左的轴承 8 承受向右的轴向载荷。轴承的预紧力，由两个轴承 7、8 的内、外圈轴向尺寸差实现，当用螺母 10 通过隔套将轴承内圈压紧时，外圈因为比内圈轴向尺寸稍短，仍有微量间隙，用螺钉 9 通过法兰盘 12 压紧轴承外圈时，就会产生预紧力。调整时修磨垫片 13 厚度尺寸即可。丝杠左端的角接触球轴承（7602025TN/P4），除承受径向载荷外，还通过螺母 3 的调整，使丝杠产生预拉伸，以提高丝杠的刚度、减小丝杠的热变形。5 为工作台纵向移动时的限位行程挡铁。

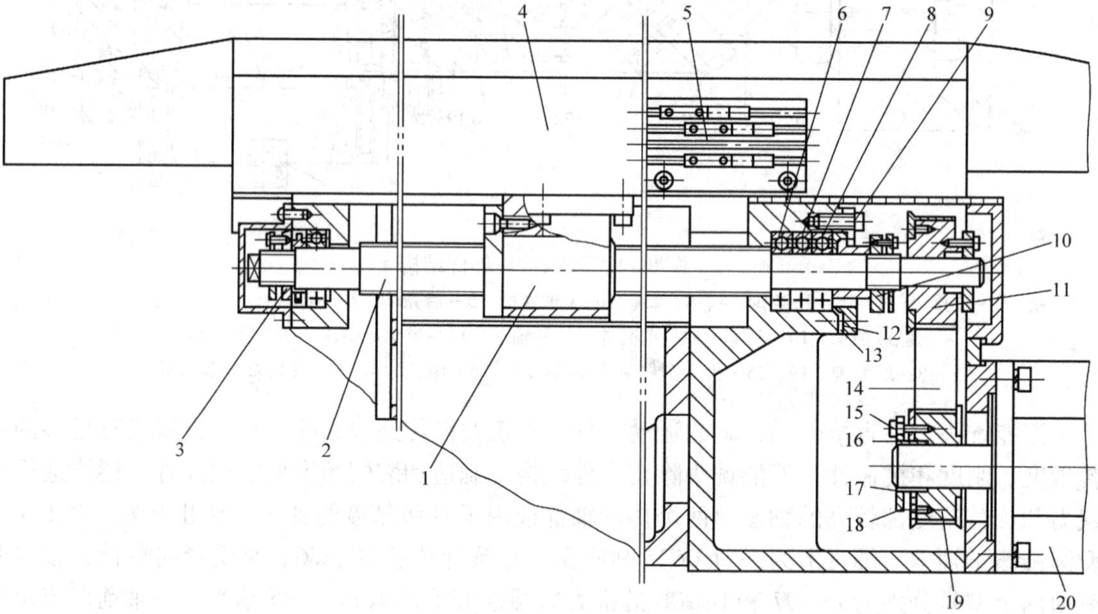

图 8-15 工作台纵向传动机构

1、3、10—螺母 2—丝杠 4—工作台 5—限位挡铁 6、7、8—轴承 9、15—螺钉 11、19—带轮 12—法兰盘 13—垫片 14—同步带 16—外锥环 17—内锥环 18—端盖 20—交流伺服电动机

3. 升降台传动机构及自动平衡机构

升降台升降传动部分的结构如图 8-16 所示，交流伺服电动机 1 经一对同步带轮 2、3 将

运动传到传动轴Ⅶ，轴Ⅶ右端的弧齿锥齿轮 7 带动锥齿轮 8 使垂直滚珠丝杠Ⅷ旋转，升降台上升下降。传动轴Ⅶ有左、中、右三点支承，轴向定位由中间支承的一对角接触球轴承来保证，由螺母 4 锁定轴承与传动轴的轴向位置，并对轴承预紧，预紧量用修磨两轴承的内外圈之间的隔套 5、6 的厚度来保证。传动轴的轴向定位由螺钉 25 调节。垂直滚珠丝杠螺母副的螺母 24 由支承套 23 固定在机床底座上，丝杠通过锥齿轮 8 与升降台联接，其支承由深沟球轴承 9 和角接触球轴承 10 承受径向载荷；由 D 级精度的推力圆柱滚子轴承 11 承受轴向载荷。图中轴Ⅸ的实际安装位置是在水平面内，与轴Ⅶ的轴线呈 90°相交（图中为展开画法）。其右端为自动平衡机构。因滚珠丝杠无自锁能力，当垂直放置时，在部件自重作用下，移动部件会自动下移。因此除升降台驱动电动机带有制动器外，还在传动机构中装有自动平衡机构，一方面防止升降台因自重下落，另外还可平衡上升下降时的驱动力。本机床其结构由单向超越离合器和自锁器组成。工作原理为：丝杠旋转的同时，通过锥齿轮 12 和轴Ⅸ带动单向超越离合器的星轮 21 转动。当升降台上升时，星轮的转向使滚子 13 与超越离合器的外环 14 脱开，外环 14 不随星轮 21 转动；自锁器不起作用；当升降台下降时，星轮 21 的转向使滚子楔在星轮与外环之间，使外环随轴一起转动，外环与两端固定不动的摩擦环 15、22（由防转销 20 固定）形成相对运动，在碟形弹簧 19 的作用下，产生摩擦力，增加升降台下降时的阻力，起自锁作用，并使上下运动的力量平衡。调整时，先拆下端盖 17，松开螺钉 16，适当旋紧螺母 18，压紧碟形弹簧 19，即可增大自锁力。应注意在调整前需用辅助装置支承升降台。

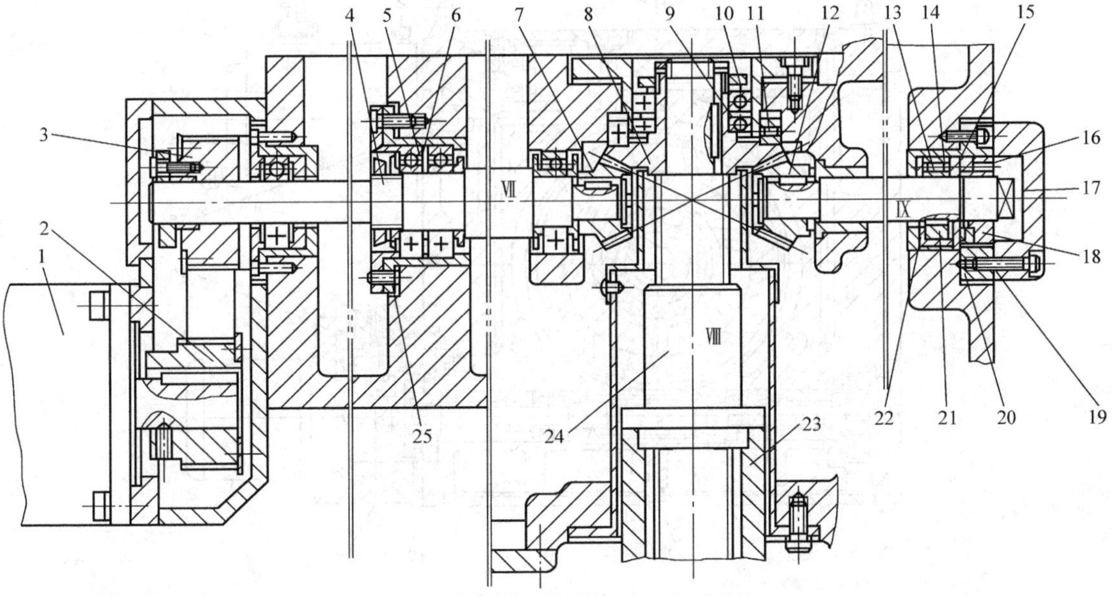

图 8-16　升降台升降传动及平衡机构

1—交流伺服电动机　2、3—同步带轮　4、18、24—螺母　5、6—隔套　7、8、12—锥齿轮　9—深沟球轴承　10—角接触球轴承　11—滚子轴承　13—滚子　14—外环　15、22—摩擦环　16、25—螺钉　17—端盖　19—碟形弹簧　20—防转销　21—星轮　23—支承套

4. 数控回转工作台

数控回转工作台是数控铣床常用附件，可使数控铣床增加一个数控轴，扩大数控铣床功能。数控回转工作台适用于板类和箱体类工件的连续回转表面和多面加工。

图8-17所示为立卧式数控回转工作台，有两个相互垂直的定位面，而且装有定位键22，可方便地进行立式或卧式安装。工件可由主轴孔6定心，也装夹在工作台4的T形槽内。工作台可以完成任意角度分度和连续回转进给运动。工作台的回转由直流伺服电动机17驱动，伺服电动机尾部装有检测用的每转1000个脉冲信号的编码器，实现半闭环控制。机械传动部分是两对齿轮副和一对蜗轮副。齿轮副采用双片齿轮错齿消隙法消隙。调整时卸下电动机17和法兰盘16，松开螺钉18，转动双片齿轮消隙。蜗轮副采用变齿厚双导程蜗杆消隙法消隙。调整时松开螺钉24和螺母25，转动螺纹套23，使蜗杆21轴向移动，改变蜗杆21与蜗

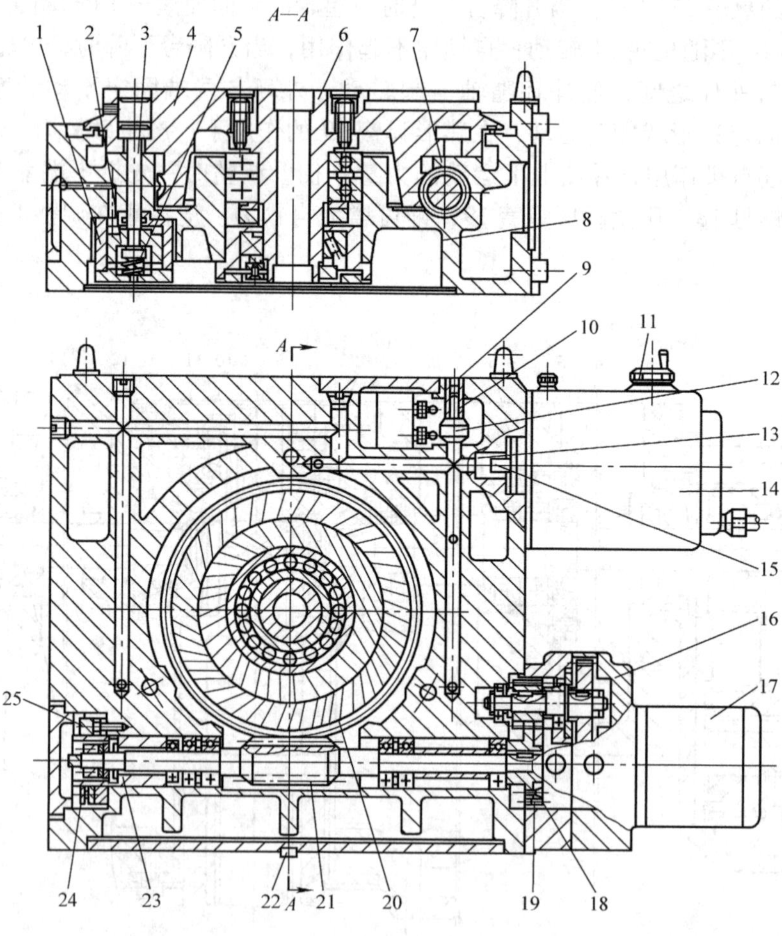

图8-17 立卧两用数控回转工作台

1—夹紧液压缸 2—活塞 3—拉杆 4—工作台 5—弹簧 6—主轴孔 7—工作台导轨面 8—底座 9、10—信号开关 11—脉冲发生器 12—触头 13—油腔 14—气液转换装置 15—活塞杆 16—法兰盘 17—直流伺服电动机 18、24—螺钉 19—齿轮 20—蜗轮 21—蜗杆 22—定位键 23—螺纹套 25—螺母

轮 20 的啮合部位，消除间隙。工作台导轨面 7 贴有聚四氟乙烯，改善了导轨的动、静摩擦系数，提高了运动性能和减少了导轨磨损。

工作时，首先气液转换装置 14 中的电磁换向阀换向，使其中的气缸左腔进气，右腔排气，气缸活塞杆 15 向右退回，油腔 13 及管路中的油压下降，夹紧液压缸 1 上腔减压，活塞 2 在弹簧的作用下向上运动，拉杆 3 松开工作台。同时触头 12 退回，松开夹紧信号开关 9，压下松开信号开关 10。此时伺服电动机 17 开始驱动工作台回转（或分度）。工作台回转完毕（或分度到位），气液转换装置 14 中的电磁阀换向，使气缸右腔进气，左腔排气，活塞杆 15 向左伸出，油腔 13、油管及液压缸 1 上腔的油压增加，使活塞 2 压缩弹簧 5，拉杆 3 下移，将工作台压紧在底座 8 上，同时触头 12 在油压作用下向外伸出，放开松开信号开关 10，压下夹紧信号开关 9。工作台完成一个工作循环时，零位信号开关（图中未画出）发信号，使工作台返回零位。手摇脉冲发生器 11 可用于工作台的手动微调。

8.4　加工中心

8.4.1　概述

加工中心（Maching Center）是一种备有刀库并能自动更换刀具对工件进行多工序加工的数控机床，其集铣、钻、镗等加工于一体，适合箱体，壳体，模具型腔等非回转体类工件的加工。

8.4.1.1　加工中心的工艺特点

加工中心的主要工艺特点如下：

1）加工中心的刀库中存放着不同数量的各种刀具和检具，加工过程中由程序自动选用和交换，使工件在一次装夹后，可连续对工件表面自动进行钻孔、扩孔、铰孔、镗孔、攻螺纹、铣削等多工步的加工，工序高度集中。

2）加工中心一般带有自动分度工作台，使工件一次装夹后，自动完成多个平面或多个角度位置的加工。若带有交换工作台，工件在工作位置工作台进行加工的同时，另外的工件在装卸位置的工作台上进行装卸，不影响正常的加工工件。

3）加工中心结构复杂，控制系统功能较多，其控制功能最少可实现两轴联动控制，以实现刀具直线插补和圆弧插补，多的可实现五轴联动、六轴联动，从而保证刀具进行复杂加工。

4）加工中心还具有各种加工固定循环、刀具半径自动补偿、刀具长度自动补偿、刀具破损报警、过载超程自动保护、故障自动诊断、工件加工过程图形显示等功能，提高了机床的功能和加工效率。

8.4.1.2　加工中心的结构特点

加工中心的结构分两大部分：一是主机部分，二是控制部分。

主机部分主要是机械结构部分，包括：床身、主轴箱、工作台、底座、立柱、横梁、进给机构、刀库、换刀机构、辅助系统（气液、润滑、冷却）等。

控制部分包括硬件部分和软件部分。硬件部分包括：计算机数控装置（CNC），可编程控制器（PLC），输入输出设备，主轴驱动装置、显示装置。软件部分包括系统程序和控制程序。

加工中心结构上的特点：

1）机床的刚度高、抗振性好，以满足加工中心高自动化、高速度、高精度、高可靠性的要求。一般加工中心的刚度系数比普通机床高50%以上。

2）机床传动系统结构简单。加工中心进给传动装置中，滚珠丝杠副直接由伺服电动机驱动，省去齿轮传动机构，传递精度高，速度快，一般速度可达15m/min，最高可达100m/min。

3）主轴系统结构简单。采用无齿轮箱变速系统，主轴功率大，调速范围宽，并可无级调速。

4）导轨采用钢导轨，淬火硬度≥57HRC，与导轨配合面贴塑，能长期保持导轨的精度。

5）设置有刀库和换刀机构，这是加工中心与数控铣床和数控镗床的主要区别，使加工中心的功能和自动化加工的能力更强了。

6）数控系统功能较全。它不但可对刀具的自动加工进行控制，还可对刀库进行控制和管理。带有交换工作台的加工中心，不但能对一个工件进行自动加工，而且可对一批工件进行自动加工。随着加工中心控制系统的发展，其智能化程度越来越高。

8.4.1.3 加工中心的分类

1. 按机床布局分类

（1）卧式加工中心 卧式加工中心是指主轴轴线为水平状态设置的加工中心。通常带有可进行分度回转运动的正方形分度工作台。卧式加工中心一般具有3～5个运动坐标，常见的是三个直线运动坐标（沿 X、Y、Z 轴方向）加一个回转运动坐标（回转工作台），它能使工件在一次装夹后完成除安装面和顶面以外的其余四个面的加工，最适合箱体类零件的加工。

（2）立式加工中心 立式加工中心是指主轴轴线为垂直状态设置的加工中心。其结构形式多为固定立柱式，工作台为长方形无分度回转功能，适合加工盘类零件。具有三个直线运动坐标，并可在工作台上安装一个水平轴的数控转台用于加工螺旋线类零件。

（3）龙门式加工中心 龙门式加工中心形状与龙门铣床相似，主轴多为垂直设置，带有自动换刀装置及可更换的主轴头附件，数控装置的软件功能也较齐全，能够一机多用，尤其适用于加工大型或形状复杂的工件。

2. 按功能特征分类

（1）镗铣加工中心 以镗铣为主，适用于加工箱体、壳体以及各种复杂零件的特殊曲线和曲面轮廓的多工序加工。适用于多品种小批量的生产方式。

（2）钻削加工中心 以钻削为主，刀库形式以转塔头形式为主。适用于中小型零件的钻孔、扩孔、铰孔、攻螺纹及连续轮廓铣削等多工序加工。

（3）复合加工中心 复合加工中心主要指五面复合加工，它在工件一次装夹后，能完成除安装底面外的五个面的加工。常见的五面加工中心有两种形式，一种是主轴做90°或相应角度的旋转，可成为立式加工中心或卧式加工中心。另一种是工作台带着工件做90°旋转，主轴不改变方向而实现五面加工。图8-18是一种五面加工中心。

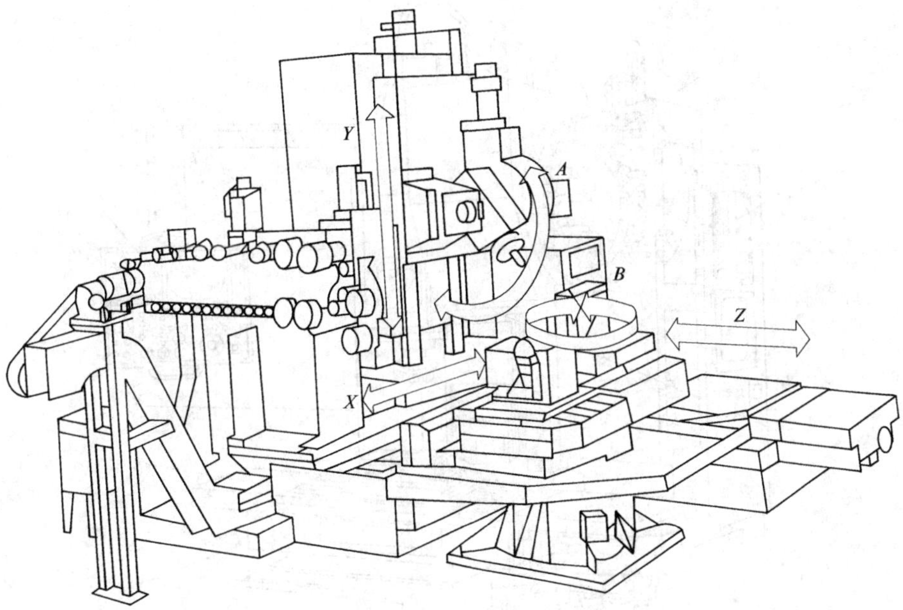

图 8-18　5 坐标加工中心

3. 按换刀形式分类

（1）带刀库、机械手的加工中心　采用机械手进行刀具交换的方式应用最为广泛，且这种加工中心的结构多种多样，由于机械手卡爪可同时抓住刀库上所选的刀和主轴上的刀，换刀时间短，并且选刀时间与机加工时间重合。

（2）无机械手的加工中心　这种加工中心的换刀是利用刀库与机床主轴的相对运动实现刀具交换，省去了机械手，结构紧凑，但刀库的运动较多。

（3）转塔头加工中心　在带有旋转刀具的数控机床中，利用转塔的转位更换主轴头是一种比较简单的换刀方式，结构紧凑，因一般主轴数为 6 ~ 12 个，所以容纳刀具数目少。

8.4.2　主要技术规格

图 8-19 为 JCS－018A 型立式加工中心的外观图。主轴箱 5 沿立柱导轨的移动为 *Z* 轴。滑座 9 沿床身（10）导轨的运动为 *Y* 轴。工作台 8 沿滑座导轨的纵向运动为 *X* 轴。该机床带有盘式刀库 4，能储存 16 把刀具，由主轴和刀库之间的换刀机械手 2 实现换刀。*X*、*Y*、*Z* 轴进给驱动电动机均为直流伺服电动机，1 为 *X* 轴的直流伺服电动机。3 是数控柜，7 是驱动电源柜，它们分别位于机床立柱的左右两侧，6 是机床的操作面板。

机床的主要技术参数

工作台外形尺寸（工作面）	200mm × 450mm（1000mm × 320mm）
工作台 T 形槽宽 × 槽数	18mm × 3
工作台左右行程（*X* 轴）	750mm

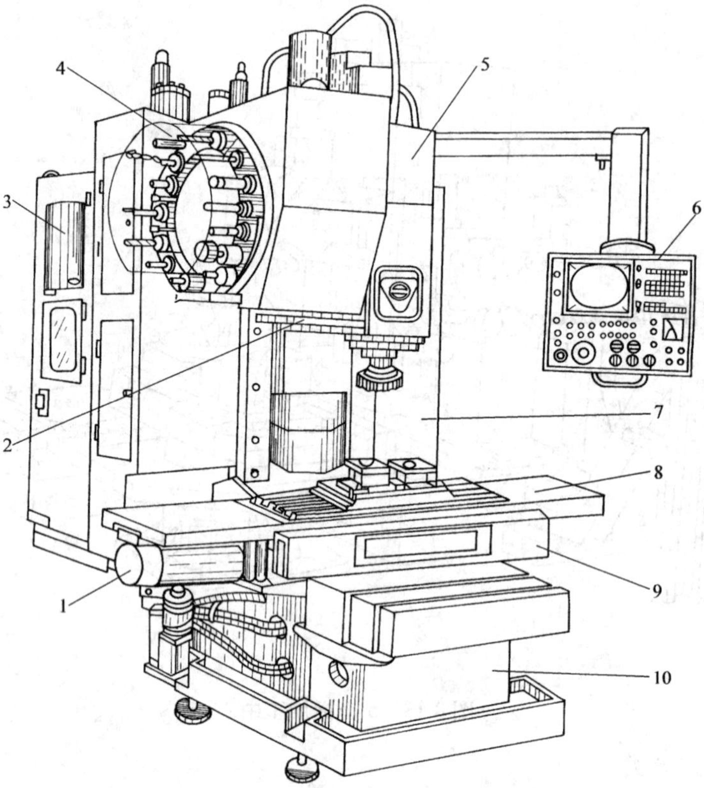

图 8-19 JCS－018A 型立式加工中心外观图

1—伺服电动机 2—换刀机械手 3—数控柜 4—盘式刀库 5—主轴箱
6—操作面板 7—电源柜 8—工作台 9—滑座 10—床身

工作台前后行程（*Y* 轴）	400mm
主轴箱上下行程（*Z* 轴）	470mm
主轴端面到工作台面距离	180～650mm
主轴锥孔	BT－45
主轴转速	22.5～2250 r/min
主轴电动机	5.5/7.5（额定/30min）kW
	FANUC AC12 型
快速移动速度	
X、*Y* 轴	14 m/min
Z 轴	10 m/min
进给速度（*X*、*Y*、*Z* 轴）	1～4000 mm/min
刀库容量	16
选刀方式	任选

最大刀具尺寸	ϕ100mm×300mm
最大刀具质量	8kg
刀库电动机	1.4kW FANUC－BESK 直流伺服电动机 15 型
工作台允许负载	500kg
滚珠丝杠尺寸（X、Y、Z 轴）	ϕ40mm×10mm
钻孔能力（一次钻出）	ϕ32mm
攻螺纹能力	M42mm
铣削能力	110cm^3/min
定位精度	±0.012/300mm
重复定位精度	±0.006mm
机床质量	5000kg
占地面积	3280mm×2300mm

8.4.3 主要部件结构

8.4.3.1 主轴部件

图 8-20 为 JCS－018A 主轴结构简图。主轴前端有 7:24 锥孔，用于装夹锥柄刀具。端面定向键，既做刀具定位用，又可通过它传递转矩。1 为主轴，主轴的前支承处配置了三个高精度的角接触球轴承 4 用以承受径向载荷和轴向载荷，前两个轴承大口朝下，后面一个轴承大口朝上。前支承按预加载荷计算的预紧量由螺母 5 来调整。后支承 6 为一对小口相对配置的角接触球轴承，它们只承受径向载荷，因此轴承外圈不需要定位。该主轴选择的轴承类型和配置形式，能满足主轴高转速和较大轴向载荷的要求，主轴受热变形向后伸长，不影响加工精度。

为了实现刀具的自动装卸，主轴内设有刀具自动夹紧装置。从图中可看出该机床是由拉紧机构拉紧锥柄刀夹尾端的轴颈而实现刀夹的定位及夹紧。它主要由拉杆 7、拉杆端部的四个钢球 3、碟形弹簧 8、活塞 10、液压缸 11 等组成。

机床执行换刀指令，机械手要从主轴拔刀，主轴需松开刀具。这时液压缸上腔通压力油，活塞推动拉杆 7 向下移动，压缩碟形弹簧 8，钢球进入主轴内孔上端直径较大部位，即可将刀具取出。活塞通孔上端为螺孔，可接压缩空气，在刀具取出后，通入压缩空气，将刀具安装锥孔等处的切屑吹净，为装入新刀做好准备。当机械手将新刀插入主轴后，液压缸上腔无油压，在碟形弹簧 8 和弹簧 9 的恢复力作用下，使拉杆、钢球和活塞退回到图示的位置，钢球在拉杆 7 前端的作用下向轴心收缩，拉住刀夹柄部。为了保证每次换刀时刀柄上的键槽对准主轴上的端面键，以及在精镗孔完毕退刀时不会划伤已加工表面，要求主轴能准确地停在指定位置。为满足主轴这一功能而设计的装置称为主轴准停装置或称为主轴定向装置。JCS－018A 机床采用的是电气控制主轴准停，用磁力传感器作为主轴到位的检测元件。如图 8-21 所示，主轴 8 的尾部安装有发磁体 9，它随主轴转动，在距发磁体外缘 1～2mm 处，固定了一个磁传感器 10，它经过放大器 11 与主轴伺服单元 3 连接。主轴定向的指令发出后，主轴便处于定向状态，当发磁体上的判别孔对准磁传感器上的基准槽时，主轴立即停止。

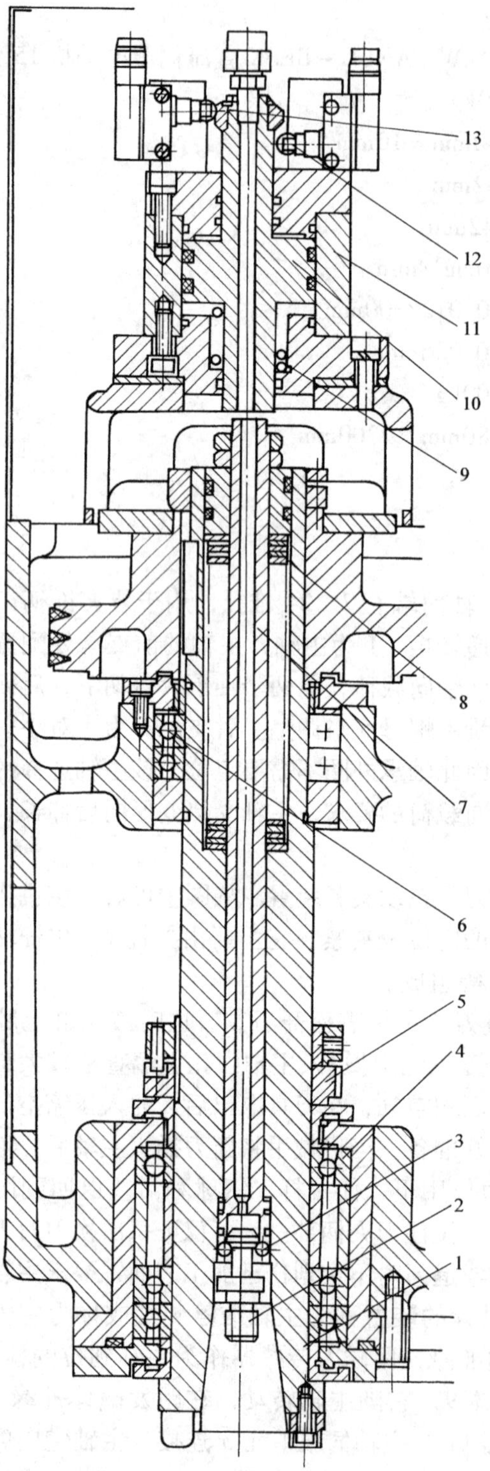

图 8-20 JCS－018A 加工中心主轴

1—主轴
2—拉紧螺杆
3—钢球
4、6—轴承
5—螺母
7—拉杆
8—碟形弹簧片
9—弹簧
10—活塞
11—液压缸
12、13—行程开关

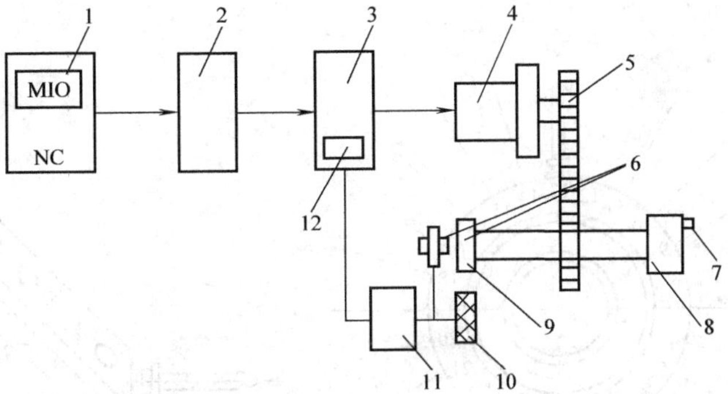

图 8-21 主轴准停装置原理图

1—主轴定向指令 2—强电时序电路 3—主轴伺服单元 4—主轴电动机
5—同步带 6—位置控制回路 7—主轴端面键 8—主轴 9—发磁体
10—磁传感器 11—放大器 12—定向电路

8.4.3.2 自动换刀装置

加工中心自动换刀装置的形式是多种多样的，换刀原理及结构的复杂程度也不同，除利用刀库进行换刀外，还有自动更换主轴箱、自动更换刀库等形式。

1. 刀库的形式

刀库的形式很多，结构也各不相同，加工中心最常用的刀库有鼓轮式刀库和链式刀库两种。

鼓轮式刀库的结构紧凑、简单，在钻削中心上应用较多。一般存放刀具不超过 32 把。图 8-22 为刀具轴线与鼓轮轴线平行布置的刀库，其中图 a 为径向取刀形式，图 b 为轴向取刀形式。

图 8-23 为刀具径向安装在刀库上（图 a）和刀具轴线与鼓轮轴线成一定角度布置的结构（图 b），它占地面积较大。

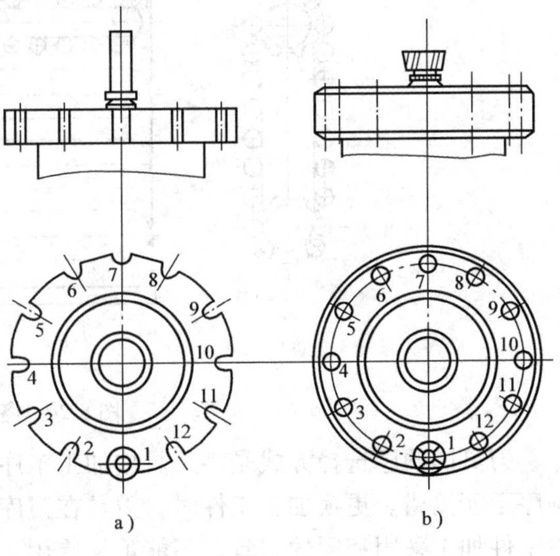

图 8-22 鼓轮式刀库之一

链式刀库是在环形链条上装有许多刀座，刀座的孔中装夹各种刀具，链条由链轮驱动。链式刀库适用于刀库容量较大的场合，且多为轴向取刀。链式刀库有单环链式和多环链式等几种，如图 8-24a、b 所示。当链条较长时，可以增加支承链轮的数目，使链条折叠回绕，提高了空间利用率，如图 8-24c 所示。

除此之外，还有格子箱式刀库、直线式刀库、多盘式刀库等。

2. 刀具的选择

按数控装置的刀具选择指令，从刀库中挑选各工序所需要刀具的操作称为自动选刀。常用的选刀方式有顺序选刀和任意选刀两种。

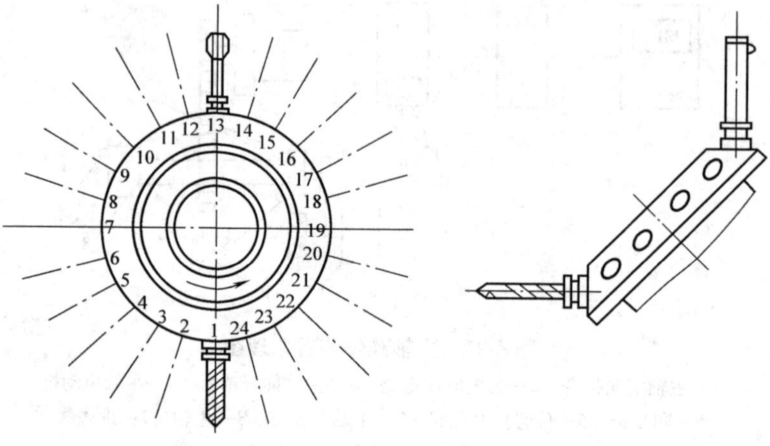

a） b）

图 8-23 鼓轮式刀库之二

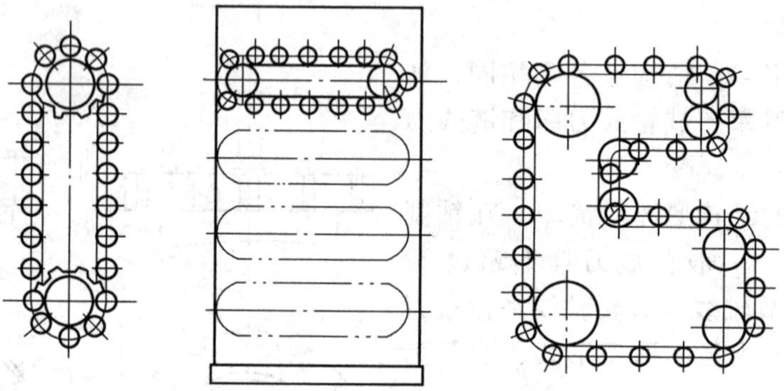

a） b） c）

图 8-24 各种链式刀库

刀具的顺序选择方式是将刀具按加工工序的顺序，依次放入刀库的每一个刀座内，刀具顺序不能搞错。更换加工工件时，刀具在刀库上的排列顺序也要改变。这种方式的缺点是同一工件加工采用相同的刀具，不能重复使用，因此刀具的数量增加，降低了刀具和刀库的利用率，任意选刀方式是预先把刀库中每把刀具（或刀座）都编上代码，按照编码选刀，刀具在刀库中不必按工件的加工顺序排列。任意选刀有四种方式：①刀具编码方式；②刀座编码方式；③编码附件方式；④计算机记忆方式。

刀具编码选择方式采用了一种特殊的刀柄结构，并对每把刀具进行编码。换刀时通过编码识别装置，根据换刀指令代码，在刀库中寻找出所需要的刀具。由于每一把刀具都有自己的代码，因而刀具可以放入刀库的任何一个刀座内，这样不仅刀库中的刀具可以在不同的工序中多次重复使用，而且换下来的刀具也不必放回原来的刀座，这对装刀和选刀都十分有利。

刀具编码识别有两种方式，一为接触式识别，另一种为非接触式识别。接触式识别的编码刀柄如图 8-25 所示。在刀柄尾部的拉紧螺杆 3 上套装着一组等间隔的编码环 1，并由锁紧螺母 2 将它们固定。编码环的外径有大小两种不同的规格，每个编码环的大小分别表示二进制数的“1”和“0”。通过对两种圆环的不同排列，可以得到一系列的代码。例如图中所示的 7 个编码环，就能够区别出 127 种刀具（2^7-1）。当刀库中带有编码环的刀具依次通过编码识别装置时，编码环的大小就能使相应的触针读出每一把刀具的代码。如果读出的代码与程序选定代码一致时，发出信号使刀库停止回转，这时加工所需要的刀具就准确地停留在取刀位置上，然后由机械手从刀库中将刀具取出。接触式编码识别装置的结构简单，但可靠性较差，寿命较短，而且不能快速选刀。

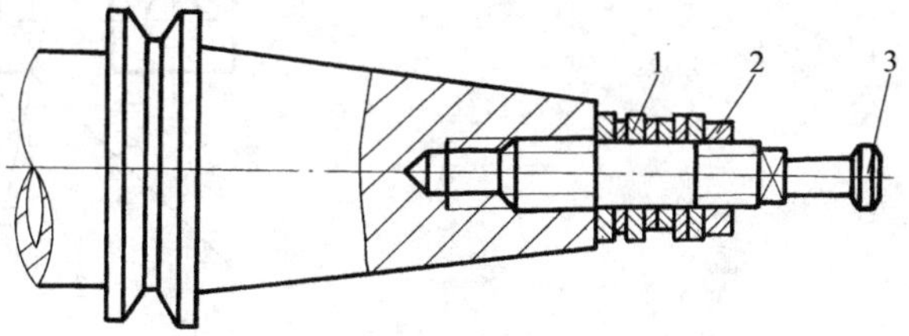

图 8-25　编码刀柄示意图
1—编码环　2—锁紧螺母　3—拉紧螺杆

非接触式刀具识别采用磁性或光电识别方法。

磁性识别方法是利用磁性材料和非磁性材料磁感应的强弱不同，通过感应线圈读取代码。编码环分别由软钢和黄铜（或塑料）制成，前者代表“1”，后者代表“0”，将它们按规定的编码排列。当编码环通过线圈时，只有对应于软钢圆环的那些绕组才能感应出高电位，而其余绕组则输出低电位，然后通过识别电路选出所需要的刀具。磁性识别装置没有机械接触和磨损，因此可以快速选刀，而且具有结构简单、工作可靠、寿命长等优点。

光电识别方法的原理如图 8-26 所示。链式刀库带着刀座 1 和刀具 2 依次经过刀具识别位置Ⅰ，在此位置上安装了投光器 3，通过光学系统将刀具的外形及编码环投影到由无数光敏元件组成的屏板 5 上形成了刀具图样。装刀时，屏板 5 将每一把刀具的图样转换成对应的脉冲信息，经过处理将代表每一把刀具的“信息图形”记入存储器。选刀时，当某一把刀具在识别位置出现的“信息图形”与存储器内指定刀具的“信息图形”相一致时，便发出信号，使该刀具停在换刀位置Ⅱ，由机械手 4 将刀具取出。这种识别系统不但能识别编码，还能识别图样，因此给刀具的管理带来方便。

刀座编码是对刀库各刀座预先编码，每把刀具放入相应刀座之后，就具有了相应刀座的编码，即刀具在刀库中的位置是固定的。在编程时，要指出哪一把刀具放在哪个刀座上。须注意的是，在这种编码方式中必须将用过的刀具放回原来的刀座内，不然会造成事故。由于这种编码方式取消了刀柄中的编码环，使刀柄结构大大简化，刀具识别装置的结构就不受刀柄尺寸的限制，可放置在较为合理的位置。刀具在加工过程中可重复多次使用，缺点是必须把用过的刀具放回原来的刀座。

目前应用最多的是计算机记忆式选刀。这种方式的特点是，刀具号和存刀位置或刀座号（地址）对应地记忆在计算机的存储器或可编程控制器的存储器内。不论刀具存放在哪个地址，都始终记忆着它的踪迹，这样刀具可以任意取出，任意送回。刀具本身不必设置编码元件，结构大为简化，控制也十分简单。计算机控制的机床几乎全部采用这种方式选刀。在刀库上设有机械原点，每次选刀运动正反向都不会超过 180°的范围。

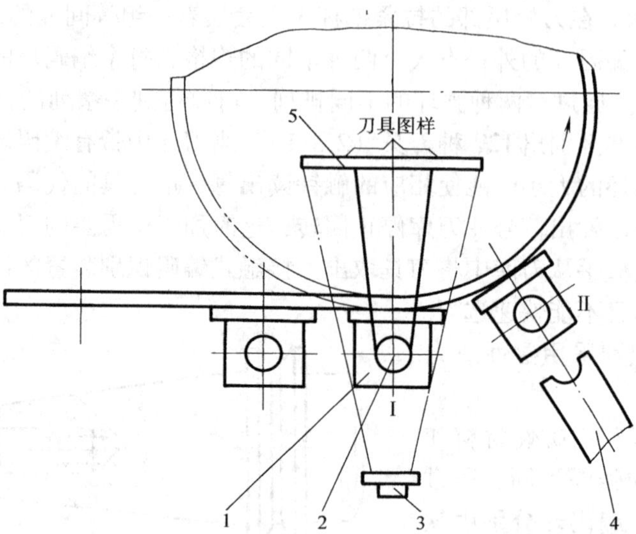

图 8-26 光电识别方法

1—刀座 2—刀具 3—投光器 4—机械手 5—屏板

3. 刀具交换装置

数控机床的自动换刀装置中，实现刀库与机床主轴之间传递和装卸刀具的装置称为刀具交换装置。刀具的交换方式通常分为无机械手换刀和有机械手换刀两大类。

（1）无机械手换刀 无机械手换刀的方式是利用刀库与机床主轴的相对运动实现刀具交换。XH754 型卧式加工中心就是采用这类刀具交换装置的实例，如图 8-27 所示。

该机床主轴 2 在立柱上可以沿 *Y* 方向上下移动，工作台 1 横向运动为 *Z* 轴，纵向移动为 *X* 轴。鼓轮式刀库 3 位于机床顶部，有 30 个装刀位置，可装 29 把刀具。4 为数控柜。换刀过程如图 8-28 所示。

图 8-28a：当本工步工作结束后执行换刀指令，主轴准停，主轴沿 *Y* 轴上升。这时刀库上刀位的空挡位置正好处在交换位置，装夹刀具的卡爪打开。

图 8-28b：主轴箱上升到极限位置，被更换的刀具刀杆进入刀库空刀位，即被刀具定位卡爪钳住，与此同时，主轴内刀杆自动夹紧装置放松刀具。

图 8-28c：刀库伸出，从主轴锥孔中将刀拔出。

图 8-28d：刀库转位，按照程序指令要求将选好的刀具转到最下面的位置，同时，压缩空气将主轴锥孔吹净。

图 8-28e：刀库退回，同时将新刀插入主轴锥孔。主轴内刀具夹紧装置将刀杆拉紧。

图 8-28f：主轴下降到加工位置后起动，开始下一工步的加工。

这种换刀机构不需要机械手，结构简单、紧凑。由于交换刀具时机床不工作，所以不会影响加工精度，但会影响机床的生产率。其次因刀库尺寸限制，装刀数量不能太多。这种换刀方式常用于小型加工中心。

刀库转位机构由伺服电动机通过消隙齿轮 1、2 带动蜗杆 3，通过蜗轮 4 使刀库转动

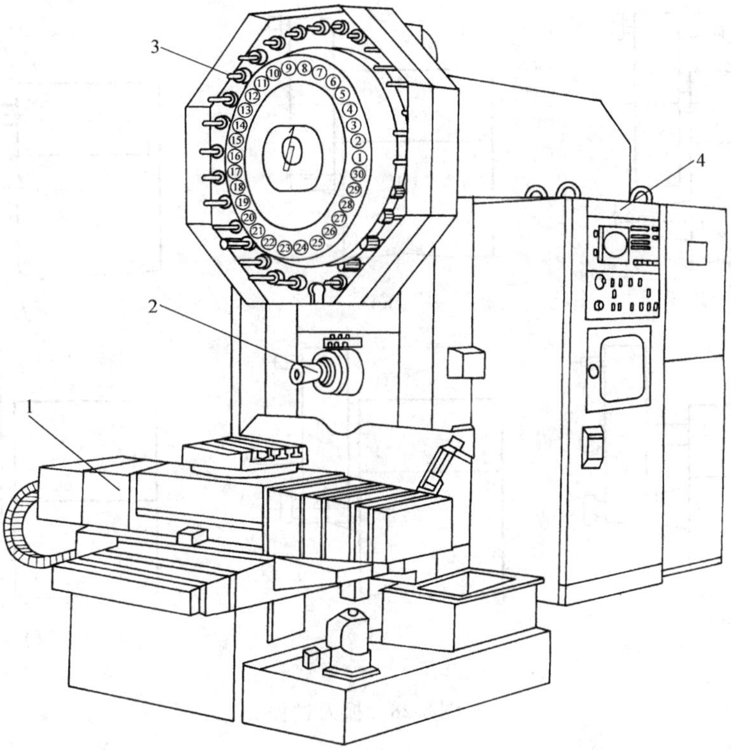

图 8-27　XH754 型卧式加工中心

1—工作台　2—主轴　3—鼓轮式刀库　4—数控柜

(见图 8-29)。蜗杆为右旋双导程蜗杆，可以用轴向移动的方法来调整蜗杆副的间隙。压盖 5 内孔螺纹与套 6 相配合，转动套 6 即可调整蜗杆的轴向位置，也就调整了蜗杆副的间隙。调整好后用螺母 7 锁紧。

刀库的最大转角为 180°，根据所换刀具的位置决定正转或反转，由控制系统自动判别，以使找刀路径最短。每次转角大小由位置控制系统控制，进行粗定位，最后由定位销精确定位。

刀库及转位机构在同一个箱体内，由液压缸来移动。图 8-30 为刀库液压缸结构图。图中 1 是刀库和转位机构，2 是液压缸，3 是立柱顶部平面。

这种刀库，每把刀具在刀库上的位置是固定的，从哪个刀位取下的刀具，用完后仍然送回到哪个刀位去。

(2) 机械手换刀　采用机械手进行刀具交换的方式应用得最为广泛，这是因为机械手换刀有很大的灵活性，而且可以减少换刀时间。机械手的结构形式是多种多样的，因此换刀运动也有所不同。下面以 JCS－018A 型加工中心为例说明采用机械手换刀的工作原理。

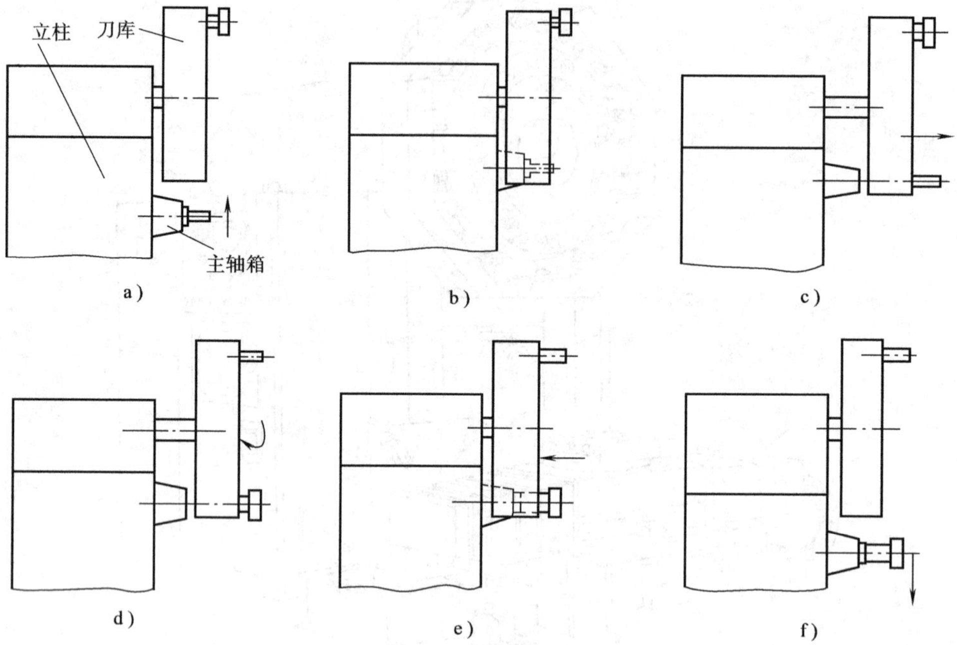

图 8-28 换刀过程

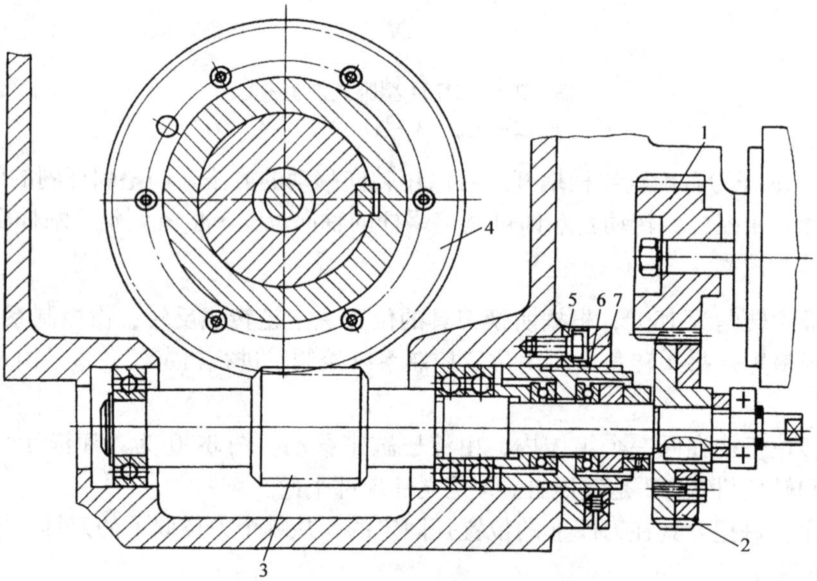

图 8-29 刀库转位机构

1、2—齿轮 3—蜗杆 4—蜗轮 5—压盖 6—套 7—螺母

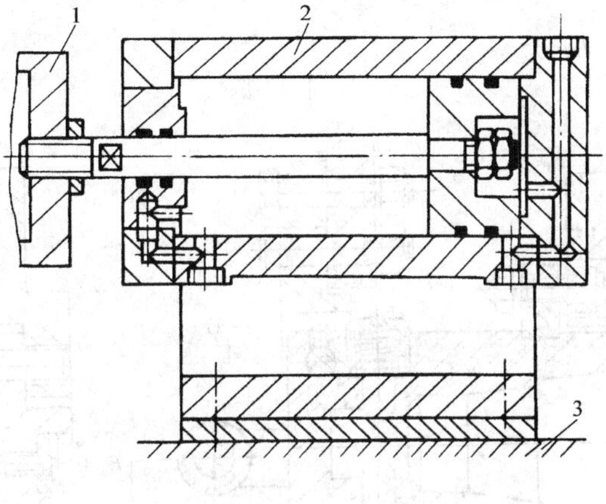

图 8-30　刀库液压缸结构图

1—刀库　2—液压缸　3—立柱顶面

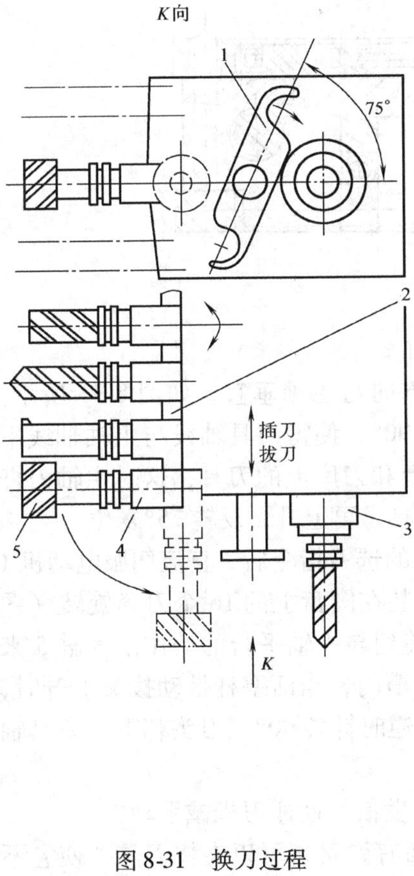

图 8-31　换刀过程

1—机械手　2—刀库　3—主轴

4—刀套　5—待换刀具

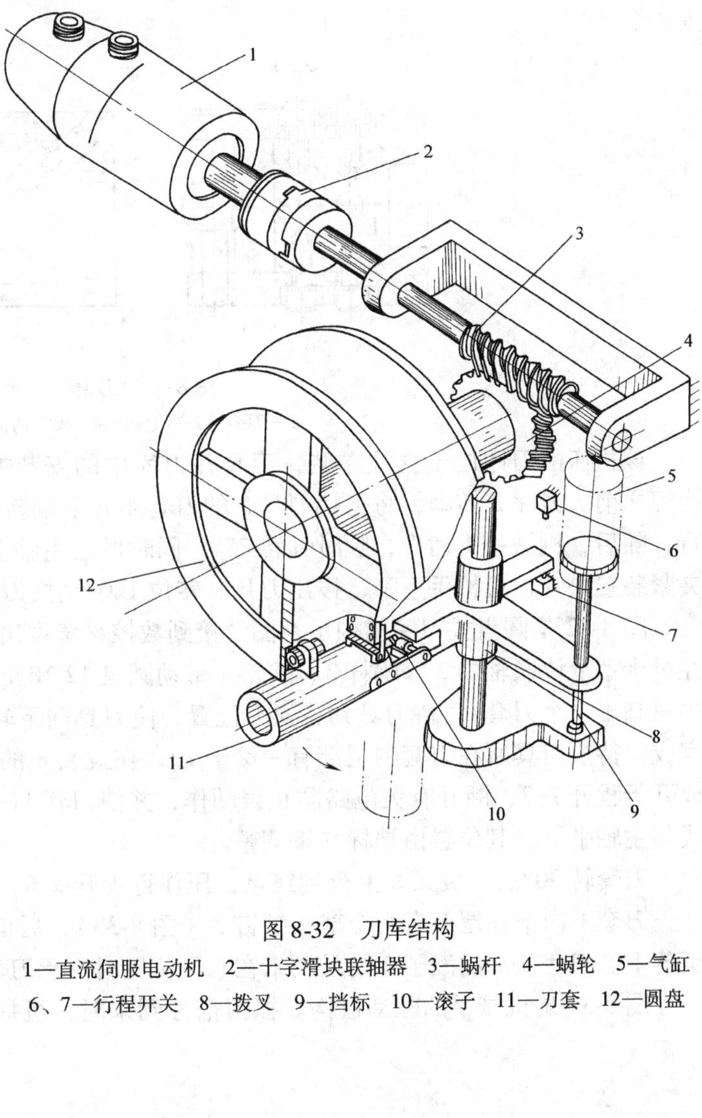

图 8-32　刀库结构

1—直流伺服电动机　2—十字滑块联轴器　3—蜗杆　4—蜗轮　5—气缸

6、7—行程开关　8—拨叉　9—挡标　10—滚子　11—刀套　12—圆盘

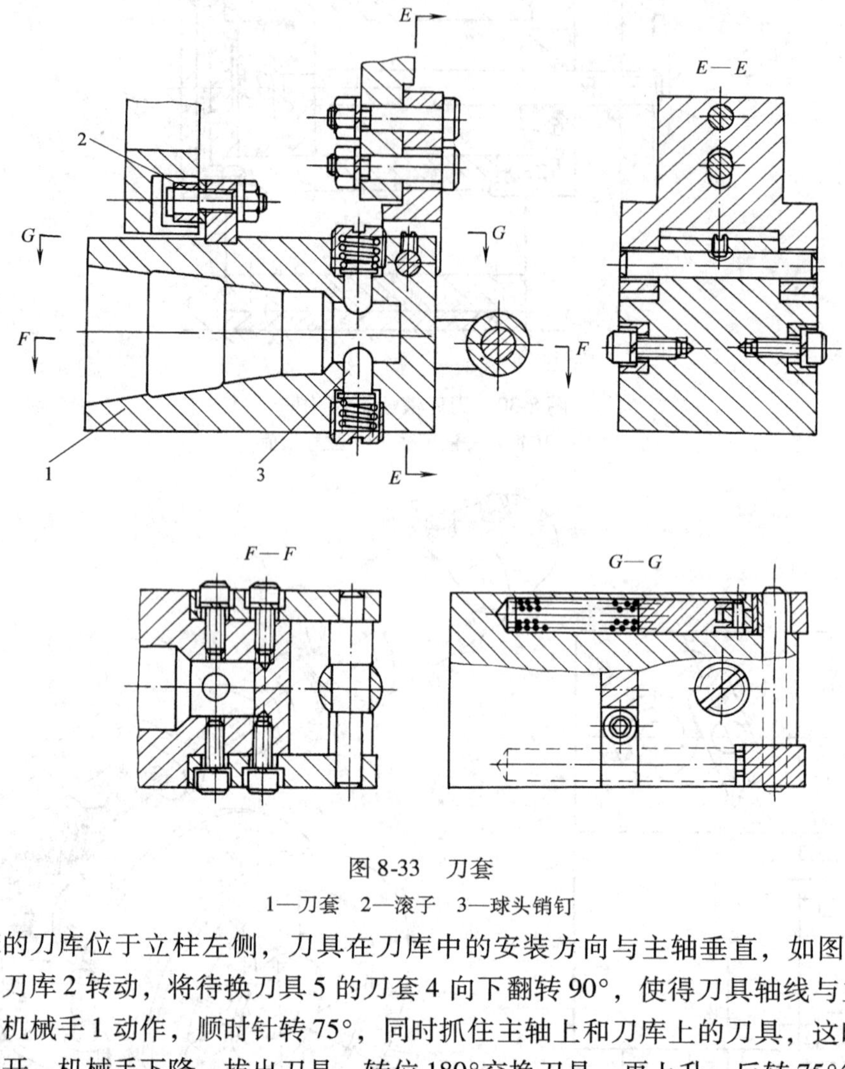

图 8-33　刀套

1—刀套　2—滚子　3—球头销钉

该机床的刀库位于立柱左侧，刀具在刀库中的安装方向与主轴垂直，如图 8-31 所示。换刀之前，刀库 2 转动，将待换刀具 5 的刀套 4 向下翻转 90°，使得刀具轴线与主轴轴线平行。随后，机械手 1 动作，顺时针转 75°，同时抓住主轴上和刀库上的刀具，这时主轴刀杆夹紧装置松开，机械手下降，拔出刀具，转位 180°交换刀具，再上升，反转 75°复位。

图 8-32 是圆盘式刀库结构示意图。接到数控系统发出的选刀指令后，直流伺服电动机 1 经过十字滑块联轴器 2 和蜗杆 3、蜗轮 4 带动圆盘 12 和安装在圆盘上的 16 个刀套旋转（图中只画出一个刀套）。待刀具到达换刀位置，使刀具向下转到与主轴平行的动作由气缸 5 来完成。待换刀具所在刀套的尾部有一滚子 10，在拨叉 8 的槽内，当活塞杆带动拨叉上升时，放开行程开关 7，断开有关电路防止误动作，并使刀套 11 逆时针转 90°，刀头朝下，刀具轴线与主轴平行。其位置由挡标 9 来调整。

刀套转 90°后，拨叉 8 上行到终点，压住行程开关 6，发信号使抓刀机械手动作。

刀套 1 内锥孔尾部有两个球头销钉 3（图 8-33），后面有弹簧，可以夹住刀具，使它不至落下。刀套顶部的滚子 2 则是用来在水平位置时支承刀套。

图 8-34 是机械手的驱动机构。抓刀信号到来时，机械手在上边位置（图中所示即为上

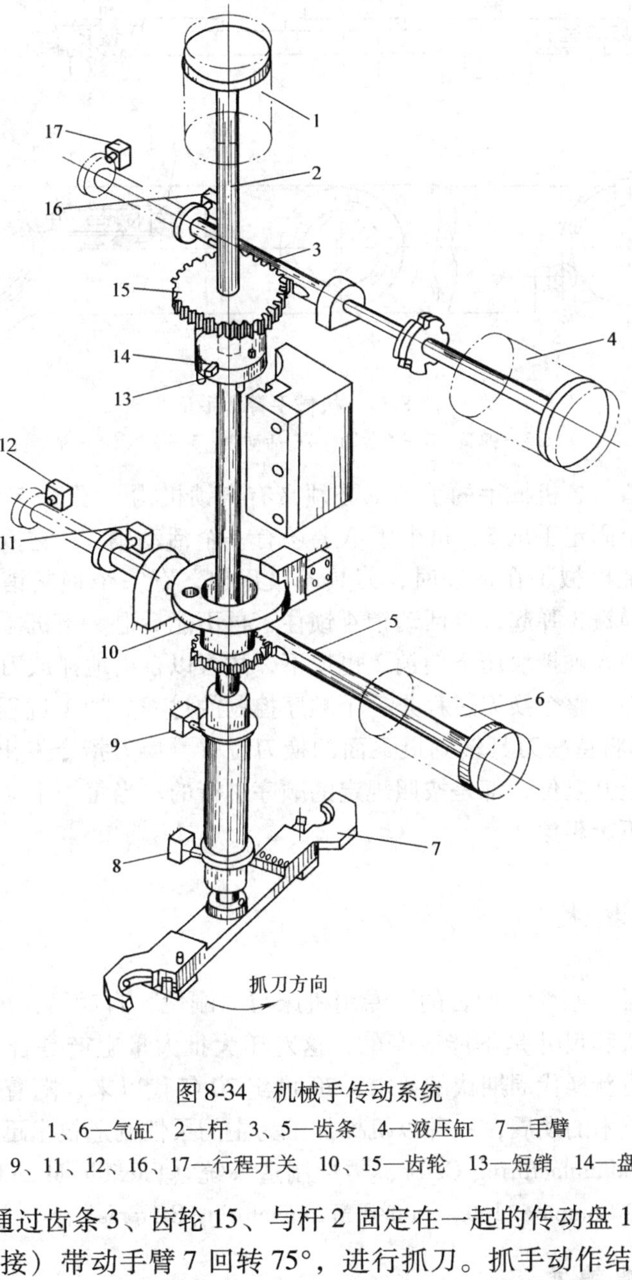

图 8-34　机械手传动系统

1、6—气缸　2—杆　3、5—齿条　4—液压缸　7—手臂

8、9、11、12、16、17—行程开关　10、15—齿轮　13—短销　14—盘

面位置)。液压缸 4 通过齿条 3、齿轮 15、与杆 2 固定在一起的传动盘 14（盘 14 和齿轮 15 之间为插入的销钉联接）带动手臂 7 回转 75°，进行抓刀。抓手动作结束后，行程开关 17 被压下，发出拔刀信号，从而使气缸 1 上端进气，推动杆 2 下降，拔刀。杆 2 连同机械手下降到终点时，压行程开关 8，发出换刀信号，在机械手下降的同时，盘 14 也下降并将下端面的短销 13 插入齿轮 10 端面上的销孔内。齿条 5 与齿轮 10 相啮合，换刀信号到来后，气缸 6 推动齿条 5，经齿轮 10、盘 14 使机械手臂 7 转 180°，交换刀具。交换动作结束后压下行程开关 12，使液压缸 4 动作，手臂 7 反转 75°复位，压下行程开关 16，使气缸 1 复位。压下开关 9 使气缸 6 复位，压下开关 11 发信号使机床开始加工。

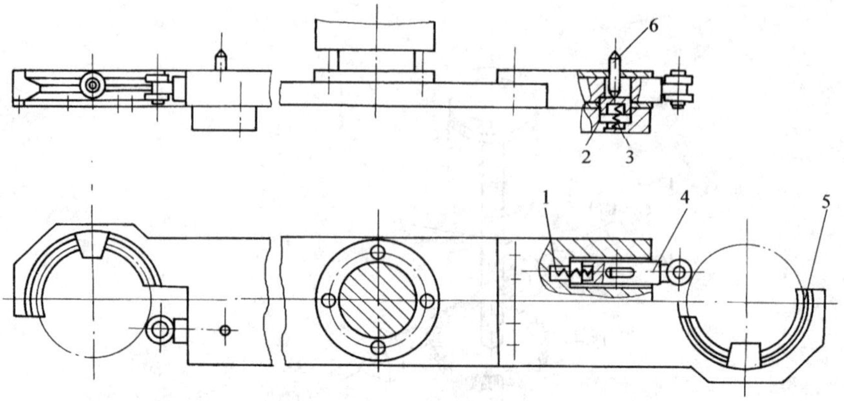

图 8-35 机械手臂和手爪

1、3—弹簧 2—锁紧销 4—活动销 5—手爪 6—销

为防止刀具掉落，各机械手的手爪都必须带有自锁机构。图 8-35 为机械手臂和手爪部分的构造。它有两个固定手爪 5，每个手爪上还有一个活动销 4，它依靠弹簧 1，在抓刀后顶住刀具。为了保证机械手在运动时，刀具不被甩出，有一个锁紧销 2，当销 4 顶住刀具时，锁紧销 2 就被弹簧 3 弹起，将活动销 4 锁住，再不能后退。当机械手处在上升位置要完成插拔刀动作时，销 6 被挡块压下使销 2 也退下，故可以自由地抓放刀具。

由上述动作可知，整个换刀过程是一个顺序控制的过程。加工过程中，按照程序中的 T（刀具）指令，刀库将待换刀具转到最下面的换刀位置。换刀指令发出后，从刀具转 90°开始，一直到机械手上升复位，都是按照规定的顺序进行的。当每一个动作结束时，另一个动作就开始，其过程不难想象。

8.5 柔性制造技术

柔性主要是相对“刚性”而言的，专用机床与“刚性”自动线，虽有很高的生产效率，但其加工的零件形状和尺寸是不能改变的，这对于大批大量生产是合适的。为了满足多品种、小批量、产品更新换代周期快的要求，20 世纪 70 年代以来，随着微电子技术，特别是计算机技术、传感技术的发展，一种以机械加工为主的柔性制造技术迅速发展，主要有柔性制造单元（Flexible Maunfacturing Cell），柔性制造系统（Flexible Maunfacturing System），计算机集成制造系统（Computer Integ－rated Manufacturing Systems）。

8.5.1 柔性制造单元

FMC 在早期是作为简单和初级的柔性制造技术而发展起来的。它在 MC 的基础上增加了托盘自动交换装置或机器人、刀具和工件的自动测量装置、加工过程的监控功能等，它和 MC 相比具有更高的制造柔性和生产效率。

图 8-36 为配有托盘交换系统构成的 FMC。托盘上装夹有工件，在加工过程中，它与工件一起流动，类似通常的随行夹具。环形工作台用于工件的输送与中间存储，托盘座在环形

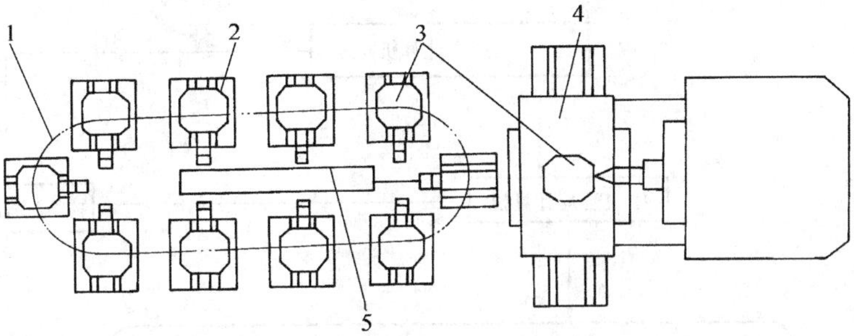

图 8-36　带有托盘交换系统的 FMC
1—环形交换工作台　2—托盘座　3—托盘　4—加工中心
5—托盘交换装置

导轨上由内侧的环链拖动而回转，每个托盘座上有地址识别码。当一个工件加工完毕，数控机床发出信号，由托盘交换装置将加工完的工件（包括托盘）拖至回转台的空位处，然后转至装卸工位，同时将待加工工件推至机床工作台并定位加工。

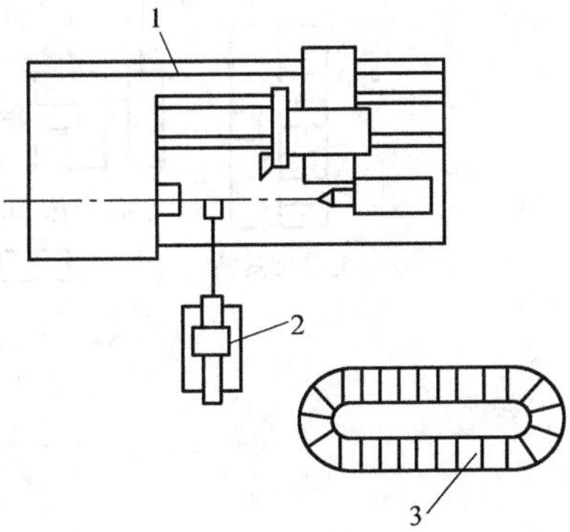

图 8-37　带有机器人的 FMC
1—车削中心　2—机器人
3—物料传送装置

在车削 FMC 中一般不使用托盘交换工件，而是直接由机械手将工件安装在卡盘中，装卸料由机械手或机器人实现，如图 8-37 所示。

FMC 是在加工中心（MC）、车削中心（TC）的基础上发展起来的，又是 FMS 和 CIMS 的主要功能模块。FMC 具有规模小，成本低（相对 FMS），便于扩展等优点，它可在单元计算机的控制下，配以简单的物料传送装置，扩展成小型的柔性制造系统，适用于中小企业。

8.5.2　柔性制造系统

FMS 是集自动化加工设备、物流和信息流自动处理为一体的智能化加工系统。FMS 由一组 CNC 机床组成，它能随机地加工一组具有不同加工顺序及加工循环的零件。实行自动运送材料及计算机控制，以便动态地平衡资源的供应，从而使系统自动地适应零件生产类型的变化及生产量的变化。

图 8-38 为一柔性制造系统框图。由图可见，柔性制造系统由加工系统、物料输送系统和信息系统组成。

8.5.2.1　加工系统

该系统由自动化加工设备、检验站、清洗站、装配站等组成，是 FMS 的基础部分。

加工系统中的自动化加工设备通常由 5 ~ 10 台 CNC 机床、加工中心及其附属设备（例如工件装卸系统、冷却系统、切屑处理系统和刀具交换系统等）组成，可以以任意顺序自动加工各种工件、自动换工件和刀具。FMS 中配备的加工中心都必须具备托盘交换装置，以使它与物料运贮系统相连接，而且要求其具有刀具存贮能力，其刀库容量应等于或大于可能由它加工的零件总共所需的刀具数，一般在 60 把左右，也有多达 100 把的。

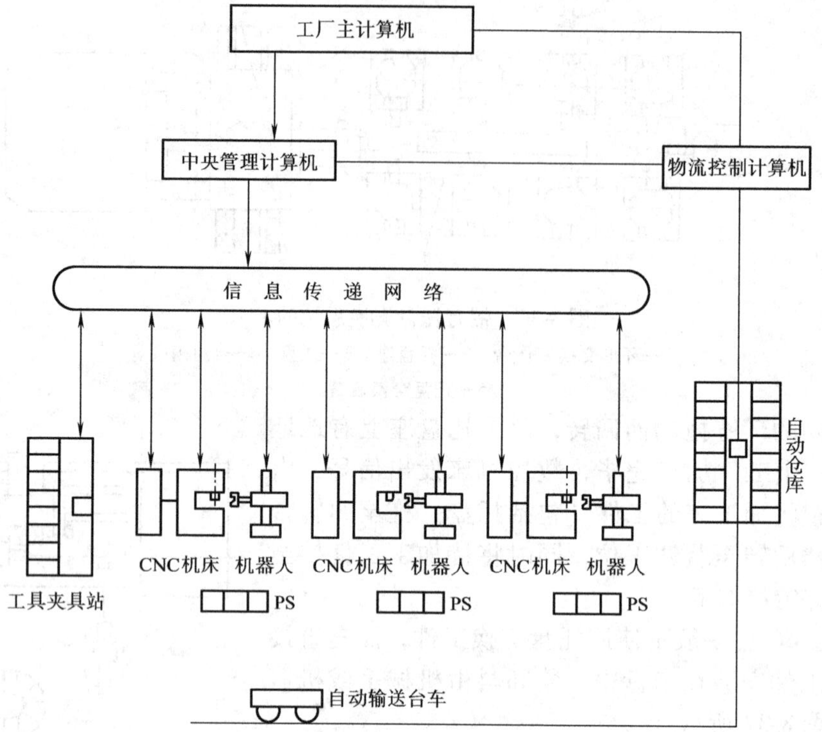

图 8-38 柔性制造系统框图

FMS 中常需在适当位置设置检验工件尺寸精度的检验站，由计算机控制的坐标测量机担任检验工作。其外形类似三坐标数控铣床，在通常安装刀具的位置上装置检测触头，触头随夹持主轴按程序相对工件移动，检测工件上一些预定点的坐标位置。计算机读入这些预定点的坐标值之后，经过运算和比较，可算出各种几何尺寸（如外圆内孔的直径、平面的平面度、平行度、垂直度等）的加工误差，并发出通过或不通过等命令。

清洗站的任务是清除工件夹具和装载平板上的切屑和油污。

工件装卸站设在物料处理系统中靠近自动化仓库和 FMS 的入口处。由于装卸操作系统较复杂，大多数 FMS 均采用人力装卸。

8.5.2.2 物料运送系统

物料运送系统在计算机控制下主要实现工件和刀具的输送及入库存放，它由自动化仓库、自动输送小车、机器人等组成。

在 FMS 中，工件一般通过专用夹具安装在托盘上，工件输送时连同整个托盘一起由自动输送小车进行输送。在计算机的控制下，根据作业调度计划自动从工件存贮区将工件取出送到指定的机床上加工，或者从机床上取出完成该工序加工的工件送到另一机床上加工。

自动输送小车在自动化仓库和各个制造单元之间完成工件输送任务。

自动化仓库包括仓库多层货架、出入库装卸站、堆装起重机、传动齿轮和导轨等组成，它能通过物料运贮工作站的指令实现毛坯、加工成品的自动入库及出库。

刀具输送是利用机器人实现刀具进出系统以及系统中央刀库和各加工设备刀库之间的刀具输送。

8.5.2.3　信息系统

信息系统由主计算机、分级计算机及其接口、外围设备和各种控制装置的硬件和软件组成。其主要功能是实现各系统之间的信息联系，确保系统的正常工作。对 FMS，计算机系统一般分为三级，第一级为主计算机，又称为管理计算机，其任务是：一是用来向下一级计算机实时发布命令和分配数据；二是用来实时采集现场工况；三是用来观察系统的运行情况。第二级为过程控制计算机，包括计算机群控（DNC）、刀具管理计算机和工件管理计算机，其作用是接受主计算机的指令，根据指令对下属设备实施具体管理。第三级由各设备的控制计算机构成，执行各种操作任务。

8.5.3　计算机集成制造系统（CIMS）

CIMS 是用于制造业工厂的综合自动化大系统。它在计算机网络和分布式数据库的支持下，把各种局部的自动化子系统集成起来，实现信息集成和功能集成，走向全面自动化，从而缩短产品开发周期、提高质量、降低成本。它是工厂自动化的发展方向，未来制造业工厂的模式。

8.5.3.1　CIMS 的概念

计算机集成制造系统是在信息技术、自动化技术、计算机技术及制造技术的基础上，通过计算机及其软件，将制造工厂的设计、制造及经营管理（包括市场调研、生产决策、生产计划、生产管理、产品开发、产品设计、加工制造以及销售经营）等与整个生产过程有关的物料流与信息流实现计算机高度统一的综合化管理，把各种分散的自动化系统有机地集成起来，构成一个优化的完整的生产系统，从而获得更高的整体效益，缩短产品开发制造周期，提高产品质量，提高生产率，提高企业的应变能力，以赢得竞争。

8.5.3.2　CIMS 的构成

CIMS 包括制造工厂的生产、经营的全部活动，应具有经营管理、工程设计和加工制造等主要功能，因此，由三大子系统构成，即经营决策管理系统（BDMS），计算机辅助设计、辅助工艺设计与辅助制造系统（CAD/CAPP/CAM）和柔性制造系统（FMS）。

（1）CAD/CAPP/CAM　实现部件设计、零件设计、工艺设计以及 NC 代码生成的信息集成，可大大缩短工程设计的时间。

（2）加工制造　按照 NC 代码将一个毛坯加工成合格的零件并装配成部件、产品。

（3）计算机辅助生产管理　包括制定年、月或周的生产计划，物资需求计划，财务、仓库等的各种管理，市场预测及制定长期发展战略计划等。

8.5.3.3　我国 CIMS 实验工程构成实例

CIMS 实验工程是我国“863”高技术发展计划在“七五”期间的重点建设项目之一。实验工程是一个包含实际工厂主要功能（设计、制造及管理）的实验系统，它以最小的机械配置提供一个实际生产环境，以实现信息集成的研究。它主要由信息系统和制造系统两大部分组成，图 8-39 为 CIMS 实验工程系统结构。

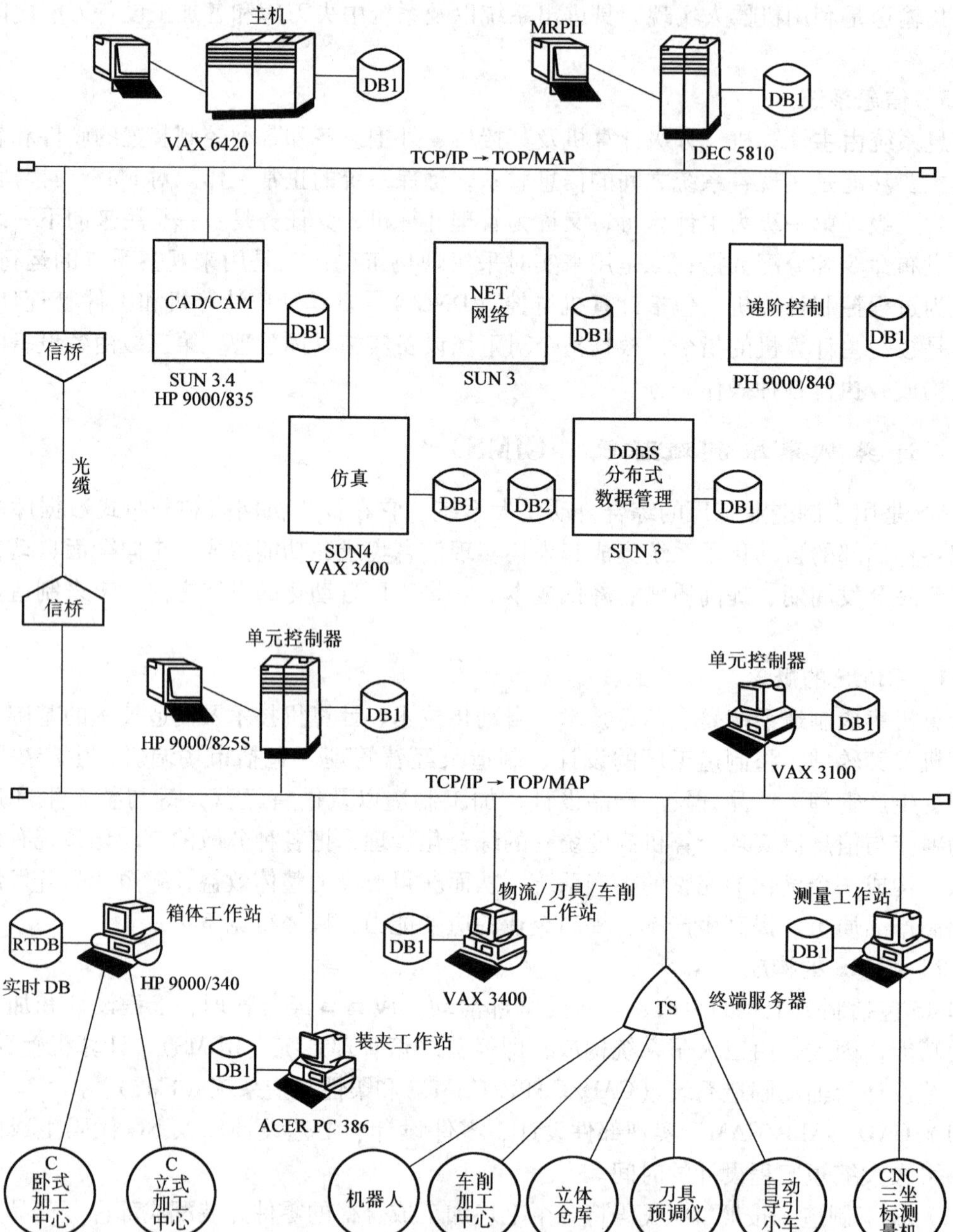

图 8-39　CIMS 实验工程系统结构图

8.6 其他现代加工设备

8.6.1 车/铣加工中心

随着数控技术的不断发展，打破了原有机床分类的工艺性能界线，出现了相互兼容，扩大工艺范围的趋势，使工序高度集中。继各种切削加工中心之后，又出现了一种集成型车/铣加工中心，其形似车削中心，具有多个刀具转塔和自驱刀具，可以分别进行车削、卧铣、立铣加工。图 8-40 为这种车/铣加工中心的五种工作情况。

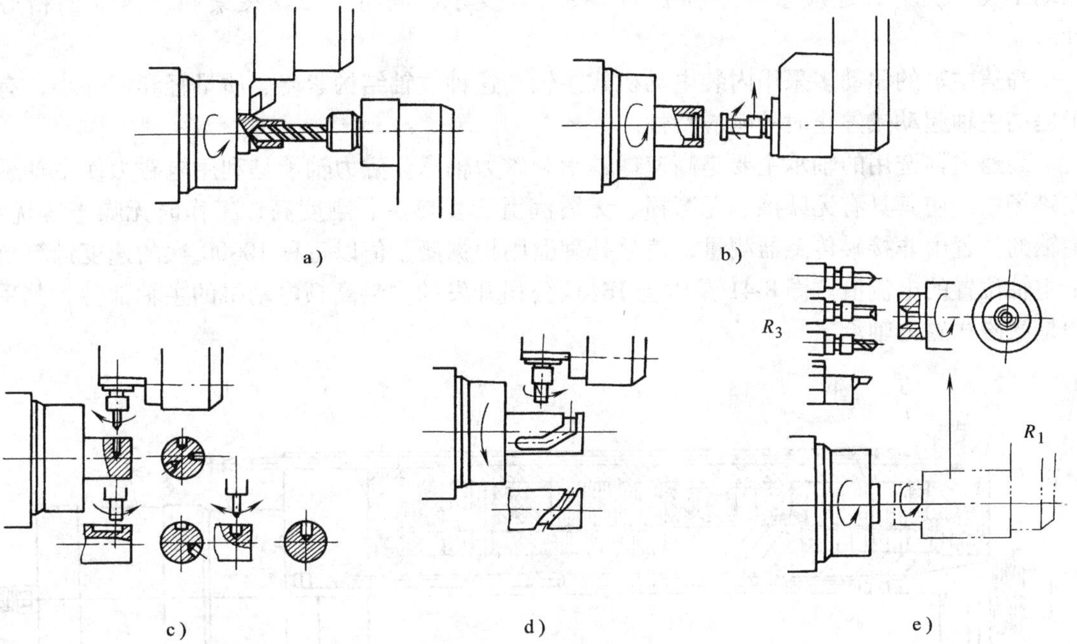

图 8-40　车削中心五种工作情况

图 8-40a 为主轴按给定转速旋转，刀具实现进给运动，完成类似卧式车床的工作。

图 8-40b 为主轴按给定转速旋转，自驱刀具按程序指令也做旋转运动，完成内孔或端面、圆周表面上的回转要素的加工。

图 8-40c 为主轴根据程序指令实现分度运动并定位，使用自驱刀具进行加工，可在工件圆周表面上钻孔、攻螺纹、铣槽等。

图 8-40d 为主轴和自驱刀具都参与插补运动进行加工，完成工件圆周表面上的轮廓加工。

图 8-40e 为用副主轴夹持工件右端，利用安装在主轴箱端面上刀塔中的刀具实现“背面”（左端面）要素的加工。

除了上述几种情况，还可以进行多角形车削、滚花、刻字，利用可调角度的自驱刀具在斜面上进行加工。

8.6.2　高速切削机床

高速切削，主要是 20 世纪 70 年代后期发展起来的一种新工艺，这种工艺采用的切削速度比常规的要高几倍至十多倍，如高速铣削铝件的最佳切削速度可达 2500～4500 m/min；加工钢件为 400～1600m/min；加工铸铁为 800～2000m/min，进给速度也相应提高很多倍。

这种加工工艺不仅切削效率高，而且具有加工表面质量好、切削温度低和刀具寿命长等优点。

高速切削机床是实现高速切削的前提，而高速主轴部件又是高速切削机床最重要的部件。因此，高速主轴部件要求有精密机床那样高的精度和刚度。为此，主轴零件应精确制造和动平衡。另外，还应重视主轴驱动、冷却、支承、润滑、刀具夹紧和安全等的精心设计。

高速主轴的驱动多采用内装电动机式主轴，这种主轴结构紧凑、质量轻和惯性小，有利于提高主轴起动或停止时的响应特性。

高速主轴选用的轴承主要是高速球轴承和磁力轴承。磁力轴承是利用电磁力使主轴悬浮在磁场中，使其具有无摩擦、无磨损、无需润滑、发热少、刚度高、工作时无噪声等优点。主轴的位置由非接触传感器测量，信号处理器则根据测量值以每秒10000次的速度计算出校正主轴位置的电流值。图8-41是瑞士IBAG公司开发的内装高频电动机的主轴部件，其采用的是激磁式磁力轴承。

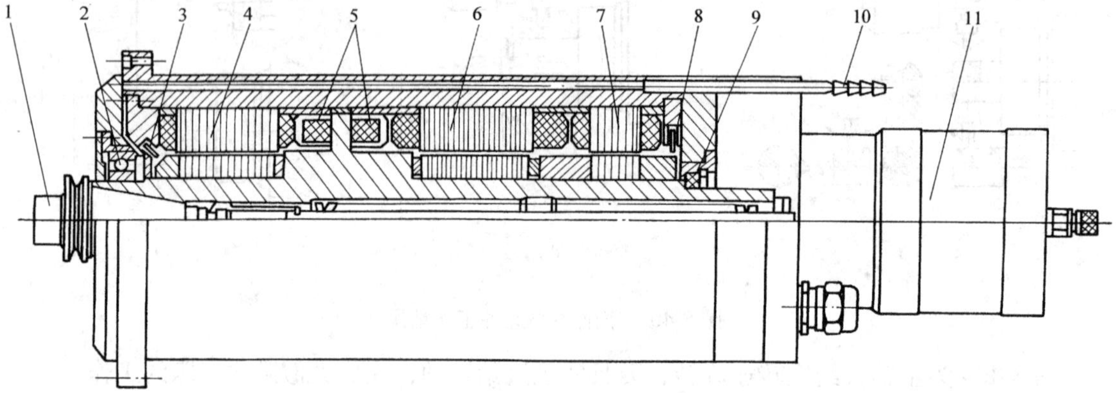

图8-41 用磁力轴承的高速主轴部件

1—刀具系统 2、9—捕捉轴承 3、8—传感器 4、7—径向轴承 5—轴向止推轴承
6—高频电动机 10—冷却水管路 11—气-液压力放大器

8.6.3 数控齿轮加工机床

在加工圆柱齿轮时，除了通用的滚齿机、插齿机外，随着科学技术的发展，数控齿轮加工机床也得到了长足的发展，这里简要介绍数控滚齿机和数控插齿机。

8.6.3.1 数控滚齿机

数控滚齿机按工件主轴在空间的位置分为立式和卧式两类。立式滚齿机又可分为两种形式：工作台固定、立柱移动式与立柱固定、工作台移动式。目前，立式滚齿机在生产中得到了广泛的应用。

1. 立式数控滚齿机的组成

图8-42为立式数控滚齿机示意图。该机床的主机由底座1、径向滑座2、轴向滑座3、切向滑座4、滚刀架5、工作台6和后立柱7等组成。径向滑座2在底座1上左右移动，刀具完成对工件的径向进给，即实现机床的X向运动；轴向滑座3在径向滑座2上做上下直线

移动，刀具完成对工件的轴向进给，即实现机床的 Z 向运动；滚刀架安装在轴向滑座 3 上，轴向滑座上装有切向滑座 4、主轴及滚刀，滚刀架能绕水平轴线 X 转动，以调整滚刀安装角度，实现机床的 A 轴运动；切向滑座 4 可在刀架上移动，带动滚刀完成对工件的切向进给，实现机床的 Y 向运动；机床主轴安装在切向滑座上，实现机床的主运动；工作台用于装夹工件，带动工件旋转（该运动在机床上为 C 轴运动），并与滚刀的旋转运动保持严格的展成运动关系。后立柱上的支架用于工件装夹时的辅助支承，提高工件的装夹刚性。

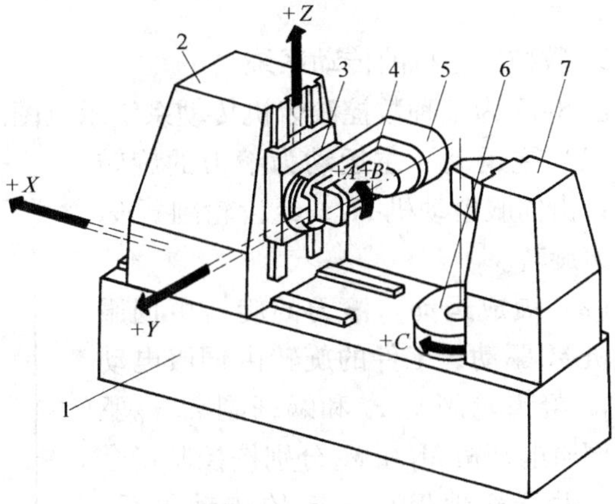

图 8-42　数控滚齿机示意图

1—底座　2—径向滑座（立柱）　3—轴向滑座（垂直滑座）　4—切向滑座　5—滚刀架　6—工作台　7—后立柱

各坐标方向分别为：A—滚刀架　B—刀具旋转轴　C—工作台旋转轴　X—径向滑座　Y—切向滑座　Z—轴向滑座

2. YK3180 型数控滚齿机的主要参数

YK3180 型数控滚齿机的主要参数如下：

最大工件直径	800mm
最大工件模数	10mm
滑板最大行程	400mm
刀架最大回转角度	±45°
滚刀最大窜刀距离	160mm
滚刀主轴锥孔锥度	Morse No. 5
允许安装滚刀最大直径 × 长度	160mm × 160mm
滚刀可换心轴直径	27mm、32mm、40mm、50mm
滚刀主轴轴线至工作台台面距离：	
最大	685mm
最小	285mm
滚刀主轴轴线至工作台回转轴线距离：	
最大	520mm
最小	50mm
工作台直径	650mm
工作台孔径	80mm
滚刀主轴转速范围	80 ~ 240r/min
主电动机功率	9kW
机床外形尺寸	4600mm × 2800mm × 2550mm

数控系统（交流主轴系统和直流进给伺服系统）实现五轴（X、Y、Z、B、C）四联动

控制。

3. 数控滚齿机的传动系统

图 8-43 为某种数控滚齿机传动系统示意图。

(1) 主运动　主运动为滚刀的旋转运动，由伺服电动机 M_1，经齿轮副 z_1/z_2 使滚刀旋转。

(2) 展成运动　滚刀的旋转由伺服电动机 M_1驱动，工件的旋转由伺服电动机 M_4，经齿轮副 z_7/z_8 和蜗杆副 z_9/z_{10} 驱动。伺服电动机 M_1和 M_4分别按控制指令运动，并严格地保持一定的传动关系，即滚刀转一转时，工件转 $K/z_{工}$ 转（K 为滚刀头数，$z_{工}$ 为工件齿数）。

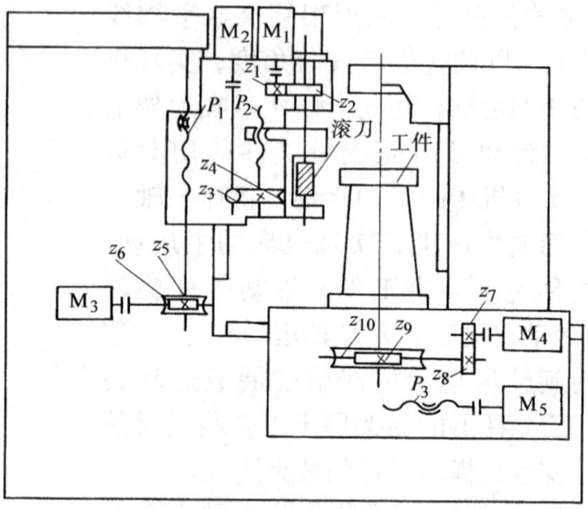

图 8-43　数控滚齿机传动系统示意图

(3) 进给运动　进给运动分为轴向进给、切向进给和径向进给等三种运动。

1）轴向进给运动即滚刀沿工件轴线方向的进给运动。轴向进给由伺服电动机 M_3经蜗杆副 z_6/z_5 和丝杠副（螺距为 P_1）使滚刀刀架移动。调整伺服电动机 M_3的转速可得到不同的轴向进给量 f_a。

2）切向进给运动即滚刀沿其轴线方向的进给运动。采用切向进给，主要用于使用锥度蜗轮滚刀或变齿厚蜗轮滚刀加工蜗轮的场合。切向进给由伺服电动机 M_2，经蜗杆副 z_3/z_4 和丝杠副（螺距为 P_2）使滚刀切向移动。调整伺服电动机 M_2的转速可得到不同的切向进给量 f_t。

3）径向进给运动即工件向滚刀方向（或滚刀向工件方向）所做的径向进给。径向进给由伺服电动机 M_5，经丝杠副（螺距为 P_3）使工作台移动。改变伺服电动机 M_5的转速可得不同的径向进给量 f_r。

4. 数控滚齿机结构特点

数控滚齿机其主电动机非常靠近滚刀心轴，传动链比较短，大量的中间传动环节被取消，传动误差减少，提高了加工精度。又由于提高了传动刚度，滚刀的速度亦可相应提高。由于工作台的回转采用伺服电动机直接驱动，传动链缩短，提高了加工精度及其稳定性。滚齿机采用高精度斜齿轮副来代替传统的蜗杆副，其齿面经过热处理，在使用过程中可以认为加工精度不降低，故工作台转速可提高到 200r/min 以上。

数控滚齿机的主要运动坐标有 X、Y、Z、A、B、C 六个轴向。各向运动轴能单独动作，也能联动。在切削过程中，由加工程序控制各进给轴做递增和补偿运动。刀具可相对工作台回转中心线做轴向直线运动、倾斜运动或弧形运动。因此，数控滚齿机具有运动灵活、到位准确、切削精度高、效率高、能加工复杂型面工件等特点。

(1) 刀架结构　为适应使用涂层多头滚刀或硬质合金滚刀的高转速要求，高效滚齿机主轴轴承不采用传统的滑动轴承，而采用预加载荷的高精度滚动轴承，既保证精度又保证刚度。图 8-44 为 PE150 刀架装配图。

为消除主轴齿轮副传动间隙，在斜齿轮 3 上装有薄齿圈 4，薄齿圈的齿数与斜齿轮 3 相差一个齿，两者与同一个主轴斜齿轮 2 啮合。显然，传动时斜齿轮 3 和薄齿圈 4 端面之间就产生相对滑动，端面间设在摩擦衬垫，并同弹簧（图中未画出）调整摩擦力。这样，主轴斜齿轮传动就可以达到增加阻尼、消除间隙影响、避免振动的效果。

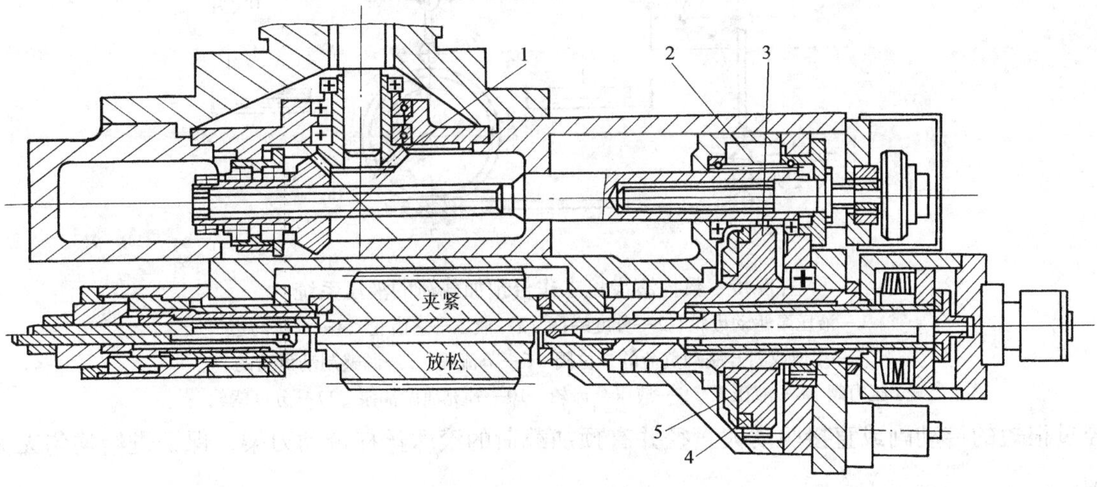

图 8-44　PE150 刀架装配图

1—锥齿轮　2—小斜齿轮　3—大斜齿轮　4—薄齿圈　5—衬垫

主轴上可同时装夹多把滚刀（或滚刀和铣刀），可在一次装夹中自动加工不同参数的齿轮，因而机床切向滑板及其行程较长，但都设置有导轨的自动锁紧装置。

在 PE150 的刀架上，只需要把滚刀放于切向滑板的 V 形槽中，按控制按钮即可自动完成刀具夹紧。

刀架转动是数控滚齿机的一个坐标（轴坐标 A）。自动加工调整一般都采用弹簧定位夹紧、液压松开的方式。

（2）工作台结构　直接驱动工作台主轴的分度副一般仍采用高精度蜗杆副。但高效数控滚齿机为适应切削条件需要，往往采用高精度硬齿斜齿轮，工作台极限转速可达到 150 ~ 200r/min。

工作台传动也必须消除间隙影响和增加阻尼，特别是对于滚刀与工件旋向不同的硬齿面齿轮加工时更为重要。一般可用液压加载的方法来消除间隙或增加阻尼。如某台硬齿面数控滚齿机工作台预加载荷的液压系统（见图 8-45），是利用工件主轴上的主动轮 1 带动液压泵齿轮 9，液压泵上的制动扭矩由压力阀 7 调整，达到所要求的制动载荷，液压泵输出带动液压马达 4，通过液压马达上的齿轮 3，又反馈传到分度蜗杆 2 上。液压泵的输出和液压马达的消耗彼此平衡，因而预加载荷与工作台的转速无关，这样又可以减少能耗和发热。同时由二位阀 5 接通或断开制动作用，适应不需要制动的情况。另设辅助液压泵 10，补充油路的泄漏，通过节流阀 6 不断把发热的液压油从油路中输出，避免工作台的温度升高。

工作台主轴和滚刀主轴能定点停车，这样就可以实现齿轮精加工时的自动对刀。

（3）大立柱和床身　由于其传动链比通用滚齿机的传动链短，因此，大立柱设计成双重壁加强筋的封闭式框架结构，刚性好。轴向进给坐标的伺服电动机直接装在立柱的顶部，

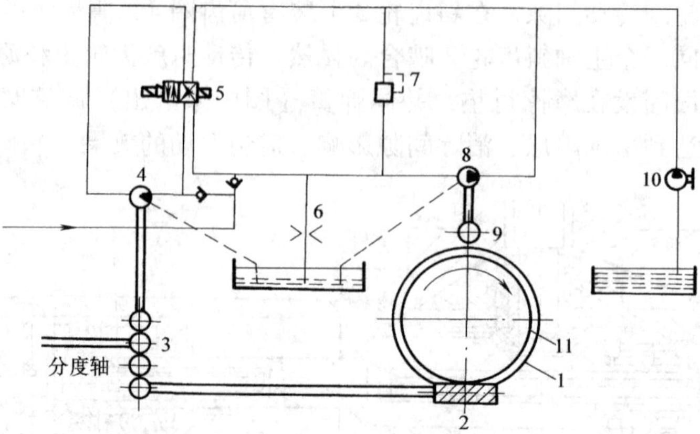

图 8-45 数控滚齿机工作台预加载荷的液压系统

1—液压泵驱动齿轮 2—分度蜗杆 3—液压马达齿轮 4—液压马达 5—接通或断开制动负荷的二位阀 6—节流阀 7—调整制动负荷的压力阀 8—液压泵 9—液压泵齿轮 10—补充泄漏油泵 11—分度蜗轮

经过很短的传动副或直接驱动大直径并有预加载荷的滚珠丝杠带动刀架，保证进给均匀无振动。

床身也采用双重壁、对角加强肋的高刚度结构，其内腔设计成供液压油循环的通道，使床身的温度场一致，防止热变形。图 8-46 为 PE150 的大立柱和床身的横断面立体示意图，其结构很坚固。

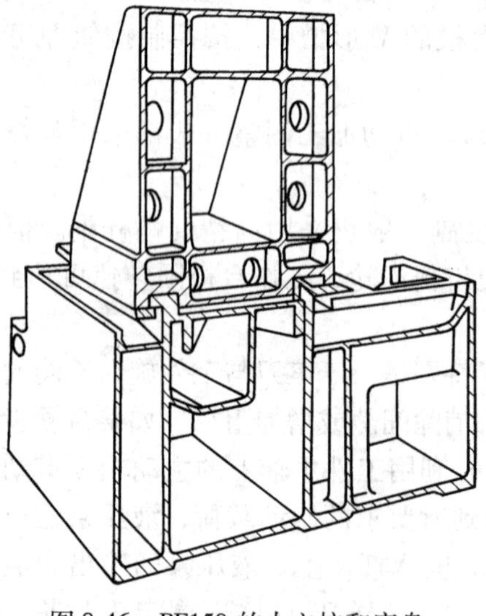

图 8-46 PE150 的大立柱和床身的横断面立体示意图

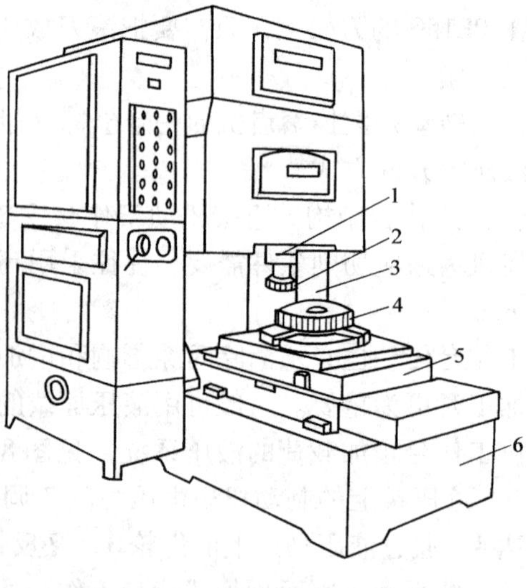

图 8-47 立式数控插齿机外形图

1—主轴 2—插齿刀 3—立柱 4—工件 5—工作台 6—床身

8.6.3.2 数控插齿机

1. 数控插齿机的组成

数控插齿机按其工件轴线的空间位置的布置方式，分为立式数控插齿机和卧式数控插齿机两类。目前使用的数控插齿机多为立式结构。

图 8-47 为立式数控插齿机的外形图。立柱 3 固定于床身 6 上，插齿刀 2 装于插齿机主轴 1 上，由主轴带动做上下往复运动和旋转运动，工件 4 装夹于回转工作台 5 上，由工作台带动做旋转运动，并可随同床鞍沿导轨做径向切入运动，以及调整工件和刀具之间的距离。

2. 机床的传动系统

图 8-48 为 YK5130 插齿机的传动系统图。

（1）主运动　主运动是指插齿刀的上下往复运动，其运动由直流电动机 z2－42 传出，经 V 带轮$\frac{\phi100}{\phi355}$、滑移齿轮$\frac{43}{97}$或$\frac{68}{72}$、曲柄轴和球连杆机构传至插齿机主轴，使插齿刀做上下往复运动。插齿刀每分钟的往复次数为

$$n_0 = n \times \frac{100}{355} \times \frac{43}{97}\left(\text{或}\frac{68}{72}\right) \tag{8-1}$$

式中，n 是直流电动机转速（r/min）；n_0是插齿刀每分钟往复次数（往复/min）。

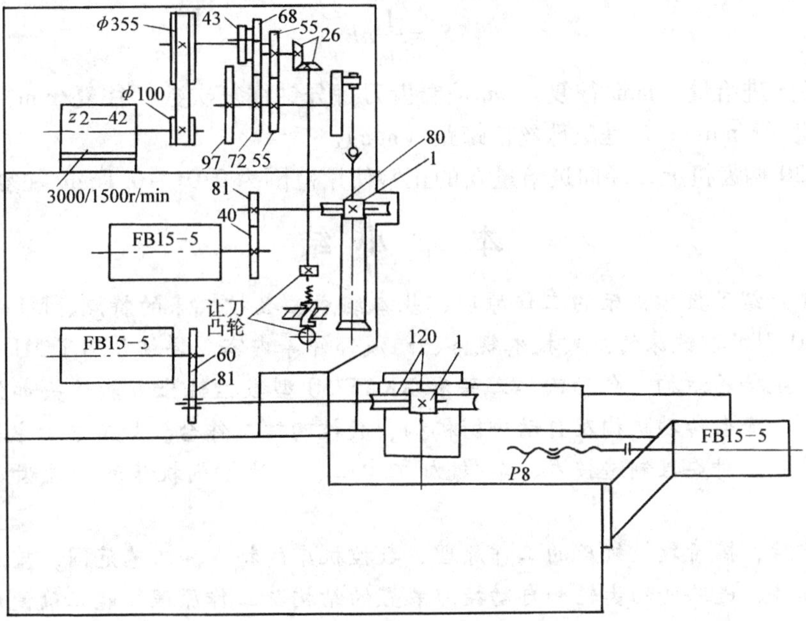

图 8-48　YK5130 插齿机传动系统图

直流电动机由晶闸管无级调速。为不使其在低速时输出功率过低，机床规定 n_0的范围为 100～800 往复/min，当 n_0＝100 往复/min 时，滑移齿轮采用 43/97。当 n_0＝800 往复/min 时，滑移齿轮采用 68/72。

（2）让刀运动　机床采用让刀凸轮和让刀斜铁实现让刀运动。当曲柄轴转动时，经齿轮副 55/55 和锥齿轮 26/26 将运动传至让刀凸轮，让刀凸轮推动让刀楔铁以实现让刀运动。

（3）展成运动　展成运动是指插齿刀与工件之间的相对运动联系。由于数控插齿机采用直流伺服电动机单独驱动刀具旋转，其运动由直流伺服电动机（FB15－5）传出，经齿轮副 40/81 和蜗杆副 1/80 使插齿刀旋转。驱动工件旋转的传动路线为：运动由直流伺服电动机（FB15－5）传出，经齿轮副 60/81、蜗杆副 1/120 使工作台旋转（工件旋转）。因此，

刀具与工件之间的传动比是靠输入给两个直流伺服电动机的脉冲数确定。由于输入脉冲数的比例可任意改变，故不论工件和插齿刀的齿数为多少均可加工。

（4）圆周进给运动　圆周进给运动是指插齿刀绕自身轴线的回转运动。其运动由直流伺服电动机（FB15－5）传出，经齿轮副40/81、蜗杆副1/80使插齿刀做圆周进给运动。其圆周进给量的计算公式为

$$S_k = \frac{1}{n_0} \times n \times \frac{40}{81} \times \frac{1}{80} \times \pi \times d \tag{8-2}$$

式中，S_k是圆周进给量（mm/往复）；n是直流伺服电动机的转速，其范围为0～1500r/min，且为无级调速；n_0是插齿刀每分钟往复次数（往复/min）；d是插齿刀分度圆直径（mm）。

改变n、n_0值可得到不同的S_k值。YK5130插齿机上常用的S_k值为0.05～0.5mm/往复。

（5）径向进给运动　插齿时，工件需向插齿刀作径向移动，以实现切削运动。运动由直流伺服电动机（FB15－5）传出，直接带动滚珠丝杠（$P=8$mm），使工作台做径向直线移动。调整伺服电动机的转速，便可得到不同的径向进给量。其计算公式为

$$S_r = \frac{1}{n_0} nP \tag{8-3}$$

式中，S_r是径向进给量（mm/往复）；n_0是插齿刀每分钟往复次数（往复/mm）；n是直流伺服电动机转速（r/min）；P是滚珠丝杠螺距（mm）。

在YK5130插齿机上，径向进给量S_r的正常使用范围为0.01～0.1mm/往复。

本 章 小 结

本章简要介绍了数控机床的工作原理、基本组成、数控机床的特点、MJ－50型数控车床和XKA5750型数控铣床的主要技术规格、组成部件等内容。详细介绍了MJ－50数控车床的传动系统、主轴箱结构、自动回转刀架和XKA5750型数控铣床万能铣头部件、工作台纵向传动机构、升降台传动机构及自动平衡机构、数控回转工作台，加工中心主轴部件的结构和自动换刀装置。对柔性制造技术、车/铣加工中心、高速切削机床和数控齿加工机床作一般性的介绍。

学习本章后，搞清数控机床的工作原理，数控机床的特点和工艺范围，重点掌握各类数控机床主轴部件、进给传动齿轮和自动换刀装置的结构及工作原理，能正确使用数控机床。

思考与练习题

8-1　加工中心机床与一般数控机床有何不同？加工中心机床是如何实现自动换刀的？

8-2　加工中心选刀方式有哪几种？各有何特点？

8-3　加工中心主轴为何需要“准停”？如何实现“准停”？

8-4　什么是柔性制造单元？它的基本组成是什么？

8-5　什么是柔性制造系统？它与普通自动生产系统有何区别？

8-6　什么是CIMS系统？

第 9 章　机床的安装、验收、维护与保养

学习目标： 通过第 9 章的学习，了解机床的选用原则，熟悉机床安装对地基的要求和安装方法。重点掌握机床的维护、保养和计划维修的规定和要求、机床的开箱验收、安装验收方法和典型机床检验技术标准。

9.1　机床的安装

机床的安装就是按照技术要求将机床固定在基础上。各种机床在出厂前按设计要求都已经过检验和试车，所以，为保证机床应有的加工精度，必须正确安装机床，否则将影响机床的加工精度及使用寿命。

9.1.1　机床的地基

机床的质量、工件的质量、切削过程中产生的切削力等作用力，都将通过机床的支承部件最终传至地基。地基质量的好坏，将关系到机床的加工精度、运动平稳性、机床变形、磨损以及机床的使用寿命。因此，机床在安装之前，应先处理好地基。

地基应有一定的质量，以增大阻尼减少机床振动。还应具有足够的强度和刚度，以避免过大的振动、倾斜和变形。机床基础作用在地基上的压力一般为 $3\times10^4\sim8\times10^4 N/m^2$。一般天然地基强度足以保证，但机床基础要放在均匀的同类地基上。对于精密和重型机床基础，当有较大的加工件需在机床上移动时，会引起地基的变形，此时就需加大基础刚度并压实地基土以减小地基土的变形。精密机床或50t 以上的重型机床，其地基加固可用预压法或采用桩基。

机床基础的混凝土厚度在动力机器基础设计规范 GB50040—1996 中有明确规定。常用金属切削机床基础的混凝土厚度要求见表 9-1。

表 9-1　金属切削机床基础的混凝土厚度　（单位：m）

机床名称	基础的混凝土厚度	机床名称	基础的混凝土厚度
卧式车床	$0.3+0.070L$	插床	$0.3+0.150h$
立式车床	$0.5+0.150h$	导轨磨床	$0.4+0.080L$
铣床	$0.2+0.150L$	摇臂钻床	$0.2+0.130h$
龙门铣床	$0.3+0.075L$	深孔钻床	$0.3+0.050L$
龙门刨床	$0.3+0.070L$	坐标镗床	$0.5+0.150L$
内圆磨床、无心磨床、平面磨床	$0.3+0.080L$	卧式拉床	$0.3+0.050L$
螺纹磨床、精密外圆磨床、齿轮磨床	$0.4+0.100L$	立式钻床	0.3 ~ 0.6

（续）

机床名称	基础的混凝土厚度	机床名称	基础的混凝土厚度
卧式镗床、落地镗床	0.3 +0.120L	牛头刨床	0.6 – 1.0
齿轮加工机床	0.3 +0.150L		

注：1. 表中的 L 为机床外形的长度（m），h 为其高度（m），均是机床样本和说明书上提供的外形尺寸。

2. 表中基础的混凝土厚度是指机床底座下（如垫铁时，指垫铁下）承重部分的混凝土厚度。

3. 有提高加工精度要求的普通机床可按表中的混凝土厚度增加 5% ~10%。

4. 加工中心系列机床，其基础混凝土厚度可按组合机床的类型，取其精度较高或外形较长者按表中同类型机床采用。

9.1.2 机床的安装

地基做好后，即可进行机床的安装。机床安装的程序是：①基础检查与清理；②机床开箱、就位及找正；③初平与地脚螺栓孔灌浆；④清洗和大型机床组装；⑤精平和固定；⑥安装精度的调整和试运转；⑦灌浆抹平与验收等。

机床在基础上的固定方式主要有地脚螺栓固定、在机床底座下浇灌混凝土或水泥砂浆及使用活动垫铁等方法。

采用地脚螺栓固定比较牢靠，但由于各地脚螺栓拧紧力的不均匀可能会引起机床床身产生较大的变形，降低机床安装精度。在机床底座下浇灌混凝土和水泥砂浆的方法安装方便，但当机床工作过程中冲击及倾覆力矩较大时，容易使安装精度降低。地脚螺栓通常分为死地脚螺栓、活地脚螺栓和膨胀螺栓三类。图 9-1 所示为死地脚螺栓，螺栓下端的钩状或叉形是用来防止旋转并增加抗拔力的。地脚螺栓通常用浇灌的方法固定在基础上（见图 9-2）。

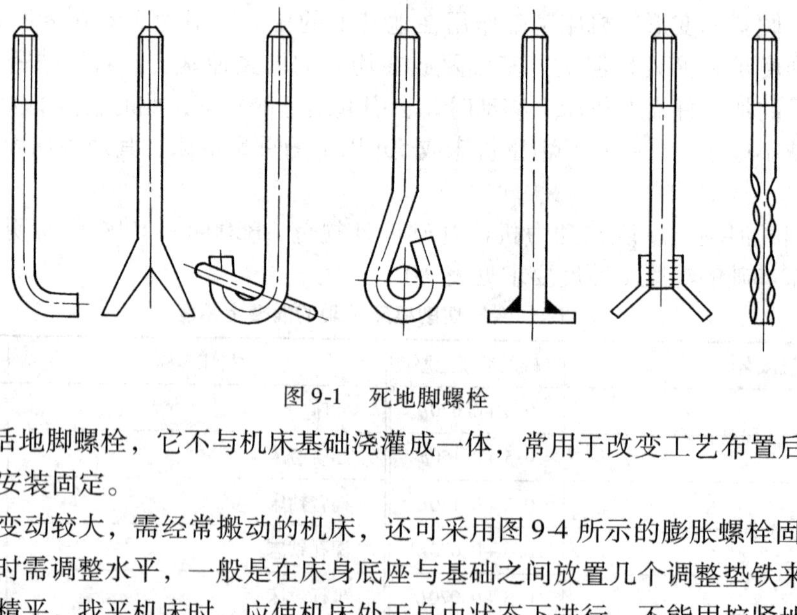

图 9-1 死地脚螺栓

图 9-3 为活地脚螺栓，它不与机床基础浇灌成一体，常用于改变工艺布置后需要拆除地脚螺栓的机床安装固定。

对于工艺变动较大，需经常搬动的机床，还可采用图 9-4 所示的膨胀螺栓固定。

机床安装时需调整水平，一般是在床身底座与基础之间放置几个调整垫铁来调整。调整时应先粗平后精平。找平机床时，应使机床处于自由状态下进行，不能用拧紧地脚螺栓和局部加压等方法使其强制变形来达到精度要求。将地脚螺栓上的螺母拧紧后，再次按安装精度要求检验机床的水平。常用机床垫铁的种类见表 9-2。

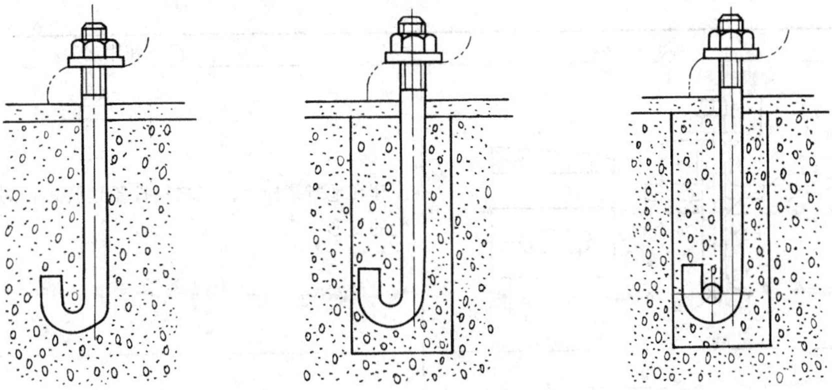

一次浇灌法　　二次浇灌法

图 9-2　死地脚螺栓的固定方法

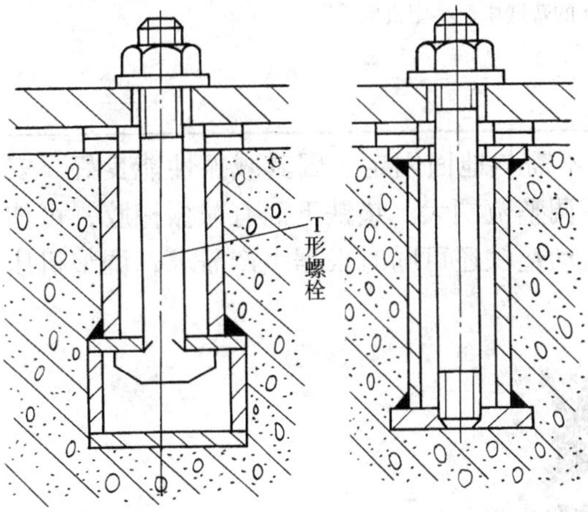

图 9-3　活地脚螺栓

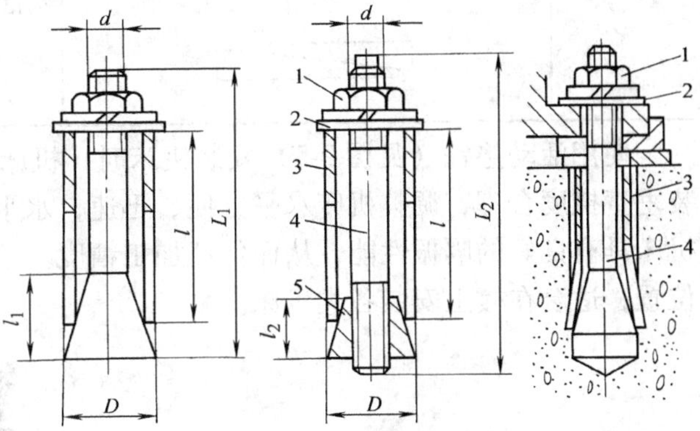

Ⅰ型　　Ⅱ型　　安装图

图 9-4　膨胀螺栓

1—螺母　2—垫圈　3—套筒　4—螺栓　5—锥体

表 9-2　常用机床垫铁的种类

名称	图　示	特点和用途
斜垫铁	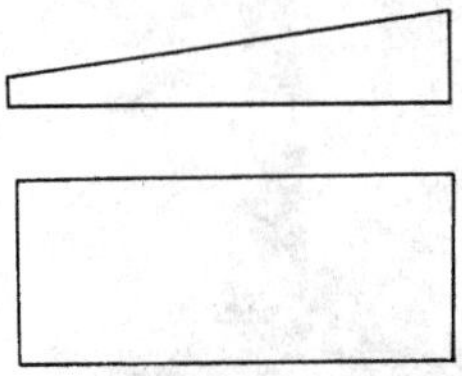	斜度 1∶10，一般配置在机床地脚螺栓附近，成对使用。用于安装尺寸小、要求不高、安装后不需要再调整的机床，亦可使用单个结构，此时与机床底座为线接触，刚度不高
开口垫铁	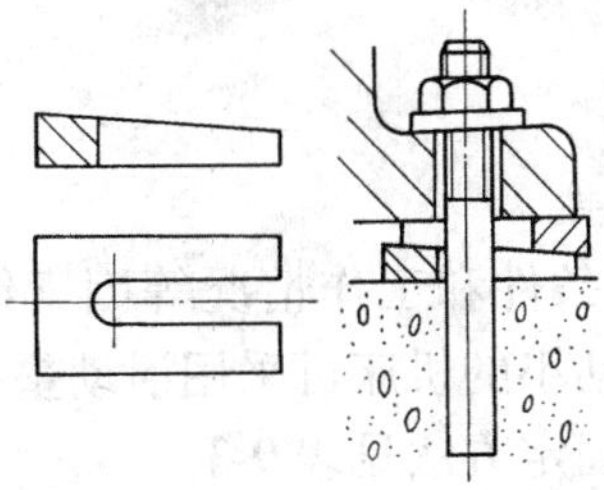	直接卡入地脚螺栓，能减轻拧紧地脚螺栓时机床底座产生的变形

（续）

名称	图　示	特点和用途
带通孔斜垫铁	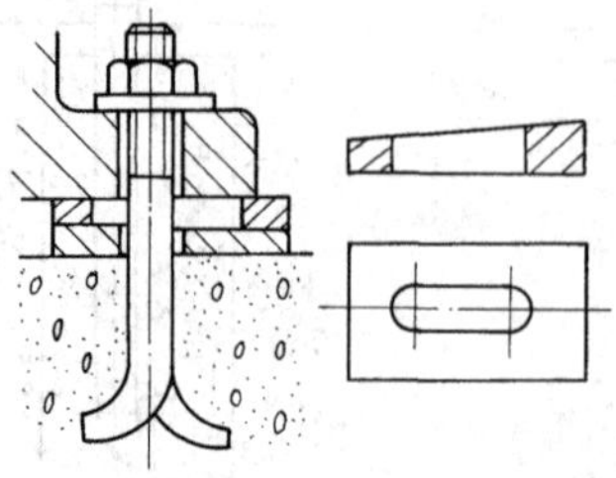	套在地脚螺栓上，能减轻拧紧地脚螺栓时使机床底座产生的变形
钩头垫铁	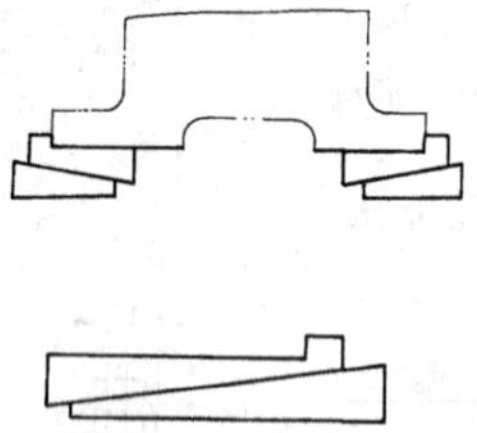	垫铁的钩头部分紧靠在机床底座边缘上，安装调整时起限位作用，安装水平不易走失，用于振动较大或质量为10~15t的普通中、小型机床

使用活动垫铁（见图9-5）安装机床时，机床不需与地面固定，因其减振性能良好，安装垂直挠度合理，调整机床水平方便、迅速，水平调整范围大。垫铁下面有减振橡胶，可使机床具有良好的隔振性能，从而保证加工精度。活动垫铁还可随时根据生产需求，调整机床位置，适合在楼上安装各类机床。

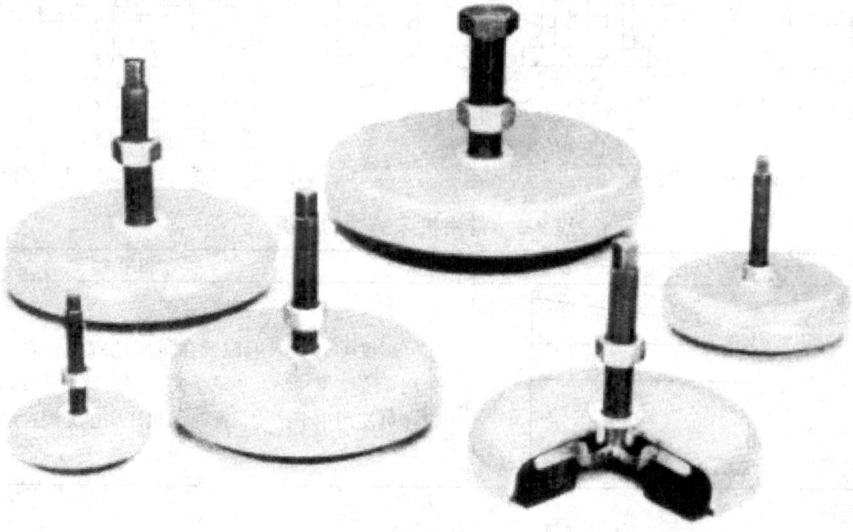

图9-5　活动垫铁

在考虑机床安装时，应根据机床的特点、安装条件和工作情况等因素综合确定。一般中、小型机床及刚度大、稳定性好、切削力小和振动小的机床可采用活动垫铁支承，大型及重型机床多采用地脚螺栓固定的方法。常用机床的固定方法见表9-3。

表 9-3　中、小型普通机床的固定方式

机床类型	固定方式		
	地脚螺栓	床身底座下浇灌水泥砂浆	活动垫铁
卧式车床	加工范围广，有冲击载荷，且不需移动的车床；床身较长、负荷较重的车床	不需经常移动或床身较长、负荷不重的车床	安装在刚性不足的楼面上或干扰振动强烈的地基上的车床。负荷不大，且无偏心加工，经常移动的车床。加工范围一般小于 ϕ400mm × 1000mm
立式钻床	安装在桥式起重机工作区域内的钻床	安装在桥式起重机工作区域外且不需经常移动的钻床，或负荷较重的钻床	安装在桥式起重机工作区域外，且需经常移动的钻床，或负荷不重的钻床
摇臂钻床	所有摇臂钻床		小型移动式摇臂钻床
镗床	所有镗床	精度不高、尺寸不大且不需经常移动的镗床	精度不高、尺寸不大、负荷较小且需经常移动的镗床
铣床	加工范围广、负荷较重，且不需移动的铣床	不需经常移动的铣床	安装在刚性不足的楼面上，负荷不大，且需经常移动的铣床
滚齿机	加工范围广、负荷较重，且不需移动的滚齿机	不需经常移动的滚齿机	安装在刚性不足的楼面上，且需经常移动的滚齿机
牛头刨床	加工范围广、负荷较重，且不需移动的牛头刨床	不需经常移动的牛头刨床	安装在刚性不足的楼面上，且需经常移动的牛头刨床
拉床	所有拉床	负载不重或精度不高的拉床	

卧式车床安装可参考图 9-6，机床用六组楔铁支承，每组两块斜面相对放在地脚螺栓附近，其规格宽 40 ~ 60mm，长 140mm，斜度 5°。下面一块大头向里用水泥固定，上面一块大头向外用于调整。粗调后，地脚螺栓孔内灌入水泥，待水泥干透后进行精调。用水平仪在导轨两端检查安装精度，导轨的纵向及横向误差不得超过 0.06mm/1000mm。精调时边调整楔形垫铁边拧紧地脚螺栓，直至机床安装精度达到要求为止。地脚螺栓应均匀拧紧。精度达到安装要求后，用水泥固定楔铁并修好地基表面，床脚周围应抹平以免润滑油渗入。

为使铣床工作平稳和保证铣床工作精度，应按图 9-7 安装铣床。首先按照图 9-7 中尺寸做好混凝土地基，机床安装在地基上，在用混凝土浇灌地脚螺栓前，应用水平仪在纵向及横向两个方向上调整水平，然后浇灌水泥，充分干燥后，均匀地拧紧地脚螺栓，同时检查机床安装精度。

9.1.3　机床试车

试车前应仔细地用煤油擦去机床上的防锈油，主轴箱内应用加热的煤油冲洗，不得使用金属工具和其他足以划伤零件表面的器具来除油。各处导油羊毛线应清洗干净后放回原处。擦净油后，在外露的金属表面上，薄薄地涂上一层防锈机油。

试车前各油池应按规定灌好油，按机床润滑系统图的注释对各润滑点进行一次加油和检查。

接通电源前应仔细检查电气系统是否完好，注意电动机有无受潮。接通机床电源后，首先检查电动机的旋转方向，并按照机床标牌上所注明的旋转方向校正接线。

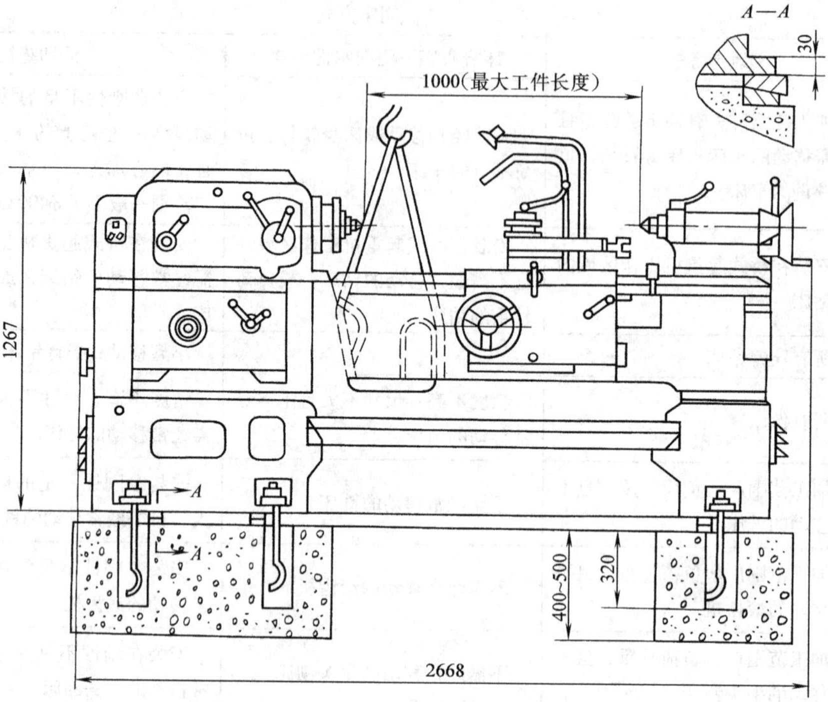

图 9-6　车床安装示意图

图 9-7　铣床安装示意图

试车时，先以最低速空运转 30min 以上，然后逐级调整试验各级转速运转及变速机构变速是否正常，同时检查工作台的各方向进给操纵手柄是否灵活可靠（在摇动进给手轮或手柄时，特别是开动机动进给时，工作台各方向的锁紧手柄应松开），检查润滑油泵、冷却泵的工作情况。

9.2　机床的验收试验

9.2.1　机床的开箱验收

机床开箱后应立即按照装箱单检查全部附件是否齐备，检查机床的手柄和突出的部分在运输过程中有无损坏。如附件不全应立即向供货厂家提出，因为机床一经使用，制造厂将不再负责。

9.2.2　机床的安装验收

为使机床工作平稳及保证机床精度，必须按照机床安装示意图的要求做好混凝土地基，并安放好地脚螺栓，或放置好活动垫铁。地基应浇灌在坚实的基体上，机床安放在地基上后，在浇灌混凝土之前，必须用水平仪在纵向、横向两个方向上调整，然后再浇灌混凝土或砂浆，充分干燥后，均匀旋紧地脚螺栓，同时再次检查机床的水平。

9.2.3　机床的验收试验项目

机床的验收试验是指对刚安装好的或刚经过大修后的机床进行调试，目的是检查机床的制造或维修质量是否符合标准规定。各类机床的验收试验可参看机床说明书。

1. 机床空运转试验

此项试验的目的是检查机床各机构在空运转时的工作情况，对于主运动，应从低速到高速依次逐级进行试验，每级速度的运转时间不少于 2min，最高速度的运转时间不少于 30min，同时还应检查轴承的温度和温升是否在标准规定范围内。对进给运动，应进行低、中、高速度的试验。

在以上检查的同时，还应检查机床的启动、变速、停止、制动等动作的灵活性和可靠性；各操纵机构的可靠性；重复定位、分度、转位的准确性；电气、液压系统的灵敏性和可靠性等。

2. 机床的负荷试验

此项试验的目的在于检查机床各机构的强度，以及在负荷下机床各机构的工作情况。如机床主传动系统最大转矩 M_{max} 和短时间 1.25M_{max} 的试验；机床最大切削主分力 F_{max}、短时间 1.25F_{max} 的试验以及机床传动系统在最大功率下的试验。负荷试验一般在机床上用切削试件或用仪器加载的方法进行。

3. 机床的精度检验

机床加工工件时，各种加工误差的产生，都与机床本身的精度有很大关系，所以，对机床进行精度检验，使机床的精度保持在一定范围内，对保证机床的加工精度是非常重要的。

国家对各类机床都规定了精度检验标准，各类机床的主要精度检验项目可参看机床说明书。表 9-4 为卧式车床的精度检验标准。

表 9-4 卧式车床检验技术标准

<table>
<tr><th>项目</th><th colspan="2">检测内容</th><th>简 图</th><th>检验方法</th><th colspan="3">精度要求</th></tr>
<tr><td rowspan="6">1</td><td colspan="2" rowspan="6">纵向导轨在垂直平面内的直线度</td><td rowspan="6">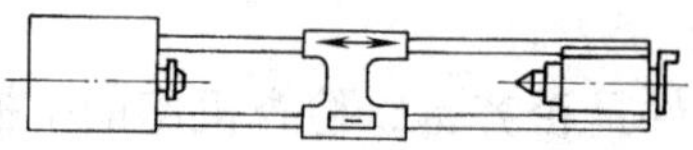</td><td rowspan="6">在床鞍上平行移动方向靠近和床身结合的前导轨处放置水平仪。床鞍每移动≤500mm 记录一次读数，全长上至少记录三个数值。画出导轨误差曲线，曲线相对其两端点连线的最大坐标差值就是导轨全长的直线度误差。曲线上任意局部测量长度的两端点连线相对曲线的坐标差值，就是导轨局部直线度误差</td><td>床鞍行程/mm</td><td colspan="2">允差/mm</td></tr>
<tr><td>在床鞍每1m 行程上</td><td colspan="2">0.02</td></tr>
<tr><td>≤500</td><td colspan="2">0.01</td></tr>
<tr><td>≤1000</td><td colspan="2">0.02</td></tr>
<tr><td>≤2000</td><td colspan="2">0.04</td></tr>
<tr><td colspan="3">运动曲线在全长上只许凸</td></tr>
<tr><td rowspan="5">2</td><td colspan="2" rowspan="5">床鞍移动时的倾斜</td><td rowspan="5">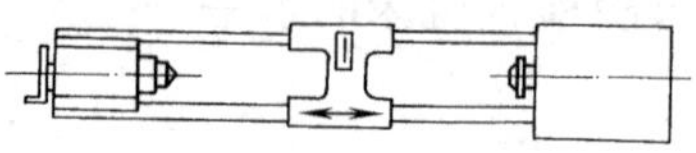</td><td rowspan="5">在项目 1 检验后，将水平仪转动 90°，检验方法同项目 1
水平仪在每 1m 行程上和全长上读数的最大代数差值，就是倾斜度</td><td>床鞍行程/mm</td><td colspan="2">允差/mm</td></tr>
<tr><td>在床鞍每1m 行程上</td><td colspan="2">0.03/1000</td></tr>
<tr><td>≤500</td><td colspan="2">0.02/1000</td></tr>
<tr><td>≤1000</td><td colspan="2">0.03/1000</td></tr>
<tr><td>≤2000</td><td colspan="2">0.04/1000</td></tr>
<tr><td rowspan="5">3</td><td rowspan="5">水平面内导轨的直线度</td><td rowspan="3">一</td><td rowspan="3">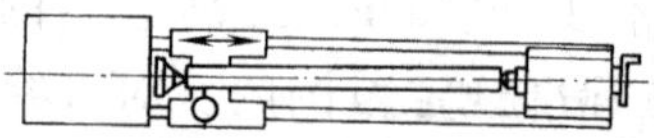</td><td rowspan="3">两顶尖间支承一根长度等于最大顶尖距的检验棒，将千分表固定在床鞍上，使表头与检验棒侧母线接触，调整尾座，使千分表在检验棒两端的读数相等。移动床鞍在全行程上检验。千分表在每 1m 行程上和全行程上读数的最大差值，就是导轨水平面内的直线度误差</td><td>床鞍行程/mm</td><td colspan="2">允差/mm</td></tr>
<tr><td rowspan="4">床身上最大工件回转直径≤800mm</td><td>在床鞍每 1m 行程上</td><td>0.015</td></tr>
<tr><td>≤500</td><td>0.01</td></tr>
<tr><td rowspan="2">二</td><td rowspan="2">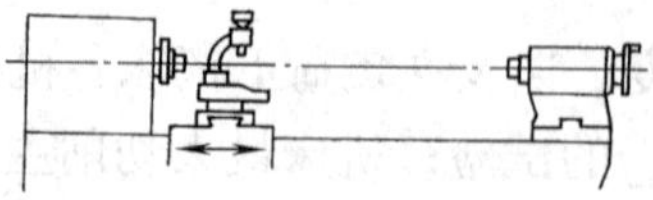</td><td rowspan="2">在两顶尖间绷紧一根直径≤0.3mm 的钢丝，床鞍上装一镜头垂直向下的显微镜。调整尾座，使显微镜在钢丝两端的读数相等。移动床鞍，每隔≤500 记录一次读数，全行程上至少记录三个数值。显微镜在每 1m 行程上和全行程上的读数的最大代数差值，就是导轨水平面内的直线度误差</td><td>≤1000</td><td>0.015</td></tr>
<tr><td>≤2000</td><td>0.025</td></tr>
</table>

（续）

<table>
<tr><th>项目</th><th colspan="2">检测内容</th><th>简　图</th><th>检验方法</th><th colspan="3">精度要求</th></tr>
<tr><td>3</td><td>水平面内导轨的直线度</td><td>三</td><td>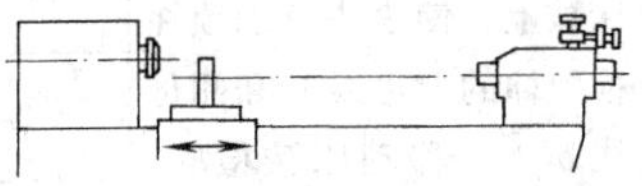</td><td>将平直仪固定在床身尾端（或放在床身一端外的测量架上）。反射镜放在床鞍上，移动床鞍，每隔≤500 记录一次读数，全行程上至少记录三个数值。将读数依次排列，画出运动曲线，计算出每 1m 行程上和全行程上的误差</td><td colspan="3"></td></tr>
<tr><td rowspan="5">4</td><td colspan="2" rowspan="5">尾座移动对床鞍移动的平行度</td><td rowspan="5">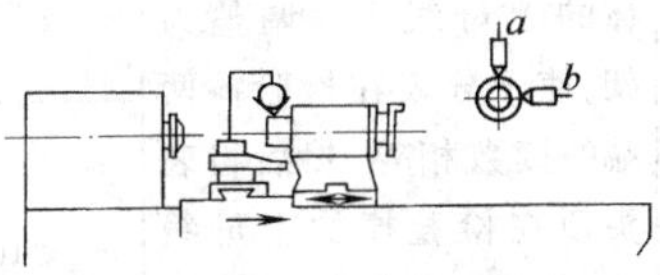
a—在垂直平面内　b—在水平面内</td><td rowspan="5">将千分表固定在床鞍上，使表头分别顶在近尾座体端面的尾座套筒母线 a 和侧母线 b 的位置上，使尾座与床鞍一起移动，在床鞍全行程上检验。当尾座不能与床鞍一起移动时，允许每次移动 500mm 做定点测量，检验时应紧固尾座套筒
a、b 位置的误差分别计算，千分表在每 1m 行程上和全行程上读数的最大差值，就是平行度误差</td><td>床鞍行程/mm</td><td colspan="2">允差/mm</td></tr>
<tr><td>在床鞍每 1m 行程上</td><td>a：0.03</td><td>b：0.03</td></tr>
<tr><td>≤500</td><td>a：0.02</td><td>b：0.02</td></tr>
<tr><td>≤1000</td><td>a：0.03</td><td>b：0.03</td></tr>
<tr><td>≤2000</td><td>a：0.05</td><td>b：0.04</td></tr>
<tr><td rowspan="6">5</td><td colspan="2" rowspan="6">主轴锥孔轴线的径向跳动</td><td rowspan="6">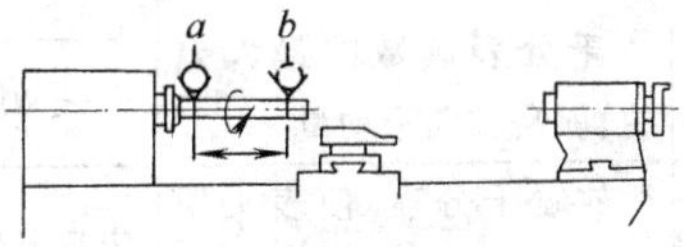
a—靠近主轴端面
b—距主轴端面 L 处</td><td rowspan="6">在主轴中心孔内插入一根检验棒，安置千分表，使表头顶在检验棒的表面上，旋转主轴分别在检验棒根部 a 处和相距 L 的 b 处检验。a、b 的测量结果分别以千分表读数的最大差值表示。检验棒对主轴锥孔每隔 90° 插入一次，共检验四次
a、b 的误差分别计算，以相对两位置测量结果的平均值计，取其最大值，就是径向跳动量</td><td>床身上最大工件回转直径/mm</td><td colspan="2">允差/mm</td></tr>
<tr><td colspan="3">L = 200mm</td></tr>
<tr><td>≤320</td><td>a:0.01</td><td>b:0.015</td></tr>
<tr><td colspan="3">L = 300mm</td></tr>
<tr><td>≤400</td><td>a:0.01</td><td>b:0.02</td></tr>
<tr><td>≤800</td><td>a:0.015</td><td>b:0.025</td></tr>
</table>

（续）

<table>
<tr><th>项目</th><th>检测内容</th><th>简　　图</th><th>检验方法</th><th colspan="3">精度要求</th></tr>
<tr><td rowspan="6">6</td><td rowspan="6">床鞍移动对主轴中心线的平行度</td><td rowspan="6">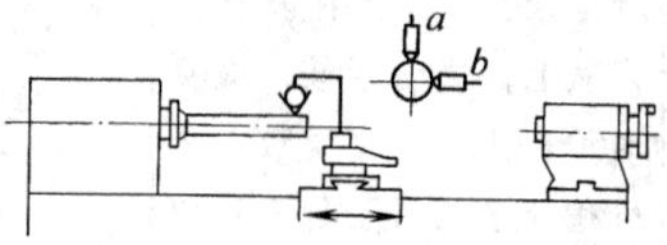
a—在垂直平面内　b—在水平面内</td><td rowspan="6">在主轴锥孔中插入一根检验棒，将千分表固定在床鞍上，使表头分别顶在检验棒的上母线 a 和侧母线 b 上，移动床鞍检验。a、b 的测量结果分别以千分表读数的最大差值表示。将主轴旋转 180°，再同样检验一次
a、b 的误差分别计算，两次测量结果代数和的一半，就是平行度误差</td><td>床身上最大工件回转直径/mm</td><td colspan="2">允差/mm</td></tr>
<tr><td colspan="3">在 200mm 测量长度上</td></tr>
<tr><td>≤320</td><td>a:0.02</td><td>b:0.01</td></tr>
<tr><td colspan="3">在 300mm 测量长度上</td></tr>
<tr><td>≤800</td><td>a:0.03</td><td>b:0.015</td></tr>
<tr><td colspan="3">检验棒伸出的一端只许向上偏和向前偏</td></tr>
<tr><td rowspan="3">7</td><td rowspan="3">刀架移动对主轴轴线的平行度</td><td rowspan="3">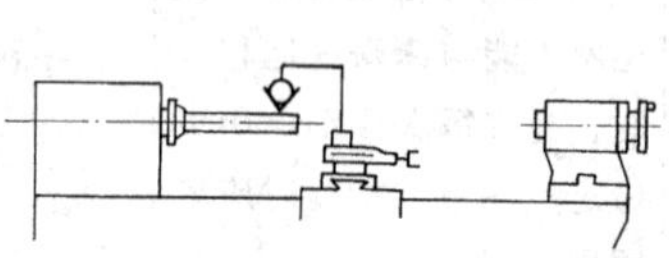</td><td rowspan="3">在主轴锥孔中插入一根检验棒,将千分表固定在刀架上,使表头顶在检验棒的上母线上。调整刀架,使千分表在检验棒两端的读数相等,然后将表头顶在检验棒的上母线上,移动刀架检验,测量结果以千分表读数的最大差值表示。将主轴旋转 180°,再同样检验一次
两次测量结果代数和的一半,就是平行度误差</td><td>刀架全行程/mm</td><td colspan="2">允差/mm</td></tr>
<tr><td>≤100</td><td colspan="2">0.03</td></tr>
<tr><td>>100</td><td colspan="2">0.04</td></tr>
<tr><td rowspan="3">8</td><td rowspan="3">主轴的轴向窜动</td><td rowspan="3">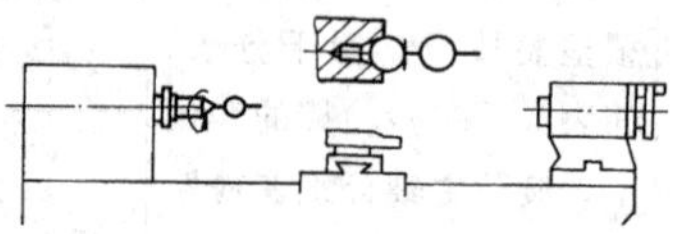</td><td rowspan="3">在主轴锥孔中插入一根检验棒,放置千分表,使表头顶在检验棒中心孔中的钢球表面上,旋转主轴检验
千分表读数的最大差值,就是轴向窜动量</td><td>床身上最大工件回转直径/mm</td><td colspan="2">允差/mm</td></tr>
<tr><td>≤400</td><td colspan="2">0.01</td></tr>
<tr><td>≤800</td><td colspan="2">0.015</td></tr>
<tr><td rowspan="3">9</td><td rowspan="3">主轴轴肩支承面的跳动</td><td rowspan="3">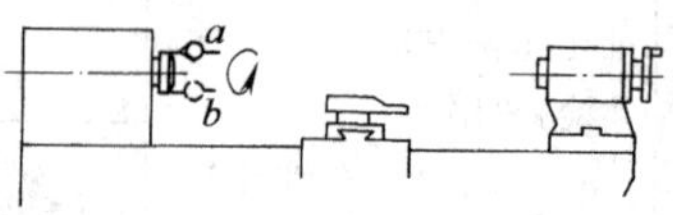</td><td rowspan="3">放置千分表,使表头顶在主轴轴肩支承面靠近边缘旋转主轴,分别在相隔 180°的 a 点和 b 点检验
a、b 的误差分别计算,千分表读数的最大差值,就是支承面的跳动误差
注:只适用于装可更换卡盘的车床</td><td>床身上最大工件回转直径/mm</td><td colspan="2">允差/mm</td></tr>
<tr><td>≤400</td><td>a:0.02</td><td>b:0.02</td></tr>
<tr><td>≤800</td><td>a:0.025</td><td>b:0.025</td></tr>
</table>

（续）

项目	检测内容	简　图	检验方法	精度要求		
10	主轴定心轴颈的径向跳动	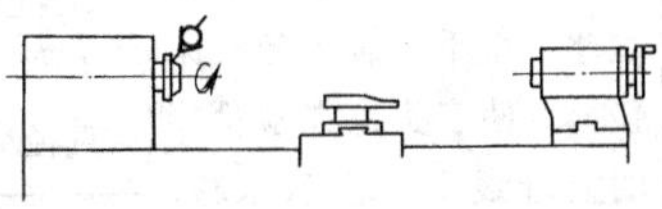	放置千分表，使表头垂直顶在主轴定心轴颈的表面上，旋转主轴检验 千分表读数的最大差值，就是径向跳动量	床身上最大工件回转直径/mm	允差/mm	
				≤400	0.01	
				≤800	0.015	
11	尾座套筒锥孔轴线对床鞍移动的平行度	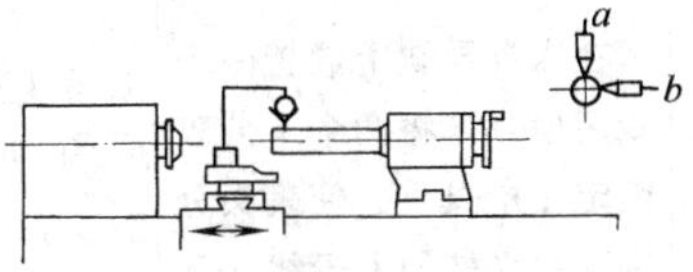 *a*—在垂直平面内　*b*—在水平面内	在尾座顶尖套锥孔中插一根检验棒，将千分表固定在床鞍上，使表头分别顶在检验棒的上母线 *a* 和侧母线 *b* 上，移动床鞍检验。检验时顶尖套应退入尾座孔内并紧固。尾座的位置：床鞍行程≤500mm时，尾座应紧固在床身导轨的末端；床鞍行程≤2000mm 时，尾座应紧固在约等于最大加工长度的1/2 处。*a*、*b* 的测量结果分别用千分表读数的最大差值表示。将检验棒旋转180°，再同样检验一次 *a*、*b* 的误差分别计算，两次测量结果代数和的一半，就是平行度误差	床身上最大工件回转直径/mm	允差/mm	
				在 200mm 测量长度上		
				≤320	*a*:0.02	*b*:0.02
				在 300mm 测量长度上		
				≤800	*a*:0.03	*b*:0.03
				检验棒伸出的一端只许向上偏和向前偏		
12	床鞍移动对尾座顶尖套伸出方向的平行度	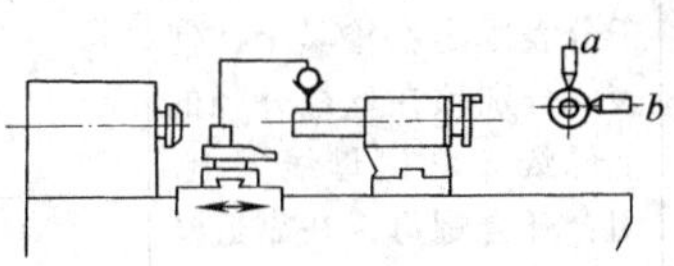 *a*—在垂直平面内　*b*—在水平面内	将千分表固定在床鞍上，使表头分别顶在顶尖套的上母线 *a* 和侧母线 *b* 上。移动床鞍检验，检验时顶尖套伸出到最大伸出长度的一半并紧固。尾座的位置：床鞍行程≤500mm时，尾座应紧固在床身导轨的末端；床鞍行程≤2000mm 时，尾座应紧固在约等于最大加工长度的1/2 处 *a*、*b* 的误差分别计算，千分表读数的最大差值，就是平行度误差	床身上最大工件回转直径/mm	允差/mm	
				≤400	*a*:0.015	*b*:0.01
				≤800	*a*:0.02	*b*:0.015

（续）

项目	检测内容	简图	检验方法	精度要求		
13	主轴锥孔中心线和尾座顶尖套锥孔中心线对床鞍移动的平行度	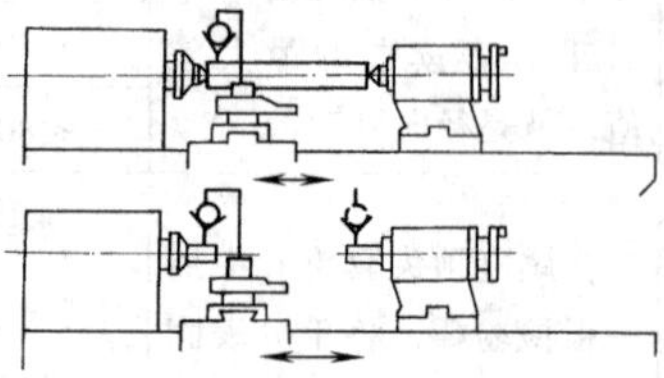	在两顶尖间顶紧一根检验棒，将千分表固定在床鞍上，使表头顶在检验棒的上母线上。移动床鞍，在检验棒的两端检验，当床鞍移动不能达到检验棒的最大长度时，允许只在床鞍最大行程的两端点处检验 千分表在检验棒两端读数的差值，就是平行度误差	床身上最大工件回转直径/mm	允差/mm	
				≤400	0.06	
				≤800	0.10	
				只许尾座高		
14	光杠两轴承中心线对床身导轨的平行度	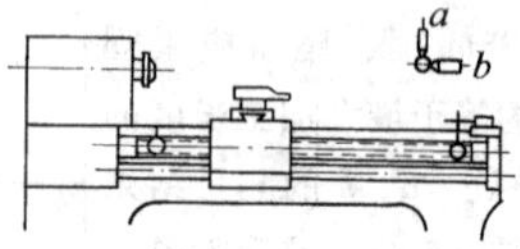 *a*—在垂直平面内　*b*—在水平面内	在床身导轨上放置一个专用检具，将两个千分表固定在检具上，使表头分别顶在光杠的上母线 *a* 和侧母线 *b* 上，靠近光杠两轴承处检验。*a*、*b* 的测量结果分别以千分表读数的最大差值表示。将光杠旋转 180°，再同样检验一次 *a*、*b* 的误差分别按两个位置测量数值间的最大差值计算，两次测量结果代数和的一半，就是平行度误差	床身上最大工件回转直径/mm	允差/mm	
				≤400	*a*：0.02	*b*：0.02
				≤800	*a*：0.03	*b*：0.03
15	丝杠两轴承中心线和开合螺母中心线对床身导轨的平行度	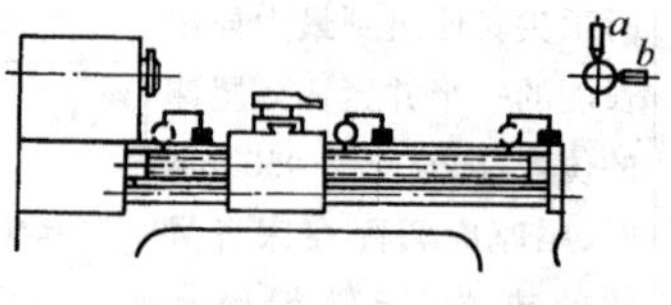 *a*—在垂直平面内　*b*—在水平面内	使开合螺母处于丝杠中间位置，在床身导轨上放置一个专用检具，将两个千分表固定在检具上，使表头分别顶在丝杠外径的上母线 *a* 和侧母线 *b* 上。闭合开合螺母，在靠近丝杠轴承和开合螺母三个位置上检验。将丝杠旋转 180°，再同样检验一次 *a*、*b* 的误差分别计算，各位置两次读数的代数和的一半为该位置测量数值，三个位置测量数值间的最大差值，就是平行度误差	床身上最大工件回转直径/mm	允差/mm	
				≤400	*a*：0.15	*b*：0.15

（续）

<table>
<tr><th>项目</th><th>检测内容</th><th>简　图</th><th>检验方法</th><th colspan="3">精度要求</th></tr>
<tr><td rowspan="3">16</td><td rowspan="3">丝杠的轴向窜动</td><td rowspan="3">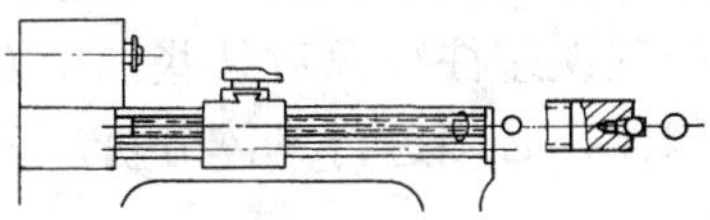</td><td rowspan="3">安置千分表，使表头顶在丝杠中心孔的表面上。将开合螺母闭合，旋转丝杠检验
千分表读数的最大差值，就是轴向窜动量</td><td>床身上最大工件回转直径/mm</td><td colspan="2">允差/mm</td></tr>
<tr><td>≤400</td><td colspan="2">0.01</td></tr>
<tr><td>≤800</td><td colspan="2">0.015</td></tr>
<tr><td rowspan="7">17</td><td rowspan="7">螺距精度</td><td rowspan="7">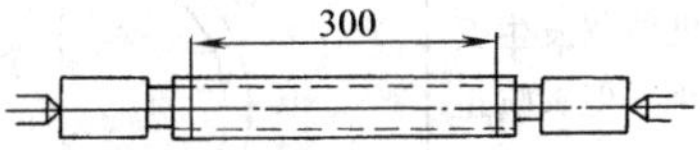</td><td rowspan="7">在两顶尖间装一根直径等于机床丝杠直径的试件，其长度≥300mm，车削和机床丝杠螺距相等的单线梯形螺纹，车削时应经过进给机构
检验在 $L=25$mm、100mm、300mm 长度上的螺距累积误差
螺纹的左右侧面螺距的精度均应检验</td><td colspan="2">床身上最大工件回转直径/mm</td><td>允差/mm</td></tr>
<tr><td rowspan="2">$L=25$</td><td>≤400</td><td>0.03</td></tr>
<tr><td>≤800</td><td>0.035</td></tr>
<tr><td rowspan="2">$L=100$</td><td>≤400</td><td>0.04</td></tr>
<tr><td>≤800</td><td>0.05</td></tr>
<tr><td rowspan="2">$L=300$</td><td>≤400</td><td>0.06</td></tr>
<tr><td>≤800</td><td>0.07</td></tr>
<tr><td rowspan="5">18</td><td rowspan="5">精车外圆的几何精度</td><td rowspan="5">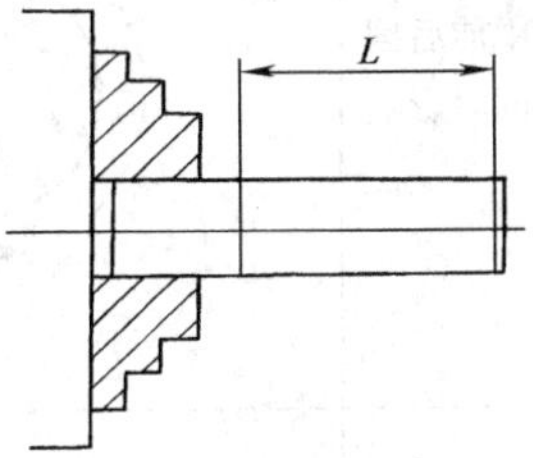</td><td rowspan="5">精车直径不小于床身上最大工件回转直径 1/8 的钢件试件的外圆，车削长度为直径的 3 倍，车削时试件用卡盘或主轴锥孔夹持（不用尾座）
精车后检验：a：椭圆度，b：圆锥度</td><td>床身上最大工件回转直径/mm</td><td colspan="2">允差/mm</td></tr>
<tr><td colspan="3">在 100mm 测量长度上</td></tr>
<tr><td>≤400</td><td>a：0.01</td><td>b：0.01</td></tr>
<tr><td colspan="3">在 300mm 测量长度上</td></tr>
<tr><td>≤800</td><td></td><td>b：0.03</td></tr>
<tr><td rowspan="9">19</td><td rowspan="9">精车端面的平面度</td><td rowspan="9">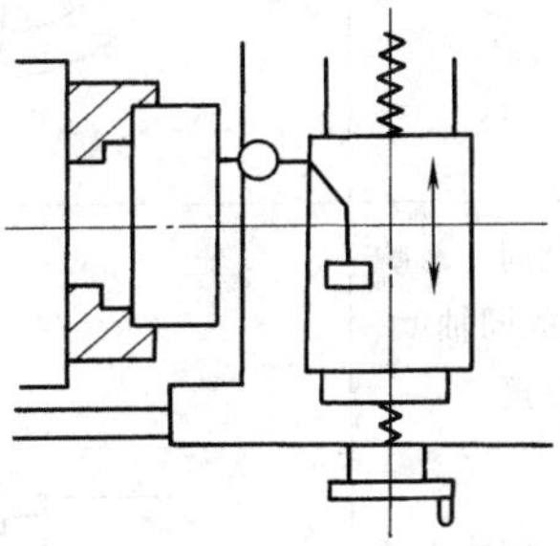</td><td rowspan="9">精车铸铁盘形试件的端面，用卡盘夹持。试件直径为床身最大工件回转直径的 1/2，试件端面可以留有约等于试件直径 1/10 的中心孔。将千分表固定在刀架上，使表头顶在试件端面的水平直径上，横向移动刀架，在端面后半径上检验
千分表读数最大差值的一半，就是平行度误差</td><td>试件端面直径/mm</td><td colspan="2">允差/mm</td></tr>
<tr><td>≤200</td><td colspan="2">0.015</td></tr>
<tr><td>≤300</td><td colspan="2">0.02</td></tr>
<tr><td>≤400</td><td colspan="2">0.025</td></tr>
<tr><td>≤500</td><td colspan="2">0.03</td></tr>
<tr><td>≤600</td><td colspan="2">0.04</td></tr>
<tr><td>≤700</td><td colspan="2">0.05</td></tr>
<tr><td>≤800</td><td colspan="2">0.06</td></tr>
<tr><td colspan="3">端面只许凹</td></tr>
</table>

9.2.4 机床精度对工件加工精度的影响

机床精度标准规定的各项精度所对应的机床本身的误差，加工时都会反映到被加工工件上，使其产生加工误差，影响加工精度。但每一项误差往往只对某些加工方式产生影响，对不同的加工方式，其影响程度也不完全相同。因此，必须进行具体分析。下面以卧式车床为例说明各项误差对加工精度的影响（表9-5）。

表9-5 卧式车床误差对加工精度的影响

序号	机床误差	对加工精度影响	加工误差简图
1	床身导轨在垂直面内的直线度误差	车内外圆时，刀具切削点高低位置发生变化，对工件母线直线度影响较小，但影响工件的尺寸精度	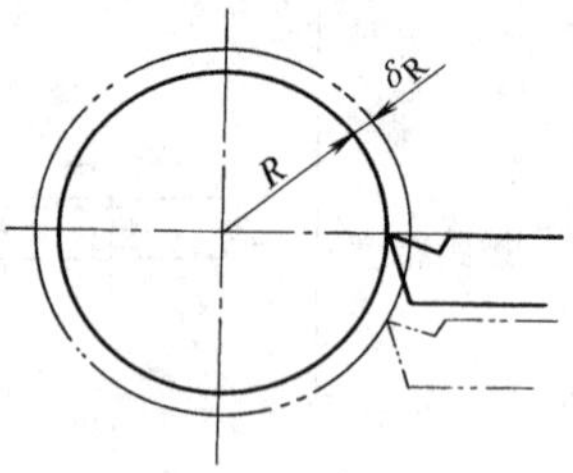
2	导轨在同一平面内的误差	车内外圆时，刀具纵向移动过程中前后摆动，对工件母线直线度影响较大，同时影响工件的圆柱度	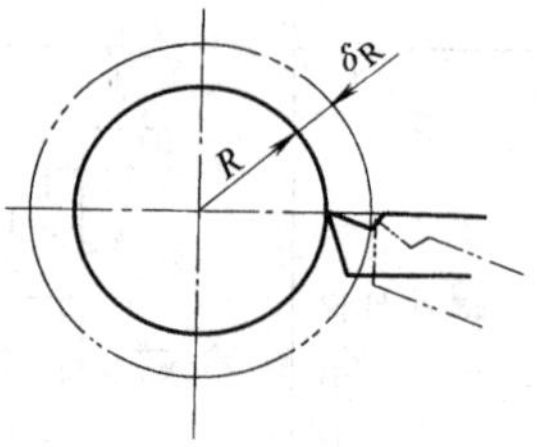
3	床鞍移动在水平面内的直线度误差	车内外圆时，刀具纵向移动过程中前后位置发生变化，对工件母线直线度影响较大，同时影响工件的圆柱度	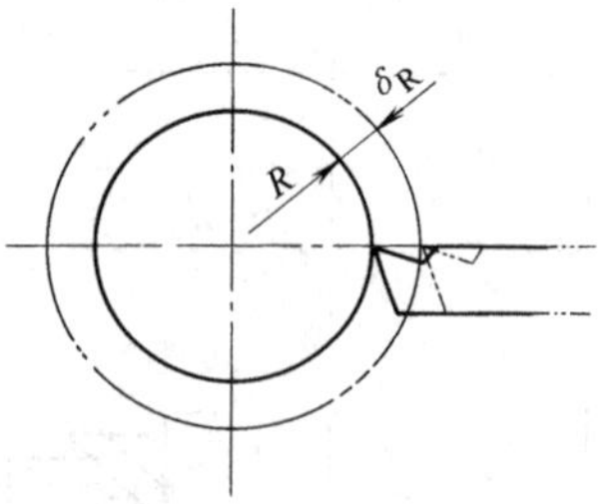
4	主轴轴线的径向跳动	用前后顶尖支承工件车削内外圆时，影响工件的圆度、加工表面与顶尖孔的同轴度、多次装夹中加工出的各表面的同轴度	
5	主轴定心轴颈的径向跳动	用卡盘夹持工件车削内外圆时，影响工件的圆度、加工表面与顶尖孔的同轴度、多次装夹中加工出的各表面的同轴度；钻、扩、铰孔时引起孔径扩大	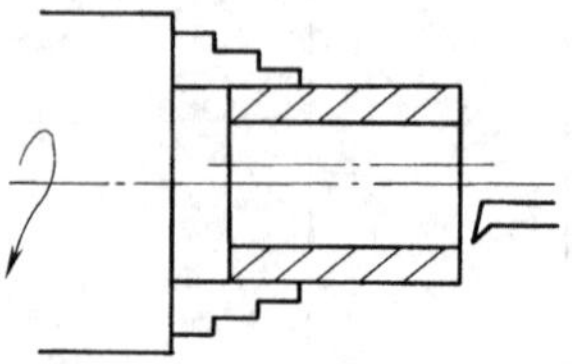

（续）

序号	机床误差	对加工精度影响	加工误差简图
6	主轴的轴向窜动	车削端面时，影响工件端面的平面度；车削螺纹时，影响螺距精度；车削外圆时，影响工件表面粗糙度	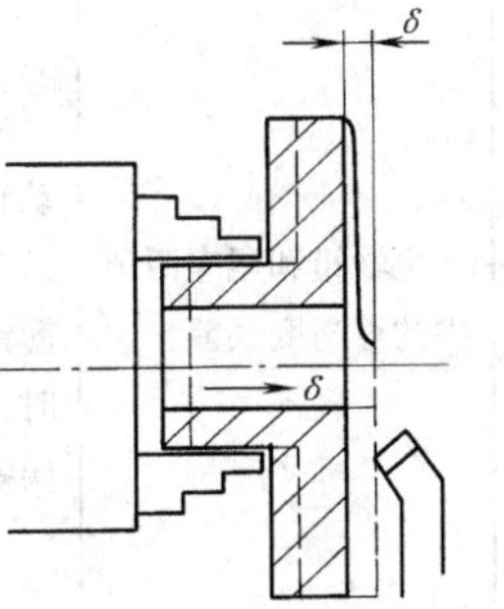
7	主轴轴肩支承面的跳动	卡盘或其他夹具安装时将发生歪斜，影响被加工面与基准面之间的相互位置精度（内外圆同轴度、内外圆对端面的垂直度）	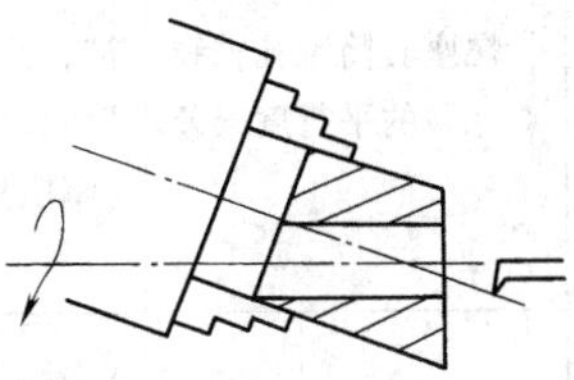
8	主轴轴线对床鞍移动的平行度误差	用卡盘或其他夹具夹持工件车削内外圆时，刀具移动方向与工件旋转轴线在水平面内的平行度误差会使工件产生锥度；在垂直面内的平行度误差，影响工件母线的直线度	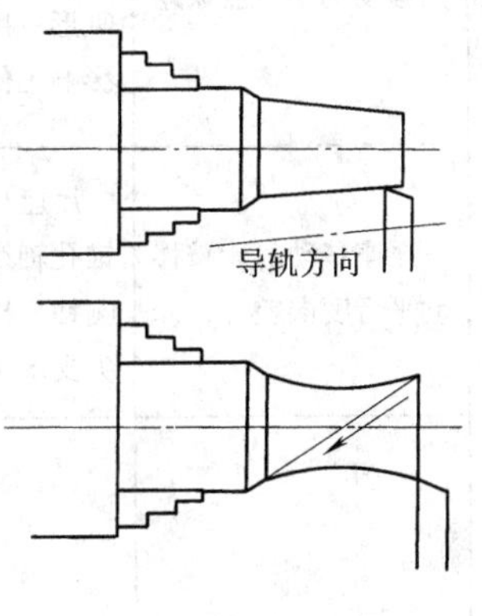
9	小刀架移动对主轴轴线的平行度误差	用小刀架车削圆锥面时，影响工件母线的直线度	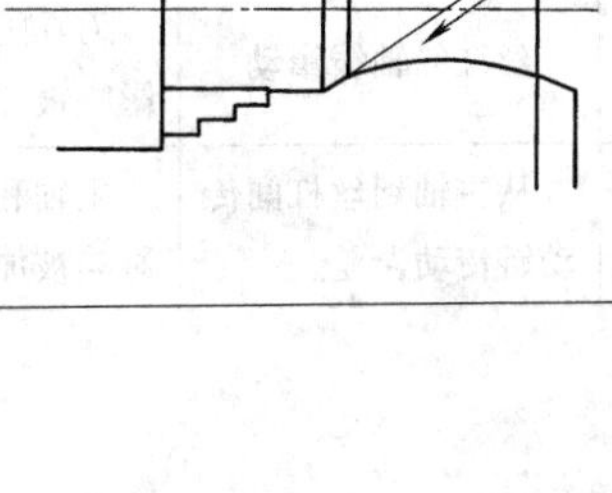

（续）

序号	机床误差	对加工精度影响	加工误差简图
10	主轴箱和尾座两顶尖的等高度误差	用前后顶尖支承工件车削外圆时，刀具移动轨迹与工件旋转轴线间将产生平行度误差，影响工件母线的直线度，用装在尾座套筒锥孔中的孔加工刀具进行钻、扩、铰孔时，刀具轴线与工件旋转轴线间产生同轴度误差，引起被加工孔径扩大	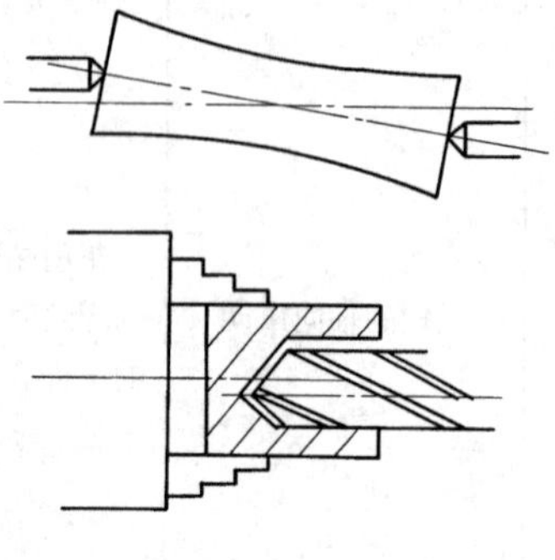
11	尾座套筒锥孔轴线对床鞍的平行度误差	用安装在尾座套筒锥孔中的刀具进行钻、扩、铰孔时，刀具轴线与工件旋转轴线间产生同轴度误差，使被加工孔的孔径扩大(喇叭形)	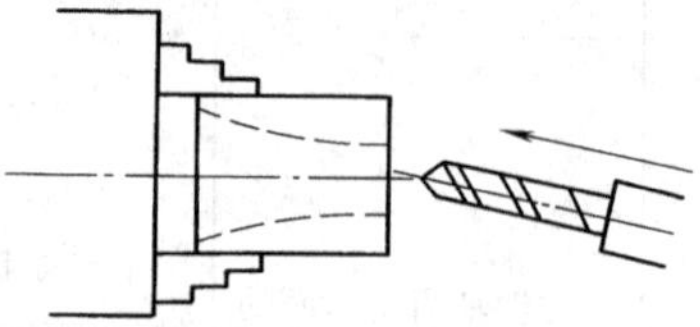
12	尾座套筒轴线对床鞍移动的平行度误差	用安装在尾座套筒锥孔中的刀具进行钻、扩、铰孔时，刀具进给方向与工件旋转轴线不重合，会引起被加工孔的孔径扩大产生喇叭形；用前后顶尖支承工件车削外圆时，将影响工件母线的直线度	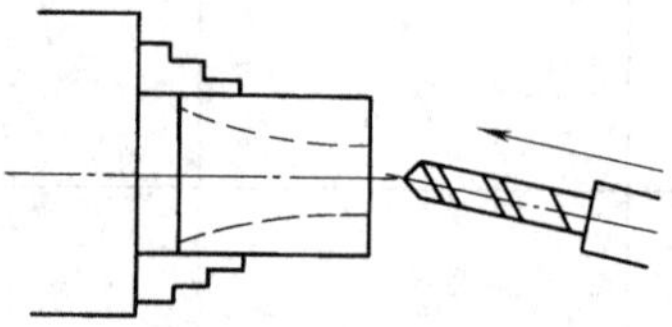
13	尾座移动对床鞍移动平行度误差	尾座移至床身不同纵向位置时，尾座套筒锥孔轴线与主轴轴线会产生等高度误差，影响钻、扩、铰孔的加工精度；影响用前后顶尖支承工件车削外圆时的加工精度	
14	刀架横向移动对主轴轴线的垂直度误差	车削端面时，影响工件端面的平面度	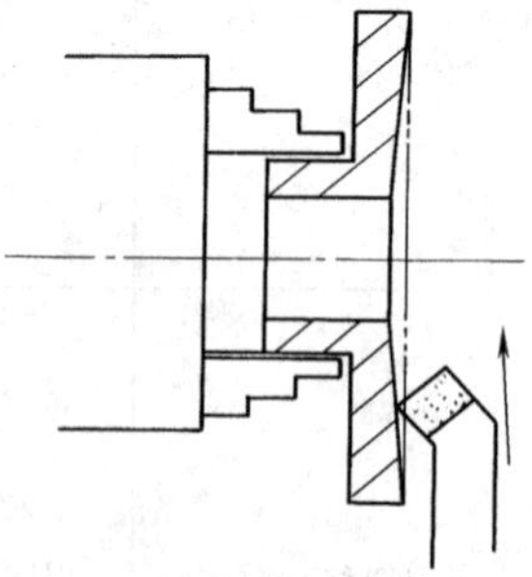
15	丝杠的轴线窜动	刀具随刀架纵向进给时将产生纵向窜动，影响被加工螺纹的螺距精度	
16	从主轴到丝杠间传动链传动误差	主轴和刀架间不能保持准确的运动关系，影响被加工螺纹的螺距精度	

9.3　机床的选用

机床使用寿命的长短，效率的高低，除取决于机床结构、性能、制造精度外，也受到机床的适用范围、工作环境、操作者的素质、使用方法、负荷大小、工作时间长短及维护好坏等因素的影响。如能正确合理选用机床，则可充分发挥其技术性能，保持良好状态，防止非正常磨损，避免突发性故障，延长使用寿命，提高工作效率。

各种型号的机床都有能反映自身性能的技术规格。技术规格中包括尺寸参数、运动参数、动力参数及机床应得到的精度要求。尺寸参数表示机床能加工零件的尺寸范围以及与附件的相联尺寸，如主轴锥孔锥度、摇臂钻床的摇臂升降行程等。运动参数表示机床执行件的运动速度，如主轴的转速范围、工作台的进给量范围等。动力参数表示机床电动机的功率以及机床主轴最大允许扭矩等。精度要求反映了机床加工时应具有的精度，如圆度、圆柱度、螺距精度等。

了解机床的主要技术规格，可以帮助使用者合理选用及正确操作机床。一般根据加工工艺要求，确定切削用量后，按机床的功率和运动参数选合适的机型。根据机床的尺寸参数确定夹具的结构尺寸，可避免夹具的不正确安装或发生运动干涉现象。机床的各种主要技术规格可在机床说明书中查得。

在机械制造业的各个生产部门中，需加工工件尺寸形状差异是非常大的，所以应根据所加工工件的结构形状先确定机床类型，再根据加工工件尺寸的大小确定机床的规格型号。不同尺寸范围的工件，对应不同尺寸规格的机床进行加工，可充分发挥机床的效能。

一般回转类零件的加工应首选车床类机床，箱体类零件的平面及孔的加工选镗铣类机床；在中、小型零件上钻孔使用立式钻床，在大型零件上钻孔可使用摇臂钻床；普通精度的工件加工使用普通精度的机床，精度要求高的工件的加工使用精密或高精度机床；齿轮轮齿的加工应使用滚齿机、插齿机等，提高齿面精度时应选磨齿机、剃齿机、珩齿机等；加工批量零件的表面时，为提高生产效率也可选用龙门刨床或龙门铣床。

选用机床时，还应根据企业自身所具备的条件，充分利用现有设备，完成生产任务。

9.4　机床的维护、保养和计划维修

9.4.1　机床的维护

机床的维护保养，是指操作工和维修工，根据机床的技术资料和有关的起动、润滑、调整、防腐、防护等要求和保养细则，对在使用或闲置过程中的机床所进行的一系列作业，它是机床使用过程中的必然要求。

通过维护保养，机床应达到“整齐、清洁、润滑、安全”四项基本要求。整齐：工具、工件、附件摆放整齐，设备零部件及安全防护装置齐全，线路管道完整。清洁：机床内外清洁，各滑动面、丝杠、齿条无油污、无损伤，各部位不漏油、漏水、漏气，切屑清扫干净。润滑：按时加油、换油，油质符合要求。油枪、油壶、油杯、油嘴齐全，油毡、油线清洁，

油窗明亮，油路畅通。安全：实行定人定机制度，遵守操作维护规程。

机床的维护分日常维护和定期维护。正常的维护对提高机床工作效率，延长机床使用寿命都是非常重要的。

1. 日常维护

日常维护包括每班维护和周末维护，由操作者负责。每班维护：启动机床之前，应清除机床上的灰尘污物；工作完毕后，应及时将切削液、切屑等污物打扫干净。周末维护：周末或节假日前，用1～2h清洗机床，清除油污，达到维护机床的“四项要求”，并按检查评分标准（见表9-6）进行考核。

表9-6 金属切削机床维护检查评分标准（参考）

项　目	检　查　内　容	分配分值	实际得分
清洁（40分）	外观无灰尘、污垢	10	
	各滑动面、导轨、丝杠、光杠、齿条、镗杆等无油垢和锈蚀	15	
	内部滑动面及啮合件无油垢	4	
	防护罩上无杂物、灰尘、油垢	3	
	各部位无漏水、漏油、漏气、漏电，工作环境干净整洁	4	
	电气装置内外无灰尘、杂物	4	
整齐（20分）	螺钉、螺帽、标牌、手柄、手球、灯罩等物品齐全完好	4	
	各手柄操纵灵活，无绳索捆绑与附加物	4	
	附件、工具摆放整齐	4	
	电气装置及线路完整，性能良好	4	
	工件、毛坯摆放整齐、合理	4	
润滑（25分）	油壶、油枪、油筒均有固定位置	5	
	油箱油质良好，无杂物	5	
	油孔、油嘴、油杯完整使用正常；油毡、油线、过滤器清洁；各滑动面润滑良好	5	
	润滑油路畅通，冷却液清洁	5	
	油标醒目、明亮，油池油位正常，油线齐全，放置合理	5	
安全（15分）	定人、定机，有上岗证；多班制有交接记录	5	
	各限位开关、信号及安全防护装置齐全、灵敏、可靠	5	
	各电器装置绝缘良好，接地可靠，有安全照明	5	
注：100分为满分，85分为及格			

2. 定期维护

定期维护是在维修工的配合下，按维护计划进行的一项工作。一般每3个月一次，干磨多尘机床每月一次。

定期维护的主要内容：

1）拆卸指定部件、箱盖及防尘罩等，彻底清洗，擦拭各部分。

2）清洗导轨及各滑动面，清除毛刺及划伤痕迹。

3）检查、调整各配合间隙，紧固松动部位，更换已坏的零部件及密封件。

4）疏通油路，清洗过滤器、油毡、油线、油标，增添或更换润滑油，更换冷却液及清洗冷却液箱。

5）补齐手柄、手球、螺钉、螺塞及油嘴等机件，保持完整。

6）清扫、检查、调整电气线路及装置（由维修电工负责）。

9.4.2 机床的保养

机床的保养分例行保养（日保养）、一级保养（月保养）、二级保养（年保养）。

表 9-7　卧式车床保养内容和要求

<table>
<tr><th>例行保养内容和要求</th><th colspan="3">一、二级保养内容和要求</th></tr>
<tr><td rowspan="7">班前：
1. 擦净机床外露导轨及滑动面的尘土
2. 按规定润滑各部位
3. 检查各手柄位置
4. 空车试运转

班后：
1. 将铁屑全部清扫干净
2. 擦净机床各部位
3. 部件归位</td><th>保养部位</th><th>一 级 保 养</th><th>二 级 保 养</th></tr>
<tr><td>主轴箱</td><td>1. 拆洗过滤器
2. 检查主轴定位螺丝，调整适当
3. 调整磨擦片间隙和刹车阀
4. 检查油质保持良好</td><td>1. 拆洗过滤器
2. 清洗换油
3. 检查并更换必要的磨损件</td></tr>
<tr><td>刀架及滑板</td><td>1. 拆洗刀架、小滑板、中滑板各件
2. 安装时调整好中滑板、小滑板的丝杠间隙和镶条间隙</td><td>1. 拆洗刀架、小滑板、中滑板各件
2. 拆洗大滑板，疏通油路，清除毛刺
3. 检查并更换必要的磨损件</td></tr>
<tr><td>交换齿轮箱</td><td>1. 拆洗交换齿轮及交换齿轮架并检查轴套有无晃动现象
2. 安装时调整好齿轮间隙,并注入新油脂</td><td>1. 拆洗交换齿轮及交换齿轮架并检查轴套有无晃动现象
2. 检查并更换必要的磨损件</td></tr>
<tr><td>尾座</td><td>1. 拆洗尾座各部
2. 清除研伤毛刺，检查螺纹、丝母间隙
3. 安装时要求达到灵活可靠</td><td>1. 拆洗尾座各部
2. 检查、修复尾座套筒锥度
3. 检查，并更换必要的磨损件</td></tr>
<tr><td>进给箱
溜板箱</td><td>清洗油线，注入新油</td><td>进给箱及溜板箱整体拆下清洗检查并更换必要的磨损件</td></tr>
<tr><td>外表</td><td>1. 清洗机床外表及死角，拆洗各罩盖，要求内外清洁、无锈蚀、无黄袍，漆见本色铁见光
2. 清洗三杠及齿条，要求无油污
3. 检查补齐螺钉、手球、手柄</td><td>1. 清洗机床外表及死角，拆洗各罩盖，要求内外清洁、无锈蚀、无黄袍，漆见本色铁见光
2. 检查导轨面，修光毛刺，对研伤部位进行修复</td></tr>
<tr><td rowspan="3"></td><td>润滑冷却</td><td>1. 清洗冷却泵、冷却槽
2. 检查油质，保持良好，油杯齐全，油窗明亮
3. 清洗油线、油毡，注入新油，要求油路畅通</td><td>1. 清洗冷却泵、冷却槽
2. 拆洗油泵检查并更换必要的磨损件
3. 清洁润滑油箱，更换润滑油</td></tr>
<tr><td>电器</td><td>1. 清扫电动机及电器箱内外尘土
2. 各电动机清洁、无油污，固定螺钉无松动</td><td>1. 清扫电动机及电器箱内外尘土
2. 检修电器，根据需要拆洗电机更换油脂</td></tr>
<tr><td>精度</td><td>不进行</td><td>检查并调整主要几何精度能达到出厂标准或满足生产工艺要求</td></tr>
</table>

1. 例行保养

一般由机床操作者每天独立完成。除进行正常的日常维护外，班前检查机床，班后清扫机床。

2. 一级保养

机床运行200h左右，应进行一级保养。以操作者为主，维护工配合，对机床的外露部件和易磨损部分进行拆卸、清洗、检查、调整、紧固。

3. 二级保养

机床运转一年，以维修工为主、操作工为辅进行一次包括修理内容的保养。除一级保养内容外，应包括修复或更换磨损零件、导轨间隙的调整、镶条的刮研维修、润滑液及冷却液的更换、电气系统的检修、机床精度的检验和调整等内容。

卧式车床和铣床保养内容和要求见表9-7、表9-8。

表9-8 万能卧式升降台铣床保养内容和要求

例行保养内容和要求	一、二级保养内容和要求		
	保养部位	一级保养	二级保养
班前： 1. 对重要部位进行检查 2. 擦净外露导轨面并按规定润滑各部 3. 空运转并查看润滑系统是否正常 班后 1. 打扫铁屑 2. 擦拭机床 3. 各部归位	床身及外表	1. 清洁无油污 2. 导轨面去毛刺	1. 清洁无油污 2. 导轨面去平刺
	主轴箱	清洁润滑良好	1. 清洁润滑良好 2. 传动轴无轴向窜动 3. 清洗换油 4. 更换磨损件
	工作台及升降台	1. 清洁 2. 调整镶条间隙 3. 调整螺母间隙 4. 清洗手压油泵	1. 清洁 2. 清洗换油 3. 更换磨损件
	工作台变速箱	清洁润滑良好	1. 清洁润滑良好 2. 清洗换油 3. 更换磨损件
	润滑系统	油内清洁，油路畅通，油毡有效，油标醒目	1. 油内清洁，油路畅通，油毡有效，油标醒目 2. 清洗油泵，更换润滑油
	冷却系统	1. 各部清洁，管路畅通 2. 冷却槽内无沉淀物，铁屑	1. 各部清洁，管路畅通 2. 清洗冷却槽 3. 更换冷却液
	电器系统	1. 闸刀表面无尘土 2. 触点接触良好、不漏电	1. 闸刀表面无尘土 2. 更换损坏件
	刀杆轴及刀架	1. 调整导轨楔头 2. 检查刀杆是否弯曲，如弯曲严重应调整	1. 调整导轨楔头 2. 更换磨损件
	精度	不进行	达到出厂标准或满足生产工艺要求

9.4.3 机床的计划维修

机床的计划维修是根据企业设备动力部门编制的年维修计划进行的，一般分为小修、中修、大修三种情况。

1. 小修

设备小修是工作量较小的一种计划修理。小修时应进行局部或全部的分解检查，更换与修复损坏的零部件，确保正常使用。

2. 中修

设备中修是对部分零部件进行分解检修的一种计划修理。中修时必须更换和修复已磨损、腐蚀或丧失性能的零部件，校正设备水平度和垂直度，确保设备运行的可靠性能。

3. 大修

设备大修是工作量最大的一种计划修理。大修时需将设备全部分解，修理标准零件，更换和修复磨损、腐蚀、老化或丧失工作性能的零件与部件，并进行必要的试验，以恢复设备规定的精度、性能及效率。

本 章 小 结

本章简要介绍了机床的选用原则，详细介绍了机床安装时对地基的要求、机床的安装方法。重点介绍了机床的维护、保养和计划维修的规定和要求、典型机床的维护检查评分标准、典型机床的保养内容和要求、机床的开箱验收、安装验收方法和典型机床检验技术标准。

学习本章后，应能知晓机床安装和验收的规定和方法，并能根据具体情况，合理安排并进行机床的维护、保养和计划维修。

思考与练习题

9-1　机床的地基应满足什么要求？机床在基础上的固定方法有几种，各有何特点？

9-2　机床试车时需做哪些工作？

9-3　机床的验收试验包括哪些项目？有什么要求？

9-4　维护保养机床应达到哪四项基本要求？

9-5　机床的保养一般分哪几级？

9-6　计划维修包括哪几方面？

附　　录

附录 A　金属切削机床类、组划分表

类别＼组别		0	1	2	3	4	5	6	7	8	9
车床		仪表小型车床	单轴自动车床	多轴自动、半自动车床	回轮、转塔车床	曲轴及凸轮轴车床	立式车床	落地及卧式车床	仿形及多刀车床	轮、轴、辊、锭及铲齿车床	其他车床
钻床			坐标镗钻床	深孔钻床	摇臂钻床	台式钻床	立式钻床	卧式钻床	铣钻床	中心孔钻床	其他钻床
镗床				深孔镗床		坐标镗床	立式镗床	卧式铣镗床	精镗床	汽车拖拉机修理用镗床	其他镗床
磨床	M	仪表磨床	外圆磨床	内圆磨床	砂轮机	坐标磨床	导轨磨床	刀具刃磨床	平面及端面磨床	曲轴、凸轮轴、花键轴及轧辊磨床	工具磨床
	2M		超精机	内圆珩磨机	外圆及其他珩磨机	抛光机	砂带抛光及磨削机床	刀具刃磨床及研磨机床	可转位刀片磨削机床	研磨机	其他磨床
	3M		球轴承套圈沟磨床	滚子轴承套圈滚道磨床	轴承套圈超精机		叶片磨削机床	滚子加工机床	钢球加工机床	气门、活塞及活塞环磨削机床	汽车、拖拉机修磨机床
齿轮加工机床		仪表齿轮加工机		锥齿轮加工机	滚齿及铣齿机	剃齿及珩齿机	插齿机	花键轴铣床	齿轮磨齿机	其他齿轮加工机	齿轮倒角及检查机
螺纹加工机床					套丝机	攻丝机		螺纹铣床	螺纹磨床	螺纹车床	
铣床		仪表铣床	悬臂及滑枕铣床	龙门铣床	平面铣床	仿形铣床	立式升降台铣床	卧式升降台铣床	床身铣床	工具铣床	其他铣床
刨插床			悬臂刨床	龙门刨床			插床	牛头刨床		边缘及模具刨床	其他刨床
拉床				侧拉床	卧式外拉床	连续拉床	立式内拉床	卧式内拉床	立式外拉床	键槽、轴瓦及螺纹拉床	其他拉床
锯床				砂轮片锯床		卧式带锯床	立式带锯床	圆锯床	弓锯床	锉锯床	
其他机床		其他仪表机床	管子加工机床	木螺钉加工机		刻线机	切断机	多功能机床			

附录 B 通用机床组、系代号及主参数

类	组	系	机床名称	主参数折算系数	主参数
车床	1	1	单轴纵切自动车床	1	最大棒料直径
	1	2	单轴横切自动车床	1	最大棒料直径
	1	3	单轴转塔自动车床	1	最大棒料直径
	2	1	多轴棒料自动车床	1	最大棒料直径
	2	2	多轴卡盘自动车床	1/10	卡盘直径
	2	6	立式多轴半自动车床	1/10	最大车削直径
	3	0	回轮车床	1	最大棒料直径
	3	1	滑鞍转塔车床	1/10	卡盘直径
	3	3	滑枕转塔车床	1/10	卡盘直径
	4	1	曲轴车床	1/10	最大工件回转直径
	4	6	凸轮轴车床	1/10	最大工件回转直径
	5	1	单柱立式车床	1/100	最大车削直径
	5	2	双柱立式车床	1/100	最大车削直径
	6	0	落地车床	1/100	最大工件回转直径
	6	1	卧式车床	1/10	床身上最大回转直径
	6	2	马鞍车床	1/10	床身上最大回转直径
	6	4	卡盘车床	1/10	床身上最大回转直径
	6	5	球面车床	1/10	刀架上最大回转直径
	7	1	仿形车床	1/10	刀架上最大车削直径
	7	5	多刀车床	1/10	刀架上最大车削直径
	7	6	卡盘多刀车床	1/10	刀架上最大车削直径
	8	4	轧辊车床	1/10	最大工件直径
	8	9	铲齿车床	1/10	最大工件直径
	9	0	落地镗车床	1/10	最大工件回转直径
	9	3	气缸套镗车床	1/10	床身上最大回转直径
	9	7	活塞环车床	1/10	最大车削直径
钻床	1	3	立式坐标镗钻床	1/10	工作台面宽度
	2	1	深孔钻床	1/10	最大钻孔直径
	3	0	摇臂钻床	1	最大钻孔直径
	3	1	万向摇臂钻床	1	最大钻孔直径
	4	0	台式钻床	1	最大钻孔直径
	5	0	圆柱立式钻床	1	最大钻孔直径
	5	1	方柱立式钻床	1	最大钻孔直径
	5	2	可调多轴立式钻床	1	最大钻孔直径
	8	1	中心孔钻床	1/10	最大工件直径

（续）

类	组	系	机床名称	主参数折算系数	主参数
钻床	8	2	平端面中心孔钻床	1/10	最大工件直径
	9	1	数控印刷板钻床	1	最大钻孔直径
	9	2	数控印刷板铣钻床	1	最大钻孔直径
镗床	4	1	立式单柱坐标镗床	1/10	工作台面宽度
	4	2	立式双柱坐标镗床	1/10	工作台面宽度
	4	3	卧式单柱坐标镗床	1/10	工作台面宽度
	4	4	卧式双柱坐标镗床	1/10	工作台面宽度
	6	1	卧式镗床	1/10	镗轴直径
	6	2	落地镗床	1/10	镗轴直径
	6	3	卧式铣镗床	1/10	镗轴直径
	6	9	落地铣镗床	1/10	镗轴直径
	7	0	单面卧式精镗床	1/10	工作台面宽度
	7	1	双面卧式精镗床	1/10	工作台面宽度
	7	2	立式精镗床	1/10	最大镗孔直径
	9	0	卧式电机座镗床	1/10	最大镗孔直径
磨床	0	4	抛光机		
	0	6	刀具磨床		
	1	0	无心外圆磨床	1	最大磨削直径
	1	3	外圆磨床	1/10	最大磨削直径
	1	4	万能外圆磨床	1/10	最大磨削直径
	1	5	宽砂轮外圆磨床	1/10	最大磨削直径
	1	6	端面外圆磨床	1/10	最大回转直径
	2	1	内圆磨床	1/10	最大磨削直径
	2	5	立式行星内圆磨床	1/10	最大磨削直径
	3	0	落地砂轮机	1/10	最大砂轮直径
	5	0	落地导轨磨床	1/100	最大磨削宽度
	5	2	龙门导轨磨床	1/100	最大磨削宽度
	6	0	万能工具磨床	1/10	最大回转直径
	6	3	钻头刃磨床	1	最大刃磨钻头直径
	7	1	卧轴矩台平面磨床	1/10	工作台面宽度
	7	3	卧轴圆台平面磨床	1/10	工作台面直径
	7	4	立轴圆台平面磨床	1/10	工作台面直径
	8	2	曲轴磨床	1/10	最大回转直径
	8	3	凸轮轴磨床	1/10	最大回转直径
	8	6	花键轴磨床	1/10	最大磨削直径
	9	0	曲线磨床	1/10	最大磨削长度

（续）

类	组	系	机床名称	主参数折算系数	主参数
齿轮加工机床	2	0	弧齿锥齿轮磨齿机	1/10	最大工件直径
	2	2	弧齿锥齿轮铣齿机	1/10	最大工件直径
	2	3	直齿锥齿轮刨齿机	1/10	最大工件直径
	3	1	滚齿机	1/10	最大工件直径
	3	6	卧式滚齿机	1/10	最大工件直径
	4	2	剃齿机	1/10	最大工件直径
	4	6	珩齿机	1/10	最大工件直径
	5	1	插齿机	1/10	最大工件直径
	6	0	花键轴铣床	1/10	最大铣削直径
	7	0	碟形砂轮磨齿机	1/10	最大工件直径
	7	1	锥形砂轮磨齿机	1/10	最大工件直径
	7	2	蜗杆砂轮磨齿机	1/10	最大工件直径
	8	0	车齿机	1/10	最大工件直径
	9	3	齿轮倒角机	1/10	最大工件直径
	9	9	齿轮噪声检查机	1/10	最大工件直径
螺纹加工机床	3	0	套丝机	1	最大套丝直径
	4	8	卧式攻丝机	1/10	最大攻丝直径
	6	0	丝杠铣床	1/10	最大铣削直径
	6	2	短螺纹铣床	1/10	最大铣削直径
	7	4	丝杠磨床	1/10	最大工件直径
	7	5	万能螺纹磨床	1/10	最大工件直径
	8	6	丝杠车床	1/10	最大工件直径
	8	9	多头螺纹车床	1/10	最大车削直径
铣床	2	0	龙门铣床	1/100	工作台面宽度
	3	0	圆台铣床	1/10	工作台面宽度
	4	3	平面仿形铣床	1/10	最大铣削宽度
	4	4	立体仿形铣床	1/10	最大铣削宽度
	5	0	立式升降台铣床	1/10	工作台面宽度
	6	0	卧式升降台铣床	1/10	工作台面宽度
	6	1	万能升降台铣床	1/10	工作台面宽度
	7	1	床身铣床	1/100	工作台面宽度
	8	1	万能工具铣床	1/10	工作台面宽度
	9	2	键槽铣床	1	最大键槽宽度
刨插床	1	0	悬臂刨床	1/100	最大刨削宽度
	2	0	龙门刨床	1/100	最大刨削宽度

（续）

类	组	系	机床名称	主参数折算系数	主参数
刨插床	2	2	龙门铣磨刨床	1/100	最大刨削宽度
	5	0	插床	1/10	最大插削长度
	6	0	牛头刨床	1/10	最大刨削长度
	8	8	模具刨床	1/10	最大刨削长度
拉床	3	1	卧式外拉床	1/10	额定拉力
	4	3	连续拉床	1/10	额定拉力
	5	1	立式内拉床	1/10	额定拉力
	6	1	卧式内拉床	1/10	额定拉力
	7	1	立式外拉床	1/10	额定拉力
	9	1	汽缸体平面拉床	1/10	额定拉力
锯床	2	2	卧式砂轮片锯床	1/10	最大锯削直径
	2	4	摆动式砂轮片锯床	1/10	最大锯削直径
	5	1	立式带锯床	1/10	最大锯削厚度
	6	0	卧式圆锯床	1/100	最大圆锯片直径
	7	1	夹板卧式弓锯床	1/10	最大锯削直径
其他机床	1	6	管接头螺纹车床	1/10	最大加工直径
	2	1	木螺钉螺纹加工机	1	最大工件直径
	4	0	圆刻线机	1/100	最大加工直径
	4	1	长刻线机	1/100	最大加工长度

附录 C　机构运动简图符号

名称	分类	基本符号	可用符号	备注
齿轮	不指明齿线 a. 圆柱齿轮 b. 锥齿轮 c. 挠性齿轮	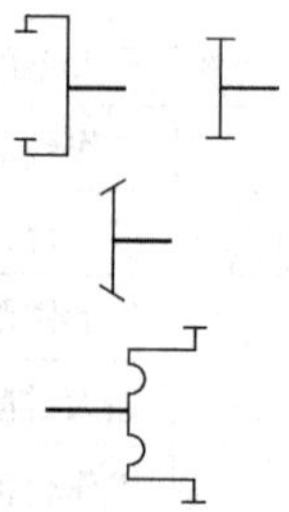	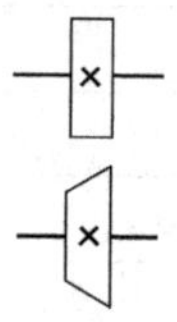	
	齿线符号 a. 圆柱齿轮 （i）直齿 （ii）斜齿 （iii）人字齿	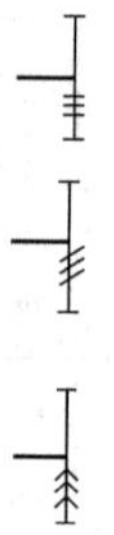	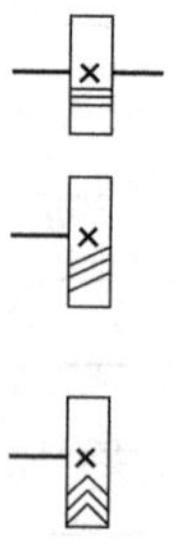	

（续）

名称	分类	基本符号	可用符号	备注
齿轮	b. 锥齿轮 （i）直齿 （ii）斜齿 （iii）弧齿		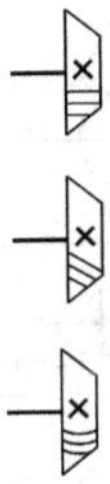	
齿轮传动	a. 圆柱齿轮	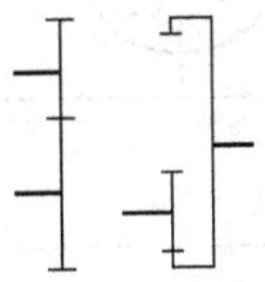	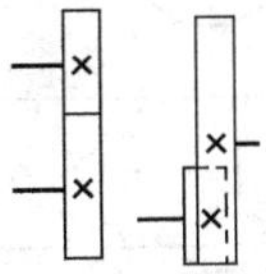	
	b. 锥齿轮	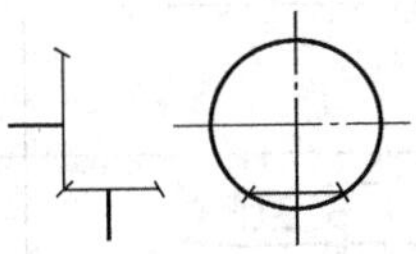	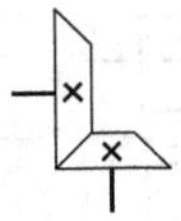	
	蜗轮与蜗杆	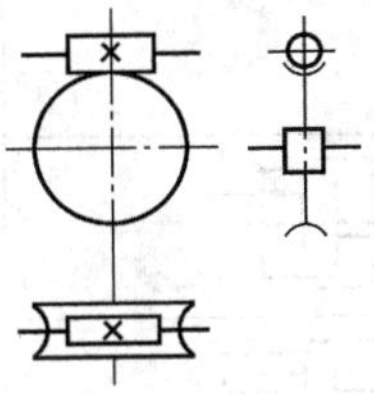	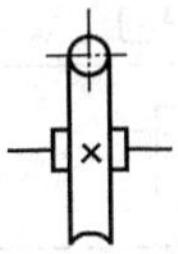	
	螺旋齿轮	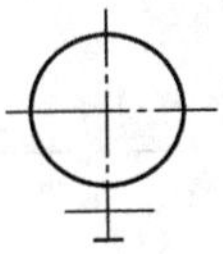	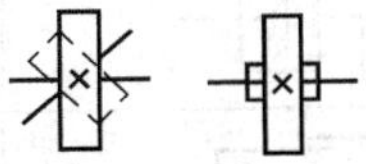	
齿条传动	a. 一般表示	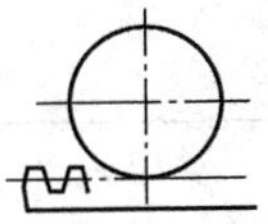	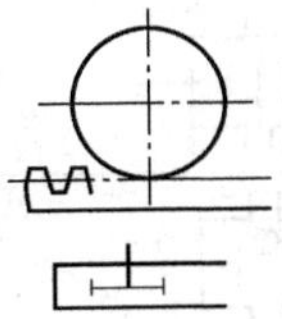	
	b. 蜗线齿条与蜗杆		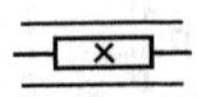	
	c. 齿条与蜗杆		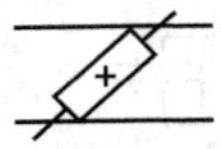	

（续）

名称	分类	基本符号	可用符号	备注
扇形齿轮传动		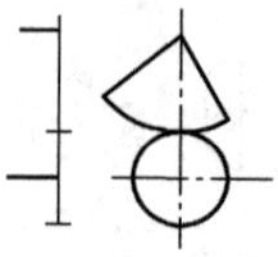	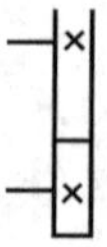	
圆柱凸轮		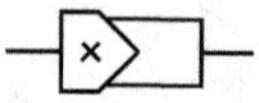	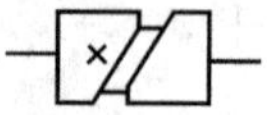	
外啮合槽轮机构		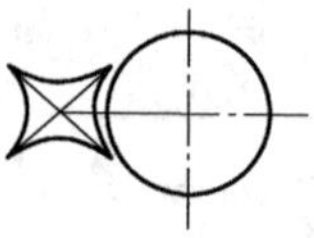	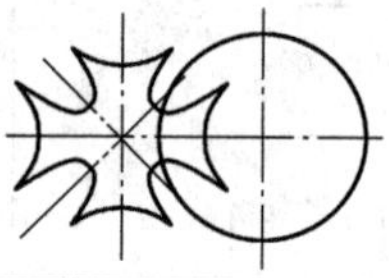	
联轴器	a. 一般符号（不指明类型）	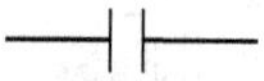		
	b. 固定联轴器	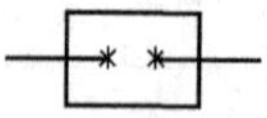		
	c. 弹性联轴器	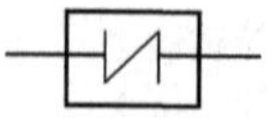		
离合器	啮合式离合器 a. 单向式	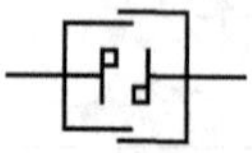	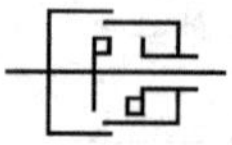	对于啮合式离合器、摩擦离合器、液压离合器、电磁离合器和制动器，当需要表明操纵方式时，可使用下列符号： M——机动的 H——液压的 P——气动的 E——电动的 （如电磁）
	b. 双向式	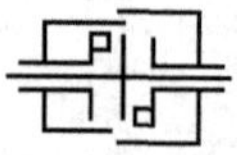		
	摩擦离合器 a. 单向式	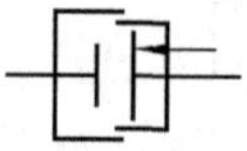	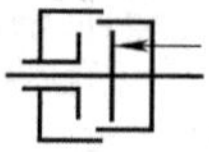	
	b. 双向式	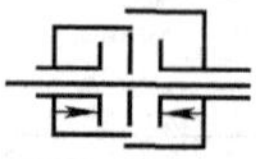	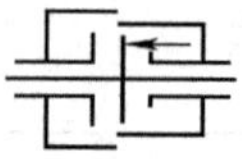	
	液压离合器（一般符号）	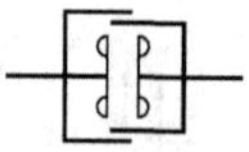		
	电磁离合器	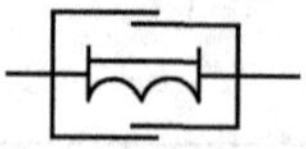		
	离心摩擦离合器	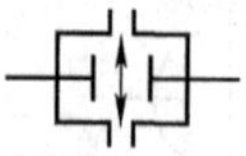		
	超越离合器	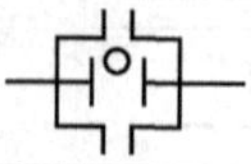		
	安全离合器 a. 带有易损元件	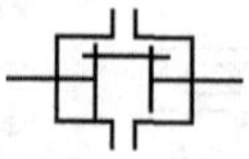		
	b. 无易损元件			

（续）

名称	分类	基本符号	可用符号	备注
制动器	一般符号	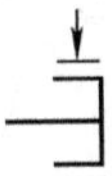		不规定制动器外观
螺杆传动	a. 螺体螺母	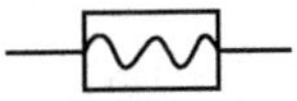		
	b. 开合螺母	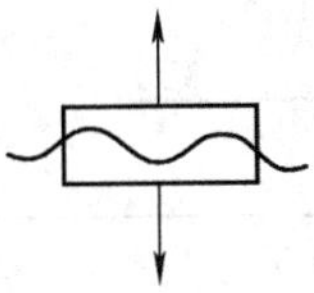	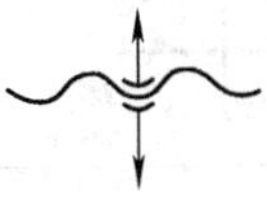	
	c. 滚珠螺母	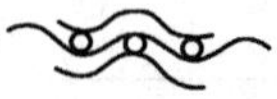		
带传动 一般符号（不指明类型）		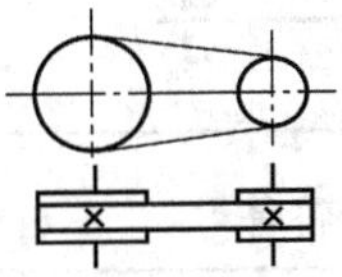		若需指明带类型可采用下列符号： 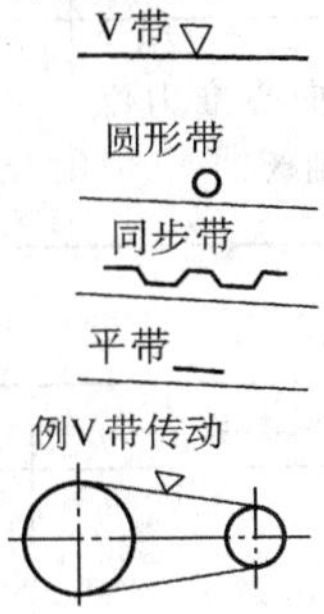
链传动 一般符号（不指明类型）		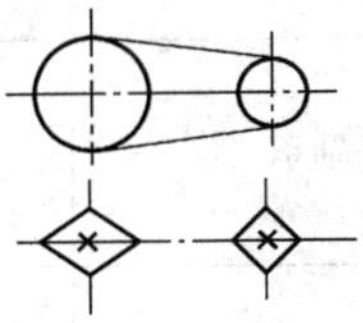		若需指明链条类型，可采用下列符号： 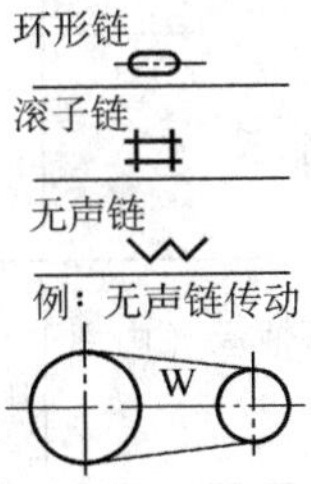
向心轴承	a. 滑动轴承	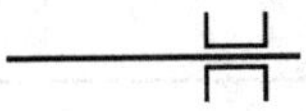		
	b. 滚动轴承	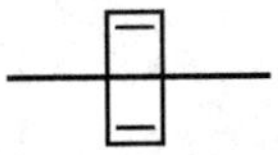		

（续）

名称	分类	基本符号	可用符号	备注
推力轴承	a. 单向推力滑动轴承	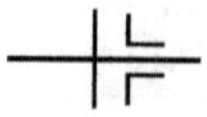		
	b. 双向推力滑动轴承	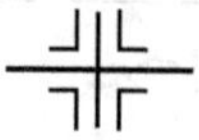		
	c. 推力滚动轴承	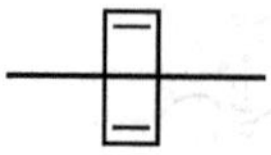		
向心推力轴承	a. 单向向心推力滑动轴承	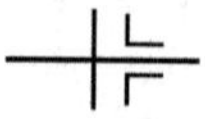		
	b. 双向向心推力滑动轴承	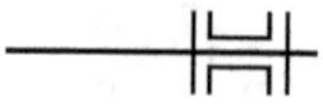	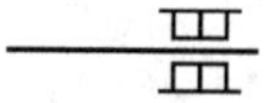	
	c. 向心推力滚动轴承	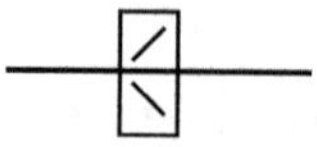		

附录D　滚动轴承图示符号

轴承类型	图示符号	轴承类型	图示符号
深沟球轴承	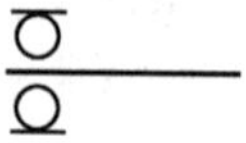	推力球轴承	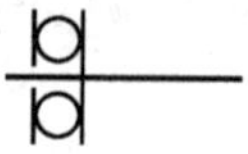
调心球轴承（双列）	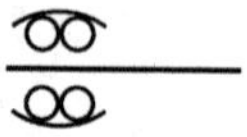	推力球轴承（双向）	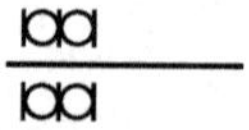
角接触球轴承	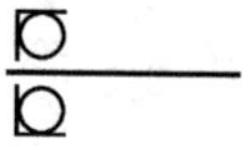	圆锥滚子轴承	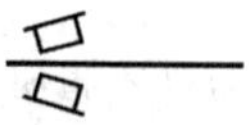
圆柱滚子轴承（内圈无挡边）	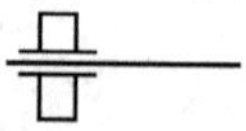	圆锥滚子轴承（双列）	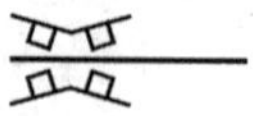
滚针轴承（内圈无挡边）	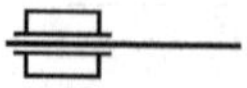		

参考文献

[1] 贾亚洲，等．金属切削机床概论［M］.2 版．北京：机械工业出版社，2010.
[2] 张普礼，等．机械加工设备［M］．北京：机械工业出版社，2010.
[3] 王爱玲，等．现代数控机床［M］.2 版．北京：国防工业出版社，2009.
[4] 徐宏海，谢富春，等．数控铣床［M］．北京：化学工业出版社，2004.
[5] 顾维邦，等．金属切削机床概论［M］．北京：机械工业出版社，2001.
[6] 戴曙，等．金属切削机床［M］．北京：机械工业出版社，2004.
[7] 吴祖育，秦鹏飞，等．数控机床［M］.3 版．上海：上海科学技术出版社，2008.
[8] 全国数控培训网络天津分中心编．数控机床［M］．北京：机械工业出版社，2007.
[9] 孙承松，等．机械加工实用手册［M］．北京：机械工业出版社，1997.
[10] 吴国华，等．金属切削机床［M］．北京：机械工业出版社，2012.
[11] 赵孟栋，等．冷冲模设计［M］.3 版．北京：机械工业出版社，2012.
[12] 明兴祖，熊显文，等．数控加工技术［M］．2 版．北京：化学工业出版社，2008.
[13] 张俊生，等．金属切削机床与数控机床［M］．北京：机械工业出版社，2011.
[14] 刘晋春，等．特种加工［M］.5 版．北京：机械工业出版社，2008.
[15] 盛定高，等．现代制造技术概论［M］．北京：机械工业出版社，2003.
[16] 毕毓杰，等．机床数控技术［M］．北京：机械工业出版社，2013.
[17] 赵万生．实用电加工技术［M］．北京：机械工业出版社，2002.
[18] 上海市职业技术教育课程改革与教材建设委员会．数控机床原理及应用［M］．北京：化学工业出版社，2002.
[19] 徐宏海，谢富春．数控铣床［M］.2 版．北京：化学工业出版社，2007.
[20] 杜君文，邓广敏．数控技术［M］．天津：天津大学出版社，2002.
[21] 周兰，常晓俊．现化数控加工设备［M］．北京：机械工业出版社，2005.